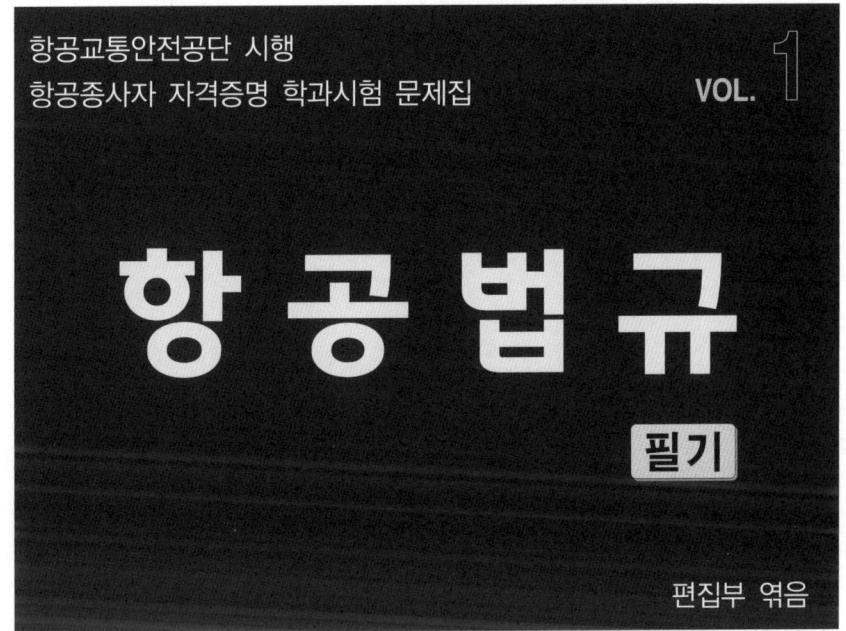

# Preface

　　1903년 12월 17일 미국의 라이트형제가 인류 최초로 동력비행을 실시한 이후 비행기의 성능은 급속도로 발전하였습니다. 특히 최초의 제트여객기인 B707 항공기가 1954년 2월 승객 100명을 태우고 비행에 성공하여 대형기의 실용화 시대의 막을 열어 주었습니다. 이어 점보제트기의 보급률 증가와 고속화로 대량수송이 가능하게 되었으며, 비행기의 설계, 제작기술 및 생산력의 향상 등 항공기술의 모든 분야에 걸쳐 급격한 발전을 이룩하였습니다.

　　우리나라는 1969년 3월 대한항공공사를 민영화하여 오늘날의 대한항공을 설립하였으며, 이후 본격적인 민항공시대로 돌입하여 국제경쟁력을 갖춘 항공운송산업이 발전하는 계기가 되었습니다. 국내 항공운송시장은 2009년 항공운송사업 면허체계 개정으로 국내/국제 항공운송사업과 더불어 소형항공운송사업을 규정함으로써 다양한 항공운송시장의 설립 토대를 마련하였으며, 우리나라의 경제발전과 더불어 세계적인 항공사로 성장하였습니다.

　　항공기 제작산업을 살펴보면 1991년 창공-91이 국내기술로 개발한 첫 공식 승인 비행기입니다. 한국 최초의 고유 모델 항공기인 'KT-1'은 터보프롭엔진을 장착한 공군 초등 기본훈련기로 1988년에 개발이 결정되어 1996년에 시험비행을 성공한 후 1999년부터 양산되었으며, 이후 대량 생산되어 외국에도 수출되었습니다. 2002년에는 한국항공우주산업(KAI)이 개발한 초음속 고등 훈련기인 'T-50'의 시험비행에 성공했습니다. 미국의 록히드 마틴과 같은 외국 기술의 도움을 상당히 받긴 했지만, 우리나라는 아음속(亞音速) 비행기와는 차원이 다른 고도의 기술집약체인 초음속 고유 모델 항공기의 세계 12번째 생산국이 된 것입니다. 이후 노후화된 UH-1, 500MD를 대체하기 위해 2006년 6월에 한국형 중형 기동 헬리콥터인 KUH(수리온) 개발에 착수하였고, 2010년에 초도비행에 성공하여 2012년 12월부터 실전 배치되었습니다.

　　또한 2021년 4월에는 최초의 국산 전투기인 'KF-21 보라매' 시제기 1호가 출고되었으며, 2022년 7월 초도비행에 성공하였습니다. KF-21 사업은 대한민국의 자체 전투기 개발능력 확보 및 노후 전투기 대체를 위해 추진 중인 공군의 4.5세대 미디엄급 전투기 개발사업입니다. 오는 2026년 6월까지 지상·비행시험을 거쳐 KF-21 개발을 완료하면 우리나라는 세계 8번째 초음속 전투기 독자 개발 국가가 될 전망입니다.

이러한 국내 항공관련 산업 전반에 걸친 확대와 폭넓은 발전에 따라 항공종사자의 역할과 수요도 갈수록 커지고 있습니다.

차후 항공업계에 진출하기 위해 항공종사자 자격증명시험(조종사)을 준비하고 있는 예비 조종사들이나 현재 항공업계에 재직중인 현직 조종사들이 운송용/사업용/자가용 조종사 학과시험 과목인 항공법규를 공부하는 데 있어서 본서가 도움이 되기를 바라며, 본서의 특징을 들면 다음과 같습니다.

1. 전체 내용을 제1편-국제 항공법, 제2편-국내 항공법(항공안전법, 항공사업법, 공항시설법, 기타 관련법규)으로 구분하여 장절을 구성하고, 항공종사자 자격증명시험 항공법규 학과시험의 과목별 세목에 해당하는 내용을 수록하였습니다.

2. 장마다 학과시험에 주로 출제되는 주요 내용을 요약하여 수록하였습니다. 또한 각 장의 말미에 지난해 기출문제를 분석한 총 610여 문항의 출제예상문제를 수록하여 자격증명시험의 출제경향을 파악하고, 이에 대비할 수 있도록 구성하였습니다. 출제예상문제의 추천하는 학습방법은 다음과 같습니다.
   - 적당한 크기의 시트지를 준비하여 문제 아래에 있는 해설 및 정답을 가립니다.
   - 정답을 보지 않고 문제를 풉니다. 먼저 답지를 보고 정답만 알아서는 안됩니다.
   - 틀린 문제에는 체크를 하고, 해설을 확인하여 관련 내용을 숙지합니다.
   - 예상문제를 전부 풀었다면 틀렸던 문제는 다시 풀어봅니다. 틀렸던 문제를 다시 틀리지 않도록 주의를 기울이는 것이 무엇보다 중요합니다.

3. 출제빈도가 높은 문제 위주로 28회 분량(700문제)의 모의고사를 출제하여 본인의 실력 정도를 테스트해 볼 수 있도록 하였습니다. 또한 문제마다 관련 법규 조항을 수록하여, 필요한 경우 해당 법규 내용을 살펴볼 수 있도록 하였습니다.

끝으로 본서를 발간할 수 있도록 예상문제 및 모의고사의 출제, 편집, 교정/교열과 검수, 그리고 출판에 이르기까지 모든 부분에 걸쳐 도움을 주신 분들에게 깊은 감사의 말씀을 드립니다.

편집부

# Table of Contents

## I 국제 항공법

### 제1장. 국제 항공법의 개념
- 제1절. 국제 항공법의 특성 ·································································································6
- 제2절. 국제 항공법의 발달과정 ·······················································································6

### 제2장. 항공에 관한 국제 협약 및 기구
- 제1절. 국제민간항공협약(시카고협약) ············································································8
- 제2절. 국제민간항공기구(ICAO) ···················································································12
- 제3절. 항공협정 ················································································································13
- 제4절. 국제항공운송협회(IATA) ····················································································15
- 제5절. 민간항공의 보안에 관한 국제협약 ····································································16
- 제6절. 정부 간의 지역협력기구 및 항공동맹 ······························································18

- 출제예상문제 ·····················································································································19

## II 국내 항공법

### 제1장. 항공안전법
- 제1절. 총칙 ························································································································31
- 제2절. 항공기 등록 ··········································································································35
- 제3절. 항공기기술기준 및 형식증명 등 ········································································39
- 제4절. 항공종사자 등 ······································································································42
- 제5절. 항공기의 운항 ······································································································50
- 제6절. 공역 및 항공교통업무 등 ····················································································80
- 제7절. 항공운송사업자 등에 대한 안전관리 ································································84
- 제8절. 외국항공기 ············································································································85
- 제9절. 보칙 ························································································································86
- 제10절. 벌칙 ······················································································································87
- 출제예상문제 ·····················································································································89

### 제2장. 항공사업법
- 제1절. 총칙 ······················································································································188
- 제2절. 항공사업 ··············································································································189
- 제3절. 외국인 국제항공운송사업 ··················································································190
- 출제예상문제 ···················································································································192

## 제3장. 공항시설법
제1절. 총칙 ·················································································196
제2절. 공항 및 비행장의 관리·운영 ·····················································200
제3절. 항행안전시설 ·······································································200
제4절. 보칙 ·················································································201
출제예상문제 ···············································································203

## 제4장. 기타 관련법규
제1절. 항공보안법 ·········································································212
제2절. 항공·철도 사고조사에 관한 법률 ···············································214
제3절. 운항기술기준 ······································································216
제4절. 항공기 기술기준 ··································································216
출제예상문제 ···············································································218

# III 모의고사

항공종사자 자격증명시험(항공법규) 제1회/제2회 모의고사 ·······················227
항공종사자 자격증명시험(항공법규) 제3회/제4회 모의고사 ·······················234
항공종사자 자격증명시험(항공법규) 제5회/제6회 모의고사 ·······················244
항공종사자 자격증명시험(항공법규) 제7회/제8회 모의고사 ·······················250
항공종사자 자격증명시험(항공법규) 제9회/제10회 모의고사 ······················257
항공종사자 자격증명시험(항공법규) 제11회/제12회 모의고사 ·····················264
항공종사자 자격증명시험(항공법규) 제13회/제14회 모의고사 ·····················271
항공종사자 자격증명시험(항공법규) 제15회/제16회 모의고사 ·····················279
항공종사자 자격증명시험(항공법규) 제17회/제18회 모의고사 ·····················286
항공종사자 자격증명시험(항공법규) 제19회/제20회 모의고사 ·····················293
항공종사자 자격증명시험(항공법규) 제21회/제22회 모의고사 ·····················300
항공종사자 자격증명시험(항공법규) 제23회/제24회 모의고사 ·····················308
항공종사자 자격증명시험(항공법규) 제25회/제26회 모의고사 ·····················315
항공종사자 자격증명시험(항공법규) 제27회/제28회 모의고사 ·····················322

항공법규(Air Law)

# PART 1
## 국제 항공법

- 국제 항공법의 개념
- 항공에 관한 국제 협약 및 기구

# 1                    국제 항공법의 개념

## 제1절 국제 항공법의 특성

### 1. 국제 항공법의 특성

국제 항공법은 각국 항공기의 운항 및 이로 인하여 발생하는 법률관계를 규제하는 특수한 법의 영역을 형성하고 있으며, 민법·상법 등의 일반 법규가 아닌 특별법에 속하면서 독자적인 자율성을 갖는 법이라고 볼 수 있다. 항공법은 직접적으로 필요에 따라 입법된 성문법규로서 국제 항공법은 항공법이 국제 법규로서 성립된 것이며, 성문의 국제 조약으로서 형성되는 것이다.

국제 항공법은 항공 그 자체가 갖는 국제성이 법의 분야에 반영되고 있는 법규로서 국제적이고 보편적이어야 한다는 것이 요구되며, 항공법 부문 중에서 큰 비중을 차지하고 있다. 이와 같은 국제 항공법의 우위성은 입법면에서도 인정되고 있다. 즉, 국제적 통일법으로서 국제 기구에 의해 입법되며 이것이 각국의 국내 항공법 제정에 반영되는 것이다.

### 2. 국제 항공법의 적용

국제 항공법은 평화 시의 항공에 대해서만 적용되며 전시의 항공에는 적용되지 않는다. 그리고 민간항공기에만 적용되며 국가항공기에는 적용되지 않는다. 국제민간항공협약 제3조 a항은 "이 협약은 민간항공기에 대해서만 적용되는 것이며 국가항공기에는 적용되지 않는다."고 규정하고, 또한 이 협약 b항에서는 "군·세관·경찰의 업무에 사용되는 항공기는 국가항공기로 인정한다."고 규정하고 있다.

## 제2절 국제 항공법의 발달과정

### 1. 제1기(항공 초기~제1차 세계대전 종료 시)

이 시기는 항공기의 발달이 극히 미비한 시기로서 항공기는 실험단계에 있었다. 이와 같은 상태에서 각국의 항공법은 대체로 경찰규칙 정도에 불과하였으며, 국제적으로는 비정부간의 사적 활동이 주가 되고 있었다.

이 시기에 개최한 중요한 국제회의는 1910년 19개국의 대표가 참가하여 파리에서 개최한 국제항공회의가 있다. 이 회의에서는 공역의 문제에 관한 국제 항공법전안이 제출되었으나 영국과 프랑스 간의 의견 대립으로 채택되지 않았다.

### 2. 제2기(제1차 세계대전 종료~제2차 세계대전 말기)

제2기는 1919년의 파리협약으로부터 시작된다. 제1차 세계대전 종료 후 1919년 10월 13일 파리에서 전쟁 승리국 위주의 파리협약이 체결되었다. 파리협약은 영공주권을 국제 항공법상에 최초로 언급한 국제항공협약으로 여기서 체결된 협약 내용의 상당 부분은 이후 시카고협약(Chicago Convention)에 반영되었다. 이 협약에 의해 각국은 자국의 영공에 대한 국가주권이 확립되었고, 세계 각국은 국가 간에 있어 항공기의 사용과 비행을 규제하는 국제항공의 체계가 확립되었다.

파리협약 제1조는 "각 나라가 자신의 영토 위의 영공에 대해서 완전하고 배타적인 주권을 가진다."고 명시하여 영역상의 공역에 대한 주권을 확립하였다. 제2조에서는 부정기항공에 있어 무해항공의 자유를 인정하고, 제3조에서는 비행금지구역의 설정에 관해 규정하였다. 이 밖에도 항공기의 국적, 감항증명 및 항공종사자의 기능증명, 비행규칙, 운송 금지품 그리고 국가항공기 등에 관해 규정하였다.

파리협약은 국제적인 통일 공법(公法)으로서 제1차 세계대전 후의 국제민간항공의 발달을 촉진하는데 크게 기여하였다. 이후 시카고 국제민간항공협약이 체결될 때까지 국제항공의 기본법으로서 이 기간에는 세계 각국이 항공법을 파리협약에 근거하여 제정하였다.

### 3. 제3기(제2차 세계대전 종료~현재)

제3기는 2차 세계대전 말기인 1944년 시카고 국제민간항공회의에서부터 현재까지의 기간이다. 시카고회의는 1919년의 파리 국제항공회의 이후 가장 중요한 국제항공회의이며, 1944년 11월 1일 미국의 초청으로 시카고에서 개최되었다.

이 회의에서는 제2차 세계대전 후의 국제민간항공의 질서있는 발전을 기하기 위한 상공의 자유 확립, 국제민간항공협약의 제정 및 국제민간항공기구의 설치 등이 토의되었으며 현재 국제민간항공의 기본법인 국제민간항공협약을 성립시켰다.

# 2　항공에 관한 국제 협약 및 기구

## 제1절 국제민간항공협약(시카고협약)

### 1. 국제민간항공회의(시카고회의)와 국제민간항공협약의 체결

가. 협약 제정과정

제2차 세계대전이 종말에 접어든 1944년 11월 1일 미국 시카고에서 연합국 및 중립국 52개국 대표가 모여 국제민간항공회의를 개최하고 종전 후의 국제민간항공의 제반문제에 관해 토의를 하였다. 이것을 일반적으로 "시카고회의"라고 하며 이 회의에서 토의된 주요사항은 상공의 자유 확립, 국제민간항공협약의 제정 및 국제민간항공기구의 설치 등이다.

나. 국제민간항공회의(시카고회의)

전후 국제항공의 방향을 설정하고 건전한 발전을 도모하기 위하여 개최된 시카고회의에서는 영공주권에 관한 파리협약의 원칙을 그대로 인정하였다. 주요한 의제중의 하나인 "상공의 자유"는 그 완전한 자유를 주장하는 미국과 제한된 자유만을 보장하자는 영국을 비롯한 유럽 국가들 간의 의견 대립으로 상공의 자유에 관한 규정을 성립시키지 못하고, 부속협정인 국제항공운송협정과 국제항공업무통과협정에 위임하기로 하였다. 시카고협약에서는 부정기항공에 대한 자유만을 일정한 조건하에 각 체약국이 향유할 수 있을 뿐이고, 각국은 타국의 허가 없이는 정기항공운송을 위해 그 영역으로 취항하는 것은 물론 영공통과의 권리도 인정하지 않았다.

시카고회의에서 영공의 자유를 인정하는 다국간 질서가 수립되지는 않았지만 반면에 국제민간항공을 통일적으로 규율하는 국제민간항공협약(시카고협약)이 제정되었으며, 국제항공의 안정성 확보와 국제항공 질서의 감시를 목적으로 한 국제적 관리기구인 국제민간항공기구(ICAO)의 설립이 결정되었다.

다. 국제민간항공협약(Convention on International Civil Aviation)

1919년 파리협약, 1926년의 마드리드협약과 1928년의 하바나협약 등에서 채택된 국제민간항공에 관한 원칙을 정리해서 통합하고, 동시에 제2차 세계대전 이후의 국제항공의 건전하고 질서있는 발전을 위하여 필요한 기본원칙과 법적질서를 확립하기 위해 1944년 12월 7일에 국제민간항공협약을 체결하게 되었다. 본 협약은 1947년 4월 4일 26개국이 비준을 함으로써 발효되었으며, 우리나라는 1952년 12월 11일에 가입하였다.

국제민간항공협약의 목적은 협약의 전문에 있는 바와 같이 국제민간항공을 안전하고 질서있게 발달하도록 하여 국제민간항공업무가 기회 균등주의에 의하여 확립되고, 또 건전하고 경제적으로 운영되도록 국제항공의 원칙과 기술을 발전시키는데 있다.

### 2. 국제민간항공협약의 주요 개념

국제민간항공협약(시카고협약)이 채택하고 있는 국제항공에 관한 원칙과 주요 개념을 요약하면 다음과 같다.

가. 영공주권의 원칙(제1조)

영공주권의 원칙은 1919년 파리협약에서 최초로 성문화하였으며, 시카고협약은 그러한 영공주권의 원칙을 재확인하였다. 협약의 제1조에서 "각국이 자기 나라 영역상의 공간에서 완전하고도 배타적인 권리를 가질 것을 승인한다."라고 규정하여, 체약국은 각국이 그 영공에서 완전하고 배타적인 주권을 갖고 있음을 인정하고 있다.

제2조에서 "국가의 영역(領域)이라 함은 그 나라의 주권, 종주권 보호 또는 위임 통치하에 있는 육지와 그에 인접하는 영수(領水)를 말한다."라고 하여 협약에서 적용하는 국가의 영역을 규정하고 있다.

나. 부정기 항공의 무해통과의 자유와 기술착륙의 자유

(1) 무상 부정기 항공

정기국제항공업무에 종사하지 않는 체약국의 항공기가 사전허가가 없더라도 체약국의 영공을 통과(제1의 자유)하거나, 운송이외의 목적을 위한 기술착륙, 즉 여객이나 화물 등의 적하를 하지 않고 급유나 정비 등의 기술적 필요성 때문에 착륙(제2의 자유)할 수 있다. 기술착륙의 자유라 함은 급유나 정비, 또는 승무원 교체의 목적에서 착륙하는 것을 뜻하며, 상업상 목적에서 여객이나 화물을 내려놓을 목적으로 착륙하는 것이 아니다.

(2) 유상 부정기 항공

정기국제항공업무에 종사하지 않는 체약국의 항공기가 유상으로 여객, 화물, 우편물의 운송을 할 경우에는 원칙적으로 타 체약국의 사전허가 없이도 영공을 통과하거나 영역 내에 착륙할 수 있다.

다. 정기항공업무

정기국제항공업무는 체약국의 특별한 허가를 받아야 하며, 그 허가조건을 준수할 경우에 한하여 그 체약국의 영공을 통과하거나 그 영역에 취항할 수가 있다.

라. 에어 카보타지(Air Cabotage) 금지의 원칙

시카고협약 제7조는 "각 체약국은 다른 체약국의 항공기가 유상 또는 전세로 자국의 영역 내에 있는 지점 간에 여객, 화물, 우편물을 적재할 때 항공운송을 하는 것을 금지할 수 있다."고 규정하고 있다. 이것이 에어 카보타지(Air Cabotage)의 금지규정으로서 자국내 지점 간의 국내수송을 자국의 항공기만이 운항할 수 있도록 하는 것이다.

타국의 영역 내에서 그 나라의 국내운송을 하는 자유를 에어 카보타지(Air Cabotage)의 자유 또는 제6의 자유라고도 한다.

마. 협약의 적용

협약 제3조 제1항에 의거 시카고협약은 민간항공기에만 적용되는 것이며 국가항공기는 적용 대상에서 제외된다. 국가항공기라 함은 군용기, 세관용 항공기와 경찰용 항공기 등 국가기관에 소속하거나 그와 같은 목적을 위하여 그와 동일한 기능을 가지고 사용되는 경우를 뜻한다.

바. 항공기의 국적

시카고협약 제17조는 "항공기는 등록국의 국적을 보유한다."고 규정하고 있으며, 제18조는 "항공기는 2개 이상의 국가에서 유효하게 등록을 받을 수 없다. 다만, 그 등록은 한 나라에서 다른 나라로 변경할 수 있다."라고 규정하여 항공기를 이중으로 등록하는 것을 금지하고 있다.

사. 사고조사

시카고협약 제26조에서 "체약국의 항공기가 다른 체약국 영역 내에서 사고를 일으켰을 경우 그 사고가 사망 혹은 중상을 수반하였을 때, 또는 항공기 혹은 항공시설의 중대한 기술적 결함을 표시하는 때에는 그 사고가 발생한 나라는 자국의 법률이 허용하는 한도 내에서 국제민간항공기구가 권고하는 수속에 따라 사고의 사정을 조사하여야 할 의무를 갖는다."라고 규정하고 있다.

그리고 사고 항공기의 등록국에는 조사에 참석할 입회인을 파견할 기회를 주도록 하여야 하며, 사고 조사를 하는 국가는 항공기 등록국에 조사한 사항을 보고하여야 한다.

아. 항공기의 휴대서류

시카고협약 제29조에서 국제항공에 종사하는 체약국의 모든 항공기는 다음의 서류를 휴대하여야 한다고 규정하였다. 협약상의 요건은 다음과 같다.

(1) 등록증명서: 국적 및 등록기호, 항공기 형식, 제조사, 제조번호, 등록인의 주소, 성명 등 기재
(2) 감항증명서: 기술적 안전기준에 적합하다는 증명
(3) 각 승무원의 유효한 면장
(4) 항공일지: 항공기의 사용, 정비 및 개조에 관한 기록부
(5) 무선기를 장비할 때에는 항공기국의 면허장
(6) 여객을 운송할 때에는 그 성명, 탑승지와 목적지의 기록표
(7) 화물을 운송할 때에는 화물의 목록 및 세목 신고서

자. 화물의 제한(제35조)

(1) 군수품 또는 군용기재는 체약국의 허가를 받은 경우를 제외하고 국제항공에 종사하는 항공기로서 그 나라의 영역 내 또는 영역의 상공을 운송하여서는 안 된다. 각국은 통일을 기하기 위해 국제민간항공기구가 수시로 행하는 권고에 대해 타당한 고려를 한 후, 본조에서 말하는 군수품 또는 군용기재가 무엇이라는 것을 규칙으로서 결정하여야 한다.
(2) 각 체약국은 공공의 질서 및 안전을 위해 (1)항에서 게시하는 물품 이외의 물품을 그 영역 내 또는 그 영역의 상공에서 운송할 것을 제한하고, 또는 금지하는 권리를 유보한다. 다만, 이에 관하여서는 국제항공에 종사하는 자국의 항공기와 다른 체약국의 같은 항공기간에 차별을 두어서는 안 되며, 또한 항공기의 운항, 승무원 혹은 여객의 안전을 위하여 필요한 장치의 휴대 및 항공기 상에서 그 사용을 방해하는 제한을 하여서는 안 된다.

차. 항공규칙(제12조)

각 체약국은 그 영역의 상공을 비행하거나 동 영역 내에서 작동하는 모든 항공기와 그 소재의 여하를 불문하고, 그 국적기호를 게시하는 모든 항공기가 당해 영역에서 시행되고 있는 항공기의 비행 또는 작동에 관한 규칙에 따르는 것을 보장하는 조치를 취할 것을 약속한다. 각 체약국은 이에 관한 자국의 규칙을 이 협약에 의해 수시 설정되는 규칙에 가능한 한 일치하도록 할 것을 약속한다. 공해의 상공에서 시행되는 규칙은 본 협약에 의하여 설정되는 것이어야 한다. 각 체약국은 적용되는 규칙에 위반한 모든 자의 소추를 보증할 것을 약속한다.

자국 영공을 비행하는 항공기 및 자국 국적을 가진 항공기가 자국 영역 밖에서 비행하는 경우, 그 지역에서 시행되는 각종 규칙 및 규제를 준수하도록 하기 위하여 필요한 조치를 취할 것이 요구된다. 다만 그러한 규칙은 가능한 한 국제민간항공협약의 항공규칙에 관한 국제표준과 일치하여야 한다.

카. 국제표준과 권고방식

국제민간항공협약은 항공기, 항공종사자에 대한 규칙, 표준 등의 통일을 위하여 국제표준과 권고된 방식을 채택하고 있다. 그리고 이것을 협약의 부속서로 한다는 취지를 규정하고 있다.

국제표준 및 권고방식이라 함은 협약 제37조에 의하여 가입한 각 국가가 항공업무의 안전과 질서를 위해서 각국의 비행방식, 항로, 항공종사자 규칙 등에 여기에 대한 관련 업무를 통일하기 위해 설정되는 국제적 기준이다.

국제표준은 물질적 특성, 형상, 시설, 성능, 종사자, 절차 등에 관한 세칙으로서 그 통일적 적용이 국제항공의 안전이나 질서를 위하여 필요하다고 인정한 것이며, 체약국이 협약에 대해 준수할 것을 요하고 준수할 수 없을 경우에는 이사회에 통보하는 것을 의무로 하고 있다. 권고방식은 그 통일적 적용이 국제항공의 안전, 질서 및 효율을 위하여 바람직하다고 인정되는 사항이다. 권고방식은 국제표준과 달리 의무적이 아니고 여기에 따르도록 노력하는 것에 불과하다. 따라서 권고방식과 자국의 방식과의 차이에 대하여 ICAO에 통고하는 것이 의무는 아니지만, 이러한 사항이 항공의 안전을 위하여 중대할 경우에는 그 상이점에 관하여 통고를 행할 것이 권장되고 있다.

국제표준 및 권고방식을 정하는 사항의 범위는 협약 제37조에 명시되어 있다. 국제민간항공기구에 의해 채택된 협약 부속서는 19개 부속서로 되어 있으며, 현재 부속서로서 채택된 국제표준 및 권고방식은 다음과 같다.

- 제1부속서(Annex 1) : 항공종사자 면허(Personnel Licensing)
- 제2부속서(Annex 2) : 항공규칙(Rules of the Air)
- 제3부속서(Annex 3) : 항공기상(Meteorological Service for International Air Navigation)
- 제4부속서(Annex 4) : 항공지도(Aeronautical Charts)
- 제5부속서(Annex 5) : 공지통신에 사용되는 측정단위(Units of Measurement)
- 제6부속서(Annex 6) : 항공기의 운항(Operation of Aircraft)
- 제7부속서(Annex 7) : 항공기 국적 및 등록기호(Aircraft Nationality and Registration Marks)
- 제8부속서(Annex 8) : 항공기의 감항성(Airworthiness of Aircraft)
- 제9부속서(Annex 9) : 출입국의 간소화(Facilitation)
- 제10부속서(Annex10): 항공통신(Aeronautical Telecommunications)
- 제11부속서(Annex11): 항공교통업무(Air Traffic Services)
- 제12부속서(Annex12): 수색과 구조(Search and Rescue)
- 제13부속서(Annex13): 항공기 사고조사(Aircraft Accident Investigation)
- 제14부속서(Annex14): 비행장(Aerodrome)
- 제15부속서(Annex15): 항공정보업무(Aeronautical Information Services)
- 제16부속서(Annex16): 환경보호(Environmental Protection)
  Volume I. 항공기 소음(Aircraft Noise)
  Volume Ⅱ. 항공기 기관 배출물질(Aircraft Engine Emissions)
- 제17부속서(Annex17): 보안-불법방해 행위에 대한 국제민간항공의 보호(Security)
- 제18부속서(Annex18): 위험물의 안전수송(The Safe Transport of Dangerous Goods by Air)
- 제19부속서(Annex19): 안전관리(Safety Management)

타. 국제표준 및 수속상의 차이(제38조)

모든 점에서 국제표준 또는 수속에 따라야 할 사항, 혹은 국제표준, 수속의 개정 후 자국의 규제 또는 방식을 이것에 완전히 일치하게 하는 것이 불가능하다고 인정하는 국가, 또는 국제표준에 의해 설정된 규칙 또는 방식과 특정한 점에 있어 상이한 규제 혹은 방식을 채택하는 것이 필요하다고 인정하는 국가는 자국의 방식과 국제표준에 의해 설정된 방식과의 차이점을 즉시 국제민간항공기구에 통고하여야 한다.

국제표준의 개정이 있을 경우에 자국의 규칙 또는 방식에 적당한 개정을 하지 않은 국가는 국제표준의 개정을 채택한 날로부터 60일 이내에 이사회에 통고하거나, 자국이 취하고자 하는 조치를 명시하여야 한다. 이 경우에 이사회는 국제표준의 특이점과 이에 대응하는 그 국가의 국내방식과의 차이점을 즉시 모든 국가에 통고하여야 한다.
　파. 기타 국가의 가입승인(제93조)
　　제91조와 제92조(a)에 규정한 국가 이외의 국가, 즉 제2차 세계대전 패전국 및 신생 독립국가는 세계의 제국이 평화를 유지하기 위하여 설립하는 일반적 국제기구의 승인을 받을 것을 조건으로 총회의 5분의 4의 찬반투표에 의하여 또 총회가 정하는 조건에 의하여 본 협약에 참가할 것이 용인된다. 단, 각 경우에 있어 용인을 요구하는 국가에 의하여 금차 전쟁 중에 침략되고 또는 공격된 국가의 동의를 필요로 한다.

## 제2절 국제민간항공기구(International Civil Aviation Organization; ICAO)

### 1. ICAO의 설립과 구성원
　가. ICAO의 설립
　　1944년 12월에 시카고 국제민간항공회의의 의제로서 국제민간항공기구(ICAO)의 설립이 제안되었다. 국제민간항공기구는 이후 1945년 6월 6일 "국제민간항공에 관한 잠정적 협정"에 의거 잠정적으로 발족되었으며, 국제민간항공협약이 1947년 4월 4일 발효됨에 따라 이 협약에 의거하여 정식으로 국제연합의 산하기관의 하나로 설립되었다.
　　우리나라는 제6차 총회기간 중인 1952년 11월 11일 ICAO에 협약가입서를 기탁, 동년 12월 11일자로 정식 가입되었다.
　나. ICAO의 구성원
　　국제민간항공기구는 시카고협약 체약국으로 구성되며, 다음과 같은 3종류의 국가로 구분된다.
　　(1) 시카고협약 서명국으로서 비준서의 기탁을 한 국가
　　(2) 시카고협약 서명국 이외의 연합국 및 중립국으로서 시카고협약에 가입수속을 한 국가
　　(3) 위의 (1)항과 (2)항 이외의 국가들로서 한국·일본·독일과 같이 제2차 세계대전 후 독립한 국가 또는 패전국

### 2. ICAO의 목적
　ICAO의 설립목적은 시카고협약의 기본원칙인 기회균등을 기반으로 하여 국제항공운송의 건전한 발전을 도모하는 데 있으며, 국제민간항공협약 제44조에 명시된 국제민간항공기구의 목적을 보면 다음과 같다.
- 국제민간항공의 안전 및 건전한 발전의 확보
- 평화적 목적을 위한 항공기의 설계 및 운항기술의 장려
- 국제민간항공을 위한 항공로, 공항 및 항행안전시설 발달의 장려
- 안전, 질서, 효율적, 경제적인 항공수송에 대한 제국가 간의 요구에 대응
- 불합리한 경쟁으로 인한 경제적 낭비의 방지
- 체약국 권리의 반영 및 국제항공에 대한 공정한 기회부여와 보장
- 체약국의 차별대우의 지양
- 국제항공의 비행안전의 증진 도모
- 국제민간항공의 모든 부문에서의 발달의 촉진

## 3. ICAO의 조직

ICAO는 총회, 상설집행기관인 이사회, 이사회의 산하기구인 상설 항공위원회, 항공운송위원회, 법률위원회, 공동유지위원회, 재정위원회, 지역항공회의, 본부사무국 및 지역사무소의 각 기관으로 구성되어 있다.

### 가. 총회(Assembly)

총회는 이사국 선출, 분담금, 예산 및 협약 승인 등을 결정하는 ICAO의 최고 의사결정기관이다. 체약국은 협약 제62조에 따른 분담금을 지불하지 않은 경우 등으로 인해 총회에서 투표권을 상실할 수 있는 것을 제외하고는 1국가 1표의 동등한 투표권을 행사한다. 총회는 통상 3년마다 개최되지만 이사회나 체약국의 1/5 이상의 요청에 의하여 특별총회를 소집할 수 있다.

### 나. 이사회(Council)

3년 임기로 선출된 36개 이사국의 대표로 구성되는 ICAO의 집행기관(Governing Body)으로 ICAO 협약 각 부속서의 표준과 권고방식(Standards and Recommended Practices; SARPs)을 제정하고 개정하는 권한을 가진다.

### 다. 사무국(Secretariat)

ICAO 사무국은 사무총장 산하의 집행기관으로 몬트리올 본부(항행국, 항공운송국, 기술협력국, 법률국, 행정국 등 5개의 국과 3개 보좌기관)와 7개의 지역사무소(regional office)로 구성된다.

1946년 국제민간항공기구의 결의에 의하여 사무국 본부의 항구적인 소재지는 「캐나다 몬트리올」에 두기로 하였으며, 현재는 캐나다 정부와의 협약에 의해 몬트리올에 두고 있다. 그러나 1954년 소재지에 관한 협약 제45조의 규정을 개정하여 총회에서 체약국의 5분의 3 이상의 결의로 본부를 다른 장소로 이동할 수 있게 되었다.

### 라. 지역사무소(Regional Office)

세계 각 지역의 특수한 사정에 따라 국제항공 문제를 구체적으로 처리하기 위하여 7개의 지역에 지역사무소가 설치되어 있다. 7개 지역사무소 및 소재지는 다음과 같으며, 우리나라가 속해 있는 아시아태평양지역사무소는 태국의 방콕에 소재해 있다.

- 아시아태평양지역사무소(APAC; Asia and Pacific office) - 태국 방콕
- 중동지역사무소(MID; Middle East office) - 이집트 카이로
- 중서부아프리카지역사무소(WACAF; Western and Central African office) - 세네갈 다카르
- 남미지역사무소(SAM; South American office) - 페루 리마
- 북중미카리브지역사무소(NACC; North American, Central American and Caribbean office) - 멕시코 멕시코시티
- 동남아프리카지역사무소(ESAF; Eastern and Southern African office) - 케냐 나이로비
- 유럽북대서양지역사무소(EUR/NAT; European and North Atlantic office) - 프랑스 파리

## 제3절 항공협정

### 1. 국제항공운송협정의 성립 배경

#### 가. 국제항공운송협정

시카고협약에서 의견의 차이를 해소하지 못해 상공의 자유에 관한 문제는 완벽히 해결하지 못한 반

면, 시카고협약과는 별개로 국제항공운송협정과 국제항공업무통과협정의 2개의 조약이 성립되었다.

국제항공운송협정은 다섯 가지의 하늘의 자유를 상호 승인할 것을 인정하였으며, 이것을 "5개의 자유의 협정(Five Freedoms Agreement)"이라고 한다. 다섯 가지의 하늘의 자유를 규정한 국제항공운송협정은 1945년 2월 8일에 발효되었지만, 영국을 비롯한 주요국이 참가하지 않았고 당초에 참가했던 미국도 나중에 탈퇴함으로써 실효를 거두지 못하였다. 이 협정의 의의는 하늘의 자유의 개념을 명확하게 분류하고 정의하였다는 점에 있다.

국제항공운송협정은 국제항공업무통과협정에서 규정하고 있는 2개의 자유(무해항공의 자유, 기술착륙의 자유)에 3개의 자유를 합하여 정기국제항공업무에 관한 5개의 자유를 이 협정 제1조에서 규정하고 있으며, 이를 열거하면 다음과 같다.

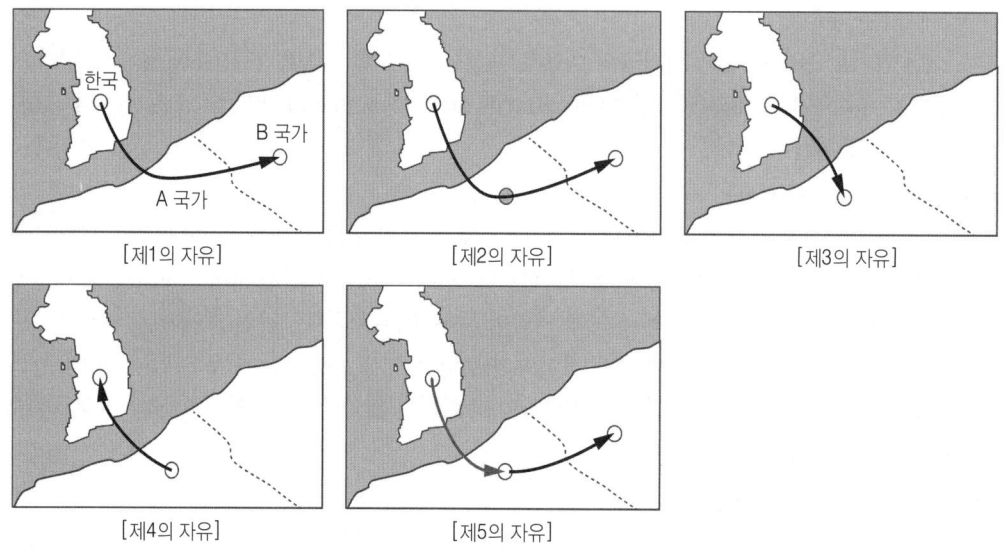

그림 1-1. 하늘의 자유(Freedoms of the Air)

(1) 제1의 자유 : 체약국의 영역을 무착륙으로 횡단하는 특권(무해항공의 자유)을 의미한다. 예를 들어, 한국의 K 항공사가 우리나라에서 B 국가를 가기 위해 A 국가의 영공을 통과하는 특권을 받는 경우이다.

(2) 제2의 자유 : 운수 이외의 목적으로 착륙하는 특권(기술착륙의 자유)을 의미한다. 예를 들어, 한국의 K 항공사가 우리나라에서 B 국가를 가기 전에 A 국가에 운수 이외의 목적으로 즉, 급유 또는 정비 등 기술상의 목적으로 착륙하는 권리를 말한다.

(3) 제3의 자유 : 자국 내에서 적재한 여객 및 화물을 체약국인 타국에서 하기하는 자유이다. 즉 K 항공사의 소속국인 우리나라에서 A 국가로 여객, 화물, 우편물을 유상으로 수송하는 권리를 말한다.

(4) 제4의 자유 : 다른 체약국의 영역에서 자국을 향해 여객 및 화물을 적재하는 자유이다. 즉 한국의 K 항공사가 A 국가에서 우리나라로 여객, 화물 또는 우편물을 수송할 수 있는 유상 운송권을 의미한다.

(5) 제5의 자유 : 제3국의 영역으로 향하는 여객 및 화물을 다른 체약국의 영역 내에서 적재하는 자유 또는 제3국의 영역으로부터 여객 및 화물을 다른 체약국의 영역 내에서 하기하는 자유를 의미한다.

나. 국제항공업무통과협정

국제항공업무통과협정은 1944년 시카고 국제민간항공회의에서 채택되었으며, 정기항공에 관한 다수국간 협정으로서 제1 및 제2의 자유만을 인정하고 있어 2개의 자유의 협정이라고도 한다. 즉 정기 국제항공업무에 있어서 각 체약국이 타체약국에 대하여 자국의 영역을 무착륙으로 횡단하는 특권과 운수 이외의 목적으로 착륙하는 기술착륙의 특권 두 가지의 하늘의 자유를 인정하였다.

또한 이러한 특권은 시카고협약의 규정에 따라 행사하지 않으면 안 된다는 것과, 운수 이외의 목적으로 착륙할 특권을 타체약국에 허용하는 경우에도 체약국은 그 착륙지점에서 합리적인 급유, 정비, 지상조업 등 상업상 업무의 제공을 요구할 수 있도록 규정하고 있다. 국제항공업무통과협정은 1945년 1월 30일에 발효되었다.

이와 같이 시카고회의에서는 상업항공, 즉 정기국제항공업무에 필요한 제3, 제4 및 제5의 자유에 대한 자국간 조약을 성립시키는데 실패했으며, 이 때문에 정기국제항공업무의 개설은 2국간의 개별적인 항공협정에 의존하지 않을 수 없게 되었다.

## 2. 2국간 항공협정

가. 버뮤다협정 I (Bermuda Agreement I)

1946년 2월에 미국과 영국은 2국간 항공협정을 처음으로 체결하였으며, 이것이 이후 체결된 양국 간 항공협정 체결에 있어서 표준형이 된 소위 버뮤다협정이다. 버뮤다협정은 시카고 표준방식을 채택해서 체계적인 형태를 갖춘 최초의 항공협정으로 전후 각국이 체결한 항공협정의 기본 모델이 되었으며, 전후의 국제민간항공의 발전을 위한 초석이 되었다. 그러나 버뮤다협정 I 은 미국의 입장이 많이 반영된 것이었다.

버뮤다협정 I 은 항공기업의 수송력을 항공기업의 자유결정에 일임하는 수송력의 사후심사주의를 채용하고, 항공운임은 국제항공운송협회(IATA)에 의해 설정한다는 것과 엄격한 규제를 주요골자로 하고 있다.

나. 버뮤다협정 II (Bermuda Agreement II)

버뮤다협정 I 이 불공정한 결과를 가져왔다는 이유로 항상 불만과 비판적인 입장을 취해 왔던 영국은 1976년 미국에 일방적으로 폐기를 통보하였다. 이에 다급해진 미국은 공급량과 항공사 수를 사전에 협의할 것과 노선권 일부를 영국 측에 양보할 것을 합의하여, 이전보다 더욱 제한적인 내용의 버뮤다협정 II 를 1977년 6월 23일 체결하게 되었다.

하지만 미국 항공기업에 불리하게 개정되었고, 자유로운 국제항공업무의 운영을 지향해 온 미국의 항공사들은 제한적인 내용의 버뮤다협정 II 에 대한 반대의 기류가 심하였다.

## 제4절 국제항공운송협회(International Air Transport Association; IATA)

### 1. 설립 배경 및 목적

국제항공운송협회(IATA)는 제2차 세계대전 후 항공운송의 비약적인 발전에 따라 예상되는 여러 가지 문제에 대처하고 국제항공운송사업에 종사하는 항공회사 간의 협력을 강화할 목적으로, 세계 각국의 항공기업(32개국의 61개 항공회사가 참여)이 1945년 4월 19일 쿠바의 하바나(Havana)에서 세계 항공회사회의를 개최하여 설립한 순수한 민간단체의 국제협력기구이다. 국제항공운송협회는 항공운임의 결정, 운송규칙의 제정 등이 주된 역할이며 공공기구로서의 성격을 지닌다.

IATA의 목적은 첫째, 안전하고 경제적인 국제항공운송의 발전을 촉진함과 동시에 이와 관련되는 문제들을 해결하고, 둘째, 국제민간항공운송에 종사하고 있는 민간항공사의 협력기관으로서 협력을 위한 교류의 장과 다양한 수단들을 제공한다. 셋째, ICAO 등 국제기관과의 협력의 도모 등 세 가지로 대별된다. 이 가운데 특히 국제운송에서 중요한 것은 항공사간의 협력이다.

## 2. 주요 업무

### 가. 운임의 결정

국제항공운송협회(IATA)의 가장 중요한 기능은 국제항공의 운임을 결정하는 것이다. 1946년 버뮤다협정에서 영미양국은 국제항공운송협회의 운임결정기능을 승인하고, 국제항공운송협회에서 결정한 운임을 원칙적으로 협정업무의 적용운임으로 인정하도록 하였다.

국제항공 운임의 결정은 먼저 국제항공운송협회의 운임결정기구인 운송회의에서 취급하며, 이 회의에서 결정한 운임을 각 항공기업이 각각 소속국의 정부에 제출하여 승인을 받도록 하였다.

### 나. 운송절차 규정의 제정

운송절차 규정은 항공기 좌석 예약, 여객 항공권과 화물 운송장의 발행 등 오늘날 세계 어디서나 예약과 항공권의 구입을 가능하게 하고, 통일된 기준으로 설정된 항공운임을 지불할 수 있도록 국제적인 항공운송의 절차를 규정한 것이다. IATA에서는 세 문자 IATA 공항 코드와 두 문자 IATA 항공사 코드를 할당하고, 전 세계적으로 사용한다.

### 다. 대리점 규정의 제정

IATA 가입 항공사는 IATA가 임명한 여객 및 화물 대리점만을 상대로 항공권 판매 대리점 계약을 체결할 수 있다. IATA 대리점의 자격요건, 임명절차, 권리와 의무, 벌칙 등은 모두 IATA 운송회의의 결의형태로 규정화되어 있다.

## 3. IATA의 회원

IATA의 회원은 정회원과 준회원으로 구분된다. ICAO 가맹국의 국적을 가진 항공기업 만이 회원이 될 수 있으며 국제항공운송에 종사하고 있는 항공기업은 정회원, 국제항공운송 이외의 정기항공운송에 종사하고 있는 항공기업은 준회원이 될 수 있다.

IATA는 원래 정기항공기업의 단체로 발족했지만, 1945년에 개최된 캐나다 회의에서 특별법 및 정관을 개정함으로서 최근에 급속하게 발달하고 있는 부정기 항공기업도 IATA의 회원이 될 수 있게 하였다.

## 제5절 민간항공의 보안에 관한 국제협약

### 1. 항공기 내에서 범한 범죄 및 기타 행위에 관한 협약(동경협약, 1963)

국제 항공법에서 항공기 안에서 발생한 범죄에 대해 어느 나라가 관할권을 가지는 가를 결정하는 것이 필요됨에 따라 국제법학회와 형법학회에서 수차례에 걸쳐 이 문제를 논의하였으며, 1963년 동경에서 개최된 ICAO 체약국 전체 대표자 회의에서 본 협약이 채택되었다.

본 협약의 목적은 첫째, 공해상공에서 범죄가 발생했거나 어느 나라 영공인지 구분이 안되는 곳에서 발생한 범죄에 대해 적용 형법을 결정하고, 둘째, 항공기의 안전을 저해하는 기상에서의 범죄와 행위에 대한 기장의 권리와 의무를 명확히 하고, 셋째, 항공기의 안전을 저해하는 범죄와 행위가 발생한 후 항공기가 착륙하는 지역당국의 권리와 의무를 명확히 하는 것이다.

가. 협약의 적용(제1조)

　　본 협약의 적용상 항공기는 이륙의 목적을 위하여 시동이 된 순간부터 착륙활주가 끝난 순간까지를 비행 중인 것으로 간주한다.

나. 재판관할권(제3조)

　　항공기의 등록국은 동 항공기 내에서 범하여진 범죄나 행위에 대한 재판관할권을 행사할 권한을 가진다.

다. 항공기 기장의 권한(제6조)

　　항공기 기장은 자기가 감금할 권한이 있는 자를 감금하기 위하여 다른 승무원의 원조를 요구하거나 권한을 부여할 수 있으며, 승객의 원조를 요청하거나 권한을 부여할 수 있으나 이를 요구할 수는 없다. 승무원이나 승객도 누구를 막론하고 항공기와 기내의 인명 및 재산의 안전을 보호하기 위하여 합리적인 예방조치가 필요하다고 믿을만한 상당한 이유가 있는 경우에는 기장의 권한부여가 없어도 즉각적으로 상기 조치를 취할 수 있다.

## 2. 항공기의 불법납치 억제를 위한 협약(헤이그협약, 1970)

　　1960년대 말경 증대되는 항공기 불법납치(hijacking)에 대처하기 위해 국제적인 공동노력이 시작되었으며, 1970년 12월 항공기의 불법납치를 국제적으로 처벌해야 하는 범죄로 규정한 헤이그협약이 체결되었다.

가. 비행 중의 개념(제3조)

　　항공기는 탑승 후 모든 외부의 문이 닫힌 순간으로부터 하기를 위하여 그와 같은 문이 열리는 순간까지의 어떠한 시간에도 비행 중에 있는 것으로 본다.

나. 적용 대상 항공기(제3조)

　(1) 본 협약은 군, 세관 또는 경찰업무에 사용되는 항공기에는 적용하지 않는다.

　(2) 본 협약은 기상에서 범죄가 행하여지고 있는 항공기의 이륙장소 또는 실제의 착륙장소가 그 항공기 등록국가의 영토 외에 위치한 경우에만 적용되며, 그 항공기가 국제 혹은 국내 항행에 종사하는지 여부는 가리지 않는다.

## 3. 민간항공의 안전에 대한 불법적 행위의 억제를 위한 협약(몬트리올협약, 1971)

　　동경협약과 헤이그협약이 전적으로 기내에서 행한 범죄의 억제에 관한 것이므로, 민간항공에 대한 여타 불법행위를 규제할 다른 협정이 필요하게 되었다. 이러한 범죄들은 헤이그협약이 체결된 다음 해인 1971년에 체결된 몬트리올협약에서 다루어졌다.

가. 불법적 행위의 대상(제1조)

　　여하한 자도 불법적으로 그리고 고의적으로 다음과 같은 경우에는 범죄를 범한 것으로 한다.

　(1) 비행 중인 항공기에 탑승한 자에 대하여 폭력 행위를 행하고 그 행위가 그 항공기의 안전에 위해를 가할 가능성이 있는 경우

　(2) 운항 중인 항공기를 파괴하는 경우 또는 그러한 비행기를 훼손하여 비행을 불가능하게 하거나 또는 비행의 안전에 위해를 줄 가능성이 있는 경우

　(3) 여하한 방법에 의하여서라도 운항 중인 항공기 상에 그 항공기를 파괴할 가능성이 있거나 또는 그 항공기를 훼손하여 비행을 불가능하게 할 가능성이 있거나, 또는 그 항공기를 훼손하여 비행의 안전에 위해를 줄 가능성이 있는 장치나 물질을 설치하거나 또는 설치되도록 하는 경우

(4) 항공시설을 파괴 혹은 손상하거나 또는 그 운용을 방해하고 그러한 행위가 비행 중인 항공기의 안전에 위해를 줄 가능성이 있는 경우
(5) 허위임을 아는 정보를 교신하여, 그에 의하여 비행 중인 항공기의 안전에 위해를 주는 경우

나. 비행 중의 개념(제2조)

항공기는 탑승 후 모든 외부의 문이 닫힌 순간으로부터 하기를 위하여 그러한 문이 열리는 순간까지의 어떠한 시간에도 비행 중에 있는 것으로 본다.

다. 적용 대상 항공기(제4조)
(1) 본 협약은 군, 세관 또는 경찰 업무에 사용되는 항공기에는 적용되지 않는다.
(2) 본 협약은 항공기가 국제 또는 국내선에 종사하는지를 불문하고 항공기의 실제 또는 예정된 이륙 또는 착륙 장소가 그 항공기 등록국가의 영토 외에 위치한 경우, 또는 범죄가 그 항공기 등록국가 이외 국가의 영토 내에서 범하여진 경우에만 적용된다.

4. 국제민간항공에 사용되는 공항에서의 불법적 폭력행위의 억제를 위한 의정서(1971년 몬트리올 협약 보완, 1988)

1971년 9월 23일 몬트리올에서 채택된 민간항공의 안전에 대한 불법적 행위의 억제를 위한 협약을 보충하는 국제민간항공에 사용되는 공항에서의 불법적 폭력행위의 억제를 위한 의정서

5. 가소성 폭약의 탐지를 위한 식별조치에 관한 협약(1991년 몬트리올에서 체결, 1998년 발효)

탐색목적의 플라스틱 폭발물의 표지에 관한 협약

## 제6절 정부 간의 지역협력기구 및 항공동맹

### 1. 지역협력기구

ICAO 외에도 지역단위로 항공문제를 해결하고 국제항공의 건전한 발전을 도모하기 위하여 각 지역에 정부조직으로서의 국제협력기구가 발족되어 활발히 운영되고 있다. 국가간 맺은 지역별 국제 항공협력기구는 다음과 같다.

가. 유럽 민간항공회의(ECAC; European Civil Aviation Conference)
나. 라틴아메리카 민간항공위원회(LACAC; Latin American Civil Aviation Commission)
다. 아프리카 민간항공위원회(AFCAC; African Civil Aviation Commission)
라. 아랍 민간항공이사회(ACAC; Arab Civil Aviation Council)
마. 유럽 항공안전기구(EUROCONTROL; European Organization for the Safety of Air Navigation)

### 2. 항공동맹(航空同盟, Airline alliance)

여러 항공사 들이 동맹/제휴를 맺어 만든 연합체를 말하며, 항공사 동맹체라고도 한다. 현재 주요 항공동맹으로는 스타 얼라이언스, 스카이팀, 원월드, 바닐라 얼라이언스 및 U-플라이 얼라이언스가 있다.

그림 1-2. 3대 항공동맹(스타 얼라이언스, 스카이팀, 원월드)

# 출제예상문제

**【문제】1.** 국가의 영공에 대한 완전하고 배타적인 주권을 인정한 조약은?
① 제네바협약  ② 도쿄협약  ③ 파리협약  ④ 헤이그협약

〈해설〉 파리협약은 영공주권을 국제 항공법상에 최초로 언급한 국제항공협약이다. 파리협약 제1조는 "각 나라가 자신의 영토 위의 영공에 대해서 완전하고 배타적인 주권을 가진다."고 명시하여, 영역상의 공역에 대한 주권을 확립하였다.

**【문제】2.** 각국이 그 영역상의 공간에 있어서의 비행 시 완전하고 배타적인 각 나라의 주권을 인정한다는 내용의 협정 문서인 것은?
① 몬트리올협정  ② 국제민간항공협약
③ 항공항행합의서  ④ 동경협약

〈해설〉 국제민간항공협약 제1조(주권). 체약국은 각국이 그 영역상의 공간에 있어서 완전하고 배타적인 주권을 갖는 것을 승인한다.

**【문제】3.** ICAO에서 적용하는 국가의 영역은?
① 그 나라의 주권하에 있는 육지와 인접한 영수의 직상공
② 그 나라의 주권하에 있는 육지와 영수, 인접한 영수의 직상공
③ 그 나라의 주권, 종주권 보호 또는 위임 통치하에 있는 육지와 인접한 영수의 직상공
④ 그 나라의 주권, 종주권 보호 또는 위임 통치하에 있는 육지와 인접한 영수

〈해설〉 국제민간항공협약 제2조(영역). 본 협약의 적용상 국가의 영역(領域)이라 함은 그 나라의 주권, 종주권 보호 또는 위임 통치하에 있는 육지와 그에 인접하는 영수(領水)를 말한다.

**【문제】4.** 에어 카보타지(air cabotage) 금지란?
① 외국항공기에 대하여 자기나라 안에서의 두 지점 사이를 여객이나 화물 및 우편을 무상으로 운송하는 행위를 금지하는 것
② 외국항공기에 대하여 자기나라 안에서의 두 지점 사이를 여객이나 화물 및 우편을 유상 또는 전세로 운송하는 행위를 금지하는 것
③ 외국항공기에 대하여 자기나라 안에서의 두 지점 사이를 여객이나 화물을 유상 또는 전세로 운송하는 행위를 금지하는 것
④ 외국항공기에 대하여 자기나라 안에서의 두 지점 사이를 여객이나 화물을 무상으로 운송하는 행위를 금지하는 것

**【문제】5.** 다음 중 에어 카보타지(air cabotage) 금지에 대한 조항을 규정하고 있는 것은?
① 몬트리올협약  ② 국제민간항공협약
③ 국제항공운송협정  ④ 바르샤바협약

정답  1. ③  2. ②  3. ④  4. ②  5. ②

〈해설〉 국제민간항공협약 제7조는 "각 체약국은 다른 체약국의 항공기가 유상 또는 전세로 자국의 영역 내에 있는 지점 간에 여객, 화물, 우편물을 적재할 때, 항공운송을 하는 것을 금지할 수 있다."고 규정하고 있다. 이것이 에어 카보타지(air cabotage)의 금지규정으로서 자국내 지점 간의 국내수송을 자국의 항공기만이 운항할 수 있도록 하는 것이다.

【문제】6. 다음 중 국가항공기가 아닌 것은?
① 군용기
② 경찰업무에 사용하는 항공기
③ 세관이 소유하는 업무용 항공기
④ 국토교통부가 소유하는 점검용 항공기

【문제】7. 국제민간항공협약에 대한 설명으로 옳지 않은 것은?
① 이 협약은 민간항공기 및 국가항공기에 대하여 적용된다.
② 군, 세관과 경찰업무에 사용하는 항공기는 민간항공기로 간주하지 않는다.
③ 항공기는 등록국의 국적을 보유한다.
④ 항공기는 2개 이상의 국가에 등록할 수 없다.

〈해설〉 국제민간항공협약 제3조 제1항에 의거 국제민간항공협약은 민간항공기에만 적용되는 것이며, 국가항공기는 협약 대상에서 제외된다. 국가항공기라 함은 군용기, 세관용 항공기, 경찰용 항공기 등 국가기관에 소속하거나 그와 같은 목적을 위하여 그와 동일한 기능을 가지고 사용되는 경우를 뜻한다.

【문제】8. 국제항공운송사업에 종사하는 항공기의 사고 시 사고조사의 주체는?
① 항공기 등록국
② 항공기 제작국
③ 사고 발생국
④ 국제민간항공기구(ICAO)

【문제】9. 일본 국적의 항공기가 한국에서 사고가 났을 경우 항공기 사고조사의 담당은?
① 한국의 항공사고조사위원회
② 일본의 항공사고조사위원회
③ 국제민간항공기구(ICAO)
④ 항공기 제작국

【문제】10. 자국의 영역 내에서 발생한 다른 체약국 항공기의 사고조사는?
① 체약국은 자국의 법령이 허용하는 범위 내에서 ICAO가 권고하는 수속에 따라 사고를 조사한다.
② 체약국은 자국의 법령에 의해 사고조사를 한다.
③ 체약국은 당해 체약국과 공동으로 그 사고를 조사한다.
④ 자국의 감독 하에 당해 항공기의 등록국 또는 그 소유자가 사고를 조사한다.

〈해설〉 국제민간항공협약 제26조(사고의 조사). 체약국의 항공기가 타 체약국의 영역에서 사고를 발생시키고, 또 그 사고가 사망 혹은 중상을 포함하든가 또는 항공기 또는 항공보안시설의 중대한 기술적 결함을 표시하는 경우에는 사고가 발생한 국가는 자국의 법률이 허용하는 한 국제민간항공기구가 권고하는 절차에 따라 사고의 진상 조사를 개시한다.

【문제】11. 다음 중 국제민간항공에 종사하는 모든 항공기에 휴대하여야 하는 서류가 아닌 것은?
① 등록증명서  ② 승무원 자격증  ③ 운항규정  ④ 항공일지

정답  6. ④  7. ①  8. ③  9. ①  10. ①  11. ③

〈해설〉 국제민간항공협약 제26조(항공기에 휴대하는 서류). 국제항공에 종사하는 체약 당사국의 모든 항공기는 본 협약에 정한 조건에 따라 다음의 서류를 휴대하여야 한다.
1. 등록증명서
2. 감항증명서
3. 각 승무원의 적당한 면허장
4. 항공일지
5. 무선기를 장비할 때에는 항공기국의 면허장
6. 여객을 운송할 때는 그 성명, 탑승지와 목적지의 기록표
7. 화물을 운송할 때는 화물의 목록 및 세목 신고서

【문제】 12. 국제항공에 종사하는 항공기의 적하물 제한에 대한 설명 중 틀린 것은?
① 군수품과 군용기재 등의 물품은 운송을 금지한다.
② 군수품을 운송할 경우 당해 체약국의 허가를 받아야 한다.
③ 군수품 운송에 있어 항공기 승무원의 안전을 위해 필요한 장치의 휴대를 허용한다.
④ 자국의 항공기와 다른 체약국의 항공기간에 있어 그 안전을 위해 차별 조치를 하여야 한다.

〈해설〉 국제민간항공협약 제35조(화물의 제한). 군수품 수송에 있어서 자국의 항공기와 타체약국의 같은 항공기간에 차별을 두어서는 안 된다.

【문제】 13. 국제민간항공협약에 관한 내용 중 틀린 것은?
① 민간항공기에만 적용된다.
② 군, 세관과 경찰업무에 사용하는 국가항공기에는 적용되지 않는다.
③ 자국 국가항공기의 운항에 관련된 사항은 민간항공협약에 관계없이 제정할 수 있다.
④ 체약국의 허가가 있어야만 타국의 영역 상공을 통과하거나, 영역에 착륙할 수 있다.

〈해설〉 국제민간항공협약 제12조(항공규칙). 자국 영공을 비행하는 항공기 및 자국 국적을 가진 항공기가 자국 영역 밖에서 비행하는 경우, 그 지역에서 시행되는 각종 규칙 및 규제를 준수하도록 하기 위하여 필요한 조치를 취할 것이 요구된다. 다만 그러한 규칙은 가능한 한 국제민간항공협약의 항공규칙에 관한 국제표준과 일치하여야 한다.

【문제】 14. 국제민간항공협약 부속서는 총 몇 개인가?
① 15개　　　② 16개　　　③ 19개　　　④ 21개

【문제】 15. 다음 중 항공종사자의 면허 취득에 관련된 ICAO 부속서는?
① Annex 1　　② Annex 5　　③ Annex 7　　④ Annex 12

【문제】 16. 항공규칙에 관한 기준을 정하고 있는 국제민간항공협약 부속서는?
① 제2부속서　② 제6부속서　③ 제8부속서　④ 제12부속서

【문제】 17. 항공기상과 관련된 국제민간항공협약의 부속서는?
① 제1부속서　② 제3부속서　③ 제6부속서　④ 제8부속서

정답　12. ④　13. ③　14. ③　15. ①　16. ①　17. ②

【문제】 18. 항공기 운항에 관한 내용이 포함되어 있는 ICAO Annex는?
① Annex 1　　② Annex 2　　③ Annex 3　　④ Annex 6

【문제】 19. 항공교통관제에 관한 국제민간항공협약 부속서는?
① Annex 2　　② Annex 5　　③ Annex 11　　④ Annex 12

【문제】 20. 국제민간항공협약 부속서 중 항공기 사고조사에 관한 기준을 정하고 있는 것은?
① 제11부속서　　② 제12부속서　　③ 제13부속서　　④ 제14부속서

【문제】 21. 항공기 소음과 관련된 국제민간항공협약 Annex는?
① Annex 2　　② Annex 6　　③ Annex 13　　④ Annex 16

【문제】 22. 국제민간항공협약 부속서의 내용으로 옳지 않은 것은?
① 제2부속서 - 항공기상
② 제6부속서 - 항공기의 운항
③ 제8부속서 - 항공기의 감항증명
④ 제10부속서 - 항공통신

〈해설〉 국제 표준 및 권고된 방식을 정하는 범위는 국제민간항공협약 제37조에 열거되어 있으며, 국제민간항공협약 부속서로서 채택된 방식은 다음과 같다.

| 부속서 번호 | 부속서 명칭 | 부속서 번호 | 부속서 명칭 |
|---|---|---|---|
| Annex 1 | 항공종사자 면허 | Annex 12 | 수색과 구조 |
| Annex 2 | 항공규칙 | Annex 13 | 항공기 사고조사 |
| Annex 3 | 항공기상 | Annex 14 | 비행장 |
| Annex 4 | 항공지도 | Annex 15 | 항공정보업무 |
| Annex 5 | 공지통신에 사용되는 측정단위 | Annex 16 | 환경보호 |
| Annex 6 | 항공기의 운항 | Volume I | 항공기 소음 |
| Annex 7 | 항공기 국적 및 등록기호 | Volume II | 항공기 기관 배출물질 |
| Annex 8 | 항공기의 감항성 | Annex 17 | 보안-불법방해 행위에 대한 국제민간항공의 보호 |
| Annex 9 | 출입국의 간소화 | | |
| Annex 10 | 항공통신 | Annex 18 | 위험물의 안전수송 |
| Annex 11 | 항공교통업무 | Annex 19 | 안전관리 |

【문제】 23. 자국의 항공규칙 및 방식이 국제표준에 의해 설정된 방식 및 수속상에 차이가 있을 경우 해당 체약국이 취해야 할 조치는?
① 차이점을 즉시 국제민간항공기구에 통고하여야 한다.
② 차이점을 60일 이내에 개정하여야 한다.
③ 차이점을 국제민간항공기구 가입국에 통고하여야 한다.
④ 차이점을 개정하고 30일 이내에 국제민간항공기구에 통고하여야 한다.

〈해설〉 국제민간항공협약 제38조(국제표준 및 수속상의 차이). 국제표준 또는 수속에 따라야 할 사항, 혹은 국제표준, 수속의 개정 후 자국의 규제 또는 방식을 이것에 완전히 일치하게 하는 것이 불가능하다고 인정하는 국가, 또는 국제표준에 의해 설정된 규칙 또는 방식과 특정한 점에 있어 상이한 규제 혹은 방식을 채택하는 것이 필요하다고 인정하는 국가는 자국의 방식과 국제표준에 의해 설정된 방식과의 차이점을 즉시 국제민

정답　18. ④　19. ③　20. ③　21. ④　22. ①　23. ①

간항공기구에 통고하여야 한다. 국제표준의 개정이 있을 경우에 자국의 규칙 또는 방식에 적당한 개정을 하지 않은 국가는 국제표준의 개정을 채택한 날로부터 60일 이내에 이사회에 통고하거나, 자국이 취하고자 하는 조치를 명시하여야 한다.

**【문제】24.** 국제민간항공협약에 규정된 국가 이외의 기타 국가가 협약에 가입하기 위해서는 세계의 제국이 평화를 유지하기 위하여 설립하는 일반적 국제기구의 승인을 받을 것을 조건으로, 총회의 찬반투표에서 얼마 이상의 찬성을 얻어야 하는가?
  ① 2분의 1   ② 5분의 3   ③ 3분의 2   ④ 5분의 4

〈해설〉 국제민간항공협약 제93조(기타 국가의 가입승인). 제91조와 제92조(a)에 규정한 국가 이외의 국가, 즉 제2차 세계대전 패전국 및 신생독립국가는 세계의 제국이 평화를 유지하기 위하여 설립하는 일반적 국제기구의 승인을 받을 것을 조건으로 총회의 5분의 4의 찬성과 총회가 정하는 조건에 의하여 본 협약에 가입하는 것을 승인한다. 다만, 이 경우 가입 희망국으로부터 제2차 세계대전 중 침략이나 공격을 받은 국가의 동의를 필요로 한다.

**【문제】25.** 국제항공운송협정에서 기술착륙의 자유는?
  ① 제1의 자유   ② 제2의 자유   ③ 제3의 자유   ④ 제4의 자유

**【문제】26.** 우리나라에서 여객 및 화물을 적재하여 워싱턴으로 비행하여 하기하는 자유는?
  ① 제1의 자유   ② 제2의 자유   ③ 제3의 자유   ④ 제4의 자유

**【문제】27.** 국적항공기가 뉴욕에서 승객 및 화물을 싣고 우리나라에서 내릴 수 있는 자유는?
  ① 제1의 자유   ② 제2의 자유   ③ 제3의 자유   ④ 제4의 자유

〈해설〉 국제항공운송협정은 국제항공업무통과협정에서 규정하고 있는 2개의 자유(무해항공의 자유, 기술착륙의 자유)에 3개의 자유를 합하여 정기국제항공업무에 관한 5개의 자유를 제1조에서 규정하고 있으며, 이를 열거하면 다음과 같다.

| 구 분 | 내 용 |
|---|---|
| 제1의 자유 | 체약국의 영역을 무착륙으로 횡단하는 특권 (무해항공의 자유) |
| 제2의 자유 | 운수 이외의 목적으로 착륙하는 특권 (기술착륙의 자유) |
| 제3의 자유 | 자국 내에서 적재한 여객 및 화물을 체약국인 타국에서 하기하는 자유 |
| 제4의 자유 | 다른 체약국의 영역에서 자국을 향해 여객 및 화물을 적재하는 자유 |
| 제5의 자유 | 제3국의 영역으로 향하는 여객 및 화물을 다른 체약국의 영역 내에서 적재하는 자유 또는 제3국의 영역으로부터 여객 및 화물을 다른 체약국의 영역 내에서 하기하는 자유 |

**【문제】28.** 버뮤다 협정에 대한 설명 중 틀린 것은?
  ① 1946년 2월 11일에 버뮤다에서 서명, 발효되었다.
  ② 다자간 항공협정으로 각국 항공협정의 모델이 되었다.
  ③ 국제항공운송체제가 지속적인 발전을 유지하는데 규제적 토대를 마련하였다.
  ④ 수송력에 대해서는 사후 심사주의를 채용하고, 운임의 엄격한 규제 등에 대한 규정을 두었다.

〈해설〉 버뮤다 협정은 1946년에 미국과 영국이 체결한 양국간 항공협정으로 그 후 각국 항공협정의 모델이 되었다.

정답   24. ④   25. ②   26. ③   27. ④   28. ②

【문제】 29. 국제민간항공기구의 설립 목표 및 목적이 아닌 것은?
① 체약국 간 차별 대우를 피함
② 항행 안전
③ 불합리한 경쟁 발생 시 경제적 손실의 상호 보상
④ 평화적 목적을 위한 항공기의 설계와 운송 기술을 장려

〈해설〉 국제민간항공협약 제44조에 명시된 국제민간항공기구의 목적을 보면 다음과 같다.
1. 국제민간항공의 안전 및 건전한 발전의 확보
2. 평화적 목적을 위한 항공기의 설계 및 운항기술의 장려
3. 국제민간항공을 위한 항공로, 공항 및 항행안전시설 발달의 장려
4. 안전, 질서, 효율적, 경제적인 항공수송에 대한 제국가 간의 요구에 대응
5. 불합리한 경쟁으로 인한 경제적 낭비의 방지
6. 체약국 권리의 반영 및 국제항공에 대한 공정한 기회부여와 보장
7. 체약국의 차별대우의 지양
8. 국제항공의 비행안전의 증진 도모
9. 국제민간항공의 모든 부문에서의 발달의 촉진

【문제】 30. 국제민간항공기구(ICAO)의 소재지는?
① 스위스 제네바  ② 프랑스 파리
③ 캐나다 몬트리올  ④ 미국 뉴욕

〈해설〉 1946년 국제민간항공기구의 결의에 의하여 항구적인 소재지는 캐나다 몬트리올에 두기로 하였다. 그러나 1954년 소재지에 관한 협약 제45조의 규정을 개정하고 국제민간항공기구의 항구적 소재지를 다른 장소로 이동할 수 있다고 규정하였다.

【문제】 31. 국제민간항공기구(ICAO)와 관련된 내용 중 틀린 것은?
① ICAO 사무국은 캐나다 몬트리올에 있다.
② 우리나라는 국회비준을 거쳐 1952년 12월 11일에 가입하였다.
③ 총회는 ICAO의 최고 의결기관으로 매년 개최된다.
④ 사무국은 사무총장 산하의 집행기관으로 본부와 7개의 지역사무소로 구성되어 있다.

〈해설〉 총회는 ICAO의 최고 의결기관으로 3년마다 개최된다.

【문제】 32. 다음 중 국제민간항공기구(ICAO)의 지역사무소가 아닌 것은?
① 아시아태평양지역사무소(APAC)  ② 중동지역사무소(MID)
③ 남미지역사무소(SAM)  ④ 유럽지역사무소(EUR)

〈해설〉 세계 각 지역의 특수한 사정에 따라 국제항공 문제를 구체적으로 처리하기 위하여 7개 지역에 국제민간항공기구의 지역사무소가 설치되어 있으며, 각 지역사무소는 다음과 같다.

| 지역사무소 | 소재지 | 지역사무소 | 소재지 |
|---|---|---|---|
| 아시아태평양지역사무소(APAC) | 태국 방콕 | 북중미카리브지역사무소(NACC) | 멕시코 멕시코시티 |
| 중동지역사무소(MID) | 이집트 카이로 | 동남아프리카지역사무소(ESAF) | 케냐 나이로비 |
| 중서부아프리카지역사무소(WACAF) | 세네갈 다카르 | 유럽북대서양지역사무소(EUR/NAT) | 프랑스 파리 |
| 남미지역사무소(SAM) | 페루 리마 | | |

[정답] 29. ③  30. ③  31. ③  32. ④

【문제】 33. 국제항공운송협회(IATA)의 역할로 맞는 것은?
　　① 국제항공의 운임 결정
　　② 국제민간항공의 안전 확보
　　③ 불합리한 경쟁으로 인한 경제적 낭비 방지
　　④ 국제민간항공의 발달 촉진
〈해설〉 국제항공운송협회의 주된 역할은 항공운임의 결정과 운송규칙의 제정 등이며, 주요 목적은 다음과 같다
　　1. 세계 인류의 이익을 위해 안전하고 정기적이며, 또한 경제적인 항공운송을 조성하며 항공사업을 조장하고, 또한 이에 관련하는 제반문제를 연구한다.
　　2. 국제항공업무에 직접 간접으로 종사하고 있는 항공기업간의 협력을 위해 모든 수단을 제공한다.
　　3. 국제민간항공기구 및 기타의 국제기구에 협력한다.

【문제】 34. 국제민간항공의 운임을 결정하는 기구는?
　　① 국제민간항공기구(ICAO)　　　② 국제항공운송협회(IATA)
　　③ 국제항공위원회(IANC)　　　　④ 항공운수협회
〈해설〉 국제항공운송협회(IATA)의 중요한 임무는 국제항공의 운임을 결정하는 것이다. 1946년 버뮤다협정에서 영미양국은 국제항공운송협회의 운임결정 기능을 승인하고, 국제항공운송협회에서 결정한 운임을 원칙적으로 협정업무의 적용 운임으로 인정하도록 하였다.

【문제】 35. 국제항공운송협회(IATA) 회원이 될 수 있는 항공사는?
　　① ICAO 가맹국의 국적을 가진 항공사
　　② IATA가 인정한 항공사
　　③ 국제항공업무에 종사하고 있는 항공사
　　④ 항공업무에 종사하고 있는 항공사
〈해설〉 IATA의 회원은 정회원과 준회원으로 구분되며, ICAO 가맹국의 국적을 가진 항공기업 만이 IATA의 회원이 될 수 있다.

【문제】 36. 동경협약(1963년)에서 뜻하는 "비행중"의 의미는?
　　① 항공기 엔진의 시동을 건 때부터 시동을 끌 때까지
　　② 탑승을 완료하고 항공기 문을 닫을 때부터 비행을 완료하고 하기를 위해 문을 열 때까지
　　③ 이륙의 목적을 위하여 시동이 된 순간부터 착륙활주가 끝난 순간까지
　　④ 이륙부터 착륙까지
〈해설〉 동경협약 제1조(협약의 적용). 본 협약의 적용상 항공기는 이륙의 목적을 위하여 시동이 된 순간부터 착륙활주가 끝난 순간까지를 비행 중인 것으로 간주한다.

【문제】 37. 항공기 운항 중 기내에서 발생한 범죄 및 기타 행위에 대한 재판의 주체가 되는 국가는?
　　① 관할국　　　② 체약국　　　③ 등록국　　　④ 관할국 및 체약국
〈해설〉 동경협약 제3조(재판관할권). 항공기의 등록국은 동 항공기 내에서 범하여진 범죄나 행위에 대한 재판관할권을 행사할 권한을 가진다.

정답　33. ①　34. ②　35. ①　36. ③　37. ③

【문제】 38. 기장의 권한 중 불법행위자에 대한 감금 시 조치사항으로 옳지 않은 것은?
① 기장은 감금을 위해 승객에게 명령할 수 있다.
② 기장은 승무원에게 도움을 요청할 수 있다.
③ 기장은 다른 승무원에게 권한을 위임할 수 있다.
④ 기장은 불법행위가 확실하다고 판단되거나 증거가 확실할 때에는 불법행위자를 감금할 수 있다.

〈해설〉 동경협약 제6조(항공기 기장의 권한). 항공기 기장은 자기가 감금할 권한이 있는 자를 감금하기 위하여 다른 승무원의 원조를 요구하거나 권한을 부여할 수 있으며, 승객의 원조를 요청하거나 권한을 부여할 수 있으나 이를 요구할 수는 없다.

【문제】 39. Hague 협약에 대한 사실로 옳지 않은 것은?
① 탑승 전 승객에도 적용된다.
② 국내선 항공기에도 적용된다.
③ 항공기 등록국가의 영토 외에서 이륙 또는 착륙한 경우에 적용된다.
④ 항공기 등록국가 이외의 국가 영토 내에서 범죄가 행하여진 경우에 적용된다.

〈해설〉 헤이그협약(Hague Convention)은 기상에서 범죄가 행하여지고 있는 항공기의 이륙장소 또는 실제의 착륙장소가 그 항공기 등록국가의 영토 외에 위치한 경우에만 적용되며, 그 항공기가 국제 혹은 국내 항행에 종사하는지 여부는 가리지 않는다.

【문제】 40. 몬트리올협약의 목적으로 맞는 것은?
① 민간항공의 안전에 대한 불법적 행위의 억제
② 가소성 폭약의 탐지를 위한 식별 조치
③ 항공기 불법납치의 억제
④ 항공기 내에서 범한 범죄 및 기타 행위에 대한 재판권 행사

〈해설〉 민간항공의 보안을 위한 국제협약은 다음과 같다.

| 협약 명칭 | 가 칭 | 체결년도 |
|---|---|---|
| 항공기 내에서 범한 범죄 및 기타 행위에 관한 협약 | 동경협약 | 1963 |
| 항공기의 불법납치 억제를 위한 협약 | 헤이그협약 | 1970 |
| 민간항공의 안전에 대한 불법적 행위의 억제를 위한 협약 | 몬트리올협약 | 1971 |
| 민간항공의 안전에 대한 불법적 행위의 억제를 위한 협약을 보충하는 국제 민간항공에 사용되는 공항에서의 불법적 폭력행위의 억제를 위한 의정서 | 몬트리올협약 보충 의정서 | 1971 |
| 가소성 폭약의 탐지를 위한 식별조치에 관한 협약 | 플라스틱 폭약 표지 협약 | 1991 |

【문제】 41. 몬트리올협약의 적용 대상이 되는 범죄가 아닌 것은?
① 승객에 대한 폭행
② 승객명단의 허위 작성
③ 허위내용의 교신
④ 항공시설의 손상

〈해설〉 몬트리올협약 제1조. 다음과 같은 행위를 하여 그 항공기의 안전에 위해를 가할 가능성이 있는 경우 범죄를 범한 것으로 한다.
1. 비행 중인 항공기에 탑승한 자에 대하여 폭력 행위를 행하는 경우

정답 38. ① 39. ① 40. ① 41. ②

2. 운항 중인 항공기를 파괴하는 경우 또는 그러한 비행기를 훼손한 경우
3. 운항 중인 항공기 상에 그 항공기를 파괴할 가능성이 있거나, 비행의 안전에 위해를 줄 가능성이 있는 장치나 물질을 설치하거나 또는 설치되도록 하는 경우
4. 항공시설을 파괴 혹은 손상하거나 또는 그 운용을 방해한 경우
5. 허위임을 아는 정보를 교신한 경우

【문제】42. 민간항공의 안전에 대한 불법적 행위의 억제를 위한 협약에서 "비행중"이란?
① 항공기 엔진의 시동을 건 때부터 시동을 끌 때까지
② 탑승을 완료하고 항공기 문을 닫을 때부터 비행을 완료하고 하기를 위해 문을 열 때까지
③ 이륙의 목적을 위하여 시동이 된 순간부터 착륙활주가 끝난 순간까지
④ 이륙부터 착륙까지

〈해설〉 몬트리올협약 제2조. 항공기는 탑승 후 모든 외부의 문이 닫힌 순간으로부터 하기를 위하여 그러한 문이 열리는 순간까지의 어떠한 시간에도 비행 중에 있는 것으로 본다.

【문제】43. ICAO 외에 국가간 맺은 지역별 국제 항공협력기구가 아닌 것은?
① 아시아 태평양지역 아시아 태평양 항공사협회(AAAP)
② 유럽지역 구주 민간항공회의(ECAC)
③ 중남미지역 라틴아메리카 민간항공위원회(LACAC)
④ 중동지역 아랍 민간항공이사회(ACAC)

〈해설〉 국가 간의 지역별 협력기구에는 유럽(구주, 歐洲) 민간항공회의(ECAC), 라틴아메리카(중남미) 민간항공위원회(LACAC), 아프리카 민간항공위원회(AFCAC), 아랍(중동) 민간항공이사회(ACAC), 유럽 항공안전기구(EUROCONTROL)가 있다.

【문제】44. 다음 중 항공사별 동맹이 아닌 것은?
① 원월드
② 바닐라 얼라이언스
③ 에어웨즈 얼라이언스
④ U-플라이 얼라이언스

〈해설〉 항공동맹(airline alliance)은 여러 항공사 들이 동맹/제휴를 맺어 만든 연합체를 말하며, 항공사 동맹체라고도 한다. 현재 주요 항공동맹으로는 스타 얼라이언스, 스카이팀, 원월드, 바닐라 얼라이언스, U-플라이 얼라이언스 등이 있다.

정답  42. ②  43. ①  44. ③

# 항공법규(Air Law)

## PART 2 국내 항공법

- 항공안전법
- 항공사업법
- 공항시설법
- 기타 관련법규

# 1  항공안전법

## 제1절 총 칙

### 1.1 항공안전법의 목적

| 구 분 | 목 적 |
|---|---|
| 항공안전법 | 「국제민간항공협약」 및 같은 협약의 부속서에서 채택된 표준과 권고되는 방식에 따라 항공기, 경량항공기 또는 초경량비행장치의 안전하고 효율적인 항행을 위한 방법과 국가, 항공사업자 및 항공종사자 등의 의무 등에 관한 사항을 규정함을 목적으로 한다. |
| 항공안전법 시행령 | 「항공안전법」에서 위임된 사항과 그 시행에 필요한 사항을 규정함을 목적으로 한다. |
| 항공안전법 시행규칙 | 「항공안전법」 및 같은 법 시행령에서 위임된 사항과 그 시행에 필요한 사항을 규정함을 목적으로 한다. |

### 1.2 용어의 정의
#### 1.2.1 항공기의 구분

〔항공기의 구분〕

| | 항공기 | 경량항공기 | 초경량비행장치 |
|---|---|---|---|
| • 정의 | 공기의 반작용으로 뜰 수 있는 기기 | 항공기 외에 공기의 반작용으로 뜰 수 있는 기기 | 항공기와 경량항공기 외에 공기의 반작용으로 뜰 수 있는 장치 |
| • 무게기준 | 최대이륙중량 600kg 초과 | 최대이륙중량 600kg 이하 | 자체중량 115kg 이하 |
| • 좌석 수 | 1개 이상 | 2개 이하 | 1개 |

1. 항공기: 공기의 반작용으로 뜰 수 있는 기기로서 최대이륙중량, 좌석 수 등 국토교통부령으로 정하는 기준에 해당하는 비행기, 헬리콥터, 비행선, 활공기와 그 밖에 대통령령으로 정하는 기기

| 종 류 | 항공기의 기준 | |
|---|---|---|
| | 사람이 탑승하는 경우 | 사람이 탑승하지 않고 원격조종 등의 방법으로 비행하는 경우 |
| 비행기 | 1. 최대이륙중량이 600kg(수상비행에 사용하는 경우에는 650kg)을 초과할 것<br>2. 조종사 좌석을 포함한 탑승좌석 수가 1개 이상일 것<br>3. 발동기가 1개 이상일 것 | 1. 연료의 중량을 제외한 자체중량이 150kg을 초과할 것<br>2. 발동기가 1개 이상일 것 |
| 헬리콥터 | | |
| 비행선 | 1. 발동기가 1개 이상일 것<br>2. 조종사 좌석을 포함한 탑승좌석 수가 1개 이상일 것 | 1. 발동기가 1개 이상일 것<br>2. 연료의 중량을 제외한 자체중량이 180kg을 초과하거나 비행선의 길이가 20m를 초과할 것 |
| 활공기 | 자체중량이 70kg을 초과할 것 | |
| 그 밖에 대통령령으로 정하는 기기 | 1. 최대이륙중량, 좌석 수, 속도 또는 자체중량 등이 국토교통부령으로 정하는 기준을 초과하는 기기<br>2. 지구 대기권 내외를 비행할 수 있는 항공우주선 | |

2. 경량항공기: 항공기 외에 공기의 반작용으로 뜰 수 있는 기기로서 최대이륙중량, 좌석 수 등 국토교통부령으로 정하는 기준에 해당하는 다음의 기기

| 종 류 | 경량항공기의 기준 |
|---|---|
| 비행기 | 1. 최대이륙중량이 600kg(수상비행에 사용하는 경우에는 650kg) 이하일 것<br>2. 최대 실속속도 또는 최소 정상비행속도가 45노트 이하일 것 |
| 헬리콥터 | 3. 조종사 좌석을 포함한 탑승 좌석이 2개 이하일 것<br>4. 단발(單發) 왕복발동기 또는 전기모터를 장착할 것 |
| 자이로플레인 | 5. 조종석은 여압이 되지 아니할 것<br>6. 비행 중에 프로펠러의 각도를 조정할 수 없을 것 |
| 동력패러슈트 | 7. 고정된 착륙장치가 있을 것. 다만, 수상비행에 사용하는 경우에는 고정된 착륙장치 외에 접을 수 있는 착륙장치를 장착할 수 있다. |

3. 초경량비행장치: 항공기와 경량항공기 외에 공기의 반작용으로 뜰 수 있는 장치로서 자체중량, 좌석 수 등 국토교통부령으로 정하는 기준에 해당하는 다음의 기기

| 종 류 | 초경량비행장치의 기준 |
|---|---|
| 동력비행장치 | 동력을 이용하는 것으로서 다음의 기준을 모두 충족하는 고정익비행장치<br>1. 탑승자, 연료 및 비상용 장비의 중량을 제외한 자체중량이 115kg 이하일 것<br>2. 연료의 탑재량이 19리터 이하일 것<br>3. 좌석이 1개일 것 |
| 행글라이더 | 탑승자 및 비상용 장비의 중량을 제외한 자체중량이 70kg 이하로서 체중이동, 타면조종 등의 방법으로 조종하는 비행장치 |
| 패러글라이더 | 탑승자 및 비상용 장비의 중량을 제외한 자체중량이 70kg 이하로서 날개에 부착된 줄을 이용하여 조종하는 비행장치 |
| 기구류 | 기체의 성질·온도차 등을 이용하는 다음의 비행장치<br>1. 유인자유기구<br>2. 무인자유기구(기구 외부에 2kg 이상의 물건을 매달고 비행하는 것만 해당)<br>3. 계류식기구 |
| 무인비행장치 | 사람이 탑승하지 않는 다음의 비행장치<br>1. 무인동력비행장치: 연료의 중량을 제외한 자체중량이 150kg 이하인 무인비행기, 무인헬리콥터, 무인멀티콥터 또는 무인수직이착륙기<br>2. 무인비행선: 연료의 중량을 제외한 자체중량이 180kg 이하이고 길이가 20m 이하인 무인비행선 |
| 회전익비행장치 | 동력비행장치의 요건을 갖춘 헬리콥터 또는 자이로플레인 |
| 동력패러글라이더 | 패러글라이더에 추진력을 얻는 장치를 부착한 다음 어느 하나에 해당하는 비행장치<br>1. 착륙장치가 없는 비행장치<br>2. 착륙장치가 있는 것으로서 동력비행장치의 요건을 갖춘 비행장치 |
| 낙하산류 | 항력을 발생시켜 대기 중을 낙하하는 사람 또는 물체의 속도를 느리게 하는 비행장치 |
| 그 밖에 국토교통부장관이 종류, 크기, 중량, 용도 등을 고려하여 정하여 고시하는 비행장치 | |

4. 국가기관등항공기: 국가기관등이 소유하거나 임차(賃借)한 항공기로서 다음의 어느 하나에 해당하는 업무를 수행하기 위하여 사용되는 항공기(다만, 군용·경찰용·세관용 항공기는 제외)

　가. 재난·재해 등으로 인한 수색(搜索)·구조

　나. 산불의 진화 및 예방

　다. 응급환자의 후송 등 구조·구급활동

　라. 그 밖에 공공의 안녕과 질서유지를 위하여 필요한 업무

## 1.2.2 항공업무

"항공업무"란 다음의 어느 하나에 해당하는 업무를 말한다.

1. 항공기의 운항(무선설비의 조작을 포함) 업무(항공기 조종연습은 제외)
2. 항공교통관제(무선설비의 조작을 포함) 업무(항공교통관제연습은 제외)
3. 항공기의 운항관리 업무
4. 정비·수리·개조("정비등")된 항공기·발동기·프로펠러("항공기등"), 장비품 또는 부품에 대하여 안전하게 운용할 수 있는 성능("감항성")이 있는지를 확인하는 업무 및 경량항공기 또는 그 장비품·부품의 정비사항을 확인하는 업무

## 1.2.3 항공기사고

[항공사고의 구분]

| 항공사고 | | | |
|---|---|---|---|
| 항공기사고 | 항공기준사고 | 항공안전장애 | 항공안전위해요인 |
| 항공기의 운항과 관련하여 발생한 것으로서 국토교통부령으로 정하는 것 | 항공안전에 중대한 위해를 끼쳐 항공기사고로 이어질 수 있었던 것으로서 국토교통부령으로 정하는 것 | 항공기사고 및 항공기준사고 외에 항공기의 운항 등과 관련하여 항공안전에 영향을 미치거나 미칠 우려가 있는 것 | 항공기사고, 항공기준사고 또는 항공안전장애를 발생시킬 수 있거나 발생 가능성의 확대에 기여할 수 있는 상황, 상태 또는 물적·인적요인 등 |

1. 항공기사고: 사람이 비행을 목적으로 항공기에 탑승하였을 때부터 탑승한 모든 사람이 항공기에서 내릴 때까지 항공기의 운항과 관련하여 발생한 다음의 어느 하나에 해당하는 것으로서 국토교통부령으로 정하는 것을 말한다.
   가. 사람의 사망, 중상 또는 행방불명
      중상의 범위는 다음과 같다.
      (1) 항공기사고, 경량항공기사고 또는 초경량비행장치사고로 부상을 입은 날부터 7일 이내에 48시간을 초과하는 입원치료가 필요한 부상
      (2) 골절(코뼈, 손가락, 발가락 등의 간단한 골절은 제외)
      (3) 열상(찢어진 상처)으로 인한 심한 출혈, 신경·근육 또는 힘줄의 손상
      (4) 2℃나 3℃의 화상 또는 신체표면의 5%를 초과하는 화상(화상을 입은 날부터 7일 이내에 48시간을 초과하는 입원치료가 필요한 경우만 해당)
      (5) 내장의 손상
      (6) 전염물질이나 유해방사선에 노출된 사실이 확인된 경우
   나. 항공기의 파손 또는 구조적 손상
   다. 항공기의 위치를 확인할 수 없거나 항공기에 접근이 불가능한 경우
2. 항공기준사고(航空機準事故): 항공안전에 중대한 위해를 끼쳐 항공기사고로 이어질 수 있었던 것으로서 국토교통부령으로 정하는 것을 말한다. 국토교통부령으로 정하는 항공기준사고의 범위는 다음과 같다.
   가. 항공기의 위치, 속도 및 거리가 다른 항공기와 충돌위험이 있었던 것으로 판단되는 근접비행이 발생한 경우(다른 항공기와의 거리가 500ft 미만으로 근접하였던 경우) 또는 경미한 충돌이 있었으나 안전하게 착륙한 경우

나. 항공기가 정상적인 비행 중 지표, 수면 또는 그 밖의 장애물과의 충돌을 가까스로 회피한 경우
다. 항공기, 차량, 사람 등이 허가 없이 또는 잘못된 허가로 항공기 이륙·착륙을 위해 지정된 보호구역에 진입하여 다른 항공기와의 충돌을 가까스로 회피한 경우
라. 항공기가 다음의 장소에서 이륙하거나 이륙을 포기한 경우 또는 착륙하거나 착륙을 시도한 경우
　(1) 폐쇄된 활주로 또는 다른 항공기가 사용 중인 활주로
　(2) 허가 받지 않은 활주로
　(3) 유도로
　(4) 도로 등 착륙을 의도하지 않은 장소
마. 항공기가 이륙·착륙 중 활주로 시단(始端)에 못 미치거나 또는 종단(終端)을 초과한 경우, 또는 활주로 옆으로 이탈한 경우
바. 항공기가 이륙 또는 초기 상승 중 규정된 성능에 도달하지 못한 경우
사. 비행 중 운항승무원이 신체, 심리, 정신 등의 영향으로 조종업무를 정상적으로 수행할 수 없는 경우
아. 조종사가 연료량 또는 연료배분 이상으로 비상선언을 한 경우(연료의 불충분, 소진, 누유 등으로 인한 결핍 또는 사용가능한 연료를 사용할 수 없는 경우)
자. 항공기 시스템의 고장, 항공기 동력 또는 추진력의 손실, 기상 이상, 항공기 운용한계의 초과 등으로 조종상의 어려움(Difficulties in Controlling)이 발생했거나 발생할 수 있었던 경우
차. 다음에 따라 항공기에 중대한 손상이 발견된 경우
　(1) 항공기가 지상에서 운항 중 다른 항공기나 장애물, 차량, 장비 또는 동물과 접촉·충돌
　(2) 비행 중 조류(鳥類), 우박, 그 밖의 물체와 충돌 또는 기상 이상 등
　(3) 항공기 이륙·착륙 중 날개, 발동기 또는 동체와 지면의 접촉·충돌 또는 끌림(dragging). 다만, 꼬리 스키드(tail-skid)의 경미한 접촉 등 항공기 이륙·착륙에 지장이 없는 경우는 제외한다.
카. 비행 중 운항승무원이 비상용 산소 또는 산소마스크를 사용해야 하는 상황이 발생한 경우
타. 운항 중 항공기 구조상의 결함(Aircraft Structural Failure)이 발생한 경우 또는 터빈발동기의 내부 부품이 외부로 떨어져 나간 경우를 포함하여 터빈발동기의 내부 부품이 분해된 경우
파. 운항 중 발동기에서 화재가 발생하거나 조종실, 객실이나 화물칸에서 화재·연기가 발생한 경우
하. 비행 중 비행 유도 및 항행에 필요한 다중시스템(Redundancy System) 중 2개 이상의 고장으로 항행에 지장을 준 경우
거. 비행 중 비행 2개 이상의 항공기 시스템 고장이 동시에 발생하여 비행에 심각한 영향을 미치는 경우
너. 운항 중 비의도적으로 항공기 외부의 인양물이나 탑재물이 항공기로부터 분리된 경우 또는 비상조치를 위해 의도적으로 항공기 외부의 인양물이나 탑재물을 항공기로부터 분리한 경우
3. 항공안전장애: 항공기사고 및 항공기준사고 외에 항공기의 운항 등과 관련하여 항공안전에 영향을 미치거나 미칠 우려가 있는 것
4. 항공안전위해요인: 항공기사고, 항공기준사고 또는 항공안전장애를 발생시킬 수 있거나 발생 가능성의 확대에 기여할 수 있는 상황, 상태 또는 물적·인적요인 등

### 1.2.4 기타 용어

1. 비행정보구역: 항공기, 경량항공기 또는 초경량비행장치의 안전하고 효율적인 비행과 수색 또는 구조에 필요한 정보를 제공하기 위한 공역으로서 「국제민간항공협약」 및 같은 협약 부속서에 따라 국토교통부장관이 그 명칭, 수직 및 수평 범위를 지정·공고한 공역

2. 항공로: 국토교통부장관이 항공기, 경량항공기 또는 초경량비행장치의 항행에 적합하다고 지정한 지구의 표면상에 표시한 공간의 길
3. 항공종사자: 항공안전법 제34조(항공종사자 자격증명등) 제1항에 따른 항공종사자 자격증명을 받은 사람
4. 운항승무원: 항공안전법 제35조(자격증명의 종류) 제1호부터 제6호까지의 어느 하나에 해당하는 자격증명을 받은 사람으로서 항공기에 탑승하여 항공업무에 종사하는 사람
5. 객실승무원: 항공기에 탑승하여 비상시 승객을 탈출시키는 등 승객의 안전을 위한 업무를 수행하는 사람
6. 계기비행: 항공기의 자세·고도·위치 및 비행방향의 측정을 항공기에 장착된 계기에만 의존하여 비행하는 것
7. 관제권: 비행장 또는 공항과 그 주변의 공역으로서 항공교통의 안전을 위하여 국토교통부장관이 지정·공고한 공역
8. 관제구: 지표면 또는 수면으로부터 200m 이상 높이의 공역으로서 항공교통의 안전을 위하여 국토교통부장관이 지정·공고한 공역

## 1.3 적용 특례
### 1.3.1 군용항공기 등의 적용 특례(항공안전법 제3조)
군용항공기, 세관업무 또는 경찰업무에 사용하는 항공기와 이에 관련된 항공업무에 종사하는 사람에 대하여는 이 법을 적용하지 아니한다.

### 1.3.2 긴급운항의 범위(항공안전법 시행규칙 제11조)
항공안전법 제4조(국가기관등항공기의 적용 특례) 제2항에서 "국토교통부령으로 정하는 공공목적으로 긴급히 운항(훈련을 포함)하는 경우"란 소방·산림 또는 자연공원 업무 등에 사용되는 항공기를 이용하여 재해·재난의 예방, 응급환자를 위한 장기(臟器) 이송, 산림 방제·순찰, 산림보호사업을 위한 화물 수송, 그 밖에 이와 유사한 목적으로 긴급히 운항(훈련을 포함)하는 경우를 말한다.

## 제2절 항공기 등록

## 2.1 항공기 등록
### 2.1.1 항공기 등록(항공안전법 제7조)
항공기를 소유하거나 임차하여 항공기를 사용할 수 있는 권리가 있는 자("소유자등")는 항공기를 대통령령으로 정하는 바에 따라 국토교통부장관에게 등록을 하여야 한다. 다만, 대통령령으로 정하는 다음의 항공기는 등록을 필요로 하지 않는다.
1. 등록을 필요로 하지 않는 항공기의 범위(항공안전법 시행령 제4조)
  가. 군 또는 세관에서 사용하거나 경찰업무에 사용하는 항공기
  나. 외국에 임대할 목적으로 도입한 항공기로서 외국 국적을 취득할 항공기
  다. 국내에서 제작한 항공기로서 제작자 외의 소유자가 결정되지 아니한 항공기
  라. 외국에 등록된 항공기를 임차하여 운영하는 경우 그 항공기
  마. 항공기 제작자나 항공기 관련 연구기관이 연구·개발 중인 항공기

2. 항공기 등록의 제한(항공안전법 제10조)
   가. 다음의 어느 하나에 해당하는 자가 소유하거나 임차한 항공기는 등록할 수 없다. 다만, 대한민국의 국민 또는 법인이 임차하여 사용할 수 있는 권리가 있는 항공기는 그러하지 아니하다.
      (1) 대한민국 국민이 아닌 사람
      (2) 외국정부 또는 외국의 공공단체
      (3) 외국의 법인 또는 단체
      (4) 위의 (1)항부터 (3)항까지의 어느 하나에 해당하는 자가 주식이나 지분의 2분의 1 이상을 소유하거나 그 사업을 사실상 지배하는 법인
      (5) 외국인이 법인 등기사항증명서상의 대표자이거나 외국인이 법인 등기사항증명서상의 임원 수의 2분의 1 이상을 차지하는 법인
   나. 위의 가항 단서에도 불구하고 외국 국적을 가진 항공기는 등록할 수 없다.

3. 항공기 등록사항(항공안전법 제11조)
   국토교통부장관은 항공기를 등록한 경우에는 항공기 등록원부에 다음의 사항을 기록하여야 한다.
   가. 항공기의 형식
   나. 항공기의 제작자
   다. 항공기의 제작번호
   라. 항공기의 정치장(定置場)
   마. 소유자 또는 임차인·임대인의 성명 또는 명칭과 주소 및 국적
   바. 등록 연월일
   사. 등록기호

### 2.1.2 항공기 등록의 종류

[항공기 등록의 구분]

| 신규등록 | 변경등록 | 이전등록 | 말소등록 |
|---|---|---|---|
| 항공기를 소유하거나 임차하여 사용할 수 있는 권리에 대한 내용을 항공기 등록원부에 최초로 기록하는 등록 | 항공기 소유권, 임차권 및 저당권 등에 대한 권리가 있는 자의 성명, 명칭 및 주소나 정치장을 변경하는 등록 | 항공기 소유권, 임차권 및 저당권 등에 대한 권리가 다른 자에게로 이전되는 등록 | 항공기 소유권, 임차권 및 저당권 등에 대한 권리가 소멸되어 이를 등록원부에서 삭제하는 등록 |

1. 항공기 변경등록(항공안전법 제13조)
   소유자등은 다음의 어느 하나에 해당하는 등록사항이 변경되었을 때에는 그 변경된 날부터 15일 이내에 대통령령으로 정하는 바에 따라 국토교통부장관에게 변경등록을 신청하여야 한다.
   가. 항공기의 정치장(定置場)
   나. 소유자 또는 임차인·임대인의 성명 또는 명칭과 주소 및 국적

2. 항공기 이전등록(항공안전법 제14조)
   등록된 항공기의 소유권 또는 임차권을 양도·양수하려는 자는 그 사유가 있는 날부터 15일 이내에 대통령령으로 정하는 바에 따라 국토교통부장관에게 이전등록을 신청하여야 한다.

3. 항공기 말소등록(항공안전법 제15조)
  가. 소유자등은 등록된 항공기가 다음의 어느 하나에 해당하는 경우에는 그 사유가 있는 날부터 15일 이내에 대통령령으로 정하는 바에 따라 국토교통부장관에게 말소등록을 신청하여야 한다.
    (1) 항공기가 멸실(滅失)되었거나 항공기를 해체(정비등, 수송 또는 보관하기 위한 해체는 제외)한 경우
    (2) 항공기의 존재 여부를 1개월(항공기사고인 경우에는 2개월) 이상 확인할 수 없는 경우
    (3) 항공안전법 제10조(항공기 등록의 제한) 제1항의 어느 하나에 해당하는 자에게 항공기를 양도하거나 임대(외국 국적을 취득하는 경우만 해당)한 경우
    (4) 임차기간의 만료 등으로 항공기를 사용할 수 있는 권리가 상실된 경우
  나. 소유자등이 말소등록을 신청하지 아니하면 국토교통부장관은 7일 이상의 기간을 정하여 말소등록을 신청할 것을 최고(催告)하여야 한다.

## 2.2 항공기 등록기호표의 부착(항공안전법 제17조)

소유자등은 항공기를 등록한 경우에는 그 항공기 등록기호표를 국토교통부령으로 정하는 형식·위치 및 방법 등에 따라 항공기에 붙여야 한다.

1. 항공기를 소유하거나 임차하여 사용할 수 있는 권리가 있는 자("소유자등")가 항공기를 등록한 경우에는 강철 등 내화금속(耐火金屬)으로 된 등록기호표(가로 7cm×세로 5cm의 직사각형)를 다음의 구분에 따라 보기 쉬운 곳에 붙여야 한다.
  가. 항공기에 출입구가 있는 경우: 항공기 주(主)출입구 윗부분의 안쪽
  나. 항공기에 출입구가 없는 경우: 항공기 동체의 외부 표면
2. 등록기호표에는 국적기호 및 등록기호("등록부호")와 소유자등의 명칭을 적어야 한다.

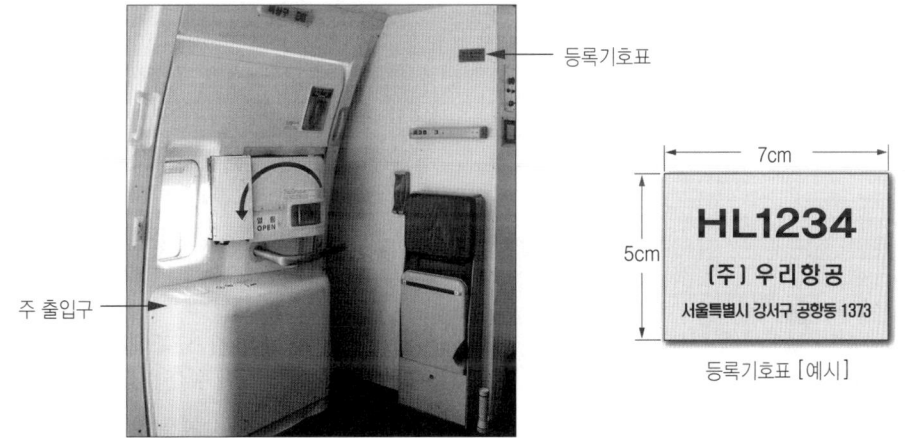

그림 2-1. 등록기호표(Registration Mark)의 부착〔예시〕

## 2.3 항공기 국적 등의 표시
### 2.3.1 항공기 국적 등의 표시(항공안전법 제18조, 항공안전법 시행규칙 제13조)

누구든지 국적, 등록기호 및 소유자등의 성명 또는 명칭을 표시하지 아니한 항공기를 운항해서는 아니 된다.

1. 국적 등의 표시는 국적기호, 등록기호 순으로 표시하고 장식체를 사용해서는 아니 되며, 국적기호는 로마자의 대문자 "HL"로 표시하여야 한다.

2. 등록기호의 첫 글자가 문자인 경우 국적기호와 등록기호 사이에 붙임표(-)를 삽입하여야 한다.
3. 항공기에 표시하는 등록부호는 지워지지 아니하고 배경과 선명하게 대조되는 색으로 표시하여야 한다.
4. 등록기호의 구성 등에 필요한 세부사항은 국토교통부장관이 정하여 고시한다.

### 2.3.2 등록부호의 표시

1. 등록부호의 표시위치 및 표시방법

  가. 비행기와 활공기의 경우에는 주날개와 꼬리날개 또는 주날개와 동체에 다음의 구분에 따라 표시해야 한다.

| 표시위치 | 표시방법 |
| --- | --- |
| 주날개 | 오른쪽 날개 윗면과 왼쪽 날개 아랫면에 주날개의 앞 끝과 뒤 끝에서 같은 거리에 위치하도록 하고, 등록부호의 윗 부분이 주날개의 앞 끝을 향하게 표시 |
| 꼬리날개 | 수직꼬리날개의 양쪽 면에, 꼬리날개의 앞 끝과 뒤 끝에서 5cm 이상 떨어지도록 수평 또는 수직으로 표시 |
| 동 체 | 주날개와 꼬리날개 사이에 있는 동체의 양쪽 면의 수평안정판 바로 앞에 수평 또는 수직으로 표시 |

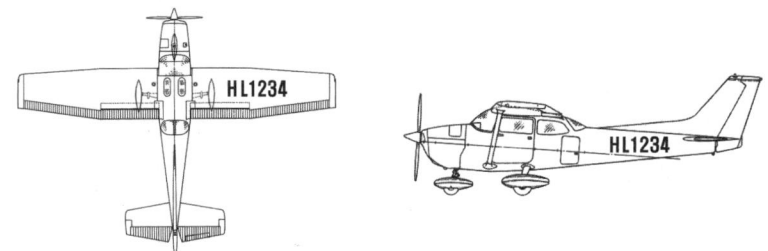

그림 2-2. 비행기의 등록부호 표시 [예시]

  나. 헬리콥터의 경우에는 동체 아랫면과 동체 옆면에 다음의 구분에 따라 표시해야 한다.

| 표시위치 | 표시방법 |
| --- | --- |
| 동체 아랫면 | 동체의 최대 횡단면 부근에 등록부호의 윗부분이 동체 좌측을 향하게 표시 |
| 동체 옆면 | 주 회전익 축과 보조 회전익 축 사이의 동체 또는 동력장치가 있는 부근의 양 측면에 수평 또는 수직으로 표시 |

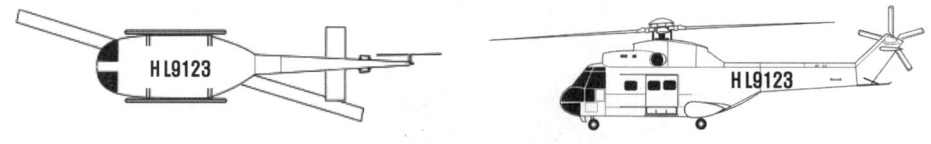

그림 2-3. 헬리콥터의 등록부호 표시 [예시]

  다. 비행선의 경우에는 선체 또는 수평안정판과 수직안정판에 다음의 구분에 따라 표시해야 한다.

| 표시위치 | 표시방법 |
| --- | --- |
| 선 체 | 대칭축과 직각으로 교차하는 최대 횡단면 부근의 윗면과 양 옆면에 표시 |
| 수평안정판 | 오른쪽 윗면과 왼쪽 아랫면에 등록부호의 윗부분이 수평안정판의 앞 끝을 향하게 표시 |
| 수직안정판 | 수직안정판의 양쪽면 아랫부분에 수평으로 표시 |

2. 등록부호의 높이

  등록부호에 사용하는 각 문자와 숫자의 높이는 같아야 하고, 항공기의 종류와 위치에 따른 높이는 다음의 구분에 따른다.

| 항공기의 종류 | 표시위치 | 등록부호의 높이 |
|---|---|---|
| 비행기와 활공기 | 주날개 | 50cm 이상 |
| | 수직꼬리날개 또는 동체 | 30cm 이상 |
| 헬리콥터 | 동체 아랫면 | 50cm 이상 |
| | 동체 옆면 | 30cm 이상 |
| 비행선 | 선 체 | 50cm 이상 |
| | 수평안정판과 수직안정판 | 15cm 이상 |

3. 등록부호의 폭·선 등

  등록부호에 사용하는 각 문자와 숫자의 폭, 선의 굵기 및 간격은 다음과 같다.

| 구 분 | 등록부호의 폭·선 등 |
|---|---|
| 폭과 붙임표(-)의 길이 | 문자 및 숫자 높이의 3분의 2 (영문자 I와 아라비아 숫자 1은 제외) |
| 선의 굵기 | 문자 및 숫자 높이의 6분의 1 |
| 간 격 | 문자 및 숫자 폭의 4분의 1 이상 2분의 1 이하 |

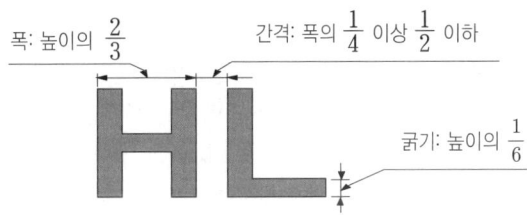

그림 2-4. 항공기 등록부호의 폭·선 등

## 제3절 항공기기술기준 및 형식증명 등

〔감항증명 등의 구분〕

```
                        감항증명 등
    ┌──────────┬──────────┼──────────┬──────────┐
  감항증명      형식증명     형식증명승인     제작증명
```

| 감항증명 | 형식증명 | 형식증명승인 | 제작증명 |
|---|---|---|---|
| 해당 항공기가 형식증명 또는 형식증명승인에 따라 인가된 설계에 일치하게 제작되고 안전하게 운항할 수 있다고 판단되는 경우에 발급하는 증명 | 해당 항공기등의 설계가 항공기기술기준에 적합하다고 인정하는 경우에 발급하는 증명 | 항공기등의 설계에 관하여 외국정부로부터 형식증명을 받은 해당 항공기등에 대하여 항공기기술기준에 적합하다고 인정하는 경우에 발급하는 승인 | 형식증명에 따라 인가된 설계에 일치하게 항공기등을 제작할 수 있는 기술, 설비, 인력및품질관리 체계 등을 갖추고 있다고 인정하는 경우에 발급하는 증명 |

### 3.1 감항증명(항공안전법 제23조)

### 3.1.1 감항증명 및 감항성 유지

1. 감항증명의 신청(항공안전법 시행규칙 제35조)

  가. 항공기가 감항성이 있다는 증명("감항증명")을 받으려는 자는 국토교통부령으로 정하는 바에 따라 국토교통부장관에게 감항증명을 신청하여야 한다.

  나. 감항증명을 받으려는 자는 항공기 표준감항증명 신청서 또는 항공기 특별감항증명 신청서에 다음의 서류를 첨부하여 국토교통부장관 또는 지방항공청장에게 제출하여야 한다.

(1) 비행교범(연구·개발을 위한 특별감항증명의 경우에는 제외)
      (가) 항공기의 종류·등급·형식 및 제원에 관한 사항
      (나) 항공기 성능 및 운용한계에 관한 사항
      (다) 항공기 조작방법 등 그 밖에 국토교통부장관이 정하여 고시하는 사항
   (2) 정비교범(연구·개발을 위한 특별감항증명의 경우에는 제외)
   (3) 그 밖에 감항증명과 관련하여 국토교통부장관이 필요하다고 인정하여 고시하는 서류
2. 감항증명을 받을 수 있는 항공기
  가. 감항증명은 대한민국 국적을 가진 항공기가 아니면 받을 수 없다. 다만, 국토교통부령으로 정하는 항공기의 경우에는 그러하지 아니하다.
  나. 예외적으로 감항증명을 받을 수 있는 항공기란 다음의 어느 하나에 해당하는 항공기를 말한다.
   (1) 항공안전법 제5조(임대차 항공기의 운영에 대한 권한 및 의무 이양의 적용 특례)에 따른 임대차 항공기의 운영에 대한 권한 및 의무이양의 적용 특례를 적용받는 항공기
   (2) 국내에서 수리·개조 또는 제작한 후 수출할 항공기
   (3) 국내에서 제작되거나 외국으로부터 수입하는 항공기로서 대한민국의 국적을 취득하기 전에 감항증명을 신청한 항공기
3. 감항증명의 종류
  가. 누구든지 다음의 어느 하나에 해당하는 감항증명을 받지 아니한 항공기를 운항하여서는 아니 된다.
   (1) 표준감항증명: 해당 항공기가 형식증명 또는 형식증명승인에 따라 인가된 설계에 일치하게 제작되고 안전하게 운항할 수 있다고 판단되는 경우에 발급하는 증명
   (2) 특별감항증명: 해당 항공기가 제한형식증명을 받았거나 항공기의 연구, 개발 등 국토교통부령으로 정하는 경우로서 항공기 제작자 또는 소유자등이 제시한 운용범위를 검토하여 안전하게 운항할 수 있다고 판단되는 경우에 발급하는 증명
  나. 특별감항증명의 대상(항공안전법 시행규칙 제37조)
      항공기의 연구, 개발 등 특별감항증명의 대상이 되는 경우는 다음과 같다.
   (1) 항공기 및 관련 기기의 개발과 관련된 다음의 어느 하나에 해당하는 경우
      (가) 항공기 제작자 및 항공기 관련 연구기관 등이 연구·개발 중인 경우
      (나) 판매·홍보·전시·시장조사 등에 활용하는 경우
      (다) 조종사 양성을 위하여 조종연습에 사용하는 경우
   (2) 항공기의 제작·정비·수리·개조 및 수입·수출 등과 관련한 다음의 어느 하나에 해당하는 경우
      (가) 제작·정비·수리 또는 개조 후 시험비행을 하는 경우
      (나) 정비·수리 또는 개조("정비등")를 위한 장소까지 승객·화물을 싣지 아니하고 비행[공수비행(空手飛行)]하는 경우
      (다) 수입하거나 수출하기 위하여 승객·화물을 싣지 아니하고 비행하는 경우
      (라) 설계에 관한 형식증명을 변경하기 위하여 운용한계를 초과하는 시험비행을 하는 경우
   (3) 무인항공기를 운항하는 경우
   (4) 다음과 같은 특정한 업무를 수행하기 위하여 사용되는 경우
      (가) 산불 진화 및 예방 업무
      (나) 재난·재해 등으로 인한 수색·구조 업무
      (다) 응급환자의 수송 등 구조·구급 업무

(라) 씨앗 파종, 농약 살포 또는 어군(魚群)의 탐지 등 농·수산업 업무
(마) 기상관측, 기상조절 실험 등 기상 업무
(바) 건설자재 등을 외부에 매달고 운반하는 업무(헬리콥터만 해당)
(사) 해양오염 관측 및 해양 방제 업무
(아) 산림, 관로(管路), 전선(電線) 등의 순찰 또는 관측 업무
(5) 위의 (1)항부터 (4)항까지 외에 공공의 안녕과 질서유지를 위한 업무를 수행하는 경우로서 국토교통부장관이 인정하는 경우

4. 감항증명을 위한 검사범위(항공안전법 시행규칙 제38조)
 가. 국토교통부장관은 감항증명을 하는 경우 국토교통부령으로 정하는 바에 따라 해당 항공기의 설계, 제작과정, 완성 후의 상태와 비행성능에 대하여 검사하고 해당 항공기의 운용한계를 지정하여야 한다. 다만, 다음의 어느 하나에 해당하는 항공기의 경우에는 국토교통부령으로 정하는 바에 따라 검사의 일부를 생략할 수 있다.
  (1) 형식증명, 제한형식증명 또는 형식증명승인을 받은 항공기
  (2) 제작증명을 받은 자가 제작한 항공기
  (3) 항공기를 수출하는 외국정부로부터 감항성이 있다는 승인을 받아 수입하는 항공기
 나. 국토교통부장관 또는 지방항공청장은 감항증명을 하는 경우에는 항공기기술기준에서 정한 항공기의 감항분류에 따라 다음의 사항에 대하여 항공기의 운용한계를 지정하여야 한다.
  (1) 속도에 관한 사항
  (2) 발동기 운용성능에 관한 사항
  (3) 중량 및 무게중심에 관한 사항
  (4) 고도에 관한 사항
  (5) 그 밖에 성능한계에 관한 사항
 다. 감항증명을 할 때 생략할 수 있는 검사는 다음의 구분에 따른다.

| 구 분 | 생략할 수 있는 검사 |
| --- | --- |
| 형식증명 또는 제한형식증명을 받은 항공기 | 설계에 대한 검사 |
| 형식증명승인을 받은 항공기 | 설계에 대한 검사와 제작과정에 대한 검사 |
| 제작증명을 받은 자가 제작한 항공기 | 제작과정에 대한 검사 |
| 수입 항공기(신규로 생산되어 수입하는 완제기만 해당) | 비행성능에 대한 검사 |

5. 감항증명의 유효기간
 감항증명의 유효기간은 1년으로 한다. 다만, 항공기의 형식, 기령 및 소유자등의 감항성 유지능력 등을 고려하여 국토교통부령으로 정하는 바에 따라 유효기간을 연장하거나 단축할 수 있다.

## 3.2 형식증명(항공안전법 제20조)

1. 항공기등의 설계에 관하여 국토교통부장관의 증명을 받으려는 자는 국토교통부령으로 정하는 바에 따라 국토교통부장관에게 형식증명 또는 제한형식증명을 신청하여야 한다.
2. 국토교통부장관은 형식증명의 신청을 받은 경우 해당 항공기등이 항공기기술기준 등에 적합한지를 검사한 후 다음의 구분에 따른 증명을 하여야 한다.
 가. 해당 항공기등의 설계가 항공기기술기준에 적합한 경우: 형식증명
 나. 신청인이 항공기의 설계가 산불진화, 수색구조 등 국토교통부령으로 정하는 특정한 항공기의 업무

와 관련된 항공기기술기준에 적합하고 신청인이 제시한 운용범위에서 안전하게 운항할 수 있음을 입증한 경우: 제한형식증명

### 3.3 형식증명승인(항공안전법 제21조)

항공기등의 설계에 관하여 외국정부로부터 형식증명을 받은 자가 해당 항공기등에 대하여 항공기기술기준에 적합함을 승인("형식증명승인") 받으려는 경우 국토교통부령으로 정하는 바에 따라 항공기등의 형식별로 국토교통부장관에게 형식증명승인을 신청하여야 한다.

### 3.4 제작증명(항공안전법 제22조)

1. 형식증명 또는 제한형식증명에 따라 인가된 설계에 일치하게 항공기등을 제작할 수 있는 기술, 설비, 인력 및 품질관리체계 등을 갖추고 있음을 증명("제작증명") 받으려는 자는 국토교통부령으로 정하는 바에 따라 국토교통부장관에게 제작증명을 신청하여야 한다.
2. 국토교통부장관은 제작증명을 위한 검사 결과 제작증명을 받으려는 자가 항공기기술기준에 적합하게 항공기등을 제작할 수 있는 기술, 설비, 인력 및 품질관리체계 등을 갖추고 있다고 인정하는 경우에는 별지 제12호서식의 제작증명서를 발급하여야 한다.

### 3.5 소음기준적합증명(항공안전법 제25조)

1. 국토교통부령으로 정하는 항공기의 소유자등은 감항증명을 받는 경우와 수리·개조 등으로 항공기의 소음치가 변동된 경우에는 국토교통부령으로 정하는 바에 따라 그 항공기가 소음기준에 적합한지에 대하여 국토교통부장관의 증명("소음기준적합증명")을 받아야 한다.
2. 소음기준적합증명 대상 항공기란 다음의 어느 하나에 해당하는 항공기로서 국토교통부장관이 정하여 고시하는 항공기를 말한다.
    가. 터빈발동기를 장착한 항공기
    나. 국제선을 운항하는 항공기
3. 소음기준적합증명을 받지 아니하거나 항공기기술기준에 적합하지 아니한 항공기를 운항해서는 아니 된다. 다만, 국토교통부령으로 정하는 바에 따라 국토교통부장관의 소음기준적합증명의 기준에 적합하지 아니한 항공기의 운항허가를 받을 수 있는 경우는 다음과 같다.
    가. 항공기의 생산업체, 연구기관 또는 제작자 등이 항공기 또는 그 장비품 등의 시험·조사·연구·개발을 위하여 시험비행을 하는 경우
    나. 항공기의 제작 또는 정비등을 한 후 시험비행을 하는 경우
    다. 항공기의 정비등을 위한 장소까지 승객·화물을 싣지 아니하고 비행하는 경우
    라. 항공기의 설계에 관한 형식증명을 변경하기 위하여 운용한계를 초과하는 시험비행을 하는 경우

## 제4절 항공종사자 등

### 4.1 항공종사자 자격증명 등
#### 4.1.1 항공종사자 자격증명(항공안전법 제34조)

항공업무에 종사하려는 사람은 국토교통부령으로 정하는 바에 따라 국토교통부장관으로부터 항공종사자 자격증명을 받아야 한다. 다만, 항공업무 중 무인항공기의 운항업무인 경우에는 그러하지 아니하다.

1. 자격증명의 종류 및 업무범위(항공안전법 제35조/제36조)

| 자격증명의 종류 | 업무범위 |
|---|---|
| 운송용 조종사 | 항공기에 탑승하여 다음의 행위를 하는 것<br>1. 사업용 조종사의 자격을 가진 사람이 할 수 있는 행위<br>2. 항공운송사업의 목적을 위하여 사용하는 항공기를 조종하는 행위 |
| 사업용 조종사 | 항공기에 탑승하여 다음의 행위를 하는 것<br>1. 자가용 조종사의 자격을 가진 사람이 할 수 있는 행위<br>2. 무상으로 운항하는 항공기를 보수를 받고 조종하는 행위<br>3. 항공기사용사업에 사용하는 항공기를 조종하는 행위<br>4. 항공운송사업에 사용하는 항공기(1명의 조종사가 필요한 항공기만 해당)를 조종하는 행위<br>5. 기장 외의 조종사로서 항공운송사업에 사용하는 항공기를 조종하는 행위 |
| 자가용 조종사 | 무상으로 운항하는 항공기를 보수를 받지 아니하고 조종하는 행위 |
| 부조종사 | 비행기에 탑승하여 다음의 행위를 하는 것<br>1. 자가용 조종사의 자격을 가진 사람이 할 수 있는 행위<br>2. 기장 외의 조종사로서 비행기를 조종하는 행위 |
| 항공사 | 항공기에 탑승하여 그 위치 및 항로의 측정과 항공상의 자료를 산출하는 행위 |
| 항공기관사 | 항공기에 탑승하여 발동기 및 기체를 취급하는 행위(조종장치의 조작은 제외) |
| 항공교통관제사 | 항공교통의 안전·신속 및 질서를 유지하기 위하여 항공기 운항을 관제하는 행위 |
| 항공정비사 | 다음의 행위를 하는 것<br>1. 정비등을 한 항공기등, 장비품 또는 부품에 대하여 감항성을 확인하는 행위<br>2. 정비를 한 경량항공기 또는 그 장비품·부품에 대하여 안전하게 운용할 수 있음을 확인하는 행위 |
| 운항관리사 | 항공운송사업에 사용되는 항공기 또는 국외운항항공기의 운항에 필요한 다음의 사항을 확인하는 행위<br>1. 비행계획의 작성 및 변경<br>2. 항공기 연료 소비량의 산출<br>3. 항공기 운항의 통제 및 감시 |

2. 다음의 어느 하나에 해당하는 사람은 자격증명을 받을 수 없다.
 가. 다음의 구분에 따른 나이 미만인 사람
  (1) 자가용 조종사 자격: 17세(자가용 조종사의 자격증명을 활공기에 한정하는 경우에는 16세)
  (2) 사업용 조종사, 부조종사, 항공사, 항공기관사, 항공교통관제사 및 항공정비사 자격: 18세
  (3) 운송용 조종사 및 운항관리사 자격: 21세
 나. 자격증명 취소처분을 받고 그 취소일부터 2년이 지나지 아니한 사람

### 4.1.2 항공종사자 자격증명 응시

1. 자격증명 응시자격(항공안전법 제75조)
 가. 자격증명시험(비행기에 대하여 자격증명을 신청하는 경우)

| 종류 | 비행경력 또는 그 밖의 경력 |
|---|---|
| 운송용 조종사 | 1,500시간 이상의 비행경력이 있는 사람으로서 계기비행증명을 받은 사업용 조종사 또는 부조종사 자격증명을 받은 사람<br>1. 기장 외의 조종사로서 기장의 감독 하에 기장의 임무를 500시간 이상 수행한 경력이나 기장으로서 250시간 이상을 비행한 경력<br>2. 200시간 이상의 야외비행경력 |

| 종류 | 비행경력 또는 그 밖의 경력 |
|---|---|
| (계속) | 3. 75시간 이상의 기장 또는 기장 외의 조종사로서의 계기비행경력<br>4. 100시간 이상의 기장 또는 기장 외의 조종사로서의 야간비행경력 |
| 사업용<br>조종사 | 200시간 이상의 비행경력이 있는 사람으로서 자가용 조종사 자격증명을 받은 사람<br>1. 기장으로서 100시간 이상의 비행경력<br>2. 기장으로서 20시간 이상의 야외비행경력<br>3. 10시간 이상의 기장 또는 기장 외의 조종사로서 계기비행경력<br>4. 이륙과 착륙이 각각 5회 이상 포함된 5시간 이상의 기장으로서의 야간비행경력 |
| 자가용<br>조종사 | 40시간 이상의 비행경력이 있는 사람<br>1. 비행기에 대하여 자격증명을 신청하는 경우: 5시간 이상의 단독 야외비행경력을 포함한 10시간 이상의 단독 비행경력(270km 이상의 구간 비행 중 2개의 다른 비행장에서의 이륙·착륙 경력을 포함해야 한다)<br>2. 헬리콥터에 대하여 자격증명을 신청하는 경우: 5시간 이상의 단독 야외비행경력을 포함한 10시간 이상의 단독 비행경력(출발지점으로부터 180km 이상의 구간 비행 중 2개의 다른 지점에서의 착륙비행과정 경력을 포함해야 한다) |
| 항공교통<br>관제사 | 다음의 어느 하나에 해당하는 사람<br>1. 전문교육기관에서 항공교통관제에 필요한 교육과정을 이수한 사람으로서 관제실무감독관의 요건을 갖춘 사람의 지휘·감독 하에 3개월 또는 90시간 이상의 관제실무를 수행한 경력이 있는 사람<br>2. 항공교통관제사 자격증명이 있는 사람의 지휘·감독 하에 9개월 이상의 관제실무를 행한 경력이 있거나 민간항공에 사용되는 군의 관제시설에서 9개월 또는 270시간 이상의 관제실무를 수행한 경력이 있는 사람<br>3. 외국정부가 발급한 항공교통관제사의 자격증명을 받은 사람 |

■ 잠깐! 알고 가세요.
[자격증명시험 응시자격]

| 자격증명 | | 시험 응시에 필요한 비행경력 또는 그 밖의 경력 (단위:시간) | | | | | |
|---|---|---|---|---|---|---|---|
| | | 비행경력 | 기장경력 | 야외비행 | 계기비행 | 야간비행 | 단독비행 |
| 운송용<br>조종사 | 비행기 | 1,500(100) | 250 | 200 | 75(30) | 100 | – |
| | 헬리콥터 | 1,000(100) | 250 | 200 | 30(10) | 50 | – |
| 사업용<br>조종사 | 비행기 | 200(10) | 100 | 20 | 10(5) | 5 | – |
| | 헬리콥터 | 150(10) | 35 | 10 | 10(5) | 5 | – |
| 자가용 조종사 | | 40(5) | – | – | – | – | 10 |

( ) : 비행훈련시간으로 인정하는 모의비행훈련장치 훈련시간

나. 한정심사

| 심사<br>분야 | 자격별 | 응시경력 |
|---|---|---|
| 계기<br>비행<br>증명 | 조종사 | 다음의 요건을 모두 충족하는 사람<br>1. 해당 비행기 또는 헬리콥터에 대한 운송용 조종사, 사업용 조종사 또는 자가용 조종사 자격증명이 있을 것<br>2. 비행기 또는 헬리콥터의 기장으로서 해당 항공기 종류에 대한 총 50시간 이상의 야외비행경력을 보유할 것<br>3. 전문교육기관 또는 외국정부가 인정한 교육기관에서 해당 항공기 종류에 대한 계기비행과정의 교육훈련을 이수하거나 다음의 계기비행과정의 교육훈련을 이수할 것<br>가. 지상교육: 전문교육기관의 학과교육과 동등하다고 국토교통부장관 또는 지방항공청장이 인정한 소정의 교육 |

| 심사 분야 | 자격별 | 응시경력 |
|---|---|---|
| | 조종사 (계속) | 나. 비행훈련: 40시간 이상의 계기비행훈련. 이 경우 최대 20시간의 범위에서 모의 비행장치 또는 비행훈련장치는 20시간(기본비행훈련장치는 5시간의 범위에서 지방항공청장이 지정한 모의비행훈련장치로 실시한 계기비행훈련시간 포함 가능) |

2. 비행경력의 증명(항공안전법 시행규칙 제77조)

비행경력은 다음의 구분에 따라 증명된 것이어야 한다.

| 구 분 | 비행경력의 증명 |
|---|---|
| 1. 조종연습에 따른 비행경력 | 조종연습 비행이 끝날 때마다 감독자가 증명한 것 |
| 2. 자격증명을 받은 조종사의 비행경력 | 비행이 끝날 때마다 해당 기장이 증명한 것 |
| 3. 조종사가 기장인 경우의 비행경력 | 다음의 어느 하나에 해당하는 사람이 증명한 것<br>가. 사용자(조종사가 기장이면서 사용자인 경우는 제외)<br>나. 조종교관<br>다. 사용자 또는 조종교관에 준하는 사람으로서 국토교통부장관이 비행경력을 증명할 수 있다고 인정하여 고시하는 사람 |

3. 비행시간의 산정(항공안전법 제78조)

비행경력을 증명할 때 그 비행시간은 다음의 구분에 따라 산정(算定)한다.

| 구 분 | 비행시간의 산정 |
|---|---|
| 1. 조종사 자격증명이 없는 사람이 조종사 자격증명시험에 응시하는 경우 | 조종연습의 허가를 받은 사람이 단독 또는 교관과 동승하여 비행한 시간 |
| 2. 자가용 조종사 자격증명을 받은 사람이 사업용 조종사 자격증명시험에 응시하는 경우(사업용 조종사 또는 부조종사 자격증명을 받은 사람이 운송용 조종사 자격증명시험에 응시하는 경우 포함) | 다음의 시간을 합산한 시간<br>가. 단독 또는 교관과 동승하여 비행하거나 기장으로서 비행한 시간<br>나. 비행교범에 따라 항공기 운항을 위하여 2명 이상의 조종사가 필요한 항공기의 기장 외의 조종사로서 비행한 시간<br>다. 기장 외의 조종사로서 기장의 지휘·감독 하에 기장의 임무를 수행한 경우 그 비행시간. 다만, 한 사람이 조종할 수 있는 항공기에 기장 외의 조종사가 탑승하여 비행하는 경우 그 기장 외의 조종사에 대해서는 그 비행시간의 2분의 1 |

### 4.1.3 자격증명의 한정(항공안전법 제37조)

국토교통부장관은 다음의 구분에 따라 자격증명에 대한 한정을 할 수 있다.

1. 운송용 조종사, 사업용 조종사, 자가용 조종사, 부조종사 또는 항공기관사 자격의 경우: 항공기의 종류, 등급 또는 형식

| 구 분 | 자격증명의 한정 |
|---|---|
| 1. 항공기의 종류 | 비행기, 헬리콥터, 비행선, 활공기 및 항공우주선으로 구분 |
| 2. 항공기의 등급 | 가. 육상 항공기의 경우: 육상단발 및 육상다발<br>나. 수상 항공기의 경우: 수상단발 및 수상다발<br>다. 활공기의 경우: 상급(특수 또는 상급 활공기) 및 중급(중급 또는 초급 활공기) |
| 3. 항공기의 형식 | 가. 조종사 자격증명의 경우에는 다음의 어느 하나에 해당하는 형식의 항공기<br>　(1) 비행교범에 2명 이상의 조종사가 필요한 것으로 되어 있는 항공기<br>　(2) 국토교통부장관이 지정하는 형식의 항공기<br>나. 항공기관사 자격증명의 경우에는 모든 형식의 항공기 |

2. 항공정비사 자격의 경우: 항공기·경량항공기의 종류 및 정비분야

## 4.2 항공종사자 자격증명 시험
### 4.2.1 시험과목 및 과목합격의 유효
1. 자격증명 실기시험의 과목 및 시험방법은 다음과 같다.(항공안전법 제82조)

| 자격증명의 종류 | 항공기의 종류 | 실시범위 |
|---|---|---|
| 운송용 조종사<br>사업용 조종사<br>부조종사<br>자가용 조종사 | 비행기·헬리콥터·<br>비행선 | 1. 조종기술<br>2. 계기비행절차(자가용 조종사 및 사업용 조종사의 경우는 제외)<br>3. 무선기기 취급법<br>4. 공중 대 지상 통신 연락<br>5. 항법기술<br>6. 해당 자격의 수행에 필요한 기술 |

2. 과목합격의 유효(항공안전법 시행규칙 제85조)

    자격증명시험 또는 한정심사의 학과시험의 일부 과목 또는 전 과목에 합격한 사람이 같은 종류의 항공기에 대하여 자격증명시험 또는 한정심사에 응시하는 경우에는 통보가 있는 날(전 과목을 합격한 경우에는 최종 과목의 합격 통보가 있는 날)부터 2년 이내에 실시하는 자격증명시험 또는 한정심사에서 그 합격을 유효한 것으로 한다.

### 4.2.2 자격증명시험의 실시 및 면제(항공안전법 제38조)
1. 자격증명시험의 실시 및 면제

    국토교통부장관은 다음의 어느 하나에 해당하는 사람에게는 국토교통부령으로 정하는 바에 따라 시험 및 심사의 전부 또는 일부를 면제할 수 있다.

  가. 외국정부로부터 자격증명을 받은 사람
  나. 국토교통부장관으로부터 지정을 받은 전문교육기관의 교육과정을 이수한 사람
  다. 항공기·경량항공기 탑승경력 및 정비경력 등 실무경험이 있는 사람
  라. 「국가기술자격법」에 따른 항공기술분야의 자격을 가진 사람
  마. 항공기의 제작자가 실시하는 해당 항공기에 관한 교육과정을 이수한 사람

2. 자격증명시험의 면제(항공안전법 시행규칙 제88조)

  가. 자격증명 학과시험 및 실기시험의 면제

    외국정부로부터 자격증명을 받은 사람에게는 다음의 구분에 따라 자격증명시험의 일부 또는 전부를 면제한다.

| 면제 대상 | 면제 범위 |
|---|---|
| 1. 다음의 어느 하나에 해당하는 항공업무를 일시적으로 수행하려는 사람으로서 해당 자격증명시험에 응시하는 경우<br>  가. 새로운 형식의 항공기 또는 장비를 도입하여 시험비행 또는 훈련을 실시할 경우의 교관요원 또는 운용요원<br>  나. 대한민국에 등록된 항공기 또는 장비를 이용하여 교육훈련을 받으려는 사람<br>  다. 대한민국에 등록된 항공기를 수출하거나 수입하는 경우 국외 또는 국내로 승객·화물을 싣지 아니하고 비행하려는 조종사 | 학과시험 및 실기시험 |
| 2. 일시적인 조종사의 부족을 충원하기 위하여 채용된 외국인 조종사로서 해당 자격증명시험에 응시하는 경우 | 학과시험<br>(항공법규는 제외) |
| 3. 모의비행훈련장치 교관요원으로 종사하려는 사람으로서 해당 자격증명시험에 응시하는 경우 | |
| 4. 위의 제1호부터 제3호까지의 규정 외의 경우로서 해당 자격증명시험에 응시하는 경우 | |

나. 자격증명 실기시험의 일부 면제

전문교육기관의 교육과정을 이수한 사람 또는 항공기·경량항공기 탑승경력 등 실무경험이 있는 사람이 해당 자격증명시험에 응시하는 경우에는 다음과 같이 실기시험의 일부를 면제한다.

| 자격증명의 종류 | 면제 대상 | 일부면제 범위 |
|---|---|---|
| 운송용 조종사 | 1. 사업용 조종사로서 계기비행증명 및 형식에 대한 한정자격증명을 받은 사람<br>2. 부조종사 자격증명을 받은 사람 | 실기시험 중 구술시험만 실시 |
| 사업용 조종사 | 1. 비행경력이 1,500시간 이상인 사람<br>2. 국토교통부장관이 지정한 전문교육기관에서 사업용 조종사에게 필요한 과정을 이수한 사람 | |
| 자가용 조종사 | 1. 비행경력이 300시간 이상인 사람<br>2. 국토교통부장관이 지정한 전문교육기관에서 자가용 조종사에게 필요한 과정을 이수한 사람 | |
| 항공교통 관제사 | 1. 5년 이상 항공교통관제에 관한 실무경력이 있는 사람<br>2. 국토교통부장관이 지정한 전문교육기관에서 항공교통관제사에게 필요한 과정을 이수한 사람 | |

다. 한정심사의 면제
(1) 외국정부로부터 자격증명의 한정을 받은 사람이 해당 한정심사에 응시하는 경우에는 학과시험과 실기시험을 면제한다.
(2) 국토교통부장관이 지정한 전문교육기관에서 항공기에 관한 전문교육을 이수한 조종사 또는 항공기관사가 교육 이수 후 180일 이내에 교육받은 것과 같은 형식의 항공기에 관한 한정심사에 응시하는 경우에는 국토교통부장관이 정하는 바에 따라 실기시험을 면제한다.
(3) 실무경험이 있는 사람이 한정심사에 응시하는 경우에는 다음에 따라 실기시험의 일부를 면제한다.

| 자격증명의 종류 | | 면제 대상 | 일부면제 범위 |
|---|---|---|---|
| 조종사 | 종류추가 | 해당 종류의 비행경력이 1,500시간 이상인 사람 | 실기시험 중 구술시험만 실시 |
| | 등급추가 | 해당 등급의 비행경력이 1,500시간 이상인 사람 | |
| | 형식추가 | 해당 형식의 비행시간이 200시간 이상인 사람(훈련비행시간 제외) | |

(4) 항공기의 제작자가 실시하는 해당 항공기에 관한 교육과정(항공기의 소유자등이 새로운 형식의 항공기를 도입하는 경우로 한정한다)을 이수한 조종사 또는 항공기관사가 같은 형식의 항공기에 관한 한정심사를 응시하는 경우에는 국토교통부장관이 정하는 바에 따라 학과시험과 실기시험을 면제한다.

3. 항공종사자 자격증명서의 발급 및 재발급 등(항공안전법 제87조)

한국교통안전공단의 이사장은 자격증명시험 또는 한정심사의 학과시험 및 실시시험의 전 과목을 합격한 사람이 자격증명서 (재)발급신청서를 제출한 경우 항공종사자 자격증명서를 발급하여야 한다. 다만, 조종사, 항공사, 항공기관사 및 항공교통관제사 자격증명의 경우에는 항공신체검사증명서를 제출받아 이를 확인한 후 자격증명서를 발급하여야 한다.

### 4.2.3 자격증명의 효력(항공안전법 시행규칙 제90조)

조종사등이 받은 자격증명의 효력은 다음과 같다.

〔조종사 자격증명의 효력〕

| 자가용 조종사 | ⇨ | 사업용 조종사/부조종사 | ⇨ | 운송용 조종사 |

같은 종류의 항공기에 대해 형식한정　　　　같은 종류의 항공기에 대해 형식한정
/계기비행증명 유효　　　　　　　　　　/계기비행증명/조종교육증명 유효

1. 자가용 조종사 자격증명을 받은 사람이 같은 종류의 항공기에 대하여 부조종사 또는 사업용 조종사의 자격증명을 받은 경우: 종전의 자가용 조종사 자격증명에 관한 항공기 형식의 한정 또는 계기비행증명에 관한 한정은 새로 받은 자격증명에도 유효하다.
2. 부조종사 또는 사업용 조종사의 자격증명을 받은 사람이 같은 종류의 항공기에 대하여 운송용 조종사 자격증명을 받은 경우: 종전의 자격증명에 관한 항공기 형식의 한정 또는 계기비행증명·조종교육증명에 관한 한정은 새로 받은 자격증명에도 유효하다.

### 4.3 항공신체검사증명

1. 항공신체검사증명(항공안전법 제40조)
   다음의 어느 하나에 해당하는 사람은 자격증명의 종류별로 국토교통부장관의 항공신체검사증명을 받아야 한다.
   가. 운항승무원
   나. 항공교통관제사의 자격증명을 받고 항공교통관제 업무를 하는 사람
2. 항공신체검사증명의 기준 및 유효기간 등(항공안전법 시행규칙 제92조)
   가. 자격증명의 종류별 항공신체검사증명의 종류와 그 유효기간은 다음과 같다.

| 자격증명의 종류 | 항공신체검사증명의 종류 | 유효기간 | | |
|---|---|---|---|---|
| | | 40세 미만 | 40세 이상 50세 미만 | 50세 이상 |
| 운송용 조종사 사업용 조종사 부조종사 | 제1종 | 12개월. 다만, 항공운송사업에 종사하는 60세 이상인 사람과 1명의 조종사로 승객을 수송하는 항공운송사업에 종사하는 40세 이상인 사람은 6개월 | | |
| 항공기관사 항공사 | 제2종 | 12개월 | | |
| 자가용 조종사 사업용 활공기 조종사 조종연습생 경량항공기 조종사 | 제2종 (경량항공기조종사의 경우에는 제2종 또는 자동차운전면허증) | 60개월 | 24개월 | 12개월 |
| 항공교통관제사 항공교통관제연습생 | 제3종 | 48개월 | 24개월 | 12개월 |

　　비고: 위 표에 따른 유효기간의 시작일은 항공신체검사를 받는 날로 하며, 종료일이 매달 말일이 아닌 경우에는 그 종료일이 속하는 달의 말일에 항공신체검사증명의 유효기간이 종료하는 것으로 본다.

　나. 항공전문의사는 항공신체검사증명을 받으려는 사람이 자격증명의 종류별 항공신체검사기준에 일부 미달한 경우에도 해당 항공업무의 범위를 한정하거나 유효기간을 단축하여 항공신체검사증명서를 발급할 수 있다. 다만, 단축되는 유효기간은 유효기간의 2분의 1을 초과할 수 없다.
　다. 자격증명시험을 면제받은 사람이 외국정부 또는 외국정부가 지정한 민간의료기관이 발급한 항공신체검사증명을 받은 경우에는 그 항공신체검사증명의 남은 유효기간까지는 항공신체검사증명을 받은 것으로 본다.

라. 제1종의 항공신체검사증명을 받은 사람은 제2종 및 제3종의 항공신체검사증명을 함께 받은 것으로 본다.
마. 자가용 조종사 자격증명을 받은 사람이 계기비행증명을 받으려는 경우에는 제1종 신체검사기준을 충족하여야 한다.

3. 항공신체검사증명의 유효기간 연장

항공신체검사증명을 받은 운항승무원이 외국에 연속하여 6개월 이상 체류하면서 외국정부 또는 외국정부가 지정한 민간의료기관의 항공신체검사증명을 받은 경우에는 다음의 구분에 따른 기간을 넘지 아니하는 범위에서 외국에서 받은 해당 항공신체검사증명의 유효기간까지 그 유효기간을 연장 받을 수 있다.

| 구 분 | 연장 가능기간 |
|---|---|
| 1. 항공운송사업·항공기사용사업에 사용되는 항공기 및 비사업용으로 사용되는 항공기의 운항승무원 | 6개월 |
| 2. 자가용 조종사 | 24개월 |

4. 이의신청 등

항공신체검사증명의 결과에 대하여 이의가 있는 사람은 그 결과를 통보받은 날부터 30일 이내에 항공신체검사증명 이의신청서를 국토교통부장관에 제출하여야 한다.

### 4.4 자격증명·항공신체검사증명의 취소 등(항공안전법 제43조)

1. 국토교통부장관은 항공종사자가 항공안전법을 위반한 경우에는 그 자격증명이나 자격증명의 한정("자격증명등")을 취소하거나 1년 이내의 기간을 정하여 자격증명등의 효력정지를 명할 수 있다. 다만, 다음에 해당하는 경우에는 해당 자격증명등을 취소하여야 한다.
가. 거짓이나 그 밖의 부정한 방법으로 자격증명등을 받은 경우
나. 다른 사람에게 자기의 성명을 사용하여 항공업무를 수행하게 하거나 항공종사자 자격증명서를 빌려주는 행위를 알선하거나, 다른 사람의 성명을 사용하여 항공업무를 수행하거나 다른 사람의 항공종사자 자격증명서를 빌리는 행위를 알선한 경우
다. 주류등의 섭취 및 사용 여부의 측정 요구에 따르지 아니한 경우
라. 이 조에 따른 자격증명등의 정지명령을 위반하여 정지기간에 항공업무에 종사한 경우

2. 자격증명등의 시험에 응시하거나 심사를 받는 사람 또는 항공신체검사를 받는 사람이 그 시험이나 심사 또는 검사에서 부정한 행위를 한 경우에는 해당 시험이나 심사 또는 검사를 정지시키거나 무효로 하고, 해당 처분을 받은 사람은 그 처분을 받은 날부터 각각 2년간 이 법에 따른 자격증명등의 시험에 응시하거나 심사를 받을 수 없으며, 이 법에 따른 항공신체검사를 받을 수 없다.

3. 항공종사자에 대한 행정처분기준(항공안전법 시행규칙 별표 10)은 다음과 같다.

| 위반행위 | 근거 법조문 | 처분내용 |
|---|---|---|
| 1. 거짓이나 그 밖의 부정한 방법으로 자격증명등을 받은 경우 | 법 제43조제1항제1호 | 자격등증명 취소 |
| 2. 자격증명등의 정지명령을 위반하여 정지기간에 항공업무에 종사한 경우 | 법 제43조제1항제31호 | 자격등증명 취소 |
| 3. 항공업무를 수행할 때 고의 또는 중대한 과실로 항공기준사고, 의무보고대상 항공안전장애를 발생시킨 경우 | 법 제43조제1항제16호 | 1차 위반: 효력정지 30일<br>2차 위반: 효력정지 60일<br>3차 위반: 효력정지 150일 |

| 위반행위 | 근거 법조문 | 처분내용 |
|---|---|---|
| 4. 기장이 항공기사고, 항공기준사고 또는 의무보고대상 항공안전장애 발생사실의 보고의무를 이행하지 아니한 경우 | 법 제43조제1항제17호 | 1차 위반: 효력정지 30일<br>2차 위반: 효력정지 60일<br>3차 위반: 효력정지 150일 |
| 5. 항공종사자가 자격증명서 및 항공신체검사증명서 또는 국토교통부령으로 정하는 자격증명서를 소지하기 않고 항공업무를 수행한 경우 | 법 제43조제1항제24호 | 1차 위반: 효력정지 10일<br>2차 위반: 효력정지 30일<br>3차 위반: 효력정지 90일 |

### 4.5 계기비행증명(항공안전법 제44조)

운송용 조종사(헬리콥터를 조종하는 경우만 해당), 사업용 조종사, 자가용 조종사 또는 부조종사의 자격증명을 받은 사람은 그가 사용할 수 있는 항공기의 종류로 계기비행이나 계기비행방식에 따른 비행을 하려면 국토교통부령으로 정하는 바에 따라 국토교통부장관의 계기비행증명을 받아야 한다.

### 4.6 항공영어구술능력증명(항공안전법 시행규칙 제99조)

1. 항공영어구술능력증명시험의 등급은 6등급으로 구분하되, 6등급 항공영어구술능력증명시험에 응시하려는 사람은 응시원서 접수 당시 유효기간 내에 있는 5등급 항공영어구술능력증명을 보유해야 한다.

2. 항공영어구술능력증명의 등급별 유효기간은 다음의 구분에 따른 기준일부터 계산하여 4등급은 3년, 5등급은 6년, 6등급은 영구로 한다.

| 구 분 | 기준일 |
|---|---|
| 1. 최초 응시자(항공영어구술능력증명의 유효기간이 지난 사람을 포함) | 합격 통지일 |
| 2. 4등급 또는 5등급의 항공영어구술능력증명을 받은 사람이 유효기간이 끝나기 전 6개월 이내에 항공영어구술능력증명시험에 합격한 경우 | 기존 증명의 유효기간이 끝난 다음 날 |

### 4.7 조종연습(항공안전법 시행규칙 제101조)

1. 조종연습의 허가를 받으려는 사람은 항공기 조종연습 허가신청서에 항공신체검사증명서를 첨부하여 지방항공청장에게 제출하여야 한다.

2. 조종연습의 허가 신청을 받은 지방항공청장은 신청인의 항공신체검사증명서를 확인해야 하며 신청인이 항공기의 조종연습을 하기에 필요한 능력이 있다고 인정되는 경우에는 별지 제53호서식의 항공기 조종연습허가서를 발급해야 한다. 이 경우 항공조종연습의 유효기간은 신청인의 항공신체검사증명서 유효기간 내에서 정해야 한다.

## 제5절 항공기의 운항

### 5.1 항공기의 운항
#### 5.1.1 무선설비(항공안전법 제51조)

1. 항공기에 설치·운용해야 하는 무선설비는 다음과 같다. 다만, 항공운송사업에 사용되는 항공기 외의 항공기가 계기비행방식 외의 방식("시계비행방식")에 의한 비행을 하는 경우에는 제3호부터 제6호까지의 무선설비를 설치·운용하지 않을 수 있다.

| 무선설비 | 구 분 | 수량 |
|---|---|---|
| 1. 초단파(VHF) 또는 극초단파(UHF) 무선전화 송수신기 | 비행 중 항공교통관제기관과 교신 | 각 2대 |
| 2. 2차감시 항공교통관제 레이더용 트랜스폰더(SSR transponder) | 기압고도에 관한 정보를 제공 | 1대 |
| 3. 자동방향탐지기(ADF) | 무지향표지시설(NDB) 신호로만 계기접근절차가 구성되어 있는 공항에 운항하는 경우만 해당 | 1대 |
| 4. 계기착륙시설(ILS) 수신기 | 최대이륙중량 5,700kg 미만의 항공기와 헬리콥터 및 무인항공기는 제외 | 1대 |
| 5. 전방향표지시설(VOR) 수신기 | 무인항공기는 제외 | 1대 |
| 6. 거리측정시설(DME) 수신기 | 무인항공기는 제외 | 1대 |
| 7. 기상레이더 | 국제선 항공운송사업에 사용되는 비행기로서 여압장치가 장착된 비행기의 경우 | 1대 |
| 8. 기상레이더 또는 악기상 탐지장비 | 가. 국제선 항공운송사업에 사용되는 헬리콥터의 경우<br>나. 국제선 항공운송사업에 사용되는 비행기 외에 국외를 운항하는 비행기로서 여압장치가 장착된 비행기의 경우 | 1대 |
| 9. 비상위치지시용 무선표지설비(ELT) | 가. 승객의 좌석 수가 19석을 초과하는 비행기(항공운송사업에 사용되는 비행기만 해당) | 2대 |
| | 나. 비상착륙에 적합한 육지로부터 순항속도로 10분의 비행거리 이상의 해상을 비행하는 제1종 및 제2종 헬리콥터, 회전날개에 의한 자동회전에 의하여 착륙할 수 있는 거리 또는 안전한 비상착륙을 할 수 있는 거리를 벗어난 해상을 비행하는 제3종 헬리콥터 | |
| | 다. 위의 가항 및 나항에 해당하지 않는 항공기 | 1대 |

2. 무선설비는 다음의 성능이 있어야 한다.
  가. 비행장 또는 헬기장에서 관제를 목적으로 한 양방향통신이 가능할 것
  나. 비행 중 계속하여 기상정보를 수신할 수 있을 것
  다. 운항 중 항공기국과 항공국 간 또는 항공국과 항공기국 간 양방향통신이 가능할 것
  라. 항공비상주파수(121.5MHz 또는 243.0MHz)를 사용하여 항공교통관제기관과 통신이 가능할 것
  마. 무선전화 송수신기 각 2대 중 각 1대가 고장이 나더라도 나머지 각 1대는 고장이 나지 아니하도록 각각 독립적으로 설치할 것

### 5.1.2 항공계기등의 설치·탑재 및 운용 등(항공안전법 제52조)

항공기를 운항하려는 자 또는 소유자등은 해당 항공기에 항공기 안전운항을 위하여 필요한 항공계기, 장비, 서류, 구급용구 등("항공계기등")을 설치하거나 탑재하여 운용하여야 한다.

1. 항공일지(항공안전법 시행규칙 제108조)
  가. 항공기를 운항하려는 자 또는 소유자등은 탑재용 항공일지, 지상 비치용 발동기 항공일지 및 지상 비치용 프로펠러 항공일지를 갖추어 두어야 한다.
  나. 항공기의 소유자등은 항공기를 항공에 사용하거나 개조 또는 정비한 경우에는 지체 없이 다음의 구분에 따라 항공일지에 적어야 한다.

(1) 탑재용 항공일지
   (가) 항공기의 등록부호 및 등록 연월일
   (나) 항공기의 종류·형식 및 형식증명번호
   (다) 감항분류 및 감항증명번호
   (라) 항공기의 제작자·제작번호 및 제작 연월일
   (마) 발동기 및 프로펠러의 형식
   (바) 비행에 관한 다음의 기록
     ① 비행연월일
     ② 승무원의 성명 및 업무
     ③ 비행목적 또는 편명
     ④ 출발지 및 출발시각
     ⑤ 도착지 및 도착시각
     ⑥ 비행시간
     ⑦ 항공기의 비행안전에 영향을 미치는 사항
     ⑧ 기장의 서명
   (사) 제작 후의 총 비행시간과 오버홀을 한 항공기의 경우 최근의 오버홀 후의 총 비행시간
   (아) 발동기 및 프로펠러의 장비교환에 관한 다음의 기록
   (자) 수리·개조 또는 정비의 실시에 관한 다음의 기록
(2) 지상 비치용 발동기 항공일지 및 지상 비치용 프로펠러 항공일지
(3) 활공기용 항공일지(활공기의 소유자등만 해당)

2. 사고예방장치 등(항공안전법 시행규칙 제109조)

가. 사고예방 및 사고조사를 위하여 항공기에 갖추어야 할 장치는 다음과 같다.

| 장 치 | 수량 | 구 분 |
|---|---|---|
| 1. 공중충돌경고장치 (ACAS Ⅱ) | 1기 이상 | 가. 항공운송사업에 사용되는 모든 비행기<br>나. 2007년 1월 1일 이후에 최초로 감항증명을 받는 비행기로서 최대이륙중량이 15,000kg을 초과하거나 승객 30명을 초과하여 수송할 수 있는 터빈발동기를 장착한 항공운송사업 외의 용도로 사용되는 모든 비행기<br>다. 2008년 1월 1일 이후에 최초로 감항증명을 받는 비행기로서 최대이륙중량이 5,700kg을 초과하거나 승객 19명을 초과하여 수송할 수 있는 터빈발동기를 장착한 항공운송사업 외의 용도로 사용되는 모든 비행기 |
| 2. 지상접근경고장치 (GPWS) | 1기 이상 | 가. 최대이륙중량이 5,700kg을 초과하거나 승객 9명을 초과하여 수송할 수 있는 터빈발동기를 장착한 비행기<br>나. 최대이륙중량이 5,700kg 이하이고 승객 5명 초과 9명 이하를 수송할 수 있는 터빈발동기를 장착한 비행기<br>다. 최대이륙중량이 5,700kg을 초과하거나 승객 9명을 초과하여 수송할 수 있는 왕복발동기를 장착한 모든 비행기<br>라. 최대이륙중량이 3,175kg을 초과하거나 승객 9명을 초과하여 수송할 수 있는 헬리콥터로서 계기비행방식에 따라 운항하는 헬리콥터(다만, 국제항공운송노선을 운항하지 않는 헬리콥터의 경우는 제외) |

| 장 치 | 수량 | 구 분 |
|---|---|---|
| 3. 비행기록장치 | 1기 이상 | 가. 항공운송사업에 사용되는 터빈발동기를 장착한 비행기(이 경우 비행기록장치에는 25시간 이상 비행자료를 기록하고, 2시간 이상 조종실 내 음성을 기록할 수 있는 성능이 있어야 한다)<br>나. 최대이륙중량이 27,000kg을 초과하는 비행기<br>다. 승객 5명을 초과하여 수송할 수 있고 최대이륙중량이 5,700kg을 초과하는 비행기 중에서 항공운송사업 외의 용도로 사용되는 터빈발동기를 장착한 비행기<br>라. 헬리콥터<br>마. 그 밖에 항공기의 최대이륙중량 및 제작시기 등을 고려하여 국토교통부장관이 필요하다고 인정하여 고시하는 항공기 |
| 4. 전방돌풍경고장치 | 1기 이상 | 최대이륙중량이 5,700kg을 초과하거나 승객 9명을 초과하여 수송할 수 있는 터빈발동기(터보프롭발동기는 제외)를 장착한 항공운송사업에 사용되는 비행기 |
| 5. 위치추적장치 | 1기 이상 | 최대이륙중량이 27,000kg을 초과하고 승객 19명을 초과하여 수송할 수 있는 항공운송사업에 사용되는 비행기로서 15분 이상 해당 항공교통관제기관의 감시가 곤란한 지역을 비행하는 경우 |
| 6. 자동발신장치 | 1기 이상 | 최대이륙중량이 27,000kg을 초과하는 항공운송사업에 사용되는 비행기 |
| 7. 활주로종단 초과 인식 및 경고시스템 | 1기 | 최대이륙중량이 5,700kg을 초과하고 터빈발동기를 장착한 항공운송사업에 사용되는 비행기 |

나. 지상접근경고장치(GPWS)는 다음과 같은 경우 경고를 제공할 수 있는 성능이 있어야 한다.
  (1) 과도한 강하율이 발생하는 경우
  (2) 지형지물에 대한 과도한 접근율이 발생하는 경우
  (3) 이륙 또는 복행 후 과도한 고도의 손실이 있는 경우
  (4) 비행기가 다음의 착륙형태를 갖추지 아니한 상태에서 지형지물과의 안전거리를 유지하지 못하는 경우
    (가) 착륙바퀴가 착륙위치로 고정
    (나) 플랩의 착륙위치
  (5) 계기활공로 아래로의 과도한 강하가 이루어진 경우

3. 구급용구 등(항공안전법 시행규칙 제110조)
  항공기의 소유자등이 항공기(무인항공기는 제외)에 갖추어야 할 구명동의, 음성신호발생기, 구명보트, 불꽃조난신호장비, 휴대용 소화기, 도끼, 손확성기(메가폰), 구급의료용품 등은 다음과 같다.
  가. 구급용구

| 구 분 | 품 목 |
|---|---|
| 1. 장거리 해상을 비행하는 비행기<br>  가. 비상착륙에 적합한 육지로부터 120분 또는 740km (400해리) 중 짧은 거리 이상의 해상을 비행하는 다음의 경우<br>    (1) 쌍발비행기가 임계발동기가 작동하지 않아도 최저안전고도 이상으로 비행하여 교체비행장에 착륙할 수 있는 경우 | • 구명동의 또는 이에 상당하는 개인부양 장비<br>• 구명보트<br>• 불꽃조난신호장비 |

| 구 분 | 품 목 |
|---|---|
| (2) 3발 이상의 비행기가 2개의 발동기가 작동하지 않아도 항로상 교체비행장에 착륙할 수 있는 경우<br>나. 가항 외의 비행기가 30분 또는 185km(100해리) 중 짧은 거리 이상의 해상을 비행하는 경우 | • 육상비행기 또는 수상비행기의 구분에 따라 정한 품목<br>• 구명보트<br>• 불꽃조난신호장비 |
| 2. 수색구조가 특별히 어려운 산악지역, 외딴지역 및 국토교통부장관이 정한 해상 등을 횡단 비행하는 비행기 | • 불꽃조난신호장비<br>• 구명장비 |

비고: 구명보트의 수는 탑승자 전원을 수용할 수 있는 수량이어야 한다.

나. 소화기

항공기의 객실에는 다음 표의 소화기를 갖춰 두어야 한다.

| 승객 좌석 수 | 소화기의 수량 | 승객 좌석 수 | 소화기의 수량 |
|---|---|---|---|
| 6석부터 30석까지 | 1 | 301석부터 400석까지 | 5 |
| 31석부터 60석까지 | 2 | 401석부터 500석까지 | 6 |
| 61석부터 200석까지 | 3 | 501석부터 600석까지 | 7 |
| 201석부터 300석까지 | 4 | 601석 이상 | 8 |

다. 항공운송사업용 및 항공기사용사업용 항공기에는 사고 시 사용할 도끼 1개를 갖춰 두어야 한다.

라. 항공운송사업용 여객기에는 다음 표의 손확성기(메가폰)를 갖춰 두어야 한다.

| 승객 좌석 수 | 손확성기의 수량 | 승객 좌석 수 | 손확성기의 수량 |
|---|---|---|---|
| 61석부터 99석까지 | 1 | 200석 이상 | 3 |
| 100석부터 199석까지 | 2 | | |

마. 모든 항공기에는 다음 표의 구급의료용품(First-aid Kit)을 탑재해야 한다.

| 승객 좌석 수 | 구급의료용품의 수량 | 승객 좌석 수 | 구급의료용품의 수량 |
|---|---|---|---|
| 0석부터 100석까지 | 1조 | 301석부터 400석까지 | 4조 |
| 101석부터 200석까지 | 2조 | 401석부터 500석까지 | 5조 |
| 201석부터 300석까지 | 3조 | 501석 이상 | 6조 |

4. 항공기에 탑재하는 서류(항공안전법 시행규칙 제113조)

항공기(활공기 및 특별감항증명을 받은 항공기는 제외)에는 다음의 서류를 탑재하여야 한다.

가. 항공기등록증명서

나. 감항증명서

다. 탑재용 항공일지

라. 운용한계 지정서 및 비행교범

마. 운항규정

바. 항공운송사업의 운항증명서 사본 및 운영기준 사본

사. 소음기준적합증명서

아. 각 운항승무원의 유효한 자격증명서 및 조종사의 비행기록에 관한 자료

자. 무선국 허가증명서(radio station license)

차. 탑승한 여객의 성명, 탑승지 및 목적지가 표시된 명부(항공운송사업용 항공기만 해당)

카. 해당 항공운송사업자가 발행하는 수송화물의 화물목록과 화물 운송장에 명시되어 있는 세부 화물신고서류(항공운송사업용 항공기만 해당)

타. 해당 국가의 항공당국 간에 체결한 항공기 등의 감독 의무에 관한 이전협정서요약서 사본(법 제5조에 따른 임대차 항공기의 경우만 해당)

파. 비행 전 및 각 비행단계에서 운항승무원이 사용해야 할 점검표

하. 그 밖에 국토교통부장관이 정하여 고시하는 서류

5. 산소 저장 및 분배장치 등(항공안전법 시행규칙 제114조)

　가. 고고도 비행을 하는 항공기는 다음의 구분에 따른 호흡용 산소의 양을 저장하고 분배할 수 있는 장치를 장착하여야 한다.

| 구 분 | | 호흡용 산소의 양 |
|---|---|---|
| 1. 여압장치가 없는 항공기가 기내의 대기압이 700 hPa 미만인 비행고도에서 비행하려는 경우 | 가. 기내의 대기압이 700 hPa 미만 620 hPa 이상인 비행고도에서 30분을 초과하여 비행하는 경우 | 승객의 10%와 승무원 전원이 그 초과되는 비행시간 동안 필요로 하는 양 |
| | 나. 기내의 대기압이 620 hPa 미만인 비행고도에서 비행하는 경우 | 승객 전원과 승무원 전원이 해당 비행시간 동안 필요로 하는 양 |
| 2. 기내의 대기압을 700 hPa 이상으로 유지시켜 줄 수 있는 여압장치가 있는 모든 비행기와 항공운송사업에 사용되는 헬리콥터의 경우 | 가. 기내의 대기압이 700 hPa 미만인 동안 | 승객 전원과 승무원 전원이 비행고도 등 비행환경에 따라 적합하게 필요로 하는 양 |
| | 나. 기내의 대기압이 376 hPa 미만인 비행고도에서 비행하거나 376 hPa 이상인 비행고도에서 620 hPa인 비행고도까지 4분 이내에 강하할 수 없는 경우 | 승객 전원과 승무원 전원이 최소한 10분 이상 사용할 수 있는 양 |

　나. 여압장치가 있는 비행기로서 기내의 대기압이 376 hPa 미만인 비행고도로 비행하려는 비행기에는 기내의 압력이 떨어질 경우 운항승무원에게 이를 경고할 수 있는 기압저하경보장치 1기를 장착하여야 한다.

6. 방사선투사량계기(항공안전법 시행규칙 제116조)

　가. 항공운송사업용 항공기 또는 국외를 운항하는 비행기가 평균해면으로부터 1만 5천m(4만9천ft)를 초과하는 고도로 운항하려는 경우에는 방사선투사량계기(Radiation Indicator) 1기를 갖추어야 한다.

　나. 방사선투사량계기는 투사된 총 우주방사선의 비율과 비행 시마다 누적된 양을 계속적으로 측정하고 이를 나타낼 수 있어야 하며, 운항승무원이 측정된 수치를 쉽게 볼 수 있어야 한다.

7. 항공계기장치 등(항공안전법 시행규칙 제117조)

　시계비행방식 또는 계기비행방식(계기비행 및 항공교통관제 지시 하에 시계비행방식으로 비행을 하는 경우를 포함)에 의한 비행을 하는 항공기에 갖추어야 할 항공계기등의 기준은 다음과 같다.

| 비행 구분 | 계 기 명 | 수 량 | | | |
|---|---|---|---|---|---|
| | | 비행기 | | 헬리콥터 | |
| | | 항공운송 사업용 | 항공운송 사업용 외 | 항공운송 사업용 | 항공운송 사업용 외 |
| 시계 비행 방식 | 나침반(Magnetic Compass) | 1 | 1 | 1 | 1 |
| | 시계(시, 분, 초의 표시) | 1 | 1 | 1 | 1 |
| | 정밀기압고도계(Sensitive Pressure Altimeter) | 1 | - | 1 | 1 |
| | 기압고도계(Pressure Altimeter) | - | 1 | - | - |
| | 속도계(Airspeed Indicator) | 1 | 1 | 1 | 1 |

| 비행 구분 | 계 기 명 | 수 량 ||||
|---|---|---|---|---|---|
| | | 비행기 || 헬리콥터 ||
| | | 항공운송 사업용 | 항공운송 사업용 외 | 항공운송 사업용 | 항공운송 사업용 외 |
| 계기 비행 방식 | 나침반(Magnetic Compass) | 1 | 1 | 1 | 1 |
| | 시계(시, 분, 초의 표시) | 1 | 1 | 1 | 1 |
| | 정밀기압고도계(Sensitive Pressure Altimeter) | 2 | 1 | 2 | 1 |
| | 기압고도계(Pressure Altimeter) | - | 1 | - | - |
| | 동결방지장치가 되어 있는 속도계(Airspeed Indicator) | 1 | 1 | 1 | 1 |
| | 선회 및 경사지시계(Turn and Slip Indicator) | 1 | 1 | - | - |
| | 경사지시계(Slip Indicator) | - | - | 1 | 1 |
| | 인공수평자세지시계(Attitude Indicator) | 1 | 1 | 조종석당 1개 및 여분의 계기 1개 ||
| | 자이로식 기수방향지시계(Heading Indicator) | 1 | 1 | 1 | 1 |
| | 외기온도계(Outside Air Temperature Indicator) | 1 | 1 | 1 | 1 |
| | 승강계(Rate of Climb and Descent Indicator) | 1 | 1 | 1 | 1 |
| | 안정성유지시스템(Stabilization System) | - | - | 1 | 1 |

### 5.1.3 항공기의 연료(항공안전법 제53조)

1. 항공기를 운항하려는 자 또는 소유자등은 항공기에 국토교통부령으로 정하는 양의 연료를 싣지 아니하고 항공기를 운항해서는 아니 된다.

2. 법 제53조에 따라 항공기에 실어야 할 연료와 오일의 양은 다음과 같다.

   가. 항공운송사업용 및 항공기사용사업용 비행기

| 구 분 | 연료 및 오일의 양(다음의 양을 더한 양) ||
|---|---|---|
| | 왕복발동기 장착 항공기 | 터빈발동기 장착 항공기 |
| 계기비행으로 교체비행장이 요구될 경우 | 1. 이륙 전에 소모가 예상되는 연료의 양<br>2. 이륙부터 최초 착륙예정 비행장에 착륙할 때까지 필요한 연료의 양<br>3. 이상사태 발생 시 연료소모가 증가할 것에 대비하기 위한 것으로서 운항기술기준에서 정한 연료의 양<br>4. 다음의 어느 하나에 해당하는 연료의 양<br>　가. 1개의 교체비행장이 요구되는 경우<br>　　(1) 최초 착륙예정 비행장에서 한 번의 실패접근에 필요한 양<br>　　(2) 교체비행장까지 상승비행, 순항비행, 강하비행, 접근비행 및 착륙에 필요한 양<br>　나. 2개 이상의 교체비행장이 요구되는 경우: 각각의 교체비행장에 대하여 가목에 따라 산정된 양 중 가장 많은 양 ||
| | 5. 교체비행장에 도착 시 예상되는 비행기의 중량 상태에서 순항속도 및 순항고도로 45분간 더 비행할 수 있는 연료의 양 | 5. 교체비행장에 도착 시 예상되는 비행기의 중량 상태에서 표준대기 상태에서의 체공속도로 교체비행장의 450m(1,500ft)의 상공에서 30분간 더 비행할 수 있는 연료의 양 |
| | 6. 그 밖에 비행기의 비행성능 등을 고려하여 운항기술기준에서 정한 추가 연료의 양 ||
| 계기비행으로 교체비행장이 요구되지 않을 경우 | 1. 이륙 전에 소모가 예상되는 연료의 양<br>2. 이륙부터 최초 착륙예정 비행장에 착륙할 때까지 필요한 연료의 양<br>3. 이상사태 발생 시 연료소모가 증가할 것에 대비하기 위한 것으로서 운항기술기준에서 정한 연료의 양<br>4. 다음의 어느 하나에 해당하는 연료의 양 ||

| 구 분 | 연료 및 오일의 양(다음의 양을 더한 양) ||
|---|---|---|
| | 왕복발동기 장착 항공기 | 터빈발동기 장착 항공기 |
| 계기비행으로 교체비행장이 요구될 경우 (계속) | 가. 1개의 교체비행장이 요구되는 경우<br>  (1) 최초 착륙예정 비행장에서 한 번의 실패접근에 필요한 양<br>  (2) 교체비행장까지 상승비행, 순항비행, 강하비행, 접근비행 및 착륙에 필요한 양<br>나. 2개 이상의 교체비행장이 요구되는 경우: 각각의 교체비행장에 대하여 가목에 따라 산정된 양 중 가장 많은 양 ||
| | 5. 교체비행장에 도착 시 예상되는 비행기의 중량 상태에서 순항속도 및 순항고도로 45분간 더 비행할 수 있는 연료의 양 | 5. 교체비행장에 도착 시 예상되는 비행기의 중량 상태에서 표준대기 상태에서의 체공속도로 교체비행장의 450m(1,500ft)의 상공에서 30분간 더 비행할 수 있는 연료의 양 |
| | 6. 그 밖에 비행기의 비행성능 등을 고려하여 운항기술기준에서 정한 추가 연료의 양 ||
| 계기비행으로 교체비행장이 요구되지 않을 경우 | 1. 이륙 전에 소모가 예상되는 연료의 양<br>2. 이륙부터 최초 착륙예정 비행장에 착륙할 때까지 필요한 연료의 양<br>3. 이상사태 발생 시 연료소모가 증가할 것에 대비하기 위한 것으로서 운항기술기준에서 정한 연료의 양<br>4. 다음의 어느 하나에 해당하는 연료의 양<br>  가. 제186조제3항제1호에 해당하는 경우: 표준대기 상태에서 최초 착륙예정 비행장의 450m(1,500ft)의 상공에서 체공속도로 15분간 더 비행할 수 있는 양 ||
| | 나. 제186조제3항제2호에 해당하는 경우: 다음의 어느 하나에 해당하는 양 중 더 적은 양<br>  (1) 제5호에 따른 연료의 양을 포함하여 순항속도로 45분간 더 비행할 수 있는 양에 순항고도로 계획된 비행시간의 15%의 시간을 더 비행할 수 있는 양을 더한 양<br>  (2) 순항속도로 2시간을 더 비행할 수 있는 양 | 나. 제186조제3항제2호에 해당하는 경우: 제5호에 따른 연료의 양을 포함하여 최초 착륙예정 비행장의 상공에서 정상적인 순항 연료소모율로 2시간을 더 비행할 수 있는 양 |
| | 5. 최초 착륙예정 비행장에 도착 시 예상되는 비행기 중량 상태에서 순항속도 및 순항고도로 45분간 더 비행할 수 있는 연료의 양 | 5. 최초 착륙예정 비행장에 도착 시 예상되는 비행기 중량 상태에서 표준대기 상태에서의 체공속도로 최초 착륙예정 비행장의 450m(1,500ft)의 상공에서 30분간 더 비행할 수 있는 양 |
| | 6. 그 밖에 비행기의 비행성능 등을 고려하여 운항기술기준에서 정한 추가 연료의 양 ||
| 시계비행을 할 경우 | 1. 최초 착륙예정 비행장까지 비행에 필요한 양<br>2. 순항속도로 45분간 더 비행할 수 있는 양 ||

나. 항공운송사업용 및 항공기사용사업용 외의 비행기

| 구 분 | 연료 및 오일의 양(다음의 양을 더한 양) |
|---|---|
| 계기비행으로 교체비행장이 요구될 경우 | 1. 최초 착륙예정 비행장까지 비행에 필요한 양<br>2. 그 교체비행장까지 비행을 마친 후 순항고도로 45분간 더 비행할 수 있는 양 |
| 계기비행으로 교체비행장이 요구되지 않을 경우 | 1. 제186조제3항 단서에 따라 교체비행장이 요구되지 않는 경우 최초 착륙예정 비행장까지 비행에 필요한 양<br>2. 순항고도로 45분간 더 비행할 수 있는 양 |
| 주간에 시계비행을 할 경우 | 1. 최초 착륙예정 비행장까지 비행에 필요한 양<br>2. 순항고도로 30분간 더 비행할 수 있는 양 |

| 구 분 | 연료 및 오일의 양(다음의 양을 더한 양) |
|---|---|
| 야간에 시계비행을 할 경우 | 1. 최초 착륙예정 비행장까지 비행에 필요한 양<br>2. 순항고도로 45분간 더 비행할 수 있는 양 |

다. 항공운송사업용 및 항공기사용사업용 헬리콥터

| 구 분 | 연료 및 오일의 양(다음의 양을 더한 양) |
|---|---|
| 시계비행을 할 경우 | 1. 최초 착륙예정 비행장까지 비행에 필요한 양<br>2. 최대항속속도로 20분간 더 비행할 수 있는 양<br>3. 이상사태 발생 시 연료소모가 증가할 것에 대비하기 위한 것으로서 운항기술기준에서 정한 연료의 양 |
| 계기비행으로 교체비행장이 요구될 경우 | 1. 최초 착륙예정 비행장까지 비행하여 한 번의 접근과 실패접근을 하는 데 필요한 양<br>2. 교체비행장까지 비행하는 데 필요한 양<br>3. 표준대기 상태에서 교체비행장의 450m(1,500ft)의 상공에서 30분간 체공하는 데 필요한 양에 그 비행장에 접근하여 착륙하는 데 필요한 양을 더한 양<br>4. 이상사태 발생 시 연료소모가 증가할 것에 대비하기 위한 것으로서 운항기술기준에서 정한 연료의 양 |
| 계기비행으로 교체비행장이 요구되지 않을 경우 | 1. 최초 착륙예정 비행장까지 비행에 필요한 양<br>2. 표준대기 상태에서 최초 착륙예정 비행장의 450m(1,500ft)의 상공에서 30분간 체공하는 데 필요한 양에 그 비행장에 접근하여 착륙하는 데 필요한 양을 더한 양<br>3. 이상사태 발생 시 연료소모가 증가할 것에 대비하기 위한 것으로서 운항기술기준에서 정한 연료의 양 |
| 계기비행으로 적당한 교체비행장이 없을 경우 | 1. 최초 착륙예정 비행장까지 비행에 필요한 양<br>2. 최초 착륙예정 비행장의 상공에서 체공속도로 2시간 동안 체공하는 데 필요한 양 |

### 5.1.4 항공기의 등불(항공안전법 제54조)

항공기를 운항하거나 야간(해가 진 뒤부터 해가 뜨기 전까지를 말한다)에 비행장에 주기(駐機) 또는 정박(碇泊)시키는 사람은 국토교통부령으로 정하는 바에 따라 등불로 항공기의 위치를 나타내야 한다.

1. 항공기가 야간에 공중·지상 또는 수상을 항행하는 경우와 비행장의 이동지역 안에서 이동하거나 엔진이 작동 중인 경우에는 우현등, 좌현등 및 미등("항행등")과 충돌방지등에 의하여 그 항공기의 위치를 나타내야 한다.

2. 항공기를 야간에 사용되는 비행장에 주기 또는 정박시키는 경우에는 해당 항공기의 항행등을 이용하여 항공기의 위치를 나타내야 한다. 다만, 비행장에 항공기를 조명하는 시설이 있는 경우에는 그러하지 아니하다.

3. 조종사는 섬광등이 업무를 수행하는 데 장애를 주거나 외부에 있는 사람에게 눈부심을 주어 위험을 유발할 수 있는 경우에는 섬광등을 끄거나 빛의 강도를 줄여야 한다.

### 5.1.5 운항승무원의 비행경험

1. 조종사의 최근의 비행경험(항공안전법 시행규칙 제121조)
    가. 다음의 어느 하나에 해당하는 조종사는 해당 항공기를 조종하고자 하는 날부터 기산하여 그 이전 90일까지의 사이에 조종하려는 항공기와 같은 형식의 항공기에 탑승하여 이륙 및 착륙을 각각 3회 이상 행한 비행경험이 있어야 한다.
        (1) 항공운송사업 또는 항공기사용사업에 사용되는 항공기를 조종하려는 조종사

(2) 제126조(국외운항항공기)의 어느 하나에 해당하는 항공기를 소유하거나 운용하는 법인 또는 단체에 고용된 조종사. 다만, 기장 외의 조종사는 이륙 또는 착륙 중 항공기를 조종하고자 하는 경우에만 해당한다.

나. 가항에 따른 조종사가 야간에 운항업무에 종사하고자 하는 경우에는 가항의 비행경험 중 적어도 야간에 1회의 이륙 및 착륙을 행한 비행경험이 있어야 한다. 다만, 교육훈련, 기종운영의 특성 등으로 국토교통부장관의 인가를 받은 조종사에 대해서는 그러하지 아니하다.

다. 가항 또는 나항의 비행경험을 산정하는 경우 지방항공청장이 지정한 모의비행훈련장치를 조작한 경험은 가항 또는 나항의 비행경험으로 본다.

2. 계기비행의 경험(항공안전법 시행규칙 제124조)

계기비행을 하려는 조종사는 계기비행을 하려는 날부터 계산하여 그 이전 6개월까지의 사이에 6회 이상의 계기접근과 6시간 이상의 계기비행(모의계기비행을 포함)을 한 경험이 있어야 한다.

3. 조종교육 비행경험(항공안전법 시행규칙 제125조)

조종교육업무에 종사하려는 조종사는 조종교육을 하려는 날부터 계산하여 그 이전 1년까지의 사이에 10시간 이상의 조종교육을 한 경험이 있어야 한다. 다만, 조종교육증명을 최초로 취득한 조종사에 대해서는 그 조종교육증명을 취득한 날부터 1년까지는 그러하지 아니하다.

■ 잠깐! 알고 가세요.
[종사하고자 하는 운항승무원의 비행경험 요건]

| 구 분 | 비행경험 기간 | 비행경험 요건 |
|---|---|---|
| 1. 최근의 비행경험 | 이전 90일 | 이륙 및 착륙 각각 3회 이상 |
| 2. 계기비행 경험 | 이전 6개월 | 6회 이상의 계기접근과 6시간 이상의 계기비행 |
| 3. 조종교육 비행경험 | 이전 1년 | 10시간 이상의 조종교육 |

### 5.1.6 승무원 등의 피로관리(항공안전법 제56조)

1. 승무원 등의 피로관리

가. 항공운송사업자, 항공기사용사업자 또는 국외운항항공기 소유자등은 소속 운항승무원 및 객실승무원("승무원")과 운항관리사의 피로를 관리하여야 한다.

나. 항공운송사업자, 항공기사용사업자 또는 국외운항항공기 소유자등은 승무원의 피로를 관리하는 경우에는 승무원의 승무시간등에 대한 기록을 15개월 이상 보관하여야 한다.

2. 운항승무원의 승무시간 등의 기준 등(항공안전법 시행규칙 제127조)

운항승무원의 승무시간, 비행근무시간, 근무시간 등("승무시간등")의 기준은 다음과 같다.

가. 운항승무원의 연속 24시간 동안 최대 승무시간·비행근무시간 기준

(단위: 시간)

| 운항승무원 편성 | 최대 승무시간 | 최대 비행근무시간 |
|---|---|---|
| 기장 1명 | 8 | 13 |
| 기장 1명, 기장 외의 조종사 1명 | 8 | 13 |
| 기장 1명, 기장 외의 조종사 1명, 항공기관사 1명 | 12 | 15 |
| 기장 1명, 기장 외의 조종사 2명 | 12 | 16 |
| 기장 2명, 기장 외의 조종사 1명 | 13 | 16.5 |
| 기장 2명, 기장 외의 조종사 2명 | 16 | 20 |
| 기장 2명, 기장 외의 조종사 2명, 항공기관사 2명 | 16 | 20 |

비고
1. "승무시간(Flight Time)"이란 비행기의 경우 이륙을 목적으로 비행기가 최초로 움직이기 시작한 때부터 비행이 종료되어 최종적으로 비행기가 정지한 때까지의 총 시간을 말한다.
2. "비행근무시간(Flight Duty Period)"이란 운항승무원이 1개 구간 또는 연속되는 2개 구간 이상의 비행이 포함된 근무의 시작을 보고한 때부터 마지막 비행이 종료되어 최종적으로 항공기의 발동기가 정지된 때까지의 총 시간을 말한다.
3. 연속되는 24시간 동안 12시간을 초과하여 승무할 경우 항공기에는 휴식시설이 있어야 한다.

나. 운항승무원의 연속되는 28일 및 365일 동안의 최대 승무시간 기준

(단위: 시간)

| 운항승무원 편성 | 연속 28일 | 연속 365일 |
|---|---|---|
| 기장 1명 | 100 | 1,000 |
| 기장 1명, 기장 외의 조종사 1명 | 100 | 1,000 |
| 기장 1명, 기장 외의 조종사 1명, 항공기관사 1명 | 120 | 1,000 |
| 기장 1명, 기장 외의 조종사 2명 | 120 | 1,000 |
| 기장 2명, 기장 외의 조종사 1명 | 120 | 1,000 |
| 기장 2명, 기장 외의 조종사 2명 | 120 | 1,000 |
| 기장 2명, 기장 외의 조종사 2명, 항공기관사 2명 | 120 | 1,000 |

### 5.1.7 주류등의 섭취·사용 제한

1. 주류등의 섭취·사용 제한(항공안전법 제57조)
   가. 항공종사자 및 객실승무원은 「주세법」에 따른 주류, 「마약류 관리에 관한 법률」에 따른 마약류(마약·향정신성의약품 및 대마를 말한다) 또는 「화학물질관리법」에 따른 환각물질 등("주류등")의 영향으로 항공업무 또는 객실승무원의 업무를 정상적으로 수행할 수 없는 상태에서는 항공업무 또는 객실승무원의 업무에 종사해서는 아니 된다.
   나. 항공종사자 및 객실승무원은 항공업무 또는 객실승무원의 업무에 종사하는 동안에는 주류등을 섭취하거나 사용해서는 아니 된다.
   다. 국토교통부장관은 항공안전과 위험 방지를 위하여 필요하다고 인정하거나 항공종사자 및 객실승무원이 가항 또는 나항을 위반하여 항공업무 또는 객실승무원의 업무를 하였다고 인정할 만한 상당한 이유가 있을 때에는 주류등의 섭취 및 사용 여부를 호흡측정기 검사 등의 방법으로 측정할 수 있으며, 항공종사자 및 객실승무원은 이러한 측정에 응하여야 한다.
   라. 국토교통부장관은 항공종사자 또는 객실승무원이 측정 결과에 불복하면 그 항공종사자 또는 객실승무원의 동의를 받아 혈액 채취 또는 소변 검사 등의 방법으로 주류등의 섭취 및 사용 여부를 다시 측정할 수 있다.
   마. 주류등의 영향으로 항공업무 또는 객실승무원의 업무를 정상적으로 수행할 수 없는 상태의 기준은 다음과 같다.
   (1) 주정성분이 있는 음료의 섭취로 혈중알코올농도가 0.02% 이상인 경우
   (2) 「마약류 관리에 관한 법률」 제2조제1호에 따른 마약류를 사용한 경우
   (3) 「화학물질관리법」 제22조제1항에 따른 환각물질을 사용한 경우
2. 주류등의 종류 및 측정 등(항공안전법 시행규칙 제129조)
   가. 국토교통부장관 또는 지방항공청장은 소속 공무원으로 하여금 항공종사자 및 객실승무원의 주류등의 섭취 또는 사용 여부를 측정하게 할 수 있다.

나. 가항에 따라 주류등의 섭취 또는 사용 여부를 적발한 소속 공무원은 별지 제61호서식의 주류등 섭취 또는 사용 적발보고서를 작성하여 국토교통부장관 또는 지방항공청장에게 보고하여야 한다.

### 5.2 항공안전 보고
#### 5.2.1 항공안전 의무보고(항공안전법 제59조)

1. 항공기사고, 항공기준사고 또는 항공안전장애 중 국토교통부령으로 정하는 사항("의무보고 대상 항공안전장애")을 발생시켰거나 항공기사고, 항공기준사고 또는 의무보고 대상 항공안전장애가 발생한 것을 알게 된 항공종사자 등 관계인은 국토교통부장관에게 그 사실을 보고하여야 한다. 보고서의 제출 시기는 다음과 같다.
   가. 항공기사고 및 항공기준사고: 즉시
   나. 항공안전장애
      (1) 항공안전법 시행규칙 별표 20의2(항공안전장애의 범위) 제1호부터 제4호까지, 제6호 및 제7호에 해당하는 의무보고 대상 항공안전장애의 경우: 72시간 이내. 다만, 제6호(공항 및 항행서비스) 가목, 나목 및 마목에 해당하는 사항은 즉시 보고해야 한다.
      (2) 항공안전법 시행규칙 별표 20의2(항공안전장애의 범위) 제5호(항공기 화재 및 고장)에 해당하는 의무보고 대상 항공안전장애의 경우: 96시간 이내
      (3) 위의 (1)항 및 (2)항에도 불구하고, 의무보고 대상 항공안전장애를 발생시켰거나 의무보고 대상 항공안전장애가 발생한 것을 알게 된 자가 부상, 통신 불능, 그 밖의 부득이한 사유로 기한 내 보고를 할 수 없는 경우: 그 사유가 해소된 시점부터 72시간 이내
2. 국토교통부장관은 항공안전 의무보고를 통하여 접수한 내용을 이 법에 따른 경우를 제외하고는 제3자에게 제공하거나 일반에게 공개해서는 아니 된다.
3. 누구든지 항공안전 의무보고를 한 사람에 대하여 이를 이유로 해고·전보·징계·부당한 대우 또는 그 밖에 신분이나 처우와 관련하여 불이익한 조치를 취해서는 아니 된다.

#### 5.2.2 항공안전 자율보고(항공안전법 제61조)

1. 항공안전 자율보고
   가. 누구든지 의무보고 대상 항공안전장애 외의 항공안전장애("자율보고대상 항공안전장애")를 발생시켰거나 발생한 것을 알게 된 경우 또는 항공안전위해요인이 발생한 것을 알게 되거나 발생이 의심되는 경우에는 국토교통부령으로 정하는 바에 따라 그 사실을 국토교통부장관에게 보고할 수 있다.
   나. 국토교통부장관은 항공안전 자율보고를 통하여 접수한 내용을 이 법에 따른 경우를 제외하고는 제3자에게 제공하거나 일반에게 공개해서는 아니 된다.
   다. 누구든지 항공안전 자율보고를 한 사람에 대하여 이를 이유로 해고·전보·징계·부당한 대우 또는 그 밖에 신분이나 처우와 관련하여 불이익한 조치를 해서는 아니 된다.
   라. 국토교통부장관은 자율보고대상 항공안전장애 또는 항공안전위해요인을 발생시킨 사람이 그 발생일부터 10일 이내에 항공안전 자율보고를 한 경우에는 고의 또는 중대한 과실로 발생시킨 경우에 해당하지 아니하면 이 법 및 「공항시설법」에 따른 처분을 하여서는 아니 된다.
   마. 항공안전 자율보고에 포함되어야 할 사항, 보고 방법 및 절차 등은 국토교통부령으로 정한다.
2. 항공안전 자율보고의 절차 등(항공안전법 시행규칙 제135조)

항공안전 자율보고를 하려는 사람은 별지 제66호서식의 항공안전 자율보고서 또는 국토교통부장관이 정하여 고시하는 전자적인 보고방법에 따라 한국교통안전공단의 이사장에게 보고할 수 있다.

## 5.3 기장
### 5.3.1 기장의 권한 등(항공안전법 제62조)
1. 항공기의 운항 안전에 대하여 책임을 지는 사람("기장")은 그 항공기의 승무원을 지휘·감독한다.
2. 기장은 국토교통부령으로 정하는 바에 따라 항공기의 운항에 필요한 준비가 끝난 것을 확인한 후가 아니면 항공기를 출발시켜서는 아니 된다.
   가. 항공기 출발 전에 기장이 확인하여야 할 사항은 다음과 같다.
      (1) 해당 항공기의 감항성 및 등록 여부와 감항증명서 및 등록증명서의 탑재
      (2) 해당 항공기의 운항을 고려한 이륙중량, 착륙중량, 중심위치 및 중량분포
      (3) 예상되는 비행조건을 고려한 의무무선설비 및 항공계기등의 장착
      (4) 해당 항공기의 운항에 필요한 기상정보 및 항공정보
      (5) 연료 및 오일의 탑재량과 그 품질
      (6) 위험물을 포함한 적재물의 적절한 분배 여부 및 안정성
      (7) 해당 항공기와 그 장비품의 정비 및 정비 결과
      (8) 그 밖에 항공기의 안전 운항을 위하여 국토교통부장관이 필요하다고 인정하여 고시하는 사항
   나. 기장은 위의 가항 (7)의 사항을 확인하는 경우에는 다음의 점검을 하여야 한다.
      (1) 항공일지 및 정비에 관한 기록의 점검
      (2) 항공기의 외부 점검
      (3) 발동기의 지상 시운전 점검
      (4) 그 밖에 항공기의 작동사항 점검
3. 기장은 항공기나 여객에 위난이 발생하였거나 발생할 우려가 있다고 인정될 때에는 항공기에 있는 여객에게 피난방법과 그 밖에 안전에 관하여 필요한 사항을 명할 수 있다.
4. 기장은 운항 중 그 항공기에 위난이 발생하였을 때에는 여객을 구조하고, 지상 또는 수상에 있는 사람이나 물건에 대한 위난 방지에 필요한 수단을 마련하여야 하며, 여객과 그 밖에 항공기에 있는 사람을 그 항공기에서 나가게 한 후가 아니면 항공기를 떠나서는 아니 된다.
5. 기장은 항공기사고, 항공기준사고 또는 의무보고 대상 항공안전장애가 발생하였을 때에는 국토교통부령으로 정하는 바에 따라 국토교통부장관에게 그 사실을 보고하여야 한다. 다만, 기장이 보고할 수 없는 경우에는 그 항공기의 소유자등이 보고를 하여야 한다.
6. 기장은 다른 항공기에서 항공기사고, 항공기준사고 또는 의무보고 대상 항공안전장애가 발생한 것을 알았을 때에는 국토교통부령으로 정하는 바에 따라 국토교통부장관에게 그 사실을 보고하여야 한다. 다만, 무선설비를 통하여 그 사실을 안 경우에는 그러하지 아니하다.

### 5.3.2 기장 등의 운항자격
1. 기장 등의 운항자격인정을 위한 요건(항공안전법 제63조)
   다음의 어느 하나에 해당하는 항공기의 기장은 지식 및 기량에 관하여, 기장 외의 조종사는 기량에 관하여 국토교통부장관의 자격인정을 받아야 한다.

가. 항공운송사업에 사용되는 항공기
나. 항공기사용사업에 사용되는 항공기 중 국토교통부령으로 정하는 업무에 사용되는 항공기
다. 국외운항항공기

2. 기장의 운항자격인정을 위한 지식 및 기량요건(항공안전법 시행규칙 제138조, 139조)
   기장은 다음의 구분에 따른 지식 및 기량이 있어야 한다.

| 지식요건 | 기량요건 |
|---|---|
| 운항하려는 지역, 노선 및 공항에 대한 다음의 지식<br>1. 지형 및 최저안전고도<br>2. 계절별 기상 특성<br>3. 기상, 통신 및 항공교통시설 업무와 그 절차<br>4. 수색 및 구조 절차<br>5. 운항하려는 지역 또는 노선과 관련된 장거리 항법절차가 포함된 항행안전시설 및 그 이용절차<br>6. 인구밀집지역 상공 및 항공교통량이 많은 지역 상공의 비행경로에서 적용되는 비행절차<br>7. 장애물, 등화시설, 접근을 위한 항행안전시설, 목적지 공항 혼잡지역 및 그 도면<br>8. 항공로절차, 목적지 상공 도착절차, 출발절차, 체공절차 및 공항이 포함된 인가된 계기접근 절차<br>9. 공항 운영 최저기상기준값<br>10. 항공고시보<br>11. 운항규정 | 해당 형식의 항공기에 대한 다음의 기량<br>1. 정상 상태에서의 조종기술<br>2. 비정상 상태에서의 조종기술<br>3. 비상절차 수행능력 |

3. 기장 등의 운항자격 인정 및 심사 신청(항공안전법 시행규칙 제140조)
   기장 또는 기장 외의 조종사의 운항자격 인정을 받으려는 사람은 조종사 운항자격 인정(심사) 신청서에 비행경력증명서를 첨부하여 국토교통부장관 또는 지방항공청장에게 제출하여야 한다.

4. 기장 등의 운항자격 인정을 위한 심사
   국토교통부장관은 자격인정을 받은 사람에 대하여 그 지식 또는 기량의 유무를 정기적으로 심사하여야 하며, 특히 필요하다고 인정하는 경우에는 수시로 지식 또는 기량의 유무를 심사할 수 있다.
   가. 기장 등의 운항자격의 정기심사(항공안전법 시행규칙 제143조)
      (1) 국토교통부장관 또는 지방항공청장은 자격인정을 받은 기장 또는 기장 외의 조종사에 대해 다음의 구분에 따라 정기심사를 실시한다.
         (가) 항공운송사업에 사용되는 항공기, 항공기사용사업에 사용되는 항공기 중 국토교통부령으로 정하는 업무에 사용되는 항공기의 기장 또는 기장 외의 조종사: 운항하려는 지역, 노선 및 공항에 따라 기장의 경우에는 지식 및 기량의 유지에 관하여, 기장 외의 조종사의 경우에는 기량의 유지에 관하여 다음의 구분에 따른 심사 실시
            ① 정상 상태에서의 조종기술: 매년 1회 이상 국토교통부장관이 정하는 방법에 따른 심사
            ② 비정상 상태에서의 조종기술 및 비상절차 수행능력: 매년 2회 이상 국토교통부장관이 정하는 방법에 따른 심사
         (나) 위의 (가)항 ②에도 불구하고 다음의 어느 하나에 해당하는 조종사에 대한 심사는 기장의 경우에는 지식 및 기량의 유지에 관하여, 기장 외의 조종사의 경우에는 기량의 유지에 관하여 각각 매년 1회 이상 국토교통부장관이 정하는 방법에 따라 실시한다. 다만, 2개 이상의 기종을 조종하는 조종사인 경우에는 기종별 격년으로 심사한다.

① 「항공사업법」 제10조에 따른 소형항공운송사업에 사용되는 항공기를 조종하는 조종사
② 제137조에 따른 업무를 하는 항공기사용사업에 사용되는 항공기를 조종하는 조종사

나. 기장 등의 운항자격의 수시심사(항공안전법 시행규칙 제144조)

국토교통부장관 또는 지방항공청장은 다음의 어느 하나에 해당하는 기장 또는 기장 외의 조종사에 대해서는 수시로 지식 또는 기량의 유무를 심사할 수 있다.
(1) 항공기사고 또는 비정상운항을 발생시킨 기장 또는 기장 외의 조종사
(2) 기장의 운항자격인정을 위한 지식요건의 사항에 중요한 변경이 있는 지역, 노선 및 공항을 운항하는 기장 또는 기장 외의 조종사
(3) 항공기의 성능·장비 또는 항법에 중요한 변경이 있는 경우 해당 항공기를 운항하는 기장 또는 기장 외의 조종사
(4) 6개월 이상 운항업무에 종사하지 아니한 기장 또는 기장 외의 조종사
(5) 항공 관련 법규 위반으로 처분을 받은 기장 또는 기장 외의 조종사
(6) 항공기의 이륙·착륙에 특별한 주의가 필요한 공항으로서 국토교통부장관이 지정한 공항에 운항하는 기장 또는 기장 외의 조종사
(7) 해당 운항자격 경력이 1년 미만인 기장 또는 기장 외의 조종사
(8) 새로운 공항을 운항한 지 6개월이 지나지 아니한 기장 또는 기장 외의 조종사
(9) 취항 중인 공항에 항공기 형식을 변경하여 운항한 지 6개월이 지나지 아니한 기장 또는 기장 외의 조종사

5. 기장의 지역, 노선 및 공항에 대한 경험요건(항공안전법 제63조)

가. 항공운송사업에 종사하는 항공기의 기장은 운항하려는 지역, 노선 및 공항(국토교통부령으로 정하는 지역, 노선 및 공항에 관한 것만 해당)에 대한 경험요건을 갖추어야 한다.

나. 기장의 경험요건의 면제(항공안전법 시행규칙 제156조)

국토교통부장관 또는 지방항공청장은 신규로 개설되는 노선을 운항하려는 기장이 다음의 어느 하나에 해당하는 경우에는 경험요건을 면제할 수 있다.
(1) 운항하려는 지역, 노선 및 공항에 대한 시각장비 또는 비행장 도면이 포함된 운항절차에 대한 교육을 받고 위촉심사관등으로부터 확인을 받은 경우
(2) 위촉심사관 또는 운항하려는 해당 형식 항공기의 기장으로서 비행한 시간이 1천시간 이상인 경우

## 5.4 운항관리사(항공안전법 제65조)

1. 항공운송사업자와 국외운항항공기 소유자등은 국토교통부령으로 정하는 바에 따라 운항관리사를 두어야 한다.

2. 운항관리사를 두어야 하는 자가 운항하는 항공기의 기장은 그 항공기를 출발시키거나 비행계획을 변경하려는 경우에는 운항관리사의 승인을 받아야 한다.

## 5.5 항공기의 이륙·착륙의 장소

1. 항공기 이륙·착륙의 장소(항공안전법 제66조)

누구든지 항공기(활공기와 비행선은 제외)를 비행장이 아닌 곳에서 이륙하거나 착륙하여서는 아니 된다. 다만, 다음의 경우에는 그러하지 아니하다.

가. 안전과 관련한 비상상황 등 불가피한 사유가 있는 경우로서 국토교통부장관의 허가를 받은 경우
나. 국토교통부장관이 발급한 운영기준에 따르는 경우
2. 이륙·착륙 장소 외에서의 이륙·착륙 허가신청(항공안전법 시행규칙 제160조)
 국토교통부장관 또는 지방항공청장의 허가를 받으려는 자는 별지 제70호서식의 이륙·착륙 장소 외에서의 이륙·착륙 허가 신청서에 서류를 첨부하여 국토교통부장관 또는 지방항공청장에게 제출하여야 한다.

## 5.6 일반적인 사항에 관한 규칙

1. 비행규칙의 준수 등(항공안전법 시행규칙 제161조)
   가. 기장은 항공안전법 제67조(항공기의 비행규칙)에 따른 비행규칙에 따라 비행하여야 한다. 다만, 안전을 위하여 불가피한 경우에는 그러하지 아니하다.
   나. 기장은 비행을 하기 전에 현재의 기상관측보고, 기상예보, 소요 연료량, 대체 비행경로 및 그 밖에 비행에 필요한 정보를 숙지하여야 한다.
   다. 기장은 인명이나 재산에 피해가 발생하지 아니하도록 주의하여 비행하여야 한다.
   라. 기장은 다른 항공기 또는 그 밖의 물체와 충돌하지 아니하도록 비행하여야 하며, 공중충돌경고장치의 회피지시가 발생한 경우에는 그 지시에 따라 회피기동을 하는 등 충돌을 예방하기 위한 조치를 하여야 한다.

2. 항공기의 지상이동(항공안전법 시행규칙 제162조)
   비행장 안의 이동지역에서 이동하는 항공기는 충돌예방을 위하여 다음의 기준에 따라야 한다.
   가. 정면 또는 이와 유사하게 접근하는 항공기 상호간에는 모두 정지하거나 가능한 경우에는 충분한 간격이 유지되도록 각각 오른쪽으로 진로를 바꿀 것
   나. 교차하거나 이와 유사하게 접근하는 항공기 상호간에는 다른 항공기를 우측으로 보는 항공기가 진로를 양보할 것
   다. 앞지르기하는 항공기는 다른 항공기의 통행에 지장을 주지 않도록 충분한 분리 간격을 유지할 것
   라. 기동지역에서 지상이동하는 항공기는 관제탑의 지시가 없는 경우에는 활주로진입전대기지점에서 정지·대기할 것
   마. 기동지역에서 지상이동하는 항공기는 정지선등(Stop Bar Lights)이 켜져 있는 경우에는 정지·대기하고, 정지선등이 꺼질 때에 이동할 것

3. 비행장 또는 그 주변에서의 비행(항공안전법 시행규칙 제163조)
   비행장 또는 그 주변을 비행하는 항공기의 조종사는 다음의 기준에 따라야 한다.
   가. 이륙하려는 항공기는 안전고도 미만의 고도 또는 안전속도 미만의 속도에서 선회하지 말 것
   나. 해당 비행장의 이륙기상최저치 미만의 기상상태에서는 이륙하지 말 것
   다. 해당 비행장의 시계비행 착륙기상최저치 미만의 기상상태에서는 시계비행방식으로 착륙을 시도하지 말 것
   라. 터빈발동기를 장착한 이륙항공기는 지표 또는 수면으로부터 450m(1,500ft)의 고도까지 가능한 한 신속히 상승할 것. 다만, 소음 감소를 위하여 국토교통부장관이 달리 비행방법을 정한 경우에는 그러하지 아니하다.
   마. 해당 비행장을 관할하는 항공교통관제기관과 무선통신을 유지할 것
   바. 비행로, 교통장주(Traffic Pattern), 그 밖에 해당 비행장에 대하여 정해진 비행방식 및 절차에 따를 것

사. 다른 항공기 다음에 이륙하려는 항공기는 그 다른 항공기가 이륙하여 활주로의 종단을 통과하기 전에는 이륙을 위한 활주를 시작하지 말 것
아. 다른 항공기 다음에 착륙하려는 항공기는 그 다른 항공기가 착륙하여 활주로 밖으로 나가기 전에는 착륙하기 위하여 그 활주로 시단을 통과하지 말 것
자. 이륙하는 다른 항공기 다음에 착륙하려는 항공기는 그 다른 항공기가 이륙하여 활주로의 종단을 통과하기 전에는 착륙하기 위하여 해당 활주로의 시단을 통과하지 말 것
차. 착륙하는 다른 항공기 다음에 이륙하려는 항공기는 그 다른 항공기가 착륙하여 활주로 밖으로 나가기 전에 이륙하기 위한 활주를 시작하지 말 것
카. 기동지역 및 비행장 주변에서 비행하는 항공기를 관찰할 것
타. 다른 항공기가 사용하고 있는 교통장주를 회피하거나 지시에 따라 비행할 것
파. 비행장에 착륙하기 위하여 접근하거나 이륙 중 선회가 필요할 경우에는 달리 지시를 받은 경우를 제외하고는 좌선회할 것
하. 비행안전, 활주로의 배치 및 항공교통상황 등을 고려하여 필요한 경우를 제외하고는 바람이 불어오는 방향으로 이륙 및 착륙할 것

## 4. 순항고도(항공안전법 시행규칙 제164조)

가. 일반적으로 사용되는 순항고도

| 비행방향 | 비행방식 | 순항고도 | |
|---|---|---|---|
| | | 29,000ft 미만 | 29,000ft 이상 |
| 000°에서 179°까지 | 계기비행 | 1,000ft의 홀수배 (예: 1,000ft, 3,000ft, 5,000ft …) | 29,000ft 또는 29,000ft+4,000ft의 배수 (예: 29,000ft, 33,000ft, 37,000ft …) |
| | 시계비행 | 1,000ft의 홀수배+500ft (예: 3,500ft, 5,500ft, 7,500ft …) | 30,000ft 또는 30,000ft+4,000ft의 배수 (예: 30,000ft, 34,000ft, 38,000ft …) |
| 180°에서 359°까지 | 계기비행 | 1,000ft의 짝수배 (예: 2,000ft, 4,000ft, 6,000ft …) | 31,000ft 또는 31,000ft+4,000ft의 배수 (예: 31,000ft, 35,000ft, 39,000ft …) |
| | 시계비행 | 1,000ft의 짝수배+500ft (예: 4,500ft, 6,500ft, 8,500ft …) | 32,000ft 또는 32,000ft+4,000ft의 배수 (예: 32,000ft, 36,000ft, 40,000ft …) |

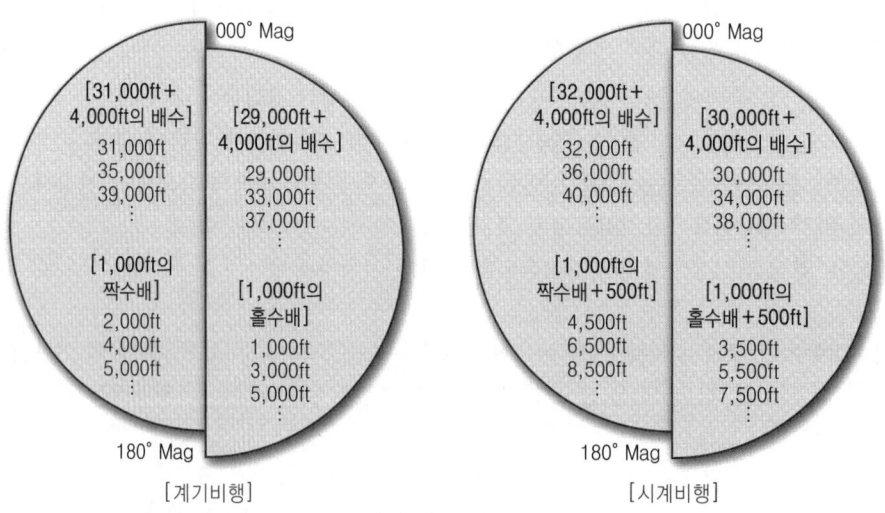

그림 2-5. 순항고도

나. 수직분리축소공역(RVSM)에서의 순항고도

FL290 이상 FL410 이하의 고도에서 1,000ft의 수직분리최저치가 적용되는 지역

| 비행방향 | 비행방식 | 순항고도(29,000ft 이상) |
|---|---|---|
| 000°에서 179°까지 | 계기비행 | FL290, FL310, FL330, FL350, FL370, FL390 |
| 180°에서 359°까지 | 계기비행 | FL300, FL320, FL340, FL360, FL380, FL400 |

5. 기압고도계의 수정(항공안전법 시행규칙 제165조)

비행을 하는 항공기의 기압고도계는 다음의 기준에 따라 수정해야 한다.

| 구 분 | 기압고도계 수정 |
|---|---|
| 1. 전이고도 이하의 고도 | 비행로를 따라 185km(100해리) 이내에 있는 항공교통관제기관으로부터 통보받은 QNH[185km(100해리) 이내에 항공교통관제기관이 없는 경우에는 비행정보기관 등으로부터 받은 최신 QNH]로 수정 |
| 2. 전이고도를 초과한 고도 | 표준기압치(1,013.2 헥토파스칼)로 수정 |

6. 통행의 우선순위(항공안전법 시행규칙 제166조)

가. 교차하거나 그와 유사하게 접근하는 고도의 항공기 상호간에는 다음에 따라 진로를 양보해야 한다.
 (1) 비행기·헬리콥터는 비행선, 활공기 및 기구류에 진로를 양보할 것
 (2) 비행기·헬리콥터·비행선은 항공기 또는 그 밖의 물건을 예항(曳航)하는 다른 항공기에 진로를 양보할 것
 (3) 비행선은 활공기 및 기구류에 진로를 양보할 것
 (4) 활공기는 기구류에 진로를 양보할 것
 (5) 위의 (1)항부터 (4)항까지의 경우를 제외하고는 다른 항공기를 우측으로 보는 항공기가 진로를 양보할 것

나. 비행 중이거나 지상 또는 수상에서 운항 중인 항공기는 착륙 중이거나 착륙하기 위하여 최종접근 중인 항공기에 진로를 양보하여야 한다.

다. 착륙을 위하여 비행장에 접근하는 항공기 상호간에는 높은 고도에 있는 항공기가 낮은 고도에 있는 항공기에 진로를 양보해야 한다. 이 경우 낮은 고도에 있는 항공기는 최종 접근단계에 있는 다른 항공기의 전방에 끼어들거나 그 항공기를 앞지르기해서는 아니 된다.

라. 다항에도 불구하고 비행기, 헬리콥터 또는 비행선은 활공기에 진로를 양보하여야 한다.

마. 비상착륙하는 항공기를 인지한 항공기는 그 항공기에 진로를 양보하여야 한다.

바. 비행장 안의 기동지역에서 운항하는 항공기는 이륙 중이거나 이륙하려는 항공기에 진로를 양보하여야 한다.

7. 진로와 속도 등(항공안전법 시행규칙 제167조)

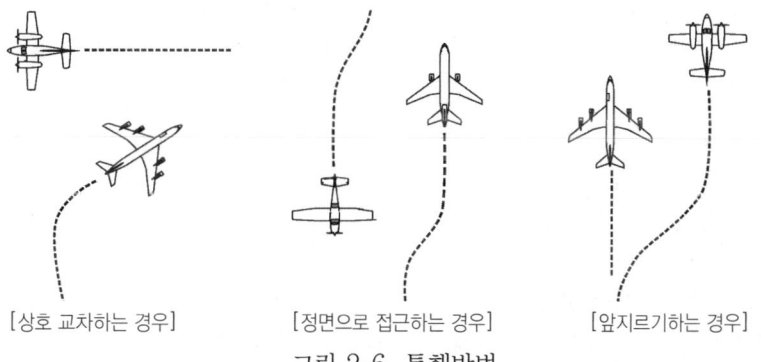

[상호 교차하는 경우]　　　[정면으로 접근하는 경우]　　　[앞지르기하는 경우]

그림 2-6. 통행방법

가. 통행의 우선순위를 가진 항공기는 그 진로와 속도를 유지하여야 한다.
나. 다른 항공기에 진로를 양보하는 항공기는 그 다른 항공기의 상하 또는 전방을 통과해서는 아니 된다. 다만, 충분한 거리 및 항적난기류의 영향을 고려하여 통과하는 경우에는 그러하지 아니하다.
다. 두 항공기가 충돌할 위험이 있을 정도로 정면 또는 이와 유사하게 접근하는 경우에는 서로 기수를 오른쪽으로 돌려야 한다.
라. 다른 항공기의 후방 좌·우 70도 미만의 각도에서 그 항공기를 앞지르기 하려는 항공기는 앞지르기 당하는 항공기의 오른쪽을 통과해야 한다. 이 경우 앞지르기 하는 항공기는 앞지르기 당하는 항공기와 간격을 유지하며, 앞지르기 당하는 항공기의 진로를 방해해서는 안 된다.

8. 비행속도의 유지 등(항공안전법 시행규칙 제169조)
    가. 비행고도와 비행구역에 따라 유지해야 할 비행속도는 다음과 같다.

| 비행고도/비행구역 | 비행속도 |
|---|---|
| 1. 지표면으로부터 750m(2,500ft)를 초과하고, 평균해면으로부터 3,050m(1만ft) 미만인 고도 | 지시대기속도 250노트 이하 |
| 2. C 또는 D등급 공역에서 공항으로부터 반지름 7.4km(4해리) 내의 지표면으로부터 750m(2,500ft)의 고도 이하 | 지시대기속도 200노트 이하 |
| 3. B등급 공역 중 공항별로 국토교통부장관이 고시하는 범위와 고도의 구역 또는 B등급 공역을 통과하는 시계비행로 | 지시대기속도 200노트 이하 |

    나. 최저안전속도가 가항의 규정에 따른 최대속도보다 빠른 항공기는 그 항공기의 최저안전속도로 비행하여야 한다.

9. 편대비행(항공안전법 시행규칙 제170조)
    가. 2대 이상의 항공기로 편대비행을 하려는 기장은 미리 다음의 사항에 관하여 다른 기장과 협의하여야 한다.
        (1) 편대비행의 실시계획
        (2) 편대의 형(形)
        (3) 선회 및 그 밖의 행동 요령
        (4) 신호 및 그 의미
        (5) 그 밖에 필요한 사항
    나. 관제공역 내에서 편대비행을 하려는 항공기의 기장은 편대를 책임지는 항공기로부터 편대 내의 항공기들을 종적 및 횡적으로는 1km, 수직으로는 30m 이내의 분리를 하여야 한다.

10. 활공기 등의 예항(항공안전법 시행규칙 제171조)
    항공기가 활공기를 예항하는 경우에는 다음의 기준에 따라야 한다.
    가. 항공기에 연락원을 탑승시킬 것(조종자를 포함하여 2명 이상이 탈 수 있는 항공기의 경우만 해당하며, 그 항공기와 활공기 간에 무선통신으로 연락이 가능한 경우는 제외)
    나. 예항하기 전에 항공기와 활공기의 탑승자 사이에 다음에 관하여 상의할 것
        (1) 출발 및 예항의 방법
        (2) 예항줄 이탈의 시기·장소 및 방법
        (3) 연락신호 및 그 의미
        (4) 그 밖에 안전을 위하여 필요한 사항
    다. 예항줄의 길이는 40m 이상 80m 이하로 할 것

라. 지상연락원을 배치할 것
마. 예항줄 길이의 80%에 상당하는 고도 이상의 고도에서 예항줄을 이탈시킬 것
바. 구름 속에서나 야간에는 예항을 하지 말 것(지방항공청장의 허가를 받은 경우는 제외)

### 5.7 시계비행에 관한 규칙

1. 시계비행의 금지(항공안전법 시행규칙 제172조)
  항공기는 다음의 어느 하나에 해당되는 경우에는 기상상태에 관계없이 계기비행방식에 따라 비행해야 한다. 다만, 관할 항공교통관제기관의 허가를 받은 경우에는 그렇지 않다.
  가. 평균해면으로부터 6,100m(2만ft)를 초과하는 고도로 비행하는 경우
  나. 천음속 또는 초음속으로 비행하는 경우

2. 시계비행방식에 의한 비행(항공안전법 시행규칙 제173조)
  시계비행방식으로 비행하는 항공기는 지표면 또는 수면상공 900m(3,000ft) 이상을 비행할 경우에는 항공안전법 시행규칙 별표 21(순항고도)에 따른 순항고도에 따라 비행하여야 한다. 다만, 관할 항공교통업무기관의 허가를 받은 경우에는 그렇지 않다.

3. 특별시계비행(항공안전법 시행규칙 제174조)
  가. 예측할 수 없는 급격한 기상의 악화 등 부득이한 사유로 관할 항공교통관제기관으로부터 특별시계비행허가를 받은 항공기의 조종사는 다음의 기준에 따라 비행하여야 한다.
    (1) 허가받은 관제권 안을 비행할 것
    (2) 구름을 피하여 비행할 것
    (3) 비행시정을 1,500m 이상 유지하며 비행할 것
    (4) 지표 또는 수면을 계속하여 볼 수 있는 상태로 비행할 것
    (5) 조종사가 계기비행을 할 수 있는 자격이 없거나 항공계기를 갖추지 아니한 항공기로 비행하는 경우에는 주간에만 비행할 것. 다만, 헬리콥터는 야간에도 비행할 수 있다.
  나. 특별시계비행을 하는 경우에는 다음의 조건에서만 가항에 따른 기준에 따라 이륙하거나 착륙할 수 있다.
    (1) 지상시정이 1,500m 이상일 것
    (2) 지상시정이 보고되지 아니한 경우에는 비행시정이 1,500m 이상일 것

4. 비행시정 및 구름으로부터의 거리(항공안전법 시행규칙 제175조)

표 2-1. 시계상의 양호한 기상상태

| 고 도 | 공 역 | 비행시정 | 구름으로부터의 거리 |
|---|---|---|---|
| 1. 해발 3,050m(10,000ft) 이상 | B·C·D·E·F 및 G등급 | 8,000m | 수평으로 1,500m, 수직으로 300m(1,000ft) |
| 2. 해발 3,050m(10,000ft) 미만에서 해발 900m(3,000ft) 또는 장애물 상공 300m(1,000ft) 중 높은 고도 초과 | B·C·D·E·F 및 G등급 | 5,000m | 수평으로 1,500m, 수직으로 300m(1,000ft) |
| 3. 해발 900m(3,000ft) 또는 장애물 상공 300m(1,000ft) 중 높은 고도 이하 | B·C·D 및 E등급 | 5,000m | 수평으로 1,500m, 수직으로 300m(1,000ft) |
| | F 및 G등급 | 5,000m | 지표면 육안 식별 및 구름을 피할 수 있는 거리 |

시계비행방식으로 비행하는 항공기는 위의 표 2-1에 따른 비행시정 및 구름으로부터의 거리 미만인 기상상태에서 비행하여서는 아니 된다. 다만, 특별시계비행방식에 따라 비행하는 항공기는 그러하지 아니하다.

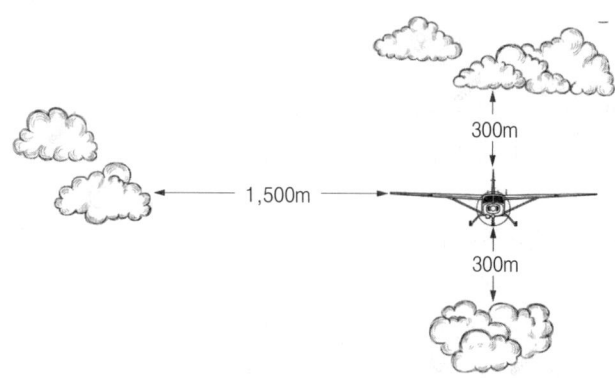

그림 2-7. 시계상의 양호한 기상상태(구름으로부터의 거리)

### 5.8 계기비행에 관한 규칙

1. 모의계기비행의 기준(항공안전법 시행규칙 제176조)

    모의계기비행을 하려는 자는 다음의 기준에 따라야 한다.

    가. 완전하게 작동하는 이중비행조종장치(Dual Control)를 장착하고 있을 것

    나. 안전감독 조종사(Safety Pilot)가 조종석에 타고 있을 것

    다. 안전감독 조종사가 항공기의 전방 및 양 측면에 대하여 적절한 시야를 확보하고 있거나 항공기 내에 관숙승무원(Observer)이 있어 안전감독 조종사의 시야를 보완할 수 있을 것

2. 계기접근절차 결심고도와 시정 또는 활주로가시범위(항공안전법 시행규칙 제177조)

    계기접근절차는 결심고도와 시정 또는 활주로가시범위에 따라 다음과 같이 구분한다.

| 종 류 | | 결심고도<br>(Decision Height/DH) | 시정 또는 활주로가시범위<br>(Visibility or Runway Visual Range/RVR) |
|---|---|---|---|
| A형<br>(Type A) | | 75m(250ft) 이상<br>* 결심고도가 없는 경우 최저강하고도를 적용 | 해당 사항 없음 |
| B형<br>(Type B) | 1종<br>(Category Ⅰ) | 60m(200ft) 이상<br>75m(250ft) 미만 | 시정 800m(1/2마일) 또는<br>RVR 550m 이상 |
| | 2종<br>(Category Ⅱ) | 30m(100ft) 이상<br>60m(200ft) 미만 | RVR 300m 이상<br>550m 미만 |
| | 3종<br>(Category Ⅲ) | 30m(100ft) 미만 또는<br>적용하지 아니함(No DH) | RVR 300m 미만 또는<br>적용하지 아니함(No RVR) |

3. 계기비행규칙 등(항공안전법 시행규칙 제178조)

    가. 계기비행방식으로 비행하는 항공기는 국토교통부령으로 정하는 최저비행고도 미만으로 비행해서는 아니 된다. 다만, 이륙 또는 착륙하는 경우와 관할 항공교통업무기관의 허가를 받은 경우에는 그러하지 아니하다.

    나. 계기비행방식으로 비행하는 항공기가 시계비행방식으로 변경하려는 경우에는 계기비행의 취소 및 비행계획의 변경사항을 관할 항공교통업무기관에 통보하여야 한다.

다. 나항에도 불구하고 계기비행방식으로 비행 중인 항공기는 시계비행 기상상태가 상당한 시간 동안 유지되지 아니할 것으로 예상되는 경우에는 계기비행방식에 의한 비행을 취소해서는 아니 된다.

4. 계기비행방식 등에 의한 비행·접근·착륙 및 이륙(항공안전법 시행규칙 제181조)
 가. 계기비행방식으로 착륙하기 위하여 접근하는 항공기의 조종사는 다음의 기준에 따라 비행하여야 한다.
  (1) 기상상태가 해당 계기접근절차의 착륙기상최저치 미만인 경우에는 결심고도(DH) 또는 최저강하고도(MDA)보다 낮은 고도로 착륙을 위한 접근을 시도하지 아니할 것. 다만, 다음의 요건에 모두 적합한 경우에는 그러하지 아니하다.
   (가) 정상적인 강하율에 따라 정상적인 방법으로 그 활주로에 착륙하기 위한 강하를 할 수 있는 위치에 있을 것
   (나) 비행시정이 해당 계기접근절차에 규정된 시정 이상일 것
   (다) 조종사가 다음 중 어느 하나 이상의 해당 활주로 관련 시각참조물을 확실히 보고 식별할 수 있을 것(정밀접근방식이 제2종 또는 제3종에 해당하는 경우는 제외)
    ① 진입등시스템(ALS): 조종사가 진입등의 구성품 중 붉은색 측면등(red side row bars) 또는 붉은색 최종진입등(red terminating bars)을 명확하게 보고 식별할 수 없는 경우에는 활주로의 접지구역표면으로부터 30m(100ft) 높이의 고도 미만으로 강하할 수 없다.
    ② 활주로시단(threshold)
    ③ 활주로시단표지(threshold marking)
    ④ 활주로시단등(threshold light)
    ⑤ 활주로시단식별등
    ⑥ 진입각지시등(VASI 또는 PAPI)
    ⑦ 접지구역(touchdown zone) 또는 접지구역표지(touchdown zone marking)
    ⑧ 접지구역등(touchdown zone light)
    ⑨ 활주로 또는 활주로표지
    ⑩ 활주로등
  (2) 다음의 어느 하나에 해당할 때 위의 (1)항 (다)의 요건에 적합하지 아니한 경우, 또는 최저강하고도 이상의 고도에서 선회 중 비행장이 육안으로 식별되지 아니하는 경우에는 즉시 실패접근을 하여야 한다.
   (가) 최저강하고도보다 낮은 고도에서 비행 중인 때
   (나) 실패접근의 지점(결심고도가 정해져 있는 경우에는 그 결심고도를 포함한다)에 도달할 때
   (다) 실패접근의 지점에서 활주로에 접지할 때
 나. 해당 비행장에 설정된 계기접근절차 외의 레이더 유도는 최종접근진로 또는 최종접근지점까지 항공기가 접근하도록 진로안내를 하는데 사용할 수 있다.
 다. 계기착륙시설(ILS)은 다음과 같이 구성되어야 한다.
  (1) 계기착륙시설은 방위각제공시설(LLZ), 활공각제공시설(GP), 외측마커(Outer Marker), 중간마커(Middle Marker) 및 내측마커(Inner Marker)로 구성되어야 한다.
  (2) 제1종 정밀접근(CAT-I) 계기착륙시설의 경우에는 내측마커를 설치하지 아니할 수 있다.
  (3) 외측마커 및 중간마커는 거리측정시설(DME)로 대체할 수 있다.

(4) 제2종 및 제3종 정밀접근(CAT-Ⅱ 및 Ⅲ) 계기착륙시설로서 내측마커를 설치하지 아니하려는 경우에는 항행안전시설 설치허가 신청서에 필요한 사유를 적어야 한다.
라. 항공운송사업자의 항공기가 제3종 정밀접근 계기착륙시설의 정밀계기접근절차에 따라 비행하는 경우 조종사 자격기준 및 운항제한 사항은 다음과 같다.
(1) 조종사 자격
(가) 제3종의 정밀계기접근절차에 따라 비행하려는 기장은 운항증명 소지자에게 인가된 제3종 정밀계기접근 훈련프로그램을 수료하고, 위촉심사관 또는 운항자격심사관으로부터 제3종 정밀계기접근 운항자격을 취득해야 한다.
(나) 해당 형식 항공기의 기장 비행시간이 100시간 미만인 기장은 활주로가시범위(RVR) 550m 이상의 기상 최저치를 적용해야 한다.
(2) 운항제한
(가) 조종사는 최근 측정된 활주로가시범위(RVR)가 착륙최저치 미만인 경우 계기접근절차의 최종접근구간에 진입해서는 안 된다.
(나) 조종사는 항공기가 최종접근구간에 진입한 후 활주로가시범위(RVR)가 허가된 최저치 미만으로 기상이 악화된다는 보고를 받은 경우에도 경고고도(Alert Height/AH) 또는 결심고도(DH)까지는 계속 비행할 수 있다.

## 5.9 비행계획에 관한 규칙

1. 비행계획의 제출 등(항공안전법 시행규칙 제175조)
   가. 비행정보구역 안에서 비행을 하려는 자는 비행을 시작하기 전에 비행계획을 수립하여 관할 항공교통업무기관에 제출하여야 한다. 다만, 긴급출동 등 비행 시작 전에 비행계획을 제출하지 못한 경우에는 비행 중에 제출할 수 있다.
   나. 비행계획은 구술·전화·서류·전자통신문·팩스 또는 정보통신망을 이용하여 제출할 수 있다. 이 경우 서류·팩스 또는 정보통신망을 이용하여 비행계획을 제출할 때에는 별지 제71호서식의 비행계획서에 따른다.
   다. 항공운송사업에 사용되는 항공기의 비행계획을 제출하는 경우에는 별지 제72호서식의 반복비행계획서를 항공교통본부장에게 제출할 수 있다.
2. 비행계획에 포함되어야 할 사항(항공안전법 시행규칙 제183조)
   비행계획에는 다음의 사항이 포함되어야 한다. 다만, 자항부터 하항까지의 사항은 지방항공청장 또는 항공교통본부장이 요청하거나 비행계획을 제출하는 자가 필요하다고 판단하는 경우에만 해당한다.
   가. 항공기의 식별부호
   나. 비행의 방식 및 종류
   다. 항공기의 대수·형식 및 최대이륙중량 등급
   라. 탑재장비
   마. 출발비행장 및 출발 예정시간
   바. 순항속도, 순항고도 및 예정항공로
   사. 최초 착륙예정 비행장 및 총 예상 소요 비행시간
   아. 교체비행장(시계비행방식에 따라 비행하려는 경우 또는 항공안전법 시행규칙 제186조제3항에 해당되는 경우는 제외)

자. 시간으로 표시한 연료탑재량
차. 출발 전에 연료탑재량으로 인하여 비행 중 비행계획의 변경이 예상되는 경우에는 변경될 목적비행장 및 비행경로에 관한 사항
카. 탑승 총 인원(탑승수속 상 불가피한 경우에는 해당 항공기가 이륙한 직후에 제출할 수 있다)
타. 비상무선주파수 및 구조장비
파. 기장의 성명(편대비행의 경우에는 편대 책임기장의 성명)
하. 낙하산 강하의 경우에는 그에 관한 사항
거. 그 밖에 항공교통관제와 수색 및 구조에 참고가 될 수 있는 사항

3. 교체비행장 등(항공안전법 시행규칙 제186조)
  가. 항공운송사업에 사용되거나 항공운송사업을 제외한 국외비행에 사용되는 비행기를 운항하려는 경우에는 다음의 구분에 따라 교체비행장을 지정하여야 한다.

| 구 분 | 지정 사유 |
|---|---|
| 1. 이륙 교체비행장(take-off alternate aerodrome) | 출발비행장의 기상상태가 비행장 착륙 최저치 이하이거나 그 밖의 다른 이유로 출발비행장으로 되돌아올 수 없는 경우 |
| 2. 항공로 교체비행장(en-route alternate aerodrome) | 터빈발동기를 장착한 항공운송사업용 비행기로서 제215조제2항에 따른 시간을 초과하는 지점이 있는 노선을 운항하려는 경우 |
| 3. 목적지 교체비행장(destination alternate aerodrome) | 계기비행방식에 따라 비행하려는 경우 |

  나. 이륙 교체비행장은 다음의 요건을 갖추어야 한다.
    (1) 2개의 발동기를 가진 비행기의 경우에는 1개의 발동기가 작동하지 아니할 때의 순항속도로 출발비행장으로부터 1시간의 비행거리 이내인 지역에 있을 것
    (2) 3개 이상의 발동기를 가진 비행기의 경우에는 모든 발동기가 작동할 때의 순항속도로 출발비행장으로부터 2시간의 비행거리 이내인 지역에 있을 것
    (3) 예상되는 이용시간 동안의 기상조건이 해당 운항에 대한 비행장 운영 최저치 이상일 것

4. 최초 착륙예정 비행장 등의 기상상태(항공안전법 시행규칙 제187조)
  가. 이륙 교체비행장의 기상상태는 해당 비행기의 도착 예정시간에 비행장 운영 최저치 이상이어야 한다.
  나. 최초 착륙예정 비행장의 기상정보를 이용할 수 있거나 목적지 교체비행장의 지정이 요구되는 경우에는 최소 1개의 목적지 교체비행장의 기상상태가 도착 예정시간에 해당 비행장 운영 최저치 이상일 경우에 비행을 시작하여야 한다.

5. 비행계획의 종료(항공안전법 시행규칙 제188조)
  항공기는 도착비행장에 착륙하는 즉시 관할 항공교통업무기관(관할 항공교통업무기관이 없는 경우에는 가장 가까운 항공교통업무기관)에 다음의 사항을 포함하는 도착보고를 하여야 한다. 다만, 지방항공청장 또는 항공교통본부장이 달리 정한 경우에는 그러하지 아니하다.
  가. 항공기의 식별부호
  나. 출발비행장
  다. 도착비행장
  라. 목적비행장(목적비행장이 따로 있는 경우만 해당)
  마. 착륙시간

## 5.10 그 밖의 비행안전을 위하여 필요한 사항에 대한 규칙
### 5.10.1 통신

1. 통신두절항공기(항공안전법 시행규칙 제190조)

　　무선통신을 유지할 수 없는 항공기("통신두절항공기")는 다음의 기준에 따라 비행하여야 한다.

| 구 분 | 기 준 | |
|---|---|---|
| 1. 시계비행 기상상태인 경우 | 시계비행방식으로 비행을 계속하여 가장 가까운 착륙 가능한 비행장에 착륙한 후 도착 사실을 지체 없이 관할 항공교통관제기관에 통보하여야 한다. | |
| 2. 계기비행 기상상태이거나 시계비행방식으로 비행이 불가능한 경우 | 항공교통업무용 레이더가 운용되지 아니하는 공역의 필수 위치통지점에서 위치보고를 할 수 없는 항공기 | 해당 비행로의 최저비행고도와 관할 항공교통관제기관으로부터 최종적으로 지시받은 고도 중 높은 고도로 비행하여야 하며, 관할 항공교통관제기관으로부터 최종적으로 지시받은 속도를 20분간 유지한 후 비행계획에 명시된 고도와 속도로 변경하여 비행할 것 |
| | 항공교통업무용 레이더가 운용되는 공역의 필수 위치통지점에서 위치보고를 할 수 없는 항공기 | 해당 비행로의 최저비행고도와 관할 항공교통관제기관으로부터 최종적으로 지시받은 고도 중 높은 고도를 유지하고 관할 항공교통관제기관으로부터 최종적으로 지시받은 속도를 7분간 유지한 후, 비행계획에 명시된 고도와 속도로 변경하여 비행할 것 |
| | 가능한 한 접근 예정시간과 도착 예정시간 중 더 늦은 시간부터 30분 이내에 착륙할 것 | |

2. 위치보고(항공안전법 시행규칙 제191조)

　관제비행을 하는 항공기는 국토교통부장관이 정하여 고시하는 위치통지점에서 가능한 한 신속히 다음의 사항을 관할 항공교통업무기관에 보고("위치보고")하여야 한다. 다만, 레이더에 의하여 관제를 받는 경우로서 관할 항공교통관제기관이 별도로 위치보고를 요구하지 아니하는 경우에는 그러하지 아니하다.

　가. 항공기의 식별부호
　나. 해당 위치통지점의 통과시각과 고도
　다. 그 밖에 항공기의 안전항행에 영향을 미칠 수 있는 사항

### 5.10.2 신호(항공안전법 시행규칙 제194조)

1. 요격 시 사용되는 신호
　가. 요격항공기의 신호 및 피요격항공기의 응신

　　　요격항공기와 통신이 이루어졌으나 통상의 언어로 사용할 수 없을 경우에 필요한 정보와 지시는 다음과 같은 발음과 용어를 2회 연속 사용하여 전달할 수 있도록 시도해야 한다.

| Phrase | Pronunciation | Meaning |
|---|---|---|
| CALL SIGN (call sign) | KOL SA-IN (call sign) | My call sign is (call sign) |
| WILCO | VILL-KO | Understood, will comply |
| CAN NOT | KANN NOTT | Unable to comply |
| REPEAT | REE-PEET | Repeat your instruction |
| AM LOST | AM LOSST | Position unknown |
| MAYDAY | MAYDAY | I am in distress |
| HIJACK | HI-JACK | I have been hijacked |
| LAND (place name) | LAAND (place name) | I request to land at (place name) |
| DESCEND | DEE-SEND | I require descent |

나. 시각 신호
(1) 요격항공기의 신호 및 피요격항공기의 응신

| 요격항공기의 신호 | 의 미 | 피요격항공기의 응신 | 의 미 |
|---|---|---|---|
| 1. 피요격항공기의 약간 위쪽 전방 좌측에서 날개를 흔들고 항행등을 불규칙적으로 점멸시킨 후 응답을 확인하고, 통상 좌측으로 완만하게 선회하여 원하는 방향으로 향한다. | 당신은 요격을 당하고 있으니 나를 따라오라. | 날개를 흔들고, 항행등을 불규칙적으로 점멸시킨 후 요격항공기의 뒤를 따라간다. | 알았다. 지시를 따르겠다. |
| 2. 피요격항공기의 진로를 가로지르지 않고 90° 이상의 상승선회를 하며, 피요격항공기로부터 급속히 이탈한다. | 그냥 가도 좋다. | 날개를 흔든다. | 알았다. 지시를 따르겠다. |
| 3. 바퀴다리를 내리고 고정착륙등을 켠 상태로 착륙방향으로 활주로 상공을 통과하며, 피요격항공기가 헬리콥터인 경우에는 헬리콥터 착륙구역 상공을 통과한다. | 이 비행장에 착륙하라. | 바퀴다리를 내리고, 고정착륙등을 켠 상태로 요격항공기를 따라서 활주로나 헬리콥터 착륙구역 상공을 통과한 후 안전하게 착륙할 수 있다고 판단되면 착륙한다. | 알았다. 지시를 따르겠다. |

(2) 피요격항공기의 신호 및 요격항공기의 응신

| 피요격항공기의 신호 | 의 미 | 요격항공기의 응신 | 의 미 |
|---|---|---|---|
| 1. 점멸하는 등화와는 명확히 구분할 수 있는 방법으로 사용가능한 모든 등화의 스위치를 규칙적으로 개폐한다. | 지시를 따를 수 없다. | 날개를 흔든다. | 알았다. |
| 2. 사용가능한 모든 등화를 불규칙적으로 점멸한다. | 조난상태에 있다. | 날개를 흔든다. | 알았다. |

2. 무선통신 두절 시의 연락방법
  가. 빛총신호

| 신호의 종류 | 의 미 | | |
|---|---|---|---|
| | 비행 중인 항공기 | 지상에 있는 항공기 | 차량·장비 및 사람 |
| 연속되는 녹색 | 착륙을 허가함 | 이륙을 허가함 | - |
| 연속되는 붉은색 | 다른 항공기에 진로를 양보하고 계속 선회할 것 | 정지할 것 | 정지할 것 |
| 깜박이는 녹색 | 착륙을 준비할 것 (착륙 및 지상유도를 위한 허가가 뒤이어 발부) | 지상 이동을 허가함 | 통과하거나 진행할 것 |
| 깜박이는 붉은색 | 비행장이 불안전하니 착륙하지 말 것 | 사용 중인 착륙지역으로부터 벗어날 것 | 활주로 또는 유도로에서 벗어날 것 |
| 깜박이는 흰색 | 착륙하여 계류장으로 갈 것 | 비행장 안의 출발지점으로 돌아갈 것 | 비행장 안의 출발지점으로 돌아갈 것 |

나. 항공기의 응신

| 구 분 | 주 간 | 야 간 |
|---|---|---|
| 1. 비행 중인 경우 | 날개를 흔든다. 다만, 최종 선회구간 또는 최종 접근구간에 있는 항공기의 경우에는 그러하지 아니하다. | 착륙등이 장착된 경우에는 착륙등을 2회 점멸하고, 착륙등이 장착되지 않은 경우에는 항행등을 2회 점멸한다. |
| 2. 지상에 있는 경우 | 항공기의 보조익 또는 방향타를 움직인다. | |

## 5.10.3 시간(항공안전법 시행규칙 제195조)

항공기의 운항과 관련된 시간을 전파하거나 보고하려는 자는 국제표준시(UTC)를 사용하여야 하며, 시각은 자정을 기준으로 하루 24시간을 시·분으로 표시하되 필요하면 초 단위까지 표시하여야 한다.

## 5.10.4 불법간섭 행위 시의 조치(항공안전법 시행규칙 제198조)

1. 비행 중 항공기의 피랍·테러 등의 불법적인 행위에 의하여 항공기 또는 탑승객의 안전이 위협받는 상황("불법간섭")에 처한 항공기의 기장은 가능한 한 해당 항공기가 안전하게 착륙할 수 있는 가장 가까운 공항 또는 관할 항공교통업무기관이 지정한 공항으로 착륙을 시도하여야 한다.
2. 불법간섭을 받고 있는 항공기의 기장은 관할 항공교통업무기관과 무선통신이 불가능한 상황에서 배정된 항공로 및 순항고도를 이탈할 것을 강요받은 경우에는 가능한 한 다음의 조치를 할 것
    가. 항공기 안의 상황이 허용되는 한도 내에서 현재 사용 중인 초단파(VHF) 주파수, 초단파 비상주파수(121.5 Mhz) 또는 사용 가능한 다른 주파수로 경고방송을 시도할 것
    나. 2차 감시 항공교통관제 레이더용 트랜스폰더(Mode 3/A 및 Mode C SSR transponder) 또는 데이터링크 탑재장비를 사용하여 불법간섭을 받고 있다는 사실을 알릴 것
    다. 고도 600m의 수직분리가 적용되는 지역에서는 계기비행 순항고도와 300m 분리된 고도로, 고도 300m의 수직분리가 적용되는 지역에서는 계기비행 순항고도와 150m 분리된 고도로 각각 변경하여 비행할 것

## 5.10.5 항공기의 비행 중 금지행위 등

1. 최저비행고도(항공안전법 시행규칙 제199조)
    가. 국토교통부령으로 정하는 최저비행고도란 다음과 같다.

| 구 분 | | 최저비행고도 |
|---|---|---|
| 1. 시계비행방식으로 비행하는 항공기 | 가. 사람 또는 건축물이 밀집된 지역의 상공 | 해당 항공기를 중심으로 수평거리 600m 범위 안의 지역에 있는 가장 높은 장애물의 상단에서 300m(1,000ft)의 고도 |
| | 나. 위 외의 지역 | 지표면·수면 또는 물건의 상단에서 150m(500ft)의 고도 |
| 2. 계기비행방식으로 비행하는 항공기 | 가. 산악지역 | 항공기를 중심으로 반지름 8km 이내에 위치한 가장 높은 장애물로부터 600m의 고도 |
| | 나. 위 외의 지역 | 항공기를 중심으로 반지름 8km 이내에 위치한 가장 높은 장애물로부터 300m의 고도 |

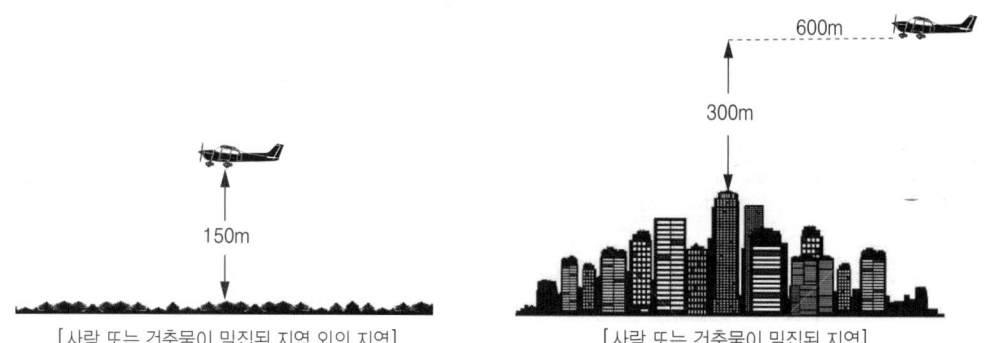

그림 2-8. 최저비행고도(시계비행방식의 경우)

나. 최저비행고도 아래에서 비행하려는 자는 별지 제74호서식의 최저비행고도 아래에서의 비행허가 신청서를 지방항공청장·국방부장관 또는 항공교통업무증명을 받은 자에게 제출하여야 한다. 신청서에 기재하여야 할 사항은 다음과 같다.
  (1) 신청인: 성명, 생년월일, 주소, 연락처
  (2) 항공기: 형식, 등록부호
  (3) 비행계획: 일시, 비행목적, 경로, 고도, 최저비행고도 아래에서 비행을 하려는 이유
  (4) 조종사: 성명, 생년월일, 주소, 자격번호
  (5) 동승자: 성명, 생년월일, 주소, 동승의 목적
  (6) 특기사항: 그 밖에 참고가 될 사항
2. 곡예비행(항공안전법 시행규칙 제197조/제204조)
  가. 곡예비행을 할 수 있는 비행시정은 다음의 구분과 같다.
    (1) 비행고도 3,050m(1만ft) 미만인 구역: 5,000m 이상
    (2) 비행고도 3,050m(1만ft) 이상인 구역: 8,000m 이상
  나. 국토교통부령으로 정하는 "곡예비행 금지구역"이란 다음의 어느 하나에 해당하는 구역을 말한다.
    (1) 사람 또는 건축물이 밀집한 지역의 상공
    (2) 관제구 및 관제권
    (3) 지표로부터 450m(1,500ft) 미만의 고도
    (4) 해당 항공기(활공기는 제외)를 중심으로 반지름 500m 범위 안의 지역에 있는 가장 높은 장애물의 상단으로부터 500m 이하의 고도
    (5) 해당 활공기를 중심으로 반지름 300m 범위 안의 지역에 있는 가장 높은 장애물의 상단으로부터 300m 이하의 고도
3. 무인항공기의 비행허가 신청 등(항공안전법 시행규칙 제206조)
  무인항공기를 비행시키려는 자는 무인항공기 비행허가 신청서에 서류를 첨부하여 지방항공청장·항공교통본부장·국방부장관 또는 항공교통업무증명을 받은 자에게 비행예정일 7일 전까지 제출하여야 한다.

### 5.10.6 긴급항공기

1. 긴급항공기의 지정 등(항공안전법 제69조)
  가. 응급환자의 수송 등 국토교통부령으로 정하는 긴급한 업무에 항공기를 사용하려는 소유자등은 그 항공기에 대하여 국토교통부장관의 지정을 받아야 한다.
  나. 국토교통부장관의 지정을 받은 긴급항공기를 긴급한 업무의 수행을 위하여 운항하는 경우에는 항공안전법 제66조(항공기 이륙·착륙의 장소) 및 제68조제1호(최저비행고도 아래에서의 비행)·제2호(물건의 투하 또는 살포)를 적용하지 아니한다.
  다. 긴급항공기의 지정 및 운항절차 등에 필요한 사항은 국토교통부령으로 정한다.
  라. 긴급항공기의 지정 취소처분을 받은 자는 취소처분을 받은 날부터 2년 이내에는 긴급항공기의 지정을 받을 수 없다.
2. 긴급항공기의 지정(항공안전법 시행규칙 제207조)
  가. 항공안전법 제69조(긴급항공기의 지정 등) 제1항에서 "응급환자의 수송 등 국토교통부령으로 정하는 긴급한 업무"란 다음의 어느 하나에 해당하는 업무를 말한다.

(1) 재난·재해 등으로 인한 수색·구조
  (2) 응급환자의 수송 등 구조·구급활동
  (3) 화재의 진화
  (4) 화재의 예방을 위한 감시활동
  (5) 응급환자를 위한 장기(臟器) 이송
  (6) 그 밖에 자연재해 발생 시의 긴급복구
 나. 긴급한 업무에 항공기를 사용하려는 소유자등은 해당 항공기에 대하여 지방항공청장으로부터 긴급항공기의 지정을 받아야 한다.
 다. 긴급항공기의 지정을 받으려는 자는 긴급항공기 지정신청서를 지방항공청장에게 제출하여야 한다.
3. 긴급항공기의 운항절차(항공안전법 시행규칙 제208조)
  긴급항공기를 운항한 자는 운항이 끝난 후 24시간 이내에 긴급항공기 운항결과 보고서를 지방항공청장에게 제출하여야 한다.

## 5.10.7 위험물 운송 등

1. 위험물 운송(항공안전법 제70조)
  항공기를 이용하여 폭발성이나 연소성이 높은 물건 등 국토교통부령으로 정하는 위험물("위험물")을 운송하려는 자는 국토교통부령으로 정하는 바에 따라 국토교통부장관의 허가를 받아야 한다.

2. 위험물 운송허가 등(항공안전법 시행규칙 제209조)
  "폭발성이나 연소성이 높은 물건 등 국토교통부령으로 정하는 위험물"이란 다음의 어느 하나에 해당하는 것을 말한다.
 가. 폭발성 물질
 나. 가스류
 다. 인화성 액체
 라. 가연성 물질류
 마. 산화성 물질류
 바. 독물류
 사. 방사성 물질류
 아. 부식성 물질류
 자. 그 밖에 국토교통부장관이 정하여 고시하는 물질류

3. 기장에게 정보 제공(ICAO Annex 18, 9장 정보 제공)
  위험품을 수송하는 항공기의 운용자는 항공기 출발 전 가능한 한 조속히 기술지침서에 명시된 정보를 기장에게 서면으로 제공하여야 한다.

## 5.10.8 전자기기의 사용제한(항공안전법 시행규칙 제214조)

운항 중에 전자기기의 사용을 제한할 수 있는 항공기와 사용이 제한되는 전자기기의 품목은 다음과 같다.
1. 다음의 어느 하나에 해당하는 항공기
 가. 항공운송사업용으로 비행 중인 항공기
 나. 계기비행방식으로 비행 중인 항공기

2. 다음 외의 전자기기
  가. 휴대용 음성녹음기
  나. 보청기
  다. 심장박동기
  라. 전기면도기
  마. 그 밖에 항공운송사업자 또는 기장이 항공기 제작회사의 권고 등에 따라 해당항공기에 전자파 영향을 주지 아니한다고 인정한 휴대용 전자기기

### 5.10.9 승무원의 탑승 등(항공안전법 시행규칙 제218조)

항공기에 태워야 할 승무원은 다음의 구분에 따른다.

1. 항공기의 구분에 따라 다음 표에서 정하는 운항승무원

| 구 분 | 탑승시켜야 할 항공종사자 |
|---|---|
| 비행교범에 따라 항공기 운항을 위하여 2명 이상의 조종사가 필요한 항공기 | 조종사(기장과 기장 외의 조종사) |
| 여객운송에 사용되는 항공기 | |
| 인명구조, 산불진화 등 특수임무를 수행하는 쌍발 헬리콥터 | |
| 구조상 단독으로 발동기 및 기체를 완전히 취급할 수 없는 항공기 | 조종사 및 항공기관사 |
| 항공안전법 제51조에 따라 무선설비를 갖추고 비행하는 항공기 | 「전파법」에 따른 무선설비를 조작할 수 있는 무선종사자 기술자격증을 가진 조종사 1명 |
| 착륙하지 아니하고 550km 이상의 구간을 비행하는 항공기(비행 중 상시 지상표지 또는 항행안전시설을 이용할 수 있다고 인정되는 관성항법장치 또는 정밀 도플러레이더 장치를 갖춘 것은 제외) | 조종사 및 항공사 |

2. 여객운송에 사용되는 항공기로 승객을 운송하는 경우에는 항공기에 장착된 승객의 좌석 수에 따라 그 항공기의 객실에 다음 표에서 정하는 수 이상의 객실승무원

| 장착된 좌석 수 | 객실승무원 수 | 장착된 좌석 수 | 객실승무원 수 |
|---|---|---|---|
| 20석 이상 50석 이하 | 1명 | 151석 이상 200석 이하 | 4명 |
| 51석 이상 100석 이하 | 2명 | 201석 이상 | 5명에 좌석 수 50석을 추가할 때마다 1명씩 추가 |
| 101석 이상 150석 이하 | 3명 | | |

### 5.10.10 수직분리축소공역 등에서의 항공기 운항(항공안전법 시행규칙 제216조)

수직분리고도를 축소하여 운영하는 공역("수직분리축소공역")에서 항공기를 운항하려는 소유자등은 국토교통부령으로 정하는 바에 따라 국토교통부장관의 승인을 받아야 한다. 다만, 수색·구조를 위하여 운항하려는 경우 등 국토교통부령으로 정하는 경우에는 그러하지 아니하다.

1. 국토교통부장관 또는 지방항공청장으로부터 수직분리축소공역 등에서 항공기 운항 승인을 받으려는 자는 항공기 운항승인 신청서에 운항기술기준에 적합함을 증명하는 서류를 첨부하여 운항개시예정일 15일 전까지 국토교통부장관 또는 지방항공청장에게 제출하여야 한다.
2. 다음의 어느 하나에 해당하는 운항을 하려는 경우에는 국토교통부장관의 승인을 받지 아니하고 수직분리축소공역에서 항공기를 운항할 수 있다.

가. 항공기의 사고·재난이나 그 밖의 사고로 인하여 사람 등의 수색·구조 등을 위하여 긴급하게 항공기를 운항하는 경우
나. 우리나라에 신규로 도입하는 항공기를 운항하는 경우
다. 수직분리축소공역에서의 운항승인을 받은 항공기에 고장 등이 발생하여 그 항공기를 정비 등을 위한 장소까지 운항하는 경우

### 5.10.11 항공기의 안전운항을 위한 운항기술기준(항공안전법 제77조)

국토교통부장관은 항공기 안전운항을 확보하기 위하여 이 법과 「국제민간항공협약」 및 같은 협약 부속서에서 정한 범위에서 다음의 사항이 포함된 운항기술기준을 정하여 고시할 수 있다.

1. 자격증명
2. 항공훈련기관
3. 항공기 등록 및 등록부호 표시
4. 항공기 감항성
5. 정비조직인증기준
6. 항공기 계기 및 장비
7. 항공기 운항
8. 항공운송사업의 운항증명 및 관리
9. 그 밖에 안전운항을 위하여 필요한 사항으로서 국토교통부령으로 정하는 사항

## 제6절 공역 및 항공교통업무 등

### 6.1 공역

#### 6.1.1 공역 등의 지정(항공안전법 제78조)

1. 국토교통부장관은 공역을 체계적이고 효율적으로 관리하기 위하여 필요하다고 인정할 때에는 비행정보구역을 다음의 공역으로 구분하여 지정·공고할 수 있다.

| 구 분 | 내 용 |
|---|---|
| 관제공역 | 항공교통의 안전을 위하여 항공기의 비행 순서·시기 및 방법 등에 관하여 국토교통부장관 또는 항공교통업무증명을 받은 자의 지시를 받아야 할 필요가 있는 공역으로서 관제권 및 관제구를 포함하는 공역 |
| 비관제공역 | 관제공역 외의 공역으로서 항공기의 조종사에게 비행에 관한 조언·비행정보 등을 제공할 필요가 있는 공역 |
| 통제공역 | 항공교통의 안전을 위하여 항공기의 비행을 금지하거나 제한할 필요가 있는 공역 |
| 주의공역 | 항공기의 조종사가 비행 시 특별한 주의·경계·식별 등이 필요한 공역 |

2. 국토교통부장관은 필요하다고 인정할 때에는 국토교통부령으로 정하는 바에 따라 1항에 따른 공역을 세분하여 지정·공고할 수 있다.
3. 공역의 설정기준·지정절차 및 계기비행절차의 설정기준·공고절차·승인절차 등에 필요한 사항은 국토교통부령으로 정한다.

#### 6.1.2 공역의 구분·관리 등(항공안전법 시행규칙 제221조)

1. 국토교통부장관이 세분하여 지정·공고하는 공역의 구분은 다음과 같다.

가. 제공하는 항공교통업무에 따른 구분

| 구 분 | | 내 용 |
|---|---|---|
| 관제공역 | A등급 공역 | 모든 항공기가 계기비행을 해야 하는 공역 |
| | B등급 공역 | 계기비행 및 시계비행을 하는 항공기가 비행 가능하고, 모든 항공기에 분리를 포함한 항공교통관제업무가 제공되는 공역 |
| | C등급 공역 | 모든 항공기에 항공교통관제업무가 제공되나, 시계비행을 하는 항공기 간에는 교통정보만 제공되는 공역 |
| | D등급 공역 | 모든 항공기에 항공교통관제업무가 제공되나, 계기비행을 하는 항공기와 시계비행을 하는 항공기 및 시계비행을 하는 항공기 간에는 교통정보만 제공되는 공역 |
| | E등급 공역 | 계기비행을 하는 항공기에 항공교통관제업무가 제공되고, 시계비행을 하는 항공기에 교통정보가 제공되는 공역 |
| 비관제 공역 | F등급 공역 | 계기비행을 하는 항공기에 비행정보업무와 항공교통조언업무가 제공되고, 시계비행항공기에 비행정보업무가 제공되는 공역 |
| | G등급 공역 | 모든 항공기에 비행정보업무만 제공되는 공역 |

나. 공역의 사용목적에 따른 구분

| 구 분 | | 내 용 |
|---|---|---|
| 관제공역 | 관제권 | 「항공안전법」제2조제25호(관제권)에 따른 공역으로서 비행정보구역 내의 B, C 또는 D등급 공역 중에서 시계 및 계기비행을 하는 항공기에 대하여 항공교통관제업무를 제공하는 공역 |
| | 관제구 | 「항공안전법」제2조제26호(관제구)에 따른 공역(항공로 및 접근관제구역을 포함)으로서 비행정보구역 내의 A, B, C, D 및 E등급 공역에서 시계 및 계기비행을 하는 항공기에 대하여 항공교통관제업무를 제공하는 공역 |
| | 비행장 교통구역 | 「항공안전법」제2조제25호(관제권)에 따른 공역 외의 공역으로서 비행정보구역 내의 D등급에서 시계비행을 하는 항공기 간에 교통정보를 제공하는 공역 |
| 비관제 공역 | 조언구역 | 항공교통조언업무가 제공되도록 지정된 비관제공역<br>※ F등급에 해당하며, 국내에는 F등급이 없으므로 존재하지 않음. |
| | 정보구역 | 비행정보업무가 제공되도록 지정된 비관제공역 |
| 통제공역 | 비행금지구역 | 안전, 국방상, 그 밖의 이유로 항공기의 비행을 금지하는 공역 |
| | 비행제한구역 | 항공사격·대공사격 등으로 인한 위험으로부터 항공기의 안전을 보호하거나 그 밖의 이유로 비행허가를 받지 않은 항공기의 비행을 제한하는 공역 |
| | 초경량비행장치 비행제한구역 | 초경량비행장치의 비행안전을 확보하기 위하여 초경량비행장치의 비행활동에 대한 제한이 필요한 공역 |
| 주의공역 | 훈련구역 | 민간항공기의 훈련공역으로서 계기비행항공기로부터 분리를 유지할 필요가 있는 공역 |
| | 군작전구역 | 군사작전을 위하여 설정된 공역으로서 계기비행항공기로부터 분리를 유지할 필요가 있는 공역 |
| | 위험구역 | 항공기의 비행시 항공기 또는 지상시설물에 대한 위험이 예상되는 공역 |
| | 경계구역 | 대규모 조종사의 훈련이나 비정상 형태의 항공활동이 수행되는 공역 |
| | 초경량비행장치 비행구역 | 초경량비행장치의 비행활동이 수행되는 공역으로 그 주변을 비행하는 자의 주의가 필요한 공역 |

2. 공역의 설정기준은 다음과 같다.

  가. 국가안전보장과 항공안전을 고려할 것

  나. 항공교통에 관한 서비스의 제공 여부를 고려할 것

  다. 이용자의 편의에 적합하게 공역을 구분할 것

  라. 공역이 효율적이고 경제적으로 활용될 수 있을 것

## 6.2 항공기의 비행제한 등
### 6.2.1 항공기의 비행제한 등(항공안전법 제79조)
항공기를 운항하려는 사람은 통제공역에서 비행해서는 아니 된다. 다만, 국토교통부령으로 정하는 바에 따라 국토교통부장관의 허가를 받아 그 공역에 대하여 국토교통부장관이 정하는 비행의 방식 및 절차에 따라 비행하는 경우에는 그러하지 아니하다.

### 6.2.2 통제공역에서의 비행허가(항공안전법 시행규칙 제222조)
통제공역에서 비행하려는 자는 별지 제84호서식의 통제공역 비행허가 신청서를 지방항공청장·항공교통본부장 또는 국방부장관에게 제출하여야 한다. 이 경우 비행 중에는 무선통신 등의 방법을 사용하여 신청서를 제출할 수 있다.

## 6.3 항공교통업무의 제공 등
### 6.3.1 항공교통업무
1. 항공교통업무의 목적 등(항공안전법 시행규칙 제228조)

| 항공교통업무의 구분 | | 항공교통업무의 목적 |
| --- | --- | --- |
| 1. 항공교통관제업무 | 접근관제업무 | • 항공기 간의 충돌 방지 |
| | 비행장관제업무 | • 기동지역 안에서 항공기와 장애물 간의 충돌 방지 |
| | 지역관제업무 | • 항공교통흐름의 질서유지 및 촉진 |
| 2. 비행정보업무 | | 항공기의 안전하고 효율적인 운항을 위하여 필요한 조언 및 정보의 제공 |
| 3. 경보업무 | | 수색·구조를 필요로 하는 항공기에 대한 관계기관에의 정보 제공 및 협조 |

2. 항공안전 관련 정보의 복창(항공안전법 시행규칙 제247조)
　가. 항공기의 조종사는 관할 항공교통관제기관에서 음성으로 전달된 항공안전 관련 항공교통관제의 허가 또는 지시사항을 복창하여야 한다. 이 경우 다음의 사항은 반드시 복창하여야 한다.
　　가. 항공로의 허가사항
　　나. 활주로의 진입, 착륙, 이륙, 대기, 횡단 및 역방향 주행에 대한 허가 또는 지시사항
　　다. 사용 활주로, 고도계 수정치, 2차 감시 항공교통관제 레이더용 트랜스폰더(SSR transponder)의 배정부호, 고도지시, 기수지시, 속도지시 및 전이고도
　나. 관할 항공교통관제기관에서 달리 정하고 있지 아니하면 항공교통관제사와 조종사간 데이터통신(CPDLC)에 의하여 항공교통관제의 허가 또는 지시사항이 전달되는 경우에는 음성으로 복창을 하지 아니할 수 있다.

### 6.3.2 경보업무의 수행절차 등(항공안전법 시행규칙 제243조)
항공교통업무기관은 항공기가 다음의 구분에 따른 비상상황에 처한 사실을 알았을 때에는 지체 없이 수색·구조업무를 수행하는 기관에 통보하여야 한다.

1. 비상상황을 구분하면 다음과 같다.

| 구 분 | 비상상황 |
| --- | --- |
| 1. 불확실상황<br>(INCERFA;<br>Uncertainty phase) | 가. 항공기로부터 연락이 있어야 할 시간 또는 그 항공기와의 첫 번째 교신시도에 실패한 시간 중 더 이른 시간부터 30분 이내에 연락이 없을 경우<br>나. 항공기가 마지막으로 통보한 도착 예정시간 또는 항공교통업무기관이 예상한 도착 예정시간 중 더 늦은 시간부터 30분 이내에 도착하지 아니할 경우. 다만, 항공기 및 탑승객의 안전이 의심되지 아니하는 경우는 제외한다. |

| 구 분 | 비상상황 |
|---|---|
| 2. 경보상황<br>(ALERFA;Alert phase) | 가. 불확실상황에서의 항공기와의 교신시도 또는 관계 부서의 조회로도 해당 항공기의 위치를 확인하기 곤란한 경우<br>나. 항공기가 착륙허가를 받고도 착륙 예정시간부터 5분 이내에 착륙하지 아니한 상태에서 그 항공기와의 무선교신이 되지 아니할 경우<br>다. 항공기의 비행능력이 상실되었으나 불시착할 가능성이 없음을 나타내는 정보를 입수한 경우. 다만, 항공기 및 탑승자의 안전에 우려가 없다는 명백한 증거가 있는 경우는 제외한다.<br>라. 항공기가 테러 등 불법간섭을 받는 것으로 인지된 경우 |
| 3. 조난상황<br>(DETRESFA;<br>Distress phase) | 가. 경보상황에서 항공기와의 교신시도를 실패하고, 여러 관계 부서와의 조회 결과 항공기가 조난당하였을 가능성이 있는 경우<br>나. 항공기 탑재연료가 고갈되어 항공기의 안전을 유지하기가 곤란한 경우<br>다. 항공기의 비행능력이 상실되어 불시착하였을 가능성이 있음을 나타내는 정보가 입수되는 경우<br>라. 항공기가 불시착 중이거나 불시착하였다는 정보사항이 정확한 정보로 판단되는 경우. 다만, 항공기 및 탑승자가 중대하고 긴박한 위험에 처하여 있지 아니하며, 긴급한 도움이 필요하지 아니하다는 명백한 증거가 있는 경우는 제외한다. |

2. 대한민국의 수색구조구역 내 ELT 신호감시는 24시간 지속되며, 탐지되는 주파수는 121.5MHz, 243.0MHz, 406.0MHz 이다. 대한민국 수색구조구역 내를 운항하는 민간항공기는 121.5MHz와 406.0MHz 주파수로 작동되는 비상위치지시용무선표지설비(ELT)를 장착하여야 한다.

### 6.3.3 항공정보의 제공 등(항공안전법 제89조)

국토교통부장관은 항공기 운항의 안전성·정규성 및 효율성을 확보하기 위하여 필요한 정보("항공정보")를 비행정보구역에서 비행하는 사람 등에게 제공하여야 한다.

1. 항공정보의 내용은 다음과 같다.
   가. 비행장과 항행안전시설의 공용의 개시, 휴지, 재개(再開) 및 폐지에 관한 사항
   나. 비행장과 항행안전시설의 중요한 변경 및 운용에 관한 사항
   다. 비행장을 이용할 때에 있어 항공기의 운항에 장애가 되는 사항
   라. 비행의 방법, 장애물회피고도, 결심고도, 최저강하고도, 비행장 이륙·착륙 기상 최저치 등의 설정과 변경에 관한 사항
   마. 항공교통업무에 관한 사항
   바. 다음의 공역에서 하는 로켓·불꽃·레이저광선 또는 그 밖의 물건의 발사, 무인기구(기상관측용 및 완구용은 제외)의 계류·부양 및 낙하산 강하에 관한 사항
      (1) 진입표면·수평표면·원추표면 또는 전이표면을 초과하는 높이의 공역
      (2) 항공로 안의 높이 150m 이상인 공역
      (3) 그 밖에 높이 250m 이상인 공역
   사. 그 밖에 항공기의 운항에 도움이 될 수 있는 사항
2. 항공정보는 다음의 어느 하나의 방법으로 제공한다.
   가. 항공정보간행물(AIP)
   나. 항공고시보(NOTAM)
   다. 항공정보회람(AIC)
   라. 비행 전·후 정보를 적은 자료

3. 항공정보에 사용되는 측정단위는 다음의 어느 하나의 방법에 따라 사용한다.
    가. 고도(Altitude): 미터(m) 또는 피트(ft)
    나. 시정(Visibility): 킬로미터(km) 또는 마일(SM). 이 경우 5km 미만의 시정은 미터(m) 단위를 사용한다.
    다. 주파수(Frequency): 헤르쯔(Hz)
    라. 속도(Velocity Speed): 초당 미터(m/s)
    마. 온도(Temperature): 섭씨도(℃)

## 제7절 항공운송사업자 등에 대한 안전관리

### 7.1 항공운송사업자의 운항증명

#### 7.1.1 항공운송사업자의 운항증명(항공안전법 제90조)

1. 항공운송사업자는 운항을 시작하기 전까지 국토교통부령으로 정하는 기준에 따라 인력, 장비, 시설, 운항관리지원 및 정비관리지원 등 안전운항체계에 대하여 국토교통부장관의 검사를 받은 후 운항증명을 받아야 한다.
2. 국토교통부장관은 항공기 안전운항을 확보하기 위하여 운항증명을 받은 항공운송사업자가 안전운항체계를 유지하고 있는지를 정기 또는 수시로 검사하여야 한다.

#### 7.1.2 운항증명 등의 발급(항공안전법 시행규칙 제259조)

1. 국토교통부장관은 운항증명을 하는 경우에는 운항하려는 항공로, 공항 및 항공기 정비방법 등에 관하여 국토교통부령으로 정하는 운항조건과 제한사항이 명시된 운영기준을 운항증명서와 함께 해당 항공운송사업자에게 발급하여야 한다.
2. 운영기준에 명시되는 "국토교통부령으로 정하는 운항조건과 제한사항"은 다음과 같다.
    가. 항공운송사업자의 주 사업소의 위치와 운영기준에 관하여 연락을 취할 수 있는 자의 성명 및 주소
    나. 항공운송사업에 사용할 정규 공항과 항공기 기종 및 등록기호
    다. 인가된 운항의 종류
    라. 운항하려는 항공로와 지역의 인가 및 제한 사항
    마. 공항의 제한 사항
    바. 기체·발동기·프로펠러·회전익·기구와 비상장비의 검사·점검 및 분해정밀검사에 관한 제한시간 또는 제한시간을 결정하기 위한 기준
    사. 항공운송사업자 간의 항공기 부품교환 요건
    아. 항공기 중량 배분을 위한 방법
    자. 항공기등의 임차에 관한 사항
    차. 그 밖에 안전운항을 위하여 국토교통부장관이 정하여 고시하는 사항

### 7.2 항공운송사업자의 운항규정 및 정비규정(항공안전법 제93조)

1. 운항규정과 정비규정의 인가 등
    가. 항공운송사업자는 운항을 시작하기 전까지 국토교통부령으로 정하는 바에 따라 항공기의 운항에 관한 운항규정 및 정비에 관한 정비규정을 마련하여 국토교통부장관의 인가를 받아야 한다. 다만, 운항

규정 및 정비규정을 운항증명에 포함하여 운항증명을 받은 경우에는 그러하지 아니하다.
　　나. 항공운송사업자는 인가를 받은 운항규정 또는 정비규정을 변경하려는 경우에는 국토교통부령으로 정하는 바에 따라 국토교통부장관에게 신고하여야 한다. 다만, 최소장비목록, 승무원 훈련프로그램 등 국토교통부령으로 정하는 중요사항을 변경하려는 경우에는 국토교통부장관의 인가를 받아야 한다.
2. 운항규정에 포함되어야 할 사항
　가. 일반사항(General)
　　(1) 항공기 운항업무를 수행하는 종사자의 책임과 의무
　　(2) 운항승무원 및 객실승무원의 승무시간·근무시간 제한 및 휴식시간 제공에 관한 기준과 운항관리사의 근무시간 제한에 관한 규정
　　(3) 성능기반항행요구(PBN)공역의 운항을 위한 요건을 포함한 항공기에 장착하여야 할 항법장비의 목록
　　(4) 장거리 운항과 관련된 장소에서의 장거리항법절차, 회항시간 연장운항을 위한 운항통제, 운항절차, 교육훈련, 비행감시절차 및 중요시스템 고장시의 절차 및 회항공항의 이용절차
　　(5) 무선통신 청취를 유지하여야 할 상황
　　(6) 최저비행고도 결정방법
　　(7) 비행장 기상최저치 결정방법
　　(8) 승객이 항공기에 탑승하고 있는 상태에서의 연료 재급유 중 안전예방조치
　　(9) 지상조업 협정 및 절차
　　(10) 「국제민간항공협약」 부속서 12에서 정한 항공기사고를 목격한 기장의 행동절차
　　(11) 지휘권 승계의 지정을 포함한 운항형태별 운항승무원
　　(12) 항로상에서 1개 또는 그 이상의 발동기가 고장이 날 가능성을 포함한 운항의 모든 환경을 고려한 항공기에 탑재하여야 할 연료 및 오일 양의 산출에 관한 세부지침
　　(13) 산소의 요구량과 사용하여야 하는 조건
　　(14) 항공기의 중량 및 균형 관리를 위한 지침
　　(15) 기타
　나. 항공기 운항정보(Aircraft operating information)
　다. 지역, 노선 및 비행장(Areas, routes and aerodromes)
　라. 훈련(Training)

## 제8절 외국항공기

### 8.1 외국항공기의 항행(항공안전법 제100조)

1. 외국 국적을 가진 항공기의 사용자는 다음의 어느 하나에 해당하는 항행을 하려면 국토교통부장관의 허가를 받아야 한다.
　가. 영공 밖에서 이륙하여 대한민국에 착륙하는 항행
　나. 대한민국에서 이륙하여 영공 밖에 착륙하는 항행
　다. 영공 밖에서 이륙하여 대한민국에 착륙하지 아니하고 영공을 통과하여 영공 밖에 착륙하는 항행
2. 외국의 군, 세관 또는 경찰의 업무에 사용되는 항공기는 위의 1항을 적용할 때에는 해당 국가가 사용하는 항공기로 본다.

## 8.2 증명서 등의 인정(항공안전법 시행규칙 제278조)

「국제민간항공협약」의 부속서로서 채택된 표준방식 및 절차를 채용하는 협약 체결국 외국정부가 한 다음의 증명·면허와 그 밖의 행위는 국토교통부장관이 한 것으로 본다.

1. 법 제12조에 따른 항공기 등록증명
2. 법 제23조제1항에 따른 감항증명
3. 법 제34조제1항에 따른 항공종사자의 자격증명
4. 법 제40조제1항에 따른 항공신체검사증명
5. 법 제44조제1항에 따른 계기비행증명
6. 법 제45조제1항에 따른 항공영어구술능력증명

## 제9절 보 칙

### 9.1 항공안전 활동(항공안전법 제132조)

1. 국토교통부장관은 이 법을 시행하기 위하여 특히 필요한 경우에는 소속 공무원으로 하여금 해당하는 장소에 출입하여 항공기, 경량항공기 또는 초경량비행장치, 항행안전시설, 장부, 서류, 그 밖의 물건을 검사하거나 관계인에게 질문하게 할 수 있다. 이 경우 국토교통부장관은 검사 등의 업무를 효율적으로 수행하기 위하여 특히 필요하다고 인정하면 국토교통부령으로 정하는 자격을 갖춘 항공안전에 관한 전문가를 위촉하여 검사 등의 업무에 관한 자문에 응하게 할 수 있다.
2. 항공안전에 관한 전문가로 위촉받을 수 있는 사람은 다음의 어느 하나에 해당하는 사람으로 한다.
    가. 항공종사자 자격증명을 가진 사람으로서 해당 분야에서 10년 이상의 실무경력을 갖춘 사람
    나. 항공종사자 양성 전문교육기관의 해당 분야에서 5년 이상 교육훈련업무에 종사한 사람
    다. 5급 이상의 공무원이었던 사람으로서 항공분야에서 5년(6급의 경우 10년) 이상의 실무경력을 갖춘 사람
    라. 대학 또는 전문대학에서 해당 분야의 전임강사 이상으로 5년 이상 재직한 경력이 있는 사람

### 9.2 청문(항공안전법 제134조)

국토교통부장관은 다음의 어느 하나에 해당하는 처분을 하려면 청문을 하여야 한다.
1. 형식증명 또는 부가형식증명의 취소
2. 형식증명승인 또는 부가형식증명승인의 취소
3. 제작증명의 취소
4. 감항증명의 취소
5. 감항승인의 취소
6. 소음기준적합증명의 취소
7. 기술표준품형식승인의 취소
8. 부품등제작자증명의 취소
9. 모의비행훈련장치에 대한 지정의 취소 또는 효력정지
10. 자격증명등 또는 항공신체검사증명의 취소 또는 효력정지
11. 계기비행증명 또는 조종교육증명의 취소

12. 항공영어구술능력증명의 취소
13. 연습허가 또는 항공신체검사증명의 취소 또는 효력정지
14. 전문교육기관 지정의 취소
15. 항공전문의사 지정의 취소 또는 효력정지
16. 자격인정의 취소
17. 포장·용기검사기관 지정의 취소
18. 위험물전문교육기관 지정의 취소
19. 항공교통업무증명의 취소
20. 운항증명의 취소
21. 정비조직인증의 취소
22. 운항증명승인의 취소
23. 자격증명등 또는 항공신체검사증명의 취소
24. 조종교육증명의 취소
25. 경량항공기 전문교육기관 지정의 취소
26. 초경량비행장치 조종자 증명의 취소 또는 효력정지
27. 초경량비행장치 전문교육기관 지정의 취소

## 제10절 벌 칙

벌칙에 관한 주요 규정은 다음과 같다.

| 해당 조항 | 조문 내용 | 벌 칙 |
|---|---|---|
| 1. 제140조(항공상 위험 발생 등의 죄) | 비행장, 이착륙장, 공항시설 또는 항행안전시설을 파손하거나 그 밖의 방법으로 항공상의 위험을 발생시킨 사람 | 10년 이하의 징역 |
| 2. 제142조(기장 등의 탑승자 권리행사 방해의 죄) | 직권을 남용하여 항공기에 있는 사람에게 그의 의무가 아닌 일을 시키거나 그의 권리행사를 방해한 기장 또는 조종사 | 1년 이상 10년 이하의 징역 |
| 3. 제143조(기장의 항공기 이탈의 죄) | 제62조(기장의 권한 등) 제4항을 위반하여 항공기를 떠난 기장 | 5년 이하의 징역 |
| 4. 제144조(감항증명을 받지 아니한 항공기 사용 등의 죄) | 감항증명 또는 소음기준적합증명을 받지 아니하거나 감항증명 또는 소음기준적합증명이 취소 또는 정지된 항공기를 운항한 자 | 3년 이하의 징역 또는 5천만원 이하의 벌금 |
| 5. 제146조(주류등의 섭취·사용 등의 죄) | 항공업무 또는 객실승무원의 업무에 종사하는 동안 주류등을 섭취하거나 사용한 항공종사자 또는 객실승무원 | 3년 이하의 징역 또는 3천만원 이하의 벌금 |
| 6. 제148조(무자격자의 항공업무 종사 등의 죄) | 자격증명을 받지 아니하고 항공업무에 종사한 사람 | 2년 이하의 징역 또는 2천만원 이하의 벌금 |
| 7. 제152조(무자격 계기비행 등의 죄) | 계기비행증명을 받지 아니하고 계기비행 또는 계기비행방식에 따른 비행을 한 경우 | 2천만원 이하의 벌금 |
| 8. 제158조(기장 등의 보고의무 등의 위반에 관한 죄) | 항공기사고·항공기준사고 또는 의무보고 대상 항공안전장애에 관한 보고를 하지 아니하거나 거짓으로 한 자 | 500만원 이하의 벌금 |

# 출 제 예 상 문 제

## Ⅰ. 총 칙

**【문제】 1.** 항공안전법의 목적과 관계없는 것은?
① 안전하게 항행하기 위한 방법을 규정함
② 효율적인 항행을 위한 방법을 규정함
③ 항행안전시설의 운영에 관한 사항을 규정함
④ 국가, 항공사업자 및 항공종사자 등의 의무 등에 관한 사항을 규정함

**【문제】 2.** 항공안전법은 (    )에서 채택된 표준과 권고되는 방식에 따라 항공기가 안전하고 효율적으로 항행하기 위한 방법을 정한다. 빈칸에 알맞은 것은?
① 국제민간항공협약
② 국제민간항공협약 및 같은 협약의 부속서
③ 국제항공운송협정
④ 국제항공운송협정 및 같은 협정의 부속서

**【문제】 3.** 국내 항공안전법이 모태로 삼는 국제법은?
① 국제항공운송협정
② 미국의 연방항공규정
③ 국제민간항공협약
④ 국제항공업무통과협정

〈해설〉 항공안전법 제1조(목적). 이 법은 「국제민간항공협약」 및 같은 협약의 부속서에서 채택된 표준과 권고되는 방식에 따라 항공기, 경량항공기 또는 초경량비행장치의 안전하고 효율적인 항행을 위한 방법과 국가, 항공사업자 및 항공종사자 등의 의무 등에 관한 사항을 규정함을 목적으로 한다.

**【문제】 4.** 항공안전법 시행규칙의 목적으로 맞는 것은?
① 국제민간항공협약에서 채택된 방식에 따라 항공기가 안전하게 항행하기 위한 방법 규정
② 항공안전법 및 시행령에서 위임된 사항과 그 시행에 필요한 사항 규정
③ 항공안전법에서 위임된 사항과 그 시행에 관하여 필요한 사항 규정
④ 국제민간항공협약 부속서에서 채택된 방식에 따라 항공기가 안전하게 항행하기 위한 방법 규정

〈해설〉 항공안전법 시행규칙 제1조(목적). 이 규칙은 「항공안전법」 및 같은 법 시행령에서 위임된 사항과 그 시행에 필요한 사항을 규정함을 목적으로 한다.

**【문제】 5.** 항공안전법에서 정하는 항공기의 정의를 바르게 설명한 것은?
① 사람이 탑승 조종하여 민간항공에 사용하는 비행기, 헬리콥터, 비행선, 활공기와 그 밖에 대통령령으로 정하는 기기
② 대통령령으로 정하는 것으로서 항공에 사용할 수 있는 기기

정답   1. ③   2. ②   3. ③   4. ②

③ 사람이 탑승 조종하여 항공에 사용할 수 있는 기기
④ 공기의 반작용으로 뜰 수 있는 기기로서 비행기, 헬리콥터, 비행선, 활공기와 그 밖에 대통령령으로 정하는 기기

〈해설〉 항공안전법 제2조(정의) 제1호. "항공기"란 공기의 반작용으로 뜰 수 있는 기기로서 최대이륙중량, 좌석수 등 국토교통부령으로 정하는 기준에 해당하는 비행기, 헬리콥터, 비행선, 활공기와 그 밖에 대통령령으로 정하는 기기를 말한다.

【문제】6. 사람이 탑승하는 경우, 항공기의 범위에 속하는 비행기와 헬리콥터의 기준이 아닌 것은?
① 조종사 좌석을 포함한 탑승좌석 수가 1개 이상일 것
② 1개 이상의 발동기를 갖춘 것
③ 지상에서 사용하는 경우 최대이륙중량이 600kg을 초과할 것
④ 수상에서 사용하는 경우 최대이륙중량이 700kg을 초과할 것

【문제】7. 사람이 탑승하는 비행기의 경우, 최대이륙중량이 얼마를 초과하여야 항공기의 범위에 속하는가?
① 500kg      ② 600kg      ③ 700kg      ④ 800kg

【문제】8. 사람이 탑승하는 경우, 항공기의 범위에 속하는 비행기의 기준이 아닌 것은?
① 최대이륙중량이 600kg을 초과할 것
② 조종사 좌석을 포함한 탑승좌석 수가 1개 이상일 것
③ 최대 실속속도 또는 최소 정상비행속도가 45노트를 초과할 것
④ 발동기가 1개 이상일 것

〈해설〉 항공안전법 시행규칙 제2조(항공기의 기준). 사람이 탑승하는 비행기 또는 헬리콥터의 경우 다음의 기준을 모두 충족하여야 한다.
1. 최대이륙중량이 600kg(수상비행에 사용하는 경우에는 650kg)을 초과할 것
2. 조종사 좌석을 포함한 탑승좌석 수가 1개 이상일 것
3. 동력을 일으키는 기계장치("발동기")가 1개 이상일 것

【문제】9. 항공기의 범위 중 "그 밖에 대통령령으로 정하는 기기"란?
① 국토교통부령으로 정하는 기준을 초과하는 동력비행장치
② 길이 및 자체중량이 기준을 초과하는 무인동력비행장치 및 무인비행선
③ 지구 대기권 내외를 비행할 수 있는 항공우주선
④ 최대이륙중량, 속도, 좌석수 등을 국토교통부령으로 정한 범위의 비행기

〈해설〉 항공안전법 시행령 제2조(항공기의 범위). 항공기의 범위에 속하는 "대통령령으로 정하는 기기"란 다음의 어느 하나에 해당하는 기기를 말한다.
1. 최대이륙중량, 좌석 수, 속도 또는 자체중량 등이 국토교통부령으로 정하는 기준을 초과하는 기기
2. 지구 대기권 내외를 비행할 수 있는 항공우주선

정답  5. ④   6. ④   7. ②   8. ③   9. ③

【문제】 10. 다음 중 초경량비행장치가 아닌 것은?
① 동력비행장치
② 무인비행장치
③ 동력패러슈트
④ 동력패러글라이더

〈해설〉 항공안전법 시행규칙 제5조(초경량비행장치의 기준). 초경량비행장치란 초경량비행장치 기준을 충족하는 동력비행장치, 행글라이더, 패러글라이더, 기구류, 무인비행장치, 회전익비행장치, 동력패러글라이더 및 낙하산류 등을 말한다.

【문제】 11. 초경량비행장치에 속하는 동력비행장치의 요건이 아닌 것은?
① 고정익비행장치일 것
② 최대 실속속도 또는 최소 정상비행속도가 45노트 이하일 것
③ 좌석이 1개일 것
④ 자체중량이 115kg 이하일 것

〈해설〉 항공안전법 시행규칙 제5조(초경량비행장치의 기준). 동력비행장치는 동력을 이용하는 것으로서 다음의 기준을 모두 충족하는 고정익비행장치이어야 한다.
  1. 탑승자, 연료 및 비상용 장비의 중량을 제외한 자체중량이 115kg 이하일 것
  2. 좌석이 1개일 것

【문제】 12. 다음 보기 중 항공업무는?
〔보기〕
ㄱ. 항공기에 탑승하여 행하는 조종연습
ㄴ. 항공교통관제
ㄷ. 승객의 발권 및 탑승 지원
ㄹ. 정비, 수리 및 개조 이후의 안전성 검사

① ㄱ, ㄹ    ② ㄴ, ㄷ    ③ ㄱ, ㄷ    ④ ㄴ, ㄹ

【문제】 13. 항공업무에는 운항관리 업무, ( ) 업무, ( ) 업무, ( ) 업무가 있다. ( ) 안에 알맞은 것은?
① 운항(조종연습 제외), 항공교통, 정비등이 된 항공기의 감항성 확인
② 운항(조종연습 포함), 항공교통, 정비등이 된 항공기의 감항성 확인
③ 운항(조종연습 제외), 항공교통관제, 정비등이 된 항공기의 감항성 확인
④ 운항(조종연습 포함), 항공교통관제, 정비등이 된 항공기의 감항성 확인

【문제】 14. 다음 중 항공업무에 속하지 않는 것은?
① 항공기에 탑승하여 행하는 항공기의 운항
② 항공기에 탑승하여 행하는 항공기의 조종연습
③ 항공교통관제, 운항관리
④ 정비 또는 개조한 항공기에 대한 안전성 여부의 확인

〈해설〉 항공안전법 제2조(정의) 제5호. "항공업무"란 다음의 어느 하나에 해당하는 업무를 말한다.
  1. 항공기의 운항업무(항공기 조종연습은 제외)
  2. 항공교통관제 업무(항공교통관제연습은 제외)

정답    10. ③    11. ②    12. ④    13. ③    14. ②

3. 항공기의 운항관리 업무
4. 정비·수리·개조("정비등")된 항공기·발동기·프로펠러("항공기등"), 장비품 또는 부품에 대하여 안전하게 운용할 수 있는 성능("감항성")이 있는지를 확인하는 업무 및 경량항공기 또는 그 장비품·부품의 정비사항을 확인하는 업무

【문제】15. 기장이 국토교통부장관에게 반드시 보고하여야 할 항공기사고의 범위가 아닌 것은?
① 사람의 사망　　　　　　　　　　② 항공기 발동기에서 화재 발생
③ 항공기의 구조적 손상　　　　　　④ 항공기의 파손

〈해설〉항공안전법 제2조(정의) 제6호. "항공기사고"란 사람이 비행을 목적으로 항공기에 탑승하였을 때부터 탑승한 모든 사람이 항공기에서 내릴 때까지 항공기의 운항과 관련하여 발생한 다음의 어느 하나에 해당하는 것으로서 국토교통부령으로 정하는 것을 말한다.
1. 사람의 사망, 중상 또는 행방불명
2. 항공기의 파손 또는 구조적 손상
3. 항공기의 위치를 확인할 수 없거나 항공기에 접근이 불가능한 경우

【문제】16. 항공기의 운항과 관련하여 발생한 사고 중 중상의 범위로 틀린 것은?
① 손가락, 발가락 등의 간단한 골절 외의 골절
② 열상으로 인한 근육의 손상
③ 2도나 3도의 화상
④ 부상을 입은 날부터 5일 이내에 48시간을 초과하는 입원치료가 필요한 부상

〈해설〉항공안전법 시행규칙 제7조(사망·중상의 범위). 중상의 범위는 다음과 같다.
1. 항공기사고, 경량항공기사고 또는 초경량비행장치사고로 부상을 입은 날부터 7일 이내에 48시간을 초과하는 입원치료가 필요한 부상
2. 골절(코뼈, 손가락, 발가락 등의 간단한 골절은 제외)
3. 열상(찢어진 상처)으로 인한 심한 출혈, 신경·근육 또는 힘줄의 손상
4. 2도나 3도의 화상 또는 신체표면의 5%를 초과하는 화상(화상을 입은 날부터 7일 이내에 48시간을 초과하는 입원치료가 필요한 경우만 해당)
5. 내장의 손상
6. 전염물질이나 유해방사선에 노출된 사실이 확인된 경우

【문제】17. 항공기준사고의 범위에 포함되는 근접비행이란?
① 비행 중 다른 항공기와의 거리가 300ft 미만까지 근접하여 충돌위험이 있었던 것으로 판단한 경우
② 비행 중 다른 항공기와의 거리가 500ft 미만까지 근접하여 충돌위험이 있었던 것으로 판단한 경우
③ 비행 중 다른 항공기와의 거리가 700ft 미만까지 근접하여 충돌위험이 있었던 것으로 판단한 경우
④ 비행 중 다른 항공기와의 거리가 1,000ft 미만까지 근접하여 충돌위험이 있었던 것으로 판단한 경우

정답　15. ②　16. ④　17. ②

【문제】 18. 다음 중 항공기준사고가 아닌 것은?
　① 항공기가 허가없이 비행금지구역 또는 비행제한구역에 진입한 경우
　② 조종사가 연료의 부족으로 비상선언을 한 경우
　③ 다른 항공기와 충돌위험이 있었던 것으로 판단되는 500ft 미만의 근접비행
　④ 항공기가 정상적인 비행 중 장애물과의 충돌(CFIT)을 가까스로 회피한 경우

【문제】 19. 항공기준사고의 범위에 포함되지 않는 것은?
　① 항공기가 이륙 중 활주로 종단을 초과한 경우 또는 활주로 옆으로 이탈한 경우
　② 항공기 시스템의 고장, 기상 이상 등으로 조종능력을 상실한 경우
　③ 비행 중 비행유도 및 항행에 필요한 다중시스템 중 2개 이상의 고장으로 항행에 지장을 준 경우
　④ 항공기가 이륙 또는 초기 상승 중 규정된 성능에 도달하지 못한 경우

【문제】 20. 다음 중 항공안전장애의 범위에 포함되지 않는 것은?
　① 운항 중 엔진 덮개가 풀리거나 이탈한 경우
　② 지상운항 중 항공기가 제어손실이 발생하여 유도로를 이탈한 경우
　③ 비행 중 비상상황이 발생하여 산소마스크를 사용한 경우
　④ 이륙 중 활주로에 항공기의 날개 끝이 비정상적으로 접촉된 경우

〈해설〉 항공안전법 시행규칙 별표 2(항공기준사고의 범위)
　1. 항공기의 위치, 속도 및 거리가 다른 항공기와 충돌위험이 있었던 것으로 판단되는 근접비행이 발생한 경우(다른 항공기와의 거리가 500ft 미만으로 근접하였던 경우)
　2. 항공기가 정상적인 비행 중 지표, 수면 또는 그 밖의 장애물과의 충돌을 가까스로 회피한 경우
　3. 항공기, 차량, 사람 등이 허가 없이 또는 잘못된 허가로 항공기 이륙·착륙을 위해 지정된 보호구역에 진입하여 다른 항공기와의 충돌을 가까스로 회피한 경우
　4. 항공기가 유도로 또는 허가받지 않은 활주로에서 이륙하거나 이륙을 포기한 경우 또는 착륙하거나 착륙을 시도한 경우
　5. 항공기가 이륙·착륙 중 활주로 시단(始端)에 못 미치거나 또는 종단(終端)을 초과한 경우 또는 활주로 옆으로 이탈한 경우
　6. 항공기가 이륙 또는 초기 상승 중 규정된 성능에 도달하지 못한 경우
　7. 비행 중 운항승무원이 신체, 심리, 정신 등의 영향으로 조종업무를 정상적으로 수행할 수 없는 경우
　8. 조종사가 연료량 또는 연료배분 이상으로 비상선언을 한 경우(연료의 불충분, 소진, 결핍 등)
　9. 항공기 시스템의 고장, 항공기 동력 또는 추진력의 손실, 기상 이상, 항공기 운용한계의 초과 등으로 조종상의 어려움(Difficulties in Controlling)이 발생했거나 발생할 수 있었던 경우
　10. 비행 중 운항승무원이 비상용 산소 또는 산소마스크를 사용해야 하는 상황이 발생한 경우
　11. 운항 중 항공기 구조상의 결함(Aircraft Structural Failure)이 발생한 경우
　12. 운항 중 발동기에서 화재가 발생하거나 조종실, 객실이나 화물칸에서 화재·연기가 발생한 경우
　13. 비행 중 2개 이상의 항공기 시스템 고장이 동시에 발생하여 비행에 심각한 영향을 미치는 경우

【문제】 21. 다음 중 용어에 대한 정의가 잘못된 것은?
　① 항공기: 공기의 반작용으로 뜰 수 있는 기기로서 비행기, 헬리콥터, 비행선, 활공기와 그 밖에 대통령령으로 정하는 기기를 말한다.

정답　18. ①　19. ②　20. ③

② 항공종사자: 항공안전법 제34조제1항에 따른 항공종사자 자격증명을 받은 사람을 말한다.
③ 비행장: 항공기·경량항공기·초경량비행장치의 이륙(이수 포함)·착륙(착수 포함)을 위하여 사용되는 육지 또는 수면의 일정한 구역으로서 대통령령으로 정하는 것을 말한다.
④ 항공안전장애: 항공안전에 중대한 위해를 끼쳐 항공기사고로 이어질 수 있었던 것으로서 국토교통부령으로 정하는 것을 말한다.

〈해설〉 항공안전법 제2조(정의) 제10호. "항공안전장애"란 항공기사고 및 항공기준사고 외에 항공기의 운항 등과 관련하여 항공안전에 영향을 미치거나 미칠 우려가 있는 것을 말한다.

【문제】22. 항공안전위해요인이란?
① 항공기사고 외에 항공기사고로 발전할 수 있는 상황, 상태 등
② 항공기사고 및 항공기준사고 외에 항공기사고로 발전할 수 있는 상황, 상태 등
③ 항공기사고 및 항공기준사고 외에 항공기 운항 및 항행안전시설과 관련하여 항공안전에 영향을 미칠 우려가 있는 상황, 상태 등
④ 항공기사고, 항공기준사고 또는 항공안전장애를 발생시킬 수 있거나 발생 가능성의 확대에 기여할 수 있는 상황, 상태 등

〈해설〉 항공안전법 제2조(정의) 제10의2호. "항공안전위해요인"이란 항공기사고, 항공기준사고 또는 항공안전장애를 발생시킬 수 있거나 발생 가능성의 확대에 기여할 수 있는 상황, 상태 또는 물적·인적요인 등을 말한다.

【문제】23. 항공로는 누가 지정하는가?
① 지방항공청장                    ② 국토교통부장관
③ 국토교통부 고위공무원          ④ 항공안전본부장

【문제】24. 항공로에 대한 설명으로 맞는 것은?
① 국토교통부장관이 항공기의 항행에 적합하다고 지정한 지구의 표면상에 표시한 공간의 길
② 지표면 또는 수면으로부터 200m 이상의 높이에 지정된 공역
③ 항공기의 항행에 적합하다고 대통령령으로 지정한 지구의 표면상에 표시한 공간의 길
④ 국제민간항공기구(ICAO)에서 지정 고시한 지구 표면상의 비행로

〈해설〉 항공안전법 제2조(정의) 제13호. "항공로(航空路)"란 국토교통부장관이 항공기, 경량항공기 또는 초경량비행장치의 항행에 적합하다고 지정한 지구의 표면상에 표시한 공간의 길을 말한다.

【문제】25. 항공안전법이 규정하는 항공종사자라 함은?
① 항행안전시설의 보수업무에 종사하는 사람
② 항공안전법 제34조제1항에 따른 항공종사자 자격증명을 받은 사람
③ 항공기의 정비업무에 종사하는 사람
④ 항공기의 운항을 위하여 지상조업을 하는 사람

〈해설〉 항공안전법 제2조(정의) 제14호. "항공종사자"란 제34조제1항(항공종사자 자격증명 등)에 따른 항공종사자 자격증명을 받은 사람을 말한다.

[정답] 21. ④  22. ④  23. ②  24. ①  25. ②

【문제】 26. 계기비행의 정의로 알맞은 것은?
  ① 항공기의 고도, 속도 및 비행방향의 측정을 항공기에 장착된 계기에 의존하여 비행하는 것
  ② 항공기의 고도, 위치 및 비행방향의 측정을 항공기에 장착된 계기에 의존하여 비행하는 것
  ③ 항공기의 자세, 고도, 속도 및 비행방향의 측정을 항공기에 장착된 계기에 의존하여 비행하는 것
  ④ 항공기의 자세, 고도, 위치 및 비행방향의 측정을 항공기에 장착된 계기에 의존하여 비행하는 것

〈해설〉 항공안전법 제2조(정의) 제18호. "계기비행"(計器飛行)이란 항공기의 자세·고도·위치 및 비행방향의 측정을 항공기에 장착된 계기에만 의존하여 비행하는 것을 말한다.

【문제】 27. 관제권에 대한 설명 중 맞는 것은?
  ① 지표면 또는 수면으로부터 200m 이상의 공역으로서 항공교통의 안전을 위하여 국토교통부장관이 지정한 공역
  ② 국토교통부장관이 항공기의 항행에 적합하다고 지정한 지구의 표면상에 표시한 공간
  ③ 비행장과 그 주변의 공역으로서 항공교통의 안전을 위하여 국토교통부장관이 지정한 공역
  ④ 비행장 이외의 지역으로 항공기 항행의 안전을 위하여 국토교통부장관이 지정한 공역

【문제】 28. 항공교통의 안전을 위하여 국토교통부장관이 지정한 비행장 또는 공항과 그 주변의 공역을 무엇이라 하는가?
  ① 관제구  ② 관제권  ③ 항공로  ④ 관제공역

〈해설〉 항공안전법 제2조(정의) 제25호. "관제권"(管制圈)이란 비행장 또는 공항과 그 주변의 공역으로서 항공교통의 안전을 위하여 국토교통부장관이 지정·공고한 공역을 말한다.

【문제】 29. 지표면 또는 수면으로부터 관제구의 높이는?
  ① 100m 이상  ② 150m 이상  ③ 200m 이상  ④ 300m 이상

【문제】 30. 다음 중 관제구의 설명으로 옳은 것은?
  ① 국토교통부장관이 항공기의 항행에 적합하다고 지정한 지구의 표면상에 표시한 공간의 길
  ② 지표면 또는 수면으로부터 200m 이상 높이의 공역으로서 항공교통의 안전을 위하여 국토교통부장관이 지정한 공역
  ③ 비행장 및 그 주변의 공역으로서 항공교통의 안전을 위하여 국토교통부장관이 지정한 공역
  ④ 항공교통량이 복잡한 공역으로서 항공교통의 질서를 유지하기 위하여 국토교통부장관이 지정한 공역

【문제】 31. 관제구에 대한 설명으로 맞는 것은?
  ① 지표면 또는 수면으로부터 200m 이상 높이의 공역으로 항공교통관제업무를 제공한다.
  ② 지표면 또는 수면으로부터 200m 이상 높이의 공역으로 항공교통조언업무를 제공한다.

정답  26. ④  27. ③  28. ②  29. ③  30. ②

③ 비행장 또는 공항과 그 주변의 공역으로서 항공교통관제업무를 제공한다.
④ 비행장 또는 공항과 그 주변의 공역으로서 항공교통조언업무를 제공한다.

〈해설〉 항공안전법 제2조(정의) 제26호. "관제구"(管制區)란 지표면 또는 수면으로부터 200m 이상 높이의 공역으로서 항공교통의 안전을 위하여 국토교통부장관이 지정·공고한 공역을 말한다.

【문제】32. 항공안전법에서 말하는 항공기의 범위에 속하지 않는 것은?
① 국토교통부 소속 비행기
② 활공기
③ 우주왕복선
④ 세관에서 사용하는 비행기

〈해설〉 항공안전법 제3조(군용항공기등의 적용 특례). 군용항공기, 세관업무 또는 경찰업무에 사용하는 항공기와 이에 관련된 항공업무에 종사하는 사람에 대하여는 이 법을 적용하지 아니한다.

【문제】33. 긴급운항의 범위에 속하지 않는 것은?
① 소방 항공기를 이용하여 재해, 재난의 예방을 위한 목적으로 긴급히 운항
② 산림 항공기를 이용하여 산림 방제, 순찰을 위한 목적으로 긴급히 운항
③ 세관, 경찰 항공기를 이용하여 범죄자의 추적 및 순찰을 목적으로 긴급히 운항
④ 자연공원 항공기를 이용하여 산림보호사업을 위한 화물 수송을 목적으로 긴급히 운항

〈해설〉 항공안전법 시행규칙 제11조(긴급운항의 범위). "국토교통부령으로 정하는 공공목적으로 긴급히 운항하는 경우"란 소방·산림 또는 자연공원 업무 등에 사용되는 항공기를 이용하여 재해·재난의 예방, 응급환자를 위한 장기(臟器) 이송, 산림 방제(防除)·순찰, 산림보호사업을 위한 화물 수송, 그 밖에 이와 유사한 목적으로 긴급히 운항하는 경우를 말한다.

## Ⅱ. 항공기 등록

【문제】1. 다음 중 등록을 필요로 하지 않는 항공기의 범위가 아닌 것은?
① 국토교통부의 시험비행 항공기
② 외국에 임대할 목적으로 도입한 항공기로서 외국 국적을 취득할 항공기
③ 국내에서 제작된 항공기로서 제작자 외의 소유자가 결정되지 않은 항공기
④ 군 또는 세관에서 사용하거나 경찰업무에 사용하는 항공기

【문제】2. 다음 중 등록을 하여야 하는 항공기는?
① 임대해서 사용하는 항공기
② 군 또는 세관에서 사용하는 항공기
③ 외국에 임대할 목적으로 도입한 항공기로서 외국 국적을 취득할 항공기
④ 국내에서 제작한 항공기로서 제작자 외의 소유자가 결정되지 않은 항공기

【문제】3. 다음 중 등록을 하지 않아도 되는 항공기는?
① 국토교통부가 소유하는 점검용 비행기
② 경찰이 소유하는 업무용 헬리콥터

[정답] 31. ①  32. ④  33. ③  /  1. ①  2. ①

③ 재난, 재해 등으로 인한 수색, 구조를 위한 긴급항공기
④ 산림청이 소유하는 산불화재 진화용 헬리콥터

〈해설〉 항공안전법 시행령 제4조(등록을 필요로 하지 않는 항공기의 범위)
1. 군 또는 세관에서 사용하거나 경찰업무에 사용하는 항공기
2. 외국에 임대할 목적으로 도입한 항공기로서 외국 국적을 취득할 항공기
3. 국내에서 제작한 항공기로서 제작자 외의 소유자가 결정되지 아니한 항공기
4. 외국에 등록된 항공기를 임차하여 운영하는 경우 그 항공기
5. 항공기 제작자나 항공기 관련 연구기관이 연구·개발 중인 항공기

【문제】 4. 다음 중 항공기 등록이 가능한 경우는?
① 외국의 법인 또는 공공단체
② 외국 항공기를 한 달 동안 임차해서 사용하려는 대한민국 법인
③ 외국의 단체가 지분의 1/2 이상을 소유하고 있는 대한민국 법인
④ 외국인이 임원 수의 1/2 이상을 차지하는 대한민국 법인

【문제】 5. 다음 항공기 등록의 제한사유에 대한 설명 중 적당하지 않은 것은?
① 대한민국의 국민이 아닌 사람
② 외국정부 또는 외국의 공공단체
③ 외국의 법인이나 단체
④ 외국인이나 외국단체가 주식이나 지분의 2분의 1 미만을 소유하고 있는 법인

〈해설〉 항공안전법 제10조(항공기 등록의 제한). 다음의 어느 하나에 해당하는 자가 소유하거나 임차하는 항공기는 등록할 수 없다. 다만, 대한민국의 국민 또는 법인이 임차하여 사용할 수 있는 권리를 가진 항공기는 그러하지 아니하다.
1. 대한민국 국민이 아닌 사람
2. 외국정부 또는 외국의 공공단체
3. 외국의 법인 또는 단체
4. 제1항부터 제3항까지의 어느 하나에 해당하는 자가 주식이나 지분의 1/2 이상을 소유하거나 그 사업을 사실상 지배하는 법인
5. 외국인이 법인 등기사항증명서상의 대표자이거나 외국인이 법인 등기사항증명서의 임원 수의 1/2 이상을 차지하는 법인

【문제】 6. 항공기 등록원부에 기재하여야 할 사항이 아닌 것은?
① 항공기의 제작자
② 항공기의 정치장
③ 감항유별
④ 소유자의 국적

〈해설〉 항공안전법 제11조(항공기 등록사항). 국토교통부장관은 항공기를 등록한 경우에는 항공기 등록원부에 다음의 사항을 기록하여야 한다.
1. 항공기의 형식
2. 항공기의 제작자
3. 항공기의 제작번호
4. 항공기의 정치장(定置場)

정답  3. ②  4. ②  5. ④  6. ③

5. 소유자 또는 임차인·임대인의 성명 또는 명칭과 주소 및 국적
6. 등록 연월일
7. 등록기호

【문제】 7. 항공기 정치장을 김포에서 제주도로 옮기려 한다면 해당 등록의 종류는?
① 이전등록　　② 말소등록　　③ 변경등록　　④ 임차등록

【문제】 8. 변경등록은 그 사유가 발생한 날부터 며칠 이내에 신청하여야 하는가?
① 10일　　② 15일　　③ 20일　　④ 25일

〈해설〉 항공안전법 제13조(항공기 변경등록). 소유자등은 제11조제1항제4호(항공기의 정치장) 또는 제5호(소유자 또는 임차인·임대인의 성명 또는 명칭과 주소 및 국적)의 등록사항이 변경되었을 때에는 그 변경된 날부터 15일 이내에 대통령령으로 정하는 바에 따라 국토교통부장관에게 변경등록을 신청하여야 한다.

【문제】 9. 항공기 임차권을 양도하거나 양수한 경우 해당되는 등록은?
① 이전등록　　② 말소등록　　③ 변경등록　　④ 임차등록

〈해설〉 항공안전법 제14조(항공기 이전등록). 등록된 항공기의 소유권 또는 임차권을 양도·양수하려는 자는 그 사유가 있는 날부터 15일 이내에 대통령령으로 정하는 바에 따라 국토교통부장관에게 이전등록을 신청하여야 한다.

【문제】 10. 말소등록은 변경 사유가 발생한 날로부터 며칠 이내에 신청하여야 하는가?
① 15일　　② 20일　　③ 25일　　④ 30일

【문제】 11. 말소등록을 하여야 하는 경우가 아닌 것은?
① 항공기가 멸실되었을 경우
② 항공기를 개조하기 위하여 해체한 경우
③ 임차기간이 만료된 경우
④ 항공기의 존재여부가 1개월 이상 불분명한 경우

〈해설〉 항공안전법 제15조(항공기 말소등록). 소유자등은 등록된 항공기가 다음의 어느 하나에 해당하는 경우에는 그 사유가 있는 날부터 15일 이내에 대통령령으로 정하는 바에 따라 국토교통부장관에게 말소등록을 신청하여야 한다.
1. 항공기가 멸실(滅失)되었거나 항공기를 해체(정비등, 수송 또는 보관하기 위한 해체는 제외)한 경우
2. 항공기의 존재 여부를 1개월(항공기사고인 경우에는 2개월) 이상 확인할 수 없는 경우
3. 제10조(항공기 등록의 제한) 제1항의 어느 하나에 해당하는 자에게 항공기를 양도하거나 임대(외국 국적을 취득하는 경우만 해당)한 경우
4. 임차기간의 만료 등으로 항공기를 사용할 수 있는 권리가 상실된 경우

【문제】 12. 국토교통부장관은 항공기 말소등록의 사유가 발생한 경우 소유자등이 말소등록을 신청하지 아니하면 며칠 이상의 기간을 정하여 말소등록을 할 것을 최고하여야 하는가?
① 5일　　② 7일　　③ 10일　　④ 15일

정답　7. ③　8. ②　9. ①　10. ①　11. ②　12. ②

【문제】13. 소유자 등이 말소등록의 사유가 있는 날부터 15일 이내에 국토교통부장관에게 말소등록을 신청하지 않을 때의 조치사항으로 맞는 것은?
① 국토교통부장관은 즉시 직권으로 등록을 말소하여야 한다.
② 국토교통부장관은 7일 이상의 기간을 정하여 말소등록을 할 것을 최고하여야 한다.
③ 국토교통부장관은 말소등록을 하도록 독촉장을 발부하여야 한다.
④ 300만원 이하의 벌금에 처하고, 말소등록을 하도록 사용자 등에게 통보하여야 한다.

〈해설〉항공안전법 제15조(항공기 말소등록)
   1. 소유자등이 말소등록을 신청하지 아니하면 국토교통부장관은 7일 이상의 기간을 정하여 말소등록을 신청할 것을 최고(催告)하여야 한다.
   2. 최고를 한 후에도 소유자등이 말소등록을 신청하지 아니하면 국토교통부장관은 직권으로 등록을 말소하고, 그 사실을 소유자등 및 그 밖의 이해관계인에게 알려야 한다.

【문제】14. 다음 중 항공기 등록의 종류가 아닌 것은?
① 임차등록   ② 말소등록   ③ 변경등록   ④ 이전등록

〈해설〉항공기 등록의 종류를 법적효력에 따라 분류하면 다음과 같다.
   1. 항공안전법 제7조(신규등록)
   2. 항공안전법 제13조(변경등록)
   3. 항공안전법 제14조(이전등록)
   4. 항공안전법 제15조(말소등록)

【문제】15. 항공기 등록기호표 부착 시 고려하여야 할 사항이 아닌 것은?
① 형식   ② 위치   ③ 색상   ④ 방법

〈해설〉항공안전법 제17조(항공기 등록기호표의 부착). 소유자등은 항공기를 등록한 경우에는 그 항공기 등록기호표를 국토교통부령으로 정하는 형식·위치 및 방법 등에 따라 항공기에 붙여야 한다.

【문제】16. 항공기의 등록기호표에 적어야 할 사항으로 옳지 않은 것은?
① 국적기호
② 등록기호
③ 등록년월일
④ 소유자등의 명칭

【문제】17. 항공기의 등록기호표에 적어야 할 사항으로 옳은 것은?
① 국적기호, 등록기호
② 국적기호, 등록기호, 소유자등의 명칭
③ 국적기호, 등록기호, 등록년월일
④ 국적기호, 등록기호, 항공기의 형식

【문제】18. 항공기 등록기호표의 크기는?
① 가로 7cm, 세로 5cm의 직사각형
② 가로 5cm, 세로 7cm의 직사각형
③ 가로 10cm, 세로 5cm의 직사각형
④ 가로 5cm, 세로 10cm의 직사각형

정답   13. ②   14. ①   15. ③   16. ③   17. ②   18. ①

【문제】19. 항공기에 출입구가 있는 경우 항공기 등록기호표의 부착 위치는?
① 주출입구 윗부분의 안쪽 보기 쉬운 곳
② 주출입구 윗부분의 바깥쪽 보기 쉬운 곳
③ 조종실 출입구 윗부분 보기 쉬운 곳
④ 항공기 동체의 외부 표면 보기 쉬운 곳

【문제】20. 등록기호표의 부착에 대한 설명으로 틀린 것은?
① 소유자등은 항공기를 등록한 경우 등록기호표를 항공기에 붙여야 한다.
② 등록기호표는 가로 7센티미터, 세로 5센티미터의 내화금속으로 만든다.
③ 등록기호표는 주익면과 미익면의 보기 쉬운 곳에 붙여야 한다.
④ 등록기호표에 적어야 할 사항은 국적기호 및 등록기호와 소유자등의 명칭이다.

〈해설〉 항공안전법 시행규칙 제12조(등록기호표의 부착). 항공기를 소유하거나 임차하여 사용할 수 있는 권리가 있는 자("소유자등")가 항공기를 등록한 경우에는 강철 등 내화금속으로 된 등록기호표(가로 7cm, 세로 5cm의 직사각형)를 다음의 구분에 따라 보기 쉬운 곳에 붙여야 한다.
1. 항공기에 출입구가 있는 경우 : 항공기 주(主)출입구 윗부분의 안쪽
2. 항공기에 출입구가 없는 경우 : 항공기 동체의 외부 표면

【문제】21. 항공기를 항공에 사용하기 위하여 항공기에 표시해야 할 사항이 아닌 것은? (시험비행 제외)
① 등록기호 ② 국적기호
③ 국기 ④ 소유자등의 성명 또는 명칭

〈해설〉 항공안전법 제18조(항공기 국적 등의 표시). 누구든지 국적, 등록기호 및 소유자등의 성명 또는 명칭을 표시하지 아니한 항공기를 운항해서는 아니 된다. 다만, 신규로 제작한 항공기등 국토교통부령으로 정하는 항공기의 경우에는 그러하지 아니하다.

【문제】22. 우리나라의 국적기호는?
① HL ② KOR ③ KAL ④ HB

【문제】23. 우리나라의 국적기호를 HL로 정한 것은?
① ICAO가 선정한 것이다.
② 우리나라 국회가 선정하여 각 체약국에 통보한 것이다.
③ 무선국의 호출부호 중에서 선정한 것이다.
④ 각국이 선정하여 ICAO에 통보한 것이다.

〈해설〉 우리나라의 국적기호는 "HL"로 표시하며, 이 국적기호는 국제전기통신조약에 의하여 각국에 할당된 무선국의 호출부호 중에서 선정한 것이다.

【문제】24. 등록부호에 대한 설명 중 틀린 것은?
① 국적기호는 로마자의 대문자 "HL"로 표시하여야 한다.
② 등록기호는 국적기호 뒤에 표시한다.

정답  19. ①  20. ③  21. ③  22. ①  23. ③

③ 등록기호는 장식체의 로마자 숫자로 표시한다.
④ 등록부호는 지워지지 아니하고 배경과 선명하게 대조되는 색으로 표시하여야 한다.

【문제】 25. 등록부호의 표시방법에 대한 설명 중 맞는 것은?
① 국적기호는 장식체가 아닌 로마자의 대문자 "HL"로 표시하여야 한다.
② 등록기호는 장식체의 4자리 아라비아 숫자로 표시하여야 한다.
③ 국적기호는 등록기호의 뒤에 이어서 표시하여야 한다.
④ 등록기호의 구성에 관하여 필요한 세부사항은 항공사에서 정한다.

〈해설〉 항공안전법 시행규칙 제13조(국적 등의 표시)
 1. 국적 등의 표시는 국적기호, 등록기호 순으로 표시하고, 장식체를 사용해서는 아니 되며, 국적기호는 로마자의 대문자 "HL"로 표시하여야 한다.
 2. 항공기에 표시하는 등록부호는 지워지지 아니하고 배경과 선명하게 대조되는 색으로 표시하여야 한다.
 3. 등록기호의 구성 등에 필요한 세부사항은 국토교통부장관이 정하여 고시한다.

【문제】 26. 비행기 주날개에 등록부호를 표시하는 경우 표시장소로 맞는 것은?
① 주날개의 오른쪽 날개 윗면과 왼쪽 날개 아랫면
② 주날개의 양쪽 날개 윗면
③ 주날개의 오른쪽 날개 아랫면과 왼쪽 날개 윗면
④ 주날개의 양쪽 날개 아랫면

【문제】 27. 비행기의 등록부호 표시장소가 아닌 곳은?
① 오른쪽 날개 윗면
② 왼쪽 날개 아랫면
③ 수직꼬리날개 양쪽 면
④ 동체 아랫면

【문제】 28. 비행기의 등록부호 표시장소 중 틀린 것은?
① 주날개에 표시하는 경우에는 오른쪽 날개 윗면과 왼쪽 날개 아랫면에 표시
② 꼬리날개에 표시하는 경우에는 수직꼬리날개 양쪽 면에 표시
③ 안정판에 표시하는 경우에는 수평안정판 아랫면에 표시
④ 동체에 표시하는 경우에는 주날개와 꼬리날개 사이에 있는 동체 양쪽면의 수평안정판 바로 앞에 수평 또는 수직으로 표시

【문제】 29. 헬리콥터의 등록부호 표시방법에 대한 설명 중 맞는 것은?
① 동체 아랫면 또는 동체 옆면에 표시하여야 한다.
② 동체 옆면에 표시하는 경우 수평으로 표시하여야 한다.
③ 동체 아랫면에 표시하는 경우 등록부호의 윗부분이 동체 우측을 향하게 표시한다.
④ 동체 아랫면의 동체의 최대 횡단면 부근에 표시한다.

[정답]  24. ③  25. ①  26. ①  27. ④  28. ③  29. ④

【문제】 30. 항공기의 등록부호 표시방법 중 맞는 것은?
① 헬리콥터의 동체 아랫면에 표시하는 경우 동체의 최대 횡단면 부근에 표시한다.
② 헬리콥터의 동체 옆면에 표시하는 경우 동체의 최대 횡단면 부근에 표시한다.
③ 비행기의 주날개에 표시하는 경우 왼쪽 날개 윗면과 오른쪽 날개 아랫면에 표시한다.
④ 비행선의 선체에 표시하는 경우 최대 횡단면 부근의 아랫면에 표시한다.

【문제】 31. 항공기 등록부호의 표시방법으로 맞는 것은?
① 비행기와 활공기는 주날개와 수직꼬리날개 또는 주날개와 동체에 표시한다.
② 기구류는 선체 또는 수평안정판과 수직안정판에 표시한다.
③ 헬리콥터는 동체 아랫면과 동체 옆면, 그리고 동체 전면에 표시한다.
④ 비행선은 선체와 수평안정판에 표시한다.

【문제】 32. 항공기 등록부호의 표시위치로 틀린 것은?
① 비행기는 주날개와 꼬리날개 또는 주날개와 동체에 표시한다.
② 비행선은 선체 또는 수평안정판과 수직안정판에 표시한다.
③ 헬리콥터는 동체 아랫면과 동체 옆면에 표시한다.
④ 활공기는 주날개와 수평안정판에 표시한다.

〈해설〉 항공안전법 시행규칙 제14조(등록부호의 표시위치 등)
1. 비행기와 활공기의 경우 : 주날개와 꼬리날개 또는 주날개와 동체에 표시

| 표시위치 | 표시방법 |
|---|---|
| 주날개 | 오른쪽 날개 윗면과 왼쪽 날개 아랫면에 주날개의 앞 끝과 뒤 끝에서 같은 거리에 위치하도록 하고, 등록부호의 윗 부분이 주날개의 앞 끝을 향하게 표시 |
| 꼬리날개 | 수직꼬리날개의 양쪽 면에 표시 |
| 동 체 | 주날개와 꼬리날개 사이에 있는 동체의 양쪽 면의 수평안정판 바로 앞에 수평 또는 수직으로 표시 |

2. 헬리콥터의 경우 : 동체 아랫면과 동체 옆면에 표시

| 표시위치 | 표시방법 |
|---|---|
| 동체 아랫면 | 동체의 최대 횡단면 부근에 등록부호의 윗부분이 동체 좌측을 향하게 표시 |
| 동체 옆면 | 주 회전익 축과 보조 회전익 축 사이의 동체 또는 동력장치가 있는 부근의 양 측면에 수평 또는 수직으로 표시 |

3. 비행선의 경우 : 선체 또는 수평안정판과 수직안정판에 표시

【문제】 33. 비행기와 활공기의 주날개에 등록부호를 표시하는 경우 각 문자와 숫자의 높이는?
① 50cm 이상   ② 40cm 이상   ③ 35cm 이상   ④ 30cm 이상

【문제】 34. 등록부호에 사용하는 각 문자와 숫자의 높이로 잘못된 것은?
① 비행기와 활공기: 주날개에 표시하는 경우에는 50cm 이상
② 비행기와 활공기: 수직꼬리날개 또는 동체에 표시하는 경우에는 30cm 이상
③ 헬리콥터: 동체 옆면에 표시하는 경우에는 50cm 이상
④ 비행선: 선체에 표시하는 경우에는 50cm 이상

정답  30. ①   31. ①   32. ④   33. ①   34. ③

**【문제】35.** 등록부호의 표시방법으로 맞는 것은?
　① 비행기 주날개에 표시하는 경우 높이는 50cm 이상으로 한다.
　② 헬리콥터의 동체 아랫면에 표시하는 경우 높이는 30cm 이상으로 한다.
　③ 비행기의 주날개에 표시하는 경우 오른쪽 날개의 아랫면과 왼쪽 날개의 윗면에 표시한다.
　④ 헬리콥터의 동체 아랫면에 표시하는 경우 등록부호의 윗부분이 동체 우측을 향하게 표시한다.

〈해설〉 항공안전법 시행규칙 제15조(등록부호의 높이). 등록부호에 사용하는 각 문자와 숫자의 높이는 같아야 하고, 항공기의 종류와 위치에 따른 높이는 다음의 구분에 따른다.

| 항공기의 종류 | 표시 위치 | 등록부호의 높이 |
| --- | --- | --- |
| 비행기와 활공기 | 주날개 | 50cm 이상 |
| | 수직꼬리날개 또는 동체 | 30cm 이상 |
| 헬리콥터 | 동체 아랫면 | 50cm 이상 |
| | 동체 옆면 | 30cm 이상 |
| 비행선 | 선체 | 50cm 이상 |
| | 수평안정판과 수직안정판 | 15cm 이상 |

**【문제】36.** 등록부호의 표시위치 및 표시방법에 대한 설명으로 맞는 것은?
　① 문자와 숫자의 폭은 문자 및 숫자 높이의 3분의 1로 한다.
　② 선의 굵기는 문자 및 숫자 높이의 4분의 1로 한다.
　③ 문자의 간격은 각 문자의 폭의 6분의 1 이상 2분의 1 이하로 한다.
　④ 헬리콥터의 경우 동체 아랫면에 표시할 경우 최대 횡단면 부근에 표시한다.

**【문제】37.** 등록부호에 사용하는 각 문자와 숫자의 크기에 대한 설명 중 옳은 것은?
　① 폭: 문자 및 숫자 높이의 3분의 1
　② 간격: 문자 및 숫자의 폭의 4분의 1 이상 2분의 1 이하
　③ 선의 굵기: 문자 및 숫자 높이의 5분의 1
　④ 아라비아 숫자 1의 폭: 문자 및 숫자 높이의 3분의 2

**【문제】38.** 등록부호의 표시방법에 대한 다음 설명 중 맞는 것은?
　① 헬리콥터의 동체 아랫면에 표시하는 경우 최대 횡단면에 최대한 길게 표시한다.
　② 비행기의 주날개에 표시하는 경우 등록부호의 윗부분이 주날개의 앞 끝을 향하게 표시한다.
　③ 아라비아 숫자의 폭은 숫자 높이의 3분의 2로 한다. 다만 문자는 그러하지 아니하다.
　④ 문자와 숫자의 높이는 비행선의 선체에 표시하는 경우 30cm, 수평 및 수직안정판에 표시하는 경우 20cm 이상으로 한다.

〈해설〉 항공안전법 시행규칙 제16조(등록부호의 폭·선 등). 등록부호에 사용하는 각 문자와 숫자의 폭, 선의 굵기 및 간격은 다음과 같다.

| 구 분 | 등록부호의 폭·선 등 |
| --- | --- |
| 폭과 붙임표(-)의 길이 | 문자 및 숫자 높이의 3분의 2 (영문자 I와 아라비아 숫자 1은 제외) |
| 선의 굵기 | 문자 및 숫자 높이의 6분의 1 |
| 간 격 | 문자 및 숫자 폭의 4분의 1 이상 2분의 1 이하 |

정답　35. ①　36. ④　37. ②　38. ②

## III. 항공기기술기준 및 형식증명 등

【문제】1. 다음 중 감항증명을 옳게 설명한 것은?
① 항공기가 안전하게 비행할 수 있는 성능이 있다는 증명
② 당해 항공기 등의 설계가 기술상의 기준에 적합하다는 증명
③ 국토교통부령으로 정하는 안전성의 확보를 위한 중요한 장비품에 대하여 기술기준에 적합하다는 증명
④ 국제민간항공기구(ICAO)에서 정하는 기술상의 기준에 적합하다는 증명

〈해설〉 항공안전법 제23조(감항증명 및 감항성 유지) 제3항. 표준감항증명이란 해당 항공기가 형식증명 또는 형식증명승인에 따라 인가된 설계에 일치하게 제작되고 안전하게 운항할 수 있다고 판단되는 경우에 발급하는 증명을 말한다.

【문제】2. 감항증명을 받으려 할 때 제출해야 할 서류가 아닌 것은?
① 항공기기술기준
② 비행교범
③ 정비교범
④ 그 밖에 감항증명과 관련하여 국토교통부장관이 필요하다고 인정하여 고시하는 서류

〈해설〉 항공안전법 시행규칙 제35조(감항증명의 신청). 감항증명을 받으려는 자는 항공기 표준감항증명 신청서 또는 항공기 특별감항증명 신청서에 다음의 서류를 첨부하여 국토교통부장관 또는 지방항공청장에게 제출하여야 한다.
 1. 비행교범
 2. 정비교범
 3. 그 밖에 감항증명과 관련하여 국토교통부장관이 필요하다고 인정하여 고시하는 서류

【문제】3. 감항증명 신청 시 비행교범에 포함되지 않는 사항은?
① 항공기의 순항성능
② 항공기의 종류, 등급, 형식 및 제원
③ 항공기의 성능 및 운용한계
④ 항공기의 조작방법

【문제】4. 항공기 감항증명 신청서의 비행교범에 포함되어야 할 사항이 아닌 것은?
① 항공기의 종류, 등급, 형식 및 제원
② 항공기 성능 및 운용한계
③ 항공기 정비방법
④ 항공기 조작방법

〈해설〉 항공안전법 시행규칙 제35조(감항증명의 신청). 비행교범에는 다음의 사항이 포함되어야 한다.
 1. 항공기의 종류·등급·형식 및 제원(諸元)에 관한 사항
 2. 항공기 성능 및 운용한계에 관한 사항
 3. 항공기 조작방법 등 그 밖에 국토교통부장관이 정하여 고시하는 사항

【문제】5. 다음 중 예외적으로 감항증명을 받을 수 있는 경우는?
① 정비·수리 또는 개조를 위한 장소까지 승객·화물을 싣지 아니하고 비행하는 경우
② 수입하거나 수출하기 위하여 승객·화물을 싣고 비행하는 경우

[정답] 1. ①  2. ①  3. ①  4. ③

③ 국내에서 제작되거나 외국으로부터 수입하는 항공기로서 대한민국의 국적을 취득하기 전에 감항증명을 위한 검사를 신청한 경우
④ 설계에 관한 형식증명을 변경하기 위하여 운용한계를 초과하는 시험비행을 하는 경우

【문제】 6. 다음 중 감항증명을 받을 수 없는 항공기는?
① 국내에서 제작되거나 외국으로부터 수입하는 항공기로서 대한민국의 국적을 취득하기 전에 감항증명을 신청한 항공기
② 대한민국 국적의 항공기
③ 외국의 국적을 가진 항공기로서 국내에 취항하는 항공기
④ 국내에서 수리, 개조, 또는 제작한 후 수출할 항공기

〈해설〉 항공안전법 시행규칙 제36조(예외적으로 감항증명을 받을 수 있는 항공기)
1. 법 제5조에 따른 임대차 항공기의 운영에 대한 권한 및 의무이양의 적용 특례를 적용받는 항공기
2. 국내에서 수리·개조 또는 제작한 후 수출할 항공기
3. 국내에서 제작되거나 외국으로부터 수입하는 항공기로서 대한민국의 국적을 취득하기 전에 감항증명을 신청한 항공기

【문제】 7. 특별감항증명의 대상이 아닌 것은?
① 재난, 재해 등으로 인한 수색, 구조에 사용되는 항공기
② 항공기 제작자, 연구기관 등에서 연구 및 개발 중인 항공기
③ 제작·정비·수리 또는 개조 후 시험비행을 하는 항공기
④ 국내에서 수리·개조 또는 제작한 후 수출할 항공기

【문제】 8. 다음 중 특별감항증명의 대상이 아닌 것은?
① 항공기의 제작, 정비, 수리 또는 개조 후 시험비행을 하는 경우
② 항공기의 정비 또는 수리, 개조를 위한 장소까지 승객, 화물을 싣지 아니하고 비행하는 경우
③ 터보프롭 항공기의 소음기준적합증명을 위해 소음기준적합증명없이 비행하는 경우
④ 항공기의 설계에 관한 형식증명을 변경하기 위하여 운용한계를 초과하는 시험비행을 하는 경우

〈해설〉 항공안전법 시행규칙 제37조(특별감항증명의 대상)_40 페이지 참고

【문제】 9. 항공기의 감항증명을 위한 검사범위로 옳은 것은?
① 해당 항공기의 설계, 정비과정 및 정비 후의 상태와 동력한계에 대한 기술기준 검사
② 해당 항공기의 제작, 정비과정 및 정비 후의 상태와 운용한계에 대한 기술기준 검사
③ 해당 항공기의 설계, 제작과정 및 완성 후의 상태와 비행성능에 대한 기술기준 검사
④ 해당 항공기의 설계, 제작과정 및 완성 후의 상태와 동력한계에 대한 기술기준 검사

【문제】 10. 국토교통부장관은 언제 항공기가 항공기기술기준에 적합한지 검사한 후 운용한계를 지정해야 하는가?
① 감항증명을 할 때
② 형식증명을 할 때
③ 제작증명을 할 때
④ 소음기준적합증명을 발급할 때

정답  5. ③   6. ③   7. ④   8. ③   9. ③   10. ①

〈해설〉 항공안전법 제23조(감항증명 및 감항성 유지). 국토교통부장관은 감항증명을 하는 경우 국토교통부령으로 정하는 바에 따라 해당 항공기의 설계, 제작과정, 완성 후의 상태와 비행성능에 대하여 검사하고 해당 항공기의 운용한계(運用限界)를 지정하여야 한다.

【문제】 11. 감항증명을 할 때 지정하여야 할 항공기의 운용한계가 아닌 것은?
① 중량 및 무게중심에 관한 사항
② 발동기 운용성능에 관한 사항
③ 항공기 조작방법에 관한 사항
④ 고도에 관한 사항

【문제】 12. 감항증명을 할 때 지정하여야 할 항공기의 운용한계에 관한 사항이 아닌 것은?
① 속도에 관한 사항
② 연료탑재에 관한 사항
③ 발동기 운용성능에 관한 사항
④ 중량 및 무게중심에 관한 사항

〈해설〉 항공안전법 시행규칙 제39조(항공기의 운용한계 지정). 국토교통부장관 또는 지방항공청장은 감항증명을 하는 경우에는 항공기기술기준에서 정한 항공기의 감항분류에 따라 다음의 사항에 대하여 항공기의 운용한계를 지정하여야 한다.
1. 속도에 관한 사항
2. 발동기 운용성능에 관한 사항
3. 중량 및 무게중심에 관한 사항
4. 고도에 관한 사항
5. 그 밖에 성능한계에 관한 사항

【문제】 13. 형식증명승인을 받은 항공기의 감항증명 시 생략할 수 있는 검사는?
① 설계에 대한 검사
② 설계에 대한 검사와 제작과정에 대한 검사
③ 비행성능에 대한 검사
④ 제작과정에 대한 검사

〈해설〉 항공안전법 시행규칙 제40조(감항증명을 위한 검사의 일부 생략). 감항증명을 할 때 생략할 수 있는 검사는 다음과 같다.

| 구 분 | 생략할 수 있는 검사 |
|---|---|
| 1. 형식증명 또는 제한형식증명을 받은 항공기 | 설계에 대한 검사 |
| 2. 형식증명승인을 받은 항공기 | 설계에 대한 검사와 제작과정에 대한 검사 |
| 3. 제작증명을 받은 자가 제작한 항공기 | 제작과정에 대한 검사 |
| 4. 수입 항공기(신규로 생산되어 수입하는 완제기만 해당) | 비행성능에 대한 검사 |

【문제】 14. 감항증명의 유효기간은?
① 6개월
② 1년
③ 2년
④ 국토교통부령으로 정하는 기간

【문제】 15. 감항증명의 유효기간에 대한 설명 중 맞는 것은?
① 감항증명의 유효기간은 무조건 1년이다.
② 감항증명의 유효기간은 1년이나, 항공회사의 정비조건 등을 고려하여 연장이 가능하다.

정답  11. ③   12. ②   13. ②   14. ②

③ 감항증명의 유효기간은 1년이나, 항공기의 형식 및 소유자등의 감항성 유지능력 등을 고려하여 연장이 가능하다.
④ 감항증명의 유효기간은 1년이나, 항공기의 형식 및 등급 등을 고려하여 연장이 가능하다.

【문제】16. 감항증명에 대한 설명으로 잘못된 것은?
① 국토교통부령으로 정하는 항공기의 경우에는 특별감항증명을 받고 항공에 사용할 수 있다.
② 국내에서 수리, 개조 또는 제작한 후 수출할 항공기는 대한민국 국적이 없어도 예외적으로 감항증명을 받을 수 있다.
③ 항공운송사업에 사용하는 항공기의 감항증명 유효기간은 1년을 초과할 수 없다.
④ 감항증명 시 해당 항공기의 설계, 제작과정 및 완성 후의 상태와 비행성능에 대해 검사한다.

【문제】17. 감항증명에 대한 설명 중 틀린 것은?
① 감항증명은 대한민국 국적을 가진 항공기가 아니면 받을 수 없다.
② 감항증명을 받지 아니한 항공기를 시험비행을 위하여 국토교통부장관의 특별감항증명을 받은 경우 항공에 사용할 수 있다.
③ 형식증명을 받은 항공기는 감항증명을 할 때 설계에 대한 검사를 생략할 수 있다.
④ 감항증명의 유효기간은 2년이다.
〈해설〉 항공안전법 제23조(감항증명 및 감항성 유지). 감항증명의 유효기간은 1년으로 한다. 다만, 항공기의 형식, 기령 및 소유자등의 감항성 유지능력 등을 고려하여 국토교통부령으로 정하는 바에 따라 유효기간을 연장하거나 단축할 수 있다.

【문제】18. 형식증명이란?
① 항공기가 안전하게 제작되었다는 증명
② 항공기등의 설계가 항공기기술기준에 적합하다는 증명
③ 항공기등의 정비가 항공기기술기준에 적합하게 이루어졌다는 증명
④ 항공기등이 항공기기술기준에 적합하다는 것을 인정하는 증명
〈해설〉 항공안전법 제20조(형식증명 등). 국토교통부장관은 해당 항공기등이 항공기기술기준 등에 적합한지를 검사한 후 해당 항공기등의 설계가 항공기기술기준에 적합한 경우 형식증명을 하여야 한다.

【문제】19. 형식증명을 받은 항공기등을 제작하려는 자에게 국토교통부장관이 항공기기술기준에 적합하게 항공기등을 제작할 수 있는 기술, 설비, 인력 및 품질관리체계 등을 갖추고 있음을 인정하는 증명은?
① 제작증명
② 감항증명
③ 부품등제작자증명
④ 형식증명
〈해설〉 항공안전법 제22조(제작증명). 형식증명 또는 제한형식증명에 따라 인가된 설계에 일치하게 항공기등을 제작할 수 있는 기술, 설비, 인력 및 품질관리체계 등을 갖추고 있음을 증명("제작증명") 받으려는 자는 국토교통부령으로 정하는 바에 따라 국토교통부장관에게 제작증명을 신청하여야 한다.

정답  15. ③  16. ③  17. ④  18. ②  19. ①

【문제】20. 소음기준적합증명은 언제 받아야 하는가?
① 운용한계를 지정할 때
② 감항증명을 받을 때
③ 기술표준품의 형식승인을 받을 때
④ 항공기를 등록할 때

〈해설〉 항공안전법 제25조(소음기준적합증명). 국토교통부령으로 정하는 항공기의 소유자등은 감항증명을 받는 경우와 수리·개조 등으로 항공기의 소음치가 변동된 경우에는 국토교통부령으로 정하는 바에 따라 그 항공기가 소음기준에 적합한지에 대하여 국토교통부장관의 증명("소음기준적합증명")을 받아야 한다.

【문제】21. 다음 중 소음기준적합증명 대상 항공기는?
① 터빈발동기를 장착한 항공기
② 프로펠러 항공기
③ 왕복발동기를 장착한 항공기
④ 최대이륙중량 5,700kg을 초과하는 항공기

〈해설〉 항공안전법 시행규칙 제49조(소음기준적합증명 대상 항공기). 소음기준적합증명 대상 항공기는 다음의 어느 하나에 해당하는 항공기로서 국토교통부장관이 정하여 고시하는 항공기를 말한다.
 1. 터빈발동기를 장착한 항공기
 2. 국제선을 운항하는 항공기

【문제】22. 소음기준적합증명을 받지 않고 항공기를 운항할 수 있는 경우가 아닌 것은?
① 터빈발동기를 장착한 항공기를 운항하는 경우
② 항공기의 제작·정비·수리 또는 개조를 한 후 시험비행을 하는 경우
③ 항공기의 정비 또는 수리·개조를 위한 장소까지 공수비행을 하는 경우
④ 항공기의 설계에 관한 형식증명을 변경하기 위해 운용한계를 초과하는 시험비행을 하는 경우

〈해설〉 항공안전법 시행규칙 제53조(소음기준적합증명의 기준에 적합하지 아니한 항공기의 운항허가). 소음기준적합증명을 받지 아니한 항공기의 운항허가를 받을 수 있는 경우는 다음과 같다.
 1. 항공기의 생산업체, 연구기관 또는 제작자 등이 항공기 또는 그 장비품 등의 시험·조사·연구·개발을 위하여 시험비행을 하는 경우
 2. 항공기의 제작 또는 정비등을 한 후 시험비행을 하는 경우
 3. 항공기의 정비등을 위한 장소까지 승객·화물을 싣지 아니하고 비행[공수비행(空手飛行)]하는 경우
 4. 항공기의 설계에 관한 형식증명을 변경하기 위하여 운용한계를 초과하는 시험비행을 하는 경우

## Ⅳ. 항공종사자 등 1

【문제】1. 운송용 조종사의 업무범위가 아닌 것은?
① 항공기사용사업에 사용하는 항공기를 조종하는 행위
② 무상으로 운항하는 항공기를 보수를 받고 조종하는 행위
③ 무상으로 운항하는 항공기를 보수를 받지 아니하고 조종하는 행위
④ 유상으로 운항하는 항공기를 보수를 받고 조종하는 행위

【문제】2. 사업용 조종사의 업무범위 중 틀린 것은?
① 보수를 받고 무상으로 운항하는 항공기를 조종하는 행위
② 항공기사용사업에 사용하는 항공기를 조종하는 행위

정답  20. ②  21. ①  22. ①  /  1. ④

③ 1명의 조종사가 필요한 항공운송사업에 사용하는 항공기를 조종하는 행위
④ 기장으로서 항공운송사업에 사용하는 항공기를 조종하는 행위

【문제】3. 다음 중 사업용 조종사의 업무범위가 아닌 것은?
① 항공기사용사업에 사용하는 항공기를 조종하는 행위
② 보수를 받고 무상으로 운항하는 항공기를 조종하는 행위
③ 2명의 조종사가 필요한 항공운송사업에 사용하는 항공기를 조종하는 행위
④ 기장 외의 조종사로서 항공운송사업에 사용하는 항공기를 조종하는 행위

【문제】4. 보수를 받고 무상운항을 하는 항공기를 조종하여서는 안 되는 자는?
① 운송용 조종사 자격증명 소지자　② 사업용 조종사 자격증명 소지자
③ 자가용 조종사 자격증명 소지자　④ 부조종사 자격증명 소지자

【문제】5. 조종사의 자격증명별 업무범위에 대한 설명 중 틀린 것은?
① 운송용 조종사: 사업용 조종사의 자격을 가진 사람이 할 수 있는 행위
② 사업용 조종사: 항공운송사업의 목적을 위하여 사용하는 항공기를 조종하는 행위
③ 부조종사: 기장 외의 조종사로서 비행기를 조종하는 행위
④ 자가용 조종사: 보수를 받지 아니하고 무상운항을 하는 항공기를 조종하는 행위

〈해설〉 항공안전법 제36조(업무범위) 조종사 자격증명의 종류에 따른 업무범위는 다음과 같다.

| 자격증명 종류 | 업무범위 |
| --- | --- |
| 운송용 조종사 | 1. 사업용 조종사의 자격을 가진 사람이 할 수 있는 행위<br>2. 항공운송사업의 목적을 위하여 사용하는 항공기를 조종하는 행위 |
| 사업용 조종사 | 1. 자가용 조종사의 자격을 가진 사람이 할 수 있는 행위<br>2. 무상으로 운항하는 항공기를 보수를 받고 조종하는 행위<br>3. 항공기사용사업에 사용하는 항공기를 조종하는 행위<br>4. 항공운송사업에 사용하는 항공기(1명의 조종사가 필요한 항공기만 해당)를 조종하는 행위<br>5. 기장 외의 조종사로서 항공운송사업에 사용하는 항공기를 조종하는 행위 |
| 자가용 조종사 | 무상으로 운항하는 항공기를 보수를 받지 아니하고 조종하는 행위 |
| 부조종사 | 1. 자가용 조종사의 자격을 가진 사람이 할 수 있는 행위<br>2. 기장 외의 조종사로서 비행기를 조종하는 행위 |

【문제】6. 항공운송사업에 사용되는 항공기의 연료 소비량을 산출하여 연료량을 결정하는 사람은?
① 항공사　　　　　　　　　② 운송용 조종사
③ 운항관리사　　　　　　　④ 항공기관사

〈해설〉 항공안전법 제36조(업무범위). 운항관리사는 항공운송사업에 사용되는 항공기 또는 국외운항항공기의 운항에 필요한 다음의 사항을 확인하는 행위를 한다.
1. 비행계획의 작성 및 변경
2. 항공기 연료 소비량의 산출
3. 항공기 운항의 통제 및 감시

정답　2. ④　3. ③　4. ③　5. ②　6. ③

【문제】7. 항공종사자 자격증명에 응시할 수 없는 나이로 잘못된 것은?
① 운항관리사: 만 23세 미만
② 자가용 조종사: 만 17세 미만
③ 사업용 조종사: 만 18세 미만
④ 운송용 조종사: 만 21세 미만

【문제】8. 사업용 조종사 자격증명을 받기 위한 요구조건은?
① 18세 이상, 자격증명 취소처분을 받은 지 1년이 경과된 사람
② 21세 이상, 자격증명 취소처분을 받은 지 1년이 경과된 사람
③ 18세 이상, 자격증명 취소처분을 받은 지 2년이 경과된 사람
④ 21세 이상, 자격증명 취소처분을 받은 지 2년이 경과된 사람

【문제】9. 운항관리사 자격증명에 응시할 수 있는 나이는?
① 18세　　② 19세　　③ 20세　　④ 21세

【문제】10. 운송용 조종사 자격증명시험에 응시할 수 있는 나이는?
① 17세 이상　　② 18세 이상　　③ 20세 이상　　④ 21세 이상

【문제】11. 자격증명 취소처분을 받고 그 취소일부터 몇 년이 지나야 시험에 재응시할 수 있는가?
① 1년　　② 2년　　③ 3년　　④ 4년

〈해설〉 항공안전법 제34조(항공종사자 자격증명 등). 다음의 어느 하나에 해당하는 사람은 자격증명을 받을 수 없다.
1. 다음의 구분에 따른 나이 미만인 사람

| 자격증명의 종류 | 나이 |
|---|---|
| 자가용 활공기 조종사 | 16세 |
| 자가용 조종사, 경량항공기 조종사 | 17세 |
| 사업용 조종사, 부조종사, 항공사, 항공기관사, 항공교통관제사, 항공정비사 | 18세 |
| 운송용 조종사, 운항관리사 | 21세 |

2. 자격증명 취소처분을 받고 그 취소일부터 2년이 지나지 아니한 사람

【문제】12. 비행기에 대한 운송용 조종사 시험에 응시하기 위하여 요구되는 계기비행경력은?
① 30시간 이상
② 50시간 이상
③ 75시간 이상
④ 100시간 이상

【문제】13. 비행기에 대한 운송용 조종사 시험에 응시하기 위해 필요한 기장 또는 기장 외의 조종사로서의 야간비행경력은?
① 50시간 이상
② 75시간 이상
③ 100시간 이상
④ 150시간 이상

〈해설〉 항공안전법 시행규칙 별표 4(항공종사자·경량항공기조종사 자격증명 응시경력) 제1호. 비행기에 대한 운송용 조종사 자격증명시험에 응시하기 위해 필요한 경력은 다음과 같다.

정답　7. ①　8. ③　9. ④　10. ④　11. ②　12. ③　13. ③

| 비행경력 |
|---|
| 1,500시간 이상의 비행경력이 있는 사람으로서 계기비행증명을 받은 사업용 조종사 또는 부조종사 자격증명을 받은 사람<br>　1. 기장 외의 조종사로서 기장의 감독 하에 기장의 임무를 500시간 이상 수행한 경력이나 기장으로서 250시간 이상을 비행한 경력<br>　2. 200시간 이상의 야외비행경력<br>　3. 75시간 이상의 기장 또는 기장 외의 조종사로서의 계기비행경력<br>　4. 100시간 이상의 기장 또는 기장 외의 조종사로서의 야간비행경력 |

【문제】 14. 비행기에 대한 사업용 조종사 자격증명시험에 응시하고자 하는 경우 몇 시간 이상의 비행경력이 있어야 하는가?
　① 40시간　　　② 100시간　　　③ 150시간　　　④ 200시간

【문제】 15. 비행기에 대한 사업용 조종사 자격증명시험의 응시요건으로 틀린 것은?
　① 200시간 이상의 비행경력　　　② 기장으로서 75시간 이상의 비행경력
　③ 10시간 이상의 계기비행경력　　　④ 5시간 이상의 야간비행경력

【문제】 16. 비행기에 대한 사업용 조종사 자격증명시험에 응시하기 위한 야간비행경력은?
　① 이륙과 착륙이 각각 5회 이상 포함된 5시간 이상의 기장으로서의 야간비행경력
　② 이륙과 착륙이 각각 5회 이상 포함된 5시간 이상의 야간비행경력
　③ 이륙과 착륙이 5회 이상 포함된 5시간 이상의 기장으로서의 야간비행경력
　④ 이륙과 착륙이 5회 이상 포함된 5시간 이상의 야간비행경력

〈해설〉 항공안전법 시행규칙 별표 4(항공종사자·경량항공기조종사 자격증명 응시경력) 제1호. 비행기에 대한 사업용 조종사 자격증명시험에 응시하기 위해 필요한 경력은 다음과 같다.

| 비행경력 |
|---|
| 200시간 이상의 비행경력이 있는 사람으로서 자가용 조종사 자격증명을 받은 사람<br>　1. 기장으로서 100시간 이상의 비행경력<br>　2. 기장으로서 20시간 이상의 야외비행경력<br>　3. 10시간 이상의 기장 또는 기장 외의 조종사로서 계기비행경력<br>　4. 이륙과 착륙이 각각 5회 이상 포함된 5시간 이상의 기장으로서의 야간비행경력 |

【문제】 17. 자가용 조종사 자격증명시험에 응시할 수 있는 비행경력으로 맞는 것은?
　① 10시간의 단독 야외비행경력
　② 모의비행훈련장치에 의한 훈련은 10시간 범위 내에서 인정
　③ 야외비행은 290km 이상일 것
　④ 40시간 이상의 비행경력

【문제】 18. 비행기에 대하여 자가용 조종사 자격증명을 신청하는 경우, 단독 야외비행경력에는 ( )km 이상의 구간 비행 중 2개의 다른 비행장에서의 이착륙 경력을 포함해야 한다. 빈칸에 알맞은 것은?
　① 180　　　② 240　　　③ 270　　　④ 330

정답　14. ④　15. ②　16. ①　17. ④　18. ③

【문제】19. 헬리콥터에 대하여 자가용 조종사 자격증명을 신청하는 경우, 단독 비행경력에는 (   )km 이상의 구간 비행 중 2개의 다른 지점에서의 착륙비행과정 경력을 포함해야 한다. 빈칸에 알맞은 것은?
① 100   ② 150   ③ 180   ④ 200

【문제】20. 비행기에 대하여 자가용 조종사 자격증명에 응시하기 위한 단독 비행경력으로 맞는 것은?
① 5시간 이상의 단독 야외비행경력 포함 5시간 이상의 단독 비행경력(270킬로미터 이상의 구간 비행중 2개의 다른 비행장에서의 이륙 및 착륙 경력 포함)
② 5시간 이상의 단독 야외비행경력 포함 10시간 이상의 단독 비행경력(270킬로미터 이상의 구간 비행중 2개의 다른 비행장에서의 이륙 및 착륙 경력 포함)
③ 5시간 이상의 단독 야외비행경력 포함 5시간 이상의 단독 비행경력(240킬로미터 이상의 구간 비행중 2개의 다른 비행장에서의 이륙 및 착륙 경력 포함)
④ 5시간 이상의 단독 야외비행경력 포함 10시간 이상의 단독 비행경력(240킬로미터 이상의 구간 비행중 2개의 다른 비행장에서의 이륙 및 착륙 경력 포함)

〈해설〉 항공안전법 시행규칙 별표 4(항공종사자·경량항공기조종사 자격증명 응시경력) 제1호. 자가용 조종사 자격증명시험에 응시하기 위해 필요한 경력은 다음과 같다.

| 비행경력 |
|---|
| 40시간 이상의 비행경력이 있는 사람(이 경우 비행시간을 산정할 때 지방항공청장이 지정한 모의비행훈련장치를 이용한 비행훈련시간은 최대 5시간의 범위 내에서 인정한다)<br>1. 비행기에 대하여 자격증명을 신청하는 경우 : 5시간 이상의 단독 야외비행경력을 포함한 10시간 이상의 단독 비행경력(270km 이상의 구간 비행 중 2개의 다른 비행장에서의 이륙·착륙 경력을 포함해야 한다)<br>2. 헬리콥터에 대하여 자격증명을 신청하는 경우 : 5시간 이상의 단독 야외비행경력을 포함한 10시간 이상의 단독 비행경력(출발지점으로부터 180km 이상의 구간 비행 중 2개의 다른 지점에서의 착륙비행과정 경력을 포함해야 한다) |

【문제】21. 계기비행증명 한정심사에 응시하기 위해 필요한 요건으로 틀린 것은?
① 기장으로서 50시간 이상의 야외비행경력
② 지상교육에 관하여는 계기비행과정의 교육훈련 이수
③ 비행훈련으로 40시간 이상의 계기비행훈련
④ 40시간의 범위 내에서 계기비행증명을 받은 교관에 의해 모의비행훈련장치로 실시한 계기비행훈련시간 포함 가능

〈해설〉 항공안전법 시행규칙 별표 4(항공종사자·경량항공기조종사 자격증명 응시경력) 제1호. 계기비행증명 한정심사에 응시하기 위해 필요한 경력은 다음과 같으며, 다음의 요건을 모두 충족하여야 한다.

| 응시경력 |
|---|
| 1. 해당 비행기 또는 헬리콥터에 대한 운송용 조종사, 사업용 조종사 또는 자가용 조종사 자격증명이 있을 것<br>2. 비행기 또는 헬리콥터의 기장으로서 해당 항공기 종류에 대한 총 50시간 이상의 야외비행경력을 보유할 것<br>3. 전문교육기관이 실시하는 전문교육 또는 항공기의 제작자가 실시하는 해당 항공기 종류에 관한 계기비행과정의 교육훈련을 이수하거나 다음의 계기비행과정의 교육훈련을 이수할 것<br>  가. 지상교육 : 전문교육기관의 학과교육과 동등하다고 국토교통부장관 또는 지방항공청장이 인정한 소정의 교육<br>  나. 비행훈련 : 40시간 이상의 계기비행훈련(이 경우 20시간의 범위 내에서 조종교육증명을 받은 사람으로부터 지방항공청장이 지정한 모의비행훈련장치로 실시한 계기비행훈련시간을 포함할 수 있다.) |

정답   19. ③   20. ②   21. ④

【문제】22. 비행경력의 증명 중 틀린 것은?
① 자격증명을 받은 조종사의 비행경력: 비행이 끝날 때마다 해당 조종사가 증명한 것
② 자격증명을 받은 조종사의 비행경력: 비행이 끝날 때마다 해당 기장이 증명한 것
③ 법 제46조제2항의 조종연습 허가를 받은 사람의 비행경력: 조종연습 비행이 끝날 때마다 그 조종교관이 증명한 것
④ 기장의 비행경력: 비행이 끝날 때마다 그 사용자, 조종교관 또는 그밖에 이에 준하는 사람으로서 국토교통부장관이 인정하여 고시하는 사람이 증명한 것

〈해설〉 항공안전법 시행규칙 제77조(비행경력의 증명). 비행경력은 다음의 구분에 따라 증명된 것이어야 한다.

| 구 분 | 비행경력의 증명 |
|---|---|
| 1. 조종연습에 따른 비행경력 | 조종연습 비행이 끝날 때마다 감독자가 증명한 것 |
| 2. 자격증명을 받은 조종사의 비행경력 | 비행이 끝날 때마다 해당 기장이 증명한 것 |
| 3. 조종사가 기장인 경우의 비행경력 | 사용자, 조종교관 또는 이에 준하는 사람으로서 국토교통부장관이 비행경력을 증명할 수 있다고 인정하여 고시하는 사람 |

【문제】23. 기장 외의 조종사로서 기장의 지휘, 감독 하에 기장의 임무를 수행한 경우 비행시간의 산정은?
① 그 비행시간의 전부를 비행시간으로 인정한다.
② 그 비행시간의 2분의 1을 비행시간으로 인정한다.
③ 그 비행시간의 3분의 1을 비행시간으로 인정한다.
④ 비행시간으로 인정하지 않는다.

【문제】24. 다음 중 비행시간의 산정방법으로 잘못된 것은?
① 조종연습생으로서 교관과 동승하여 비행한 시간
② 자격증명 소지자가 단독 또는 교관과 동승하여 비행한 시간
③ 자격증명 소지자가 기장 외의 조종사로서 기장의 감독 하에 기장의 임무를 수행한 경우 비행한 시간의 2분의 1
④ 자격증명 소지자가 한 사람이 조종할 수 있는 항공기에 기장 외의 조종사로서 비행한 경우 비행한 시간의 2분의 1

〈해설〉 항공안전법 시행규칙 제78조(비행시간의 산정). 비행경력을 증명할 때 그 비행시간은 다음의 구분에 따라 산정한다.

| 구 분 | 비행시간의 산정 |
|---|---|
| 1. 조종사 자격증명이 없는 사람이 조종사 자격증명시험에 응시하는 경우 | 조종연습 허가를 받은 사람이 단독 또는 교관과 동승하여 비행한 시간 |
| 2. 자가용 조종사 자격증명을 받은 사람이 사업용 조종사 자격증명시험에 응시하는 경우(사업용 조종사 또는 부조종사 자격증명을 받은 사람이 운송용 조종사 자격증명시험에 응시하는 경우 포함) | 다음의 시간을 합산한 시간<br>가. 단독 또는 교관과 동승하여 비행하거나 기장으로서 비행한 시간<br>나. 비행교범에 따라 항공기 운항을 위하여 2명 이상의 조종사가 필요한 항공기의 기장 외의 조종사로서 비행한 시간<br>다. 기장 외의 조종사로서 기장의 지휘·감독 하에 기장의 임무를 수행한 경우 그 비행시간. 다만, 한 사람이 조종할 수 있는 항공기에 기장 외의 조종사가 탑승하여 비행하는 경우 그 기장 외의 조종사에 대해서는 그 비행시간의 2분의 1 |

정답  22. ①  23. ①  24. ③

## V. 항공종사자 등 2

【문제】1. 항공안전법 시행규칙상 항공기의 종류에 해당하는 것은?
① 우주비행선　　　　　　　　② 헬리콥터
③ 동력비행장치　　　　　　　④ 초경량비행장치

【문제】2. 다음 중 항공기의 종류는?
① 비행선, 항공우주선　　　　② 활공기, 수상기
③ 비행기, 초경량비행장치　　④ 비행선, 수상기

【문제】3. 항공기의 종류가 아닌 것은?
① 비행선　　② 수상기　　③ 헬리콥터　　④ 활공기

【문제】4. 자격증명을 한정하는 경우 한정하는 항공기의 종류가 아닌 것은?
① 비행기　　　　　　　　　② 헬리콥터
③ 초경량비행장치　　　　　④ 항공우주선

【문제】5. 자격증명을 한정할 때 항공기를 비행기, 헬리콥터, 비행선, 활공기 및 항공우주선으로 구분하는 것은 무엇에 의한 구분인가?
① 항공기의 종류　　　　　② 항공기의 등급
③ 항공기의 형식　　　　　④ 항공기의 기종

【문제】6. 활공기의 종류가 아닌 것은?
① 중급　　② 상급　　③ 대형　　④ 특수

【문제】7. 다음 중 항공기 등급에 해당하는 것은?
① 비행기, 비행선, 활공기　　② A-300, B-747
③ 육상단발, 수상다발　　　　④ 보통, 실용, 수송

【문제】8. 다음 중 항공기의 형식에 해당되는 것은?
① 육상단발, 수상단발　　　　② 비행기, 비행선, 활공기, 헬리콥터
③ B-747, A-380, MD-11　　　④ 상급 및 중급항공기

【문제】9. 조종사가 자격증명을 받으려는 경우 형식한정을 받아야 하는 항공기는?
① 최대이륙중량 5,700kg을 초과하는 항공기
② 1명의 조종사로 운항이 허가된 헬리콥터
③ 2명 이상의 조종사가 필요한 항공기
④ 지방항공청장이 지정하는 형식의 항공기

정답　1. ②　2. ①　3. ②　4. ③　5. ①　6. ③　7. ③　8. ③　9. ③

【문제】10. 활공기의 등급 분류로 맞는 것은?
① 특수 활공기, 상급 활공기
② 특수 활공기, 중급 활공기
③ 상급 활공기, 중급 활공기
④ 상급 활공기, 초급 활공기

【문제】11. 항공기의 종류, 등급 및 형식 순으로 맞게 나열된 것은?
① B747, 항공기, 육상다발
② 비행기, 육상다발, B747
③ 비행기, B747, 육상다발
④ B747, 비행기, 육상다발

【문제】12. 다음 중 형식에 따라 한정할 수 없는 항공종사자는?
① 항공기관사  ② 자가용 조종사  ③ 항공정비사  ④ 부조종사

【문제】13. 자격증명에 대하여 항공기 형식한정을 하지 않는 항공종사자는?
① 사업용 조종사  ② 자가용 조종사  ③ 항공기관사  ④ 운항관리사

【문제】14. 다음 중 모든 형식의 항공기별로 한정을 받아야 하는 항공종사자는?
① 운항관리사  ② 운송용 조종사  ③ 항공기관사  ④ 항공정비사

【문제】15. 자격증명에 대한 종류, 등급 또는 형식을 한정할 수 있는 항공종사자는?
① 항공정비사
② 항공기관사
③ 항공사
④ 항공교통관제사

〈해설〉항공안전법 시행규칙 제81조(자격증명의 한정). 한정하는 항공기의 종류, 등급 및 형식은 다음과 같이 구분한다.
1. 운송용 조종사, 사업용 조종사, 자가용 조종사, 부조종사 또는 항공기관사 자격의 경우 : 항공기의 종류, 등급 또는 형식

| 구 분 | 자격증명의 한정 |
|---|---|
| 항공기의 종류 | 비행기, 헬리콥터, 비행선, 활공기 및 항공우주선으로 구분 |
| 항공기의 등급 | 1. 육상 항공기의 경우 : 육상단발 및 육상다발<br>2. 수상 항공기의 경우 : 수상단발 및 수상다발<br>3. 활공기의 경우 : 상급(특수 또는 상급 활공기) 및 중급(중급 또는 초급 활공기) |
| 항공기의 형식 | 1. 조종사 자격증명의 경우에는 다음의 어느 하나에 해당하는 형식의 항공기<br>  가. 비행교범에 2명 이상의 조종사가 필요한 것으로 되어 있는 항공기<br>  나. 가항 외에 국토교통부장관이 지정하는 형식의 항공기<br>2. 항공기관사 자격증명의 경우에는 모든 형식의 항공기 |

2. 항공정비사 자격의 경우 : 항공기·경량항공기의 종류 및 정비분야

【문제】16. 사업용 조종사 자격증명의 실기시험 범위가 아닌 것은?
① 조종기술
② 공지통신 연락
③ 계기비행절차
④ 항법기술

〈해설〉항공안전법 시행규칙 별표 5(자격증명시험 및 한정심사의 과목 및 범위). 사업용 조종사 자격증명 실기시험의 과목과 범위는 다음과 같다.

정답  10. ③  11. ②  12. ③  13. ④  14. ③  15. ②  16. ③

| 자격증명의 종류 | 자격증명의 한정을 하려는 항공기의 종류 | 실시범위 |
|---|---|---|
| 운송용 조종사<br>사업용 조종사<br>부조종사<br>자가용 조종사 | 비행기·헬리콥터·<br>비행선 | 1. 조종기술<br>2. 계기비행절차(자가용 조종사 및 사업용 조종사의 경우 제외)<br>3. 무선기기 취급법<br>4. 공중 대 지상 통신 연락<br>5. 항법기술<br>6. 해당 자격의 수행에 필요한 기술 |

【문제】17. 항공종사자 자격증명 학과시험의 일부 과목 또는 전 과목에 합격한 사람의 그 합격의 유효기간은?
① 1년
② 상황에 따라 최대 4년까지 연장가능
③ 무조건 2년
④ 같은 종류의 항공기에 대하여 2년

【문제】18. 자격증명 필기시험의 전 과목에 합격한 사람의 그 합격의 유효기간은?
① 초기 과목을 합격한 시험에 응시한 날부터 2년 이내에 실시하는 시험
② 초기 과목의 합격 통보가 있는 날부터 2년 이내에 실시하는 시험
③ 최종 과목을 합격한 시험에 응시한 날부터 2년 이내에 실시하는 시험
④ 최종 과목의 합격 통보가 있는 날부터 2년 이내에 실시하는 시험

〈해설〉 항공안전법 시행규칙 제85조(과목합격의 유효). 자격증명시험 또는 한정심사의 학과시험의 일부 과목 또는 전 과목에 합격한 사람이 같은 종류의 항공기에 대하여 자격증명시험 또는 한정심사에 응시하는 경우에는 통보가 있는 날(전 과목을 합격한 경우에는 최종 과목의 합격 통보가 있는 날)부터 2년 이내에 실시하는 자격증명시험 또는 한정심사에서 그 합격을 유효한 것으로 한다.

【문제】19. 자격증명 시험 및 심사의 전부 또는 일부를 면제할 수 있는 경우로 옳지 않은 것은?
① 외국정부로부터 자격증명을 받은 사람
③ 실무경험이 있는 사람
② 국내 전문교육기관의 교육과정을 이수한 사람
④ 외국정부가 발행한 임시 자격증명을 받은 후 180일 이내에 시험에 응시하는 경우

〈해설〉 항공안전법 제38조(시험의 실시 및 면제). 국토교통부장관은 다음의 어느 하나에 해당하는 사람에게는 국토교통부령으로 정하는 바에 따라 시험 및 심사의 전부 또는 일부를 면제할 수 있다.
 1. 외국정부로부터 자격증명을 받은 사람
 2. 제48조에 따른 전문교육기관의 교육과정을 이수한 사람
 3. 항공기·경량항공기 탑승경력 및 정비경력 등 실무경험이 있는 사람
 4. 「국가기술자격법」에 따른 항공기술분야의 자격을 가진 사람
 5. 항공기의 제작자가 실시하는 해당 항공기에 관한 교육과정을 이수한 사람

【문제】20. 새로운 형식의 항공기를 도입하여 시험비행 또는 훈련을 실시할 경우 외국정부로부터 자격증명을 받은 교관요원 또는 운용요원에 대한 자격증명시험의 면제는?
① 학과시험 및 실기시험 면제
② 학과시험(항공법규 제외) 및 실기시험 면제

정답  17. ④  18. ④  19. ④

③ 항공법규를 제외한 학과시험 면제
④ 실기시험 면제

〈해설〉 항공안전법 시행규칙 제88조(자격증명시험의 면제). 외국정부로부터 자격증명을 받은 사람이 다음의 어느 하나에 해당하는 항공업무를 일시적으로 수행하려고 해당 자격증명시험에 응시하는 경우 학과시험 및 실기시험을 면제한다.
1. 새로운 형식의 항공기 또는 장비를 도입하여 시험비행 또는 훈련을 실시할 경우의 교관요원 또는 운용요원
2. 대한민국에 등록된 항공기 또는 장비를 이용하여 교육훈련을 받으려는 사람
3. 대한민국에 등록된 항공기를 수출하거나 수입하는 경우 국외 또는 국내로 승객·화물을 싣지 아니하고 비행하려는 조종사

【문제】21. 사업용 조종사 자격증명시험에 응시하는 경우 실기시험의 일부를 면제할 수 있는 비행경력은?
① 500시간 이상
② 1,000시간 이상
③ 1,500시간 이상
④ 2,000시간 이상

【문제】22. 사업용 조종사 실기시험의 면제기준에 대한 설명 중 맞는 것은?
① 비행경력이 1,500시간 이상인 사람은 실기시험을 면제한다.
② 외국정부가 발행한 사업용 조종사 자격증명을 받은 사람은 구술시험만 실시한다.
③ 외국정부가 발행한 사업용 조종사 자격증명을 받은 경우, 비행경력이 1,500시간 이상인 사람은 학과 및 실기시험 모두를 면제한다.
④ 국토교통부장관 지정 전문교육기관에서 사업용 조종사에게 필요한 과정을 이수한 사람은 실기시험의 일부를 면제한다.

【문제】23. 자격증명시험 및 심사의 전부 또는 일부 면제에 대한 설명으로 맞는 것은?
① 외국정부로부터 사업용 조종사 자격증명을 받은 사람은 사업용 조종사 시험에서 필기 및 실기시험이 면제된다.
② 비행경력이 1,000시간 이상인 외국인 조종사는 사업용 조종사 시험에서 필기시험이 면제된다.
③ 국토교통부장관이 지정한 전문교육기관에서 사업용 조종사에게 필요한 과정을 이수한 사람은 사업용 조종사 시험에서 실기시험이 면제된다.
④ 비행경력이 1,500시간 이상인 사람은 사업용 조종사 시험에서 실기시험의 일부가 면제된다.

【문제】24. 자가용 조종사 자격증명시험에 응시하는 경우 실기시험의 일부를 면제할 수 있는 비행경력은?
① 200시간 이상  ② 300시간 이상  ③ 400시간 이상  ④ 500시간 이상

【문제】25. 자가용 조종사 자격증명시험에 응시하는 경우, 실기시험 중 구술시험만 실시할 수 있는 비행경력은?
① 200시간 이상  ② 300시간 이상  ③ 400시간 이상  ④ 500시간 이상

정답  20. ①   21. ③   22. ④   23. ④   24. ②   25. ②

〈해설〉 항공안전법 시행규칙 별표 7(자격증명시험 및 한정심사의 일부 면제). 전문교육기관의 교육과정을 이수한 사람 또는 항공기·경량항공기 탑승경력 등 실무경험이 있는 사람이 해당 자격증명시험에 응시하는 경우에는 다음과 같이 실기시험의 일부를 면제한다.

| 자격증명의 종류 | 면제 대상 | 일부면제 범위 |
|---|---|---|
| 운송용 조종사 | 1. 사업용 조종사로서 계기비행증명 및 형식에 대한 한정자격증명을 받은 사람<br>2. 부조종사 자격증명을 받은 사람 | 실기시험 중 구술시험만 실시 |
| 사업용 조종사 | 1. 비행경력이 1,500시간 이상인 사람<br>2. 국토교통부장관이 지정한 전문교육기관에서 사업용 조종사에게 필요한 과정을 이수한 사람 | |
| 자가용 조종사 | 1. 비행경력이 300시간 이상인 사람<br>2. 국토교통부장관이 지정한 전문교육기관에서 자가용 조종사에게 필요한 과정을 이수한 사람 | |

【문제】26. 외국정부로부터 자격증명의 한정을 받은 사람이 해당 한정심사에 응시하는 경우 국내 학과시험 및 실기시험 면제범위는?
① 학과시험 면제, 실기시험 실시
② 학과시험 실시, 실기시험 면제
③ 학과시험, 실기시험 모두 면제
④ 항공법규를 제외한 학과시험 면제, 실기시험 실시

【문제】27. 전문교육기관에서 항공기에 관한 전문교육을 이수한 조종사가 교육 이수 후 며칠 이내에 교육받은 것과 같은 형식의 항공기에 대한 한정심사에 응시하는 경우 실기시험을 면제하는가?
① 30일  ② 100일  ③ 180일  ④ 360일

【문제】28. 한정심사의 면제에 대한 설명 중 맞는 것은?
① 외국의 전문교육기관에서 교육을 받고 실무경력이 1,500시간 이상인 사람은 실기시험을 면제받을 수 있다.
② 국토교통부장관이 지정한 전문교육기관에서 교육 이수 후 90일 이내에 심사에 응시하는 경우에는 실기시험을 면제받을 수 있다.
③ 외국정부로부터 자격증명의 한정을 받은 사람이 한정심사에 응시하는 경우 학과시험과 실기시험을 면제받을 수 있다.
④ 실무경험이 있는 사람이 한정심사에 응시하는 경우 실기시험의 전부를 면제받을 수 있다.

〈해설〉 항공안전법 시행규칙 제89조(한정심사의 면제)
1. 외국정부로부터 자격증명의 한정을 받은 사람이 해당 한정심사에 응시하는 경우에는 학과시험과 실기시험을 면제한다.
2. 국토교통부장관이 지정한 전문교육기관에서 항공기에 관한 전문교육을 이수한 조종사 또는 항공기관사가 교육 이수 후 180일 이내에 교육받은 것과 같은 형식의 항공기에 관한 한정심사에 응시하는 경우에는 국토교통부장관이 정하는 바에 따라 실기시험을 면제한다.

정답  26. ③  27. ③  28. ③

【문제】29. 조종사 자격증명 소지자가 형식을 추가하는 경우 실기시험의 일부 면제기준은? (훈련비행시간을 제외하는 경우)
① 비행경력 200시간 이상
② 비행경력 300시간 이상
③ 비행경력 1,200시간
④ 비행경력 1,500시간

【문제】30. 조종사 자격증명 한정심사 중 등급을 추가하고자 하는 경우 실기시험의 일부를 면제받기 위한 해당 등급의 비행경력은?
① 1,500시간 이상
② 1,000시간 이상
③ 500시간 이상
④ 200시간 이상

〈해설〉항공안전법 시행규칙 별표 7(자격증명시험 및 한정심사의 일부 면제). 실무경험이 있는 사람이 한정심사에 응시하는 경우에는 다음의 구분에 따라 실기시험의 일부를 면제한다.

| 자격증명의 종류 | | 면제 대상 | 일부면제 범위 |
|---|---|---|---|
| 조종사 | 종류 추가 | 해당 종류의 비행경력이 1,500시간 이상인 사람 | 실기시험 중 구술시험만 실시 |
| | 등급 추가 | 해당 등급의 비행경력이 1,500시간 이상인 사람 | |
| | 형식 추가 | 해당 형식의 비행시간이 200시간 이상인 사람(훈련비행시간 제외) | |

【문제】31. (　)은 자격증명시험 또는 한정심사의 학과시험 및 실기시험의 전 과목을 합격한 사람이 자격증명서 (재)발급신청서를 제출한 경우 항공종사자 자격증명서를 발급하여야 한다. 다만, 법 제35조 제1호부터 제7호까지의 자격증명의 경우에는 법 제40조에 따른 (　)를 제출받아 이를 확인한 후 자격증명서를 발급하여야 한다. 빈칸에 알맞은 것은?
① 국토교통부장관, 항공신체검사증명서
② 국토교통부장관, 비행경력증명서
③ 한국교통안전공단 이사장, 항공신체검사증명서
④ 한국교통안전공단 이사장, 비행경력증명서

〈해설〉항공안전법 제87조(항공종사자 자격증명서의 발급 및 재발급 등). 한국교통안전공단의 이사장은 자격증명시험 또는 한정심사의 학과시험 및 실시시험의 전 과목을 합격한 사람이 자격증명서 (재)발급신청서를 제출한 경우 항공종사자 자격증명서를 발급하여야 한다. 다만, 법 제35조제1호부터 제7호까지의 자격증명의 경우에는 항공신체검사증명서를 제출받아 이를 확인한 후 자격증명서를 발급하여야 한다.

【문제】32. 자가용 조종사 자격증명을 가진 사람이 같은 종류의 항공기에 대하여 부조종사 또는 사업용 조종사의 자격증명을 받은 경우, 종전의 자가용 조종사 자격증명에 관한 항공기의 종류·등급·형식의 한정 중 새로 받은 자격증명에도 유효한 것은?
① 종류, 등급, 형식
② 형식
③ 등급, 형식
④ 등급

【문제】33. 부조종사 또는 사업용 조종사의 자격증명을 받은 사람이 같은 종류의 항공기에 대하여 운송용 조종사 자격증명을 받은 경우, 새로 받은 자격증명에서 계속 유효한 한정이 아닌 것은?
① 형식
② 등급
③ 계기비행
④ 조종교육

정답　29. ①　30. ①　31. ③　32. ②　33. ②

【문제】 34. 조종사가 동일한 종류의 항공기에 대하여 그 상급의 자격증명을 받은 경우에 종전의 자격에 관한 상급의 자격증명에 관하여 유효한 것이 아닌 것은?
① 항공기 형식의 한정
② 계기비행증명에 관한 한정
③ 항공기 등급의 한정
④ 조종교육증명에 관한 한정

〈해설〉 항공안전법 시행규칙 제90조(조종사 등이 받은 자격증명의 효력)

| 구 분 | 자격증명의 효력 |
|---|---|
| 1. 자가용 조종사 자격증명을 받은 사람이 같은 종류의 항공기에 대하여 부조종사 또는 사업용 조종사의 자격증명을 받은 경우 | 종전의 자가용 조종사 자격증명에 관한 항공기 형식의 한정 또는 계기비행증명에 관한 한정은 새로 받은 자격증명에도 유효하다. |
| 2. 부조종사 또는 사업용 조종사의 자격증명을 받은 사람이 같은 종류의 항공기에 대하여 운송용 조종사 자격증명을 받은 경우 | 종전의 자격증명에 관한 항공기 형식의 한정 또는 계기비행증명·조종교육증명에 관한 한정은 새로 받은 자격증명에도 유효하다. |

【문제】 35. 운항승무원으로서 항공업무에 종사하기 위하여 누구로부터 자격증명별로 항공신체검사증명을 받아야 하는가?
① 항공전문병원장
② 지방항공청장
③ 국토교통부장관
④ 한국교통안전공단이사장

〈해설〉 항공안전법 제40조(항공신체검사증명). 다음의 어느 하나에 해당하는 사람은 자격증명의 종류별로 국토교통부장관의 항공신체검사증명을 받아야 한다.
1. 운항승무원
2. 항공교통관제사의 자격증명을 받고 항공교통관제 업무를 하는 사람

【문제】 36. 다음 중 항공신체검사증명을 받지 않아도 되는 항공종사자는?
① 자가용 조종사　② 항공기관사　③ 부조종사　④ 운항관리사

【문제】 37. 다음 중 항공신체검사증명 제1종에 해당하지 않는 자격증명은?
① 운송용 조종사　② 사업용 조종사　③ 부조종사　④ 활공기 조종사

【문제】 38. 다음 중 항공신체검사증명의 종류 제2종에 해당하는 자격증명은?
① 사업용 조종사
② 자가용 조종사
③ 운송용 조종사
④ 항공교통관제사

【문제】 39. 다음 중 항공신체검사증명 제3종에 해당하는 자는?
① 운송용 조종사
② 사업용 활공기 조종사
③ 항공교통관제사
④ 항공기관사

【문제】 40. 항공운송사업에 종사하는 60세 이상인 사업용 조종사와 1명의 조종사로 승객을 수송하는 항공운송사업에 종사하는 40세 이상인 사업용 조종사의 항공신체검사증명의 유효기간은?
① 6개월　② 12개월　③ 24개월　④ 48개월

[정답] 34. ③　35. ③　36. ④　37. ④　38. ②　39. ③　40. ①

【문제】41. 사업용 조종사 자격증명의 항공신체검사증명의 종류는?
① 제1종    ② 제2종    ③ 제3종    ④ 제4종

【문제】42. 항공운송사업에 종사하는 60세 이상인 사람과 1명의 조종사로 승객을 수송하는 항공운송사업에 종사하는 40세 이상인 사람 외의 사업용 조종사의 항공신체검사증명의 유효기간은?
① 6개월    ② 12개월    ③ 24개월    ④ 48개월

【문제】43. 1명의 조종사로 승객을 수송하는 항공운송사업에 종사하는 40세 이상인 운송용 조종사의 항공신체검사증명의 유효기간은?
① 6개월    ② 12개월    ③ 24개월    ④ 48개월

【문제】44. 만 40세인 조종사가 제1종 항공신체검사증명을 2017년 7월 21일에 받았다면 항공신체검사증명의 유효기간 종료일은 언제인가?
① 2018년 1월 21일    ② 2018년 1월 31일
③ 2018년 7월 21일    ④ 2018년 7월 31일

【문제】45. 1명의 조종사로 승객을 수송하는 항공운송사업에 종사하는 만 40세의 조종사가 2017년 7월 5일에 신체검사를 받았다면 항공신체검사증명의 유효기간은?
① 2018년 1월 5일    ② 2018년 1월 31일
③ 2018년 7월 5일    ④ 2018년 7월 31일

【문제】46. 2018년 12월 5일 항공신체검사증명을 받은 B747-400을 조종하는 47세 부조종사의 항공신체검사증명 유효기간의 종료일은?
① 2019년 6월 5일    ② 2019년 6월 30일
③ 2019년 12월 5일    ④ 2019년 12월 31일

【문제】47. 50세 이상인 항공종사자의 항공신체검사증명의 유효기간으로 맞지 않는 것은?
① 항공운송사업에 종사하는 60세 이상의 운송용 조종사: 6개월
② 1명의 조종사로 승객을 수송하는 항공운송사업에 종사하는 사업용 조종사: 6개월
③ 자가용 조종사: 12개월
④ 항공교통관제사: 6개월

【문제】48. 40세 이상 50세 미만인 운송용 조종사의 항공신체검사증명의 유효기간은?
① 6개월    ② 12개월    ③ 24개월    ④ 48개월

【문제】49. 나이가 57세인 사업용 조종사가 2019년 7월 5일에 항공신체검사증명을 받았으면 신체검사증명의 유효기간은?
① 2020. 1. 5    ② 2020. 1.31    ③ 2020. 7. 5    ④ 2020. 7.31

정답  41. ①  42. ②  43. ①  44. ④  45. ②  46. ④  47. ④  48. ②  49. ④

【문제】50. 50세 이상인 사업용 조종사의 항공신체검사증명의 유효기간은?
　① 6개월　　② 12개월　　③ 24개월　　④ 60개월

【문제】51. 47세인 자가용 조종사의 항공신체검사증명의 유효기간은?
　① 6개월　　② 12개월　　③ 24개월　　④ 60개월

【문제】52. 40세 미만인 항공교통관제사의 항공신체검사증명의 유효기간으로 옳은 것은?
　① 12개월　　② 24개월　　③ 48개월　　④ 60개월

【문제】53. 항공신체검사증명에 관련된 다음 내용 중 맞는 것은?
　① 사업용 조종사, 사업용 활공기 조종사가 받아야 하는 항공신체검사증명은 제1종이다.
　② 운항관리사, 항공교통관제사가 받아야 하는 항공신체검사증명은 제3종이다.
　③ 항공신체검사증명 유효기간의 시작일은 항공신체검사를 받는 날부터이다.
　④ 항공신체검사증명 유효기간의 종료일은 종료일이 속하는 전달의 말일까지이다.

【문제】54. 다음 중 항공종사자 자격증명의 종류가 아닌 것은?
　① 항공기관사　　② 운항관리사　　③ 항공무선통신사　　④ 경량항공기 조종사

〈해설〉 항공안전법 시행규칙 별표 8(항공신체검사증명의 종류와 그 유효기간)

| 자격증명의 종류 | 항공신체검사증명의 종류 | 유효기간 | | |
|---|---|---|---|---|
| | | 40세 미만 | 40세 이상 50세 미만 | 50세 이상 |
| 운송용 조종사<br>사업용 조종사<br>부조종사 | 제1종 | 12개월. 다만, 다음 각 호의 사람은 6개월로 한다.<br>1. 항공운송사업에 종사하는 60세 이상인 사람<br>2. 항공기사용사업에 종사하는 60세 이상인 사람<br>3. 1명의 조종사로 승객을 수송하는 항공운송사업에 종사하는 40세 이상인 사람 | | |
| 항공기관사, 항공사 | 제2종 | 12개월 | | |
| 자가용 조종사<br>사업용 활공기 조종사<br>조종연습생<br>경량항공기 조종사 | 제2종<br>(경량항공기조종사의 경우에는 제2종 또는 자동차운전면허증) | 60개월 | 24개월 | 12개월 |
| 항공교통관제사<br>항공교통관제연습생 | 제3종 | 48개월 | 24개월 | 12개월 |

비고: 유효기간의 시작일은 항공신체검사를 받는 날로 하며, 종료일이 매달 말일이 아닌 경우에는 그 종료일이 속하는 달의 말일에 항공신체검사증명의 유효기간이 종료하는 것으로 본다.

【문제】55. 항공신체검사기준에 일부 미달하여 유효기간을 단축하여 항공신체검사증명을 발급할 경우, 단축되는 유효기간은 실제 유효기간의 얼마를 초과할 수 없는가?
　① 1/2　　② 1/3　　③ 1/4　　④ 1/5

【문제】56. 자가용 조종사 자격증명을 받은 사람이 계기비행증명을 받으려고 하는 경우 충족해야 하는 신체검사기준은?
　① 제1종　　② 제2종　　③ 제3종　　④ 제4종

정답　50. ②　51. ③　52. ③　53. ③　54. ③　55. ①　56. ①

【문제】57. 항공신체검사증명에 대한 설명 중 맞는 것은?
① 항공신체검사기준에 일부 미달한 경우에는 해당 항공업무의 범위를 한정하고 유효기간을 단축하여 항공신체검사증명서를 발급할 수는 있다.
② 외국정부 또는 외국정부가 지정한 민간의료기관이 발급한 항공신체검사증명을 받은 경우에는 그 항공신체검사증명의 남은 유효기간까지 항공신체검사증명을 받은 것으로 본다.
③ 제1종의 항공신체검사증명을 받은 사람도 제2종 및 제3종의 항공신체검사증명을 별도로 받아야 한다.
④ 계기비행증명을 받으려는 경우에는 제2종 신체검사기준을 충족해야 한다.

〈해설〉 항공안전법 시행규칙 제92조(항공신체검사증명의 기준 및 유효기간 등)
1. 항공전문의사는 항공신체검사증명을 받으려는 사람이 자격증명의 종류별 항공신체검사기준에 일부 미달한 경우에도 해당 항공업무의 범위를 한정하거나 유효기간을 단축하여 항공신체검사증명서를 발급할 수 있다. 다만, 단축되는 유효기간은 별표 8에 따른 유효기간의 2분의 1을 초과할 수 없다.
2. 자격증명시험을 면제받은 사람이 외국정부 또는 외국정부가 지정한 민간의료기관이 발급한 항공신체검사증명을 받은 경우에는 그 항공신체검사증명의 남은 유효기간까지는 항공신체검사증명을 받은 것으로 본다.
3. 제1종의 항공신체검사증명을 받은 사람은 제2종 및 제3종의 항공신체검사증명을 함께 받은 것으로 본다. 이 경우 그 제2종 및 제3종의 항공신체검사증명의 유효기간은 제1종의 항공신체검사증명의 유효기간으로 한다.
4. 자가용 조종사 자격증명을 받은 사람이 계기비행증명을 받으려는 경우에는 제1종 신체검사기준을 충족하여야 한다.

【문제】58. 자격증명시험을 면제받은 사람이 외국정부 또는 외국정부가 지정한 민간의료기관이 발급한 항공신체검사증명을 받은 경우 그 항공신체검사증명의 유효기간은 어떻게 인정하는가?
① 남은 유효기간의 1/2만 인정
② 남은 유효기간의 1/3만 인정
③ 국내 지정병원에서 신체검사 후 남은 유효기간 전부 인정
④ 남은 유효기간 전부 인정

【문제】59. 항공신체검사증명을 받은 운항승무원이 외국에 연속하여 6개월 이상 체류하면서 외국정부 또는 외국정부가 지정한 민간의료기관의 항공신체검사증명을 받은 경우, 외국에서 받은 해당 항공신체검사증명의 유효기간을 연장 받을 수 있는 기간으로 맞지 않는 것은?
① 자가용 조종사: 12개월
② 항공기사용사업에 사용되는 항공기의 운항승무원: 6개월
③ 항공운송사업에 사용되는 항공기의 운항승무원: 6개월
④ 비사업용으로 사용되는 항공기의 운항승무원: 6개월

〈해설〉 항공안전법 시행규칙 제94조(항공신체검사증명의 유효기간 연장). 항공신체검사증명을 받은 운항승무원이 외국에 연속하여 6개월 이상 체류하면서 외국정부 또는 외국정부가 지정한 민간의료기관의 항공신체검사증명을 받은 경우에는 다음의 구분에 따른 기간을 넘지 아니하는 범위에서 외국에서 받은 해당 항공신체검사증명의 유효기간까지 그 유효기간을 연장 받을 수 있다.

정답  57. ②   58. ④   59. ①

1. 항공운송사업·항공기사용사업에 사용되는 항공기 및 비사업용으로 사용되는 항공기의 운항승무원 : 6개월
2. 자가용 조종사 : 24개월

【문제】 60. 항공신체검사증명의 결과에 대하여 이의가 있는 사람은 그 결과를 통보받은 날부터 며칠 이내에 이의신청서를 제출해야 하는가?
① 7일   ② 15일   ③ 30일   ④ 45일

〈해설〉 항공안전법 시행규칙 제96조(이의신청 등). 항공신체검사증명의 결과에 대하여 이의가 있는 사람은 그 결과를 통보받은 날부터 30일 이내에 항공신체검사증명 이의신청서를 국토교통부장관에 제출하여야 한다.

【문제】 61. 다음 중 자격증명을 취소해야 하는 경우는?
① 항공안전법을 위반하여 벌금 이상의 형을 선고받은 경우
② 항공안전법에 따른 자격증명등의 정지명령을 위반하여 정지기간에 항공업무에 종사한 경우
③ 운항기술기준을 준수하지 아니하고 비행을 하거나 업무를 수행한 경우
④ 항공업무를 수행할 때 고의 또는 중대한 과실로 인명피해나 재산피해를 발생시킨 경우

【문제】 62. 다음 중 해당 자격증명을 취소하여야 하는 경우는?
① 부정한 방법으로 자격증명을 받은 경우
② 항공안전법을 위반하여 벌금 이상의 형을 선고받은 경우
③ 고의 또는 중대한 과실로 항공기사고를 일으켜 인명피해를 발생시킨 경우
④ 항공신체검사증명을 받지 아니하고 항공업무에 종사한 경우

【문제】 63. 다음 중 1년 이내의 기간을 정하여 자격증명의 효력정지를 명할 수 있는 경우가 아닌 것은?
① 부정한 방법으로 자격증명을 취득한 경우
② 항공안전법을 위반하여 벌금 이상의 형을 선고받은 경우
③ 고의 또는 중대한 과실로 항공기사고를 일으켜 인명피해를 발생시킨 경우
④ 자격증명의 종류에 따른 업무범위 외의 업무에 종사한 경우

【문제】 64. 항공종사자가 항공업무를 수행할 때 고의 또는 중대한 과실에 따른 항공기사고로 인명피해나 재산피해를 발생시킨 경우의 행정처분으로 옳은 것은?
① 자격증명의 취소
② 자격증명의 취소 또는 1년 이내의 자격증명 효력정지
③ 1년 이내의 자격증명 효력정지
④ 6개월 이상의 자격증명 효력정지

〈해설〉 항공안전법 제43조(자격증명·항공신체검사증명의 취소 등). 국토교통부장관은 항공종사자가 항공안전법을 위반한 경우에는 자격증명등을 취소하거나 1년 이내의 기간을 정하여 자격증명등의 효력정지를 명할 수 있다. 다만, 다음에 해당하는 경우에는 해당 자격증명등을 취소하여야 한다.
1. 거짓이나 그 밖의 부정한 방법으로 자격증명등을 받은 경우
2. 이 조에 따른 자격증명등의 정지명령을 위반하여 정지기간에 항공업무에 종사한 경우

[정답] 60. ③   61. ②   62. ①   63. ①   64. ②

**【문제】65.** 항공신체검사증명을 부정한 방법으로 취득하여 취소당하였을 경우 다시 항공신체검사증명을 받을 수 있는 경과기간은?
① 6개월   ② 1년   ③ 2년   ④ 3년

**【문제】66.** 항공종사자 자격증명시험에 응시하거나 항공신체검사를 받는 사람이 부정행위를 하여 무효처분을 받은 경우, 처분을 받은 날부터 응시 제한기간은?
① 6개월   ② 1년   ③ 2년   ④ 3년

〈해설〉 항공안전법 제43조(자격증명·항공신체검사증명의 취소 등). 자격증명등의 시험에 응시하거나 심사를 받는 사람 또는 항공신체검사를 받는 사람이 그 시험이나 심사 또는 검사에서 부정한 행위를 한 경우에는 해당 시험이나 심사 또는 검사를 정지시키거나 무효로 하고, 해당 처분을 받은 사람은 그 처분을 받은 날부터 각각 2년간 이 법에 따른 자격증명등의 시험에 응시하거나 심사를 받을 수 없으며, 이 법에 따른 항공신체검사를 받을 수 없다.

**【문제】67.** 항공업무를 수행할 때 고의 또는 중대한 과실로 항공기준사고 또는 의무보고대상 항공안전장애를 발생시킨 경우에 행정처분으로 맞는 것은?
① 1차 위반 - 효력정지 30일   ② 1차 위반 - 효력정지 60일
③ 2차 위반 - 효력정지 90일   ④ 3차 위반 - 효력정지 120일

**【문제】68.** 기장이 항공기사고의 보고의무를 준수하지 않아 효력정지 150일의 처분을 받았다면, 이는 몇 차례 이를 위반한 것인가?
① 1차 위반   ② 2차 위반   ③ 3차 위반   ④ 4차 위반

**【문제】69.** 항공종사자가 항공종사자 자격증명서 및 항공신체검사증명서를 지니지 아니하고 항공업무에 종사한 경우의 행정처분기준으로 맞는 것은?
① 1차 위반 - 효력정지 10일   ② 1차 위반 - 효력정지 30일
③ 2차 위반 - 효력정지 60일   ④ 3차 위반 - 효력정지 60일

〈해설〉 항공안전법 시행규칙 별표 10(항공종사자 등에 대한 행정처분기준)

| 위반행위 | 처분내용 |
|---|---|
| 1. 항공업무를 수행할 때 고의 또는 중대한 과실로 항공기준사고 또는 의무보고대상 항공안전장애를 발생시킨 경우 | 1차 위반: 효력정지 30일<br>2차 위반: 효력정지 60일<br>3차 위반: 효력정지 150일 |
| 2. 기장이 항공기사고, 항공기준사고 또는 의무보고대상 항공안전장애 발생사실의 보고의무를 이행하지 아니한 경우 | 1차 위반: 효력정지 30일<br>2차 위반: 효력정지 60일<br>3차 위반: 효력정지 150일 |
| 3. 항공종사자가 국토교통부령으로 정하는 바에 따라 항공종사자 자격증명서 및 항공신체검사증명서를 소지하지 않고 항공업무를 수행한 경우 | 1차 위반: 효력정지 10일<br>2차 위반: 효력정지 30일<br>3차 위반: 효력정지 90일 |

**【문제】70.** 계기비행증명이 없어도 계기비행을 할 수 있는 조종사는?
① 자가용 조종사   ② 사업용 조종사
③ 운송용 조종사(비행기)   ④ 운송용 조종사(헬리콥터)

정답  65. ③  66. ③  67. ①  68. ③  69. ①  70. ③

〈해설〉 항공안전법 제44조(계기비행증명 및 조종교육증명). 운송용 조종사(헬리콥터를 조종하는 경우만 해당), 사업용 조종사, 자가용 조종사 또는 부조종사의 자격증명을 받은 사람은 그가 사용할 수 있는 항공기의 종류로 다음의 비행을 하려면 국토교통부령으로 정하는 바에 따라 국토교통부장관의 계기비행증명을 받아야 한다.
  1. 계기비행
  2. 계기비행방식에 따른 비행

【문제】71. 4등급 또는 5등급의 항공영어구술능력증명(EPTA)을 받은 항공종사자가 유효기간 만료 6개월 이내에 항공영어구술능력증명시험에 합격한 경우 새로운 유효기간의 적용은?
  ① 기존의 유효기간 만료 후 새로운 유효기간 적용
  ② 기존 증명의 유효기간이 끝난 다음 날부터 적용
  ③ 합격 통지일로부터 유효기간 적용
  ④ 합격일로부터 유효기간 적용

〈해설〉 항공안전법 시행규칙 제99조(항공영어구술능력증명시험의 실시 등). 항공영어구술능력증명의 등급별 유효기간은 다음의 구분에 따른 기준일부터 계산하여 4등급은 3년, 5등급은 6년, 6등급은 영구로 한다.
  1. 최초 응시자(항공영어구술능력증명의 유효기간이 지난 사람을 포함) : 합격 통지일
  2. 4등급 또는 5등급의 항공영어구술능력증명을 받은 사람이 유효기간이 끝나기 전 6개월 이내에 항공영어구술능력증명시험에 합격한 경우 : 기존 증명의 유효기간이 끝난 다음 날

【문제】72. 조종연습의 허가를 받으려는 사람은 항공기 조종연습 허가신청서를 누구에게 제출하여야 하며, 조종연습의 허가 신청을 받은 사람은 무엇을 확인해야 하는가?
  ① 국토교통부장관, 비행경력증명서     ② 국토교통부장관, 항공신체검사증명서
  ③ 지방항공청장, 비행경력증명서       ④ 지방항공청장, 항공신체검사증명서

〈해설〉 항공안전법 시행규칙 제101조(조종연습의 허가 신청)
  1. 조종연습의 허가를 받으려는 사람은 별지 제52호서식의 항공기 조종연습 허가신청서를 지방항공청장에게 제출해야 한다.
  2. 조종연습의 허가 신청을 받은 지방항공청장은 신청인의 항공신체검사증명서를 확인해야 하며 신청인이 항공기의 조종연습을 하기에 필요한 능력이 있다고 인정되는 경우에는 항공기 조종연습허가서를 발급해야 한다.

## Ⅵ. 항공기의 운항 1

【문제】1. 기상레이더 또는 악기상 탐지장비를 탑재해야 하는 경우에 대한 설명 중 맞지 않는 것은?
  ① 국제선 항공운송사업에 사용되는 비행기로서 여압장비가 장착된 비행기: 기상레이더 1대
  ② 국제선 항공운송사업에 사용되는 헬리콥터: 기상레이더 또는 악기상 탐지장비 1대
  ③ 국제선 항공운송사업에 사용되는 비행기 외에 국외를 운항하는 비행기로서 여압장치가 장착된 비행기: 기상레이더 또는 악기상 탐지장비 1대
  ④ 국제선 항공운송사업 외에 사용되는 헬리콥터 외에 국외를 운항하는 헬리콥터: 기상레이더 또는 악기상 탐지장비 1대

정답  71. ②   72. ④   /   1. ④

【문제】2. 항공운송사업에 사용되는 항공기 외의 항공기가 시계비행 시 설치하지 않아도 되는 무선설비는?
① VOR 수신기  ② ELT
③ VHF 송수신기  ④ 2차 감시 트랜스폰더

【문제】3. 항공운송사업에 사용되는 항공기 외의 항공기가 시계비행방식에 의한 비행을 하는 경우에 설치하지 않아도 되는 무선설비는?
① 초단파(VHF) 무선전화 송수신기
② 자동방향탐지기(ADF)
③ 2차 감시 항공교통관제 레이더용 트랜스폰더
④ 비상위치지시용 무선표지설비(ELT)

【문제】4. 항공운송사업에 사용되는 항공기 외의 항공기가 계기비행방식 외의 방식으로 비행을 하는 경우 설치, 운용하지 않을 수 있는 무선설비가 아닌 것은?
① 자동방향탐지기(ADF)  ② 전방향표지시설(VOR) 수신기
③ 거리측정시설(DME) 수신기  ④ 비상위치지시용 무선표지설비(ELT)

【문제】5. 항공기에 설치, 운용하여야 하는 무선설비에 대한 다음 설명 중 맞는 것은?
① 항공운송사업 외의 항공기가 시계비행방식으로 비행하는 경우에도 ADF는 필수적으로 운용하여야 한다.
② 항공운송사업 외의 항공기가 시계비행방식으로 비행하는 경우 VOR 수신기가 필요 없다.
③ 항공운송사업 외의 항공기가 시계비행방식으로 비행하는 경우 DME 수신기를 운용하여야 한다.
④ 항공운송사업 항공기가 시계비행방식으로 비행하는 경우 ILS 수신기를 운용하여야 한다.

【문제】6. 항공기 기압고도에 관한 정보를 제공하는 트랜스폰더는?
① Mode 1  ② Mode 2  ③ Mode 3/A  ④ Mode 4/A

〈해설〉 항공안전법 시행규칙 제107조(무선설비). 항공기에 설치·운용해야 하는 무선설비는 다음과 같다.

| 무선설비 | 구 분 | 수 량 |
|---|---|---|
| 1. 자동방향탐지기(ADF) | 항공운송사업에 사용되는 항공기 외의 항공기가 시계비행방식에 의한 비행을 하는 경우에는 설치·운용하지 않을 수 있다. | 1대 |
| 2. 계기착륙시설(ILS) 수신기 | | 1대 |
| 3. 전방향표지시설(VOR) 수신기 | | 1대 |
| 4. 거리측정시설(DME) 수신기 | | 1대 |
| 5. 초단파(VHF) 또는 극초단파(UHF)무선전화 송수신기 | | 각 2대 |
| 6. 2차감시 항공교통관제 레이더용 트랜스폰더 | 기압고도에 관한 정보를 제공하는 트랜스폰(Mode 3/A 및 Mode C SSR transponder) | 1대 |
| 7. 비상위치지시용 무선표지설비(ELT) | | 1대/2대 |
| 8. 기상레이더 | 국제선 항공운송사업에 사용되는 비행기로서 여압장치가 장착된 비행기의 경우 | 1대 |
| 9. 기상레이더 또는 악기상 탐지장비 | 국제선 항공운송사업에 사용되는 헬리콥터의 경우 | 1대 |
| | 국제선 항공운송사업에 사용되는 비행기 외에 국외를 운항하는 비행기로서 여압장치가 장착된 비행기 | 1대 |

정답  2. ①  3. ②  4. ④  5. ②  6. ③

【문제】 7. 항공기에 구비해야 할 무선설비 중 VHF 무전기의 구비요건이 아닌 것은?
　　① 비행장에서 관제를 목적으로 한방향 통신이 가능할 것
　　② 항공기국과 항공국간의 양방향 통신이 가능할 것
　　③ 항공비상주파수(121.5MHz 또는 243.0MHz)를 사용하여 통신이 가능할 것
　　④ 비행 중 계속하여 기상정보를 수신할 수 있을 것

〈해설〉 항공안전법 시행규칙 제107조(무선설비) 제2호. 무선설비는 다음의 성능이 있어야 한다.
　1. 비행장 또는 헬기장에서 관제를 목적으로 한 양방향통신이 가능할 것
　2. 비행 중 계속하여 기상정보를 수신할 수 있을 것
　3. 운항 중 항공기국과 항공국 간 또는 항공국과 항공기국 간 양방향통신이 가능할 것
　4. 항공비상주파수(121.5MHz 또는 243.0MHz)를 사용하여 항공교통관제기관과 통신이 가능할 것
　5. 무선전화 송수신기 각 2대 중 각 1대가 고장이 나더라도 나머지 각 1대는 고장이 나지 아니하도록 각각 독립적으로 설치할 것

【문제】 8. 항공기 소유자등이 갖추어야 할 항공일지에 포함되지 않는 것은?
　　① 지상 비치용 프로펠러 항공일지　　② 지상 비치용 발동기 항공일지
　　③ 지상 비치용 기체 항공일지　　　　④ 탑재용 항공일지

〈해설〉 항공안전법 시행규칙 제108조(항공일지). 항공기를 운항하려는 자 또는 소유자등은 탑재용 항공일지, 지상 비치용 발동기 항공일지 및 지상 비치용 프로펠러 항공일지를 갖추어 두어야 한다.

【문제】 9. 다음 중 탑재용 항공일지에 적어야 할 사항이 아닌 것은?
　　① 항공기의 등록부호 및 등록연월일　　② 항공기의 제작자, 제작번호 및 제작연월일
　　③ 구급용구의 탑재위치 및 수량　　　　④ 제작 후의 총비행시간

〈해설〉 항공안전법 시행규칙 제108조(항공일지)_52 페이지 참고

【문제】 10. 사고예방 및 사고조사를 위하여 공중충돌경고장치(ACAS)를 갖추어야 하는 항공기는?
　　① 항공운송사업에 사용되는 모든 비행기
　　② 항공운송사업에 사용되는 터빈발동기를 장착한 비행기
　　③ 최대이륙중량이 5,700kg을 초과하거나 승객 9명을 초과하여 수송할 수 있는 터빈발동기를 장착한 비행기
　　④ 최대이륙중량이 5,700kg을 초과하고 승객 19명을 초과하여 수송할 수 있는 항공운송사업에 사용되는 비행기

【문제】 11. 항공기에 갖추어야 할 장치에 대한 설명 중 틀린 것은?
　　① 항공운송사업에 사용되는 모든 비행기에는 공중충돌경고장치를 1기 이상 장착하여야 한다.
　　② 여압장치가 있는 비행기로서 기내의 대기압이 376 hpa 미만인 비행고도로 비행하려는 비행기에는 기압저하경보장치 1기를 장착해야 한다.
　　③ 최대이륙중량 5,700kg 미만, 승객 9인 미만의 항공기에는 전방돌풍경고장치가 있어야 한다.
　　④ 항공운송사업에 사용되는 터빈발동기를 장착한 비행기에는 조종실 내 음성을 기록할 수 있는 비행기록장치를 1기 이상 장착해야 한다.

정답　7. ①　8. ③　9. ③　10. ①　11. ③

【문제】12. 다음 중 공중충돌경고장치(ACAS)를 장착하지 않아도 되는 항공기는?
① 항공운송사업에 사용되는 모든 비행기
② 2007년 1월 1일 이후에 최초로 감항증명을 받는 비행기로서 최대이륙중량이 15,000kg을 초과하거나 승객 30명을 초과하여 수송할 수 있는 터빈발동기를 장착한 항공운송사업 외의 용도로 사용되는 모든 비행기
③ 2008년 1월 1일 이후에 최초로 감항증명을 받는 비행기로서 최대이륙중량이 5,700kg을 초과하거나 승객 19명을 초과하여 수송할 수 있는 터빈발동기를 장착한 항공운송사업 외의 용도로 사용되는 모든 비행기
④ 최대이륙중량이 5,700kg을 초과하거나 승객 9명을 초과하여 수송할 수 있는 왕복발동기를 장착한 모든 비행기

【문제】13. 비행자료기록장치(FDR) 및 조종실음성기록장치(CVR)는 몇 시간 이상의 자료 또는 음성을 기록할 수 있는 성능이 있어야 하는가?
① FDR 25시간, CVR 2시간
② FDR 25시간, CVR 3시간
③ FDR 22시간, CVR 2시간
④ FDR 22시간, CVR 3시간

〈해설〉 항공안전법 시행규칙 제109조(사고예방장치 등)_53 페이지 참고

【문제】14. 지상접근경고장치(GPWS)가 경고를 제공하여야 하는 경우가 아닌 것은?
① 과도한 상승률이 발생하는 경우
② 지형지물에 대한 과도한 접근율이 발생하는 경우
③ 계기활공로 아래로의 과도한 강하가 이루어진 경우
④ 착륙바퀴가 착륙위치로 고정되지 아니한 상태에서 지형지물과의 안전거리를 유지하지 못하는 경우

【문제】15. 지상접근경고장치(GPWS)가 경고를 제공할 수 있는 구현 성능이 아닌 것은?
① 착륙형태를 갖춘 상태에서 지형지물과의 안전거리를 유지하지 못하는 경우
② 이륙 또는 복행 후 과도한 고도의 손실이 있는 경우
③ 지형지물에 대한 과도한 접근율이 발생하는 경우
④ 계기활공로 아래로의 과도한 강하가 이루어진 경우

〈해설〉 항공안전법 시행규칙 제109조(사고예방장치 등). 최대이륙중량이 5,700kg을 초과하거나 승객 9명을 초과하여 수송할 수 있는 터빈발동기를 장착한 비행기의 지상접근경고장치는 다음과 같은 경우 경고를 제공할 수 있는 성능이 있어야 한다.
1. 과도한 강하율이 발생하는 경우
2. 지형지물에 대한 과도한 접근율이 발생하는 경우
3. 이륙 또는 복행 후 과도한 고도의 손실이 있는 경우
4. 다음의 착륙형태를 갖추지 아니한 상태에서 지형지물과의 안전거리를 유지하지 못하는 경우
　가. 착륙바퀴가 착륙위치로 고정
　나. 플랩의 착륙위치
5. 계기활공로 아래로의 과도한 강하가 이루어진 경우

정답  12. ④  13. ①  14. ①  15. ①

【문제】 16. 쌍발항공기가 육지로부터 얼마 이상의 장거리 해상을 비행할 때는 구명보트를 갖추어야 하는가? (임계발동기가 작동하지 않아도 최저안전고도 이상으로 비행하여 교체비행장에 착륙할 수 있는 경우)
① 270km ② 370km ③ 540km ④ 740km

【문제】 17. 다음 중 구명보트가 필요하지 않은 상황은?
① 비행기가 이륙경로나 착륙접근경로가 수상에서의 사고 시에 착수가 예상되는 경우
② 비상착륙에 적합한 육지로부터 120분 거리 이상의 해상을 비행하는 쌍발비행기가 임계발동기가 작동하지 않아도 교체비행장에 착륙할 수 있는 경우
③ 비상착륙에 적합한 육지로부터 740km 이상의 해상을 비행하는 3발 이상의 비행기가 2개의 발동기가 작동하지 않아도 교체비행장에 착륙할 수 있는 경우
④ 단발비행기가 비상착륙에 적합한 육지로부터 185km 이상의 해상을 비행하는 경우

【문제】 18. 항공기에 장비하여야 할 구명보트의 탑재기준은?
① 총 좌석수 이상
② 좌석수의 1/2~3/4
③ 좌석수의 1/2 이상
④ 좌석수의 1/3 이상

〈해설〉 항공안전법 시행규칙 별표 15(항공기에 장비하여야 할 구급용구 등). 항공기의 소유자등이 항공기에 갖추어야 할 구명동의, 음성신호발생기, 구명보트, 불꽃조난신호장비 등은 다음과 같다.

| 구 분 | 품 목 |
|---|---|
| 1. 장거리 해상을 비행하는 비행기<br>가. 비상착륙에 적합한 육지로부터 120분 또는 740km(400해리) 중 짧은 거리 이상의 해상을 비행하는 다음의 경우<br>(1) 쌍발비행기가 임계발동기가 작동하지 않아도 최저안전고도 이상으로 비행하여 교체비행장에 착륙할 수 있는 경우<br>(2) 3발 이상의 비행기가 2개의 발동기가 작동하지 않아도 항로상 교체비행장에 착륙할 수 있는 경우 | • 구명동의 또는 이에 상당하는 개인부양 장비<br>• 구명보트<br>• 불꽃조난신호장비 |
| 나. 가항 외의 비행기가 30분 또는 185km(100해리) 중 짧은 거리 이상의 해상을 비행하는 경우 | • 육상비행기 또는 수상비행기의 구분에 따라 정한 품목<br>• 구명보트<br>• 불꽃조난신호장비 |
| 2. 수색구조가 특별히 어려운 산악지역, 외딴지역 및 국토교통부장관이 정한 해상 등을 횡단 비행하는 비행기 | • 불꽃조난신호장비<br>• 구명장비 |

비고: 구명보트의 수는 탑승자 전원을 수용할 수 있는 수량이어야 한다.

【문제】 19. 승객 좌석수가 360석인 항공기의 객실에 갖추어야 하는 소화기의 수량은?
① 3개 ② 4개 ③ 5개 ④ 6개

【문제】 20. 다음 중 항공기 객실에 갖추어야 하는 소화기의 수량이 잘못된 것은?
① 승객 좌석수 6석부터 60석까지: 2개
② 승객 좌석수 61부터 200석까지 3개

정답 16. ④  17. ①  18. ①  19. ③

③ 승객 좌석수 201석부터 300석까지: 4개
④ 승객 좌석수 401석부터 500석까지: 6개

〈해설〉 항공안전법 시행규칙 별표 15(항공기에 장비하여야 할 구급용구 등) 제2호. 항공기의 객실에는 다음 표의 소화기를 갖춰 두어야 한다.

| 승객 좌석 수 | 소화기의 수량 | 승객 좌석 수 | 소화기의 수량 |
|---|---|---|---|
| 6석부터 30석까지 | 1 | 301석부터 400석까지 | 5 |
| 31석부터 60석까지 | 2 | 401석부터 500석까지 | 6 |
| 61석부터 200석까지 | 3 | 501석부터 600석까지 | 7 |
| 201석부터 300석까지 | 4 | 601석 이상 | 8 |

【문제】21. 승객의 좌석수가 380석일 때 탑재해야 할 손확성기의 수는?
① 2개  ② 3개  ③ 4개  ④ 5개

【문제】22. 메가폰을 3개 갖추어야 하는 여객기의 승객 좌석수는?
① 100석부터 199석까지    ② 200석부터 299석까지
③ 200석 이상    ④ 300석 이상

〈해설〉 항공안전법 시행규칙 별표 15(항공기에 장비하여야 할 구급용구 등) 제4호. 항공운송사업용 여객기에는 다음 표의 손확성기(메가폰)를 갖춰 두어야 한다.

| 승객 좌석수 | 손확성기의 수 | 승객 좌석수 | 손확성기의 수 |
|---|---|---|---|
| 61석부터 99석까지 | 1 | 200석 이상 | 3 |
| 100석부터 199석까지 | 2 | | |

【문제】23. 승객의 좌석수가 200석인 항공기에 비치하여야 할 구급의료용품의 수는?
① 1조  ② 2조  ③ 3조  ④ 4조

〈해설〉 항공안전법 시행규칙 별표 15(항공기에 장비하여야 할 구급용구 등) 제5호. 모든 항공기에는 다음 표의 구급의료용품(First-aid Kit)을 탑재해야 한다.

| 승객 좌석 수 | 구급의료용품의 수 | 승객 좌석 수 | 구급의료용품의 수 |
|---|---|---|---|
| 100석 이하 | 1조 | 301석부터 400석까지 | 4조 |
| 101석부터 200석까지 | 2조 | 401석부터 500석까지 | 5조 |
| 201석부터 300석까지 | 3조 | 501석 이상 | 6조 |

【문제】24. 항공기에 탑재해야 할 서류가 아닌 것은?
① 비행교범    ② 소음기준적합증명서
③ 운항규정    ④ 항공정보간행물

【문제】25. 다음 중 항공기에 탑재하여야 할 서류가 아닌 것은?
① 항공기 등록증명서    ② 감항증명서
③ 탑재용 항공일지    ④ 형식증명서

〈해설〉 항공안전법 시행규칙 제113조(항공기에 탑재하는 서류). 항공기(활공기 및 특별감항증명을 받은 항공기는 제외)에는 다음의 서류를 탑재하여야 한다.

정답  20. ①  21. ②  22. ③  23. ②  24. ④  25. ④

1. 항공기 등록증명서
2. 감항증명서
3. 탑재용 항공일지
4. 운용한계 지정서 및 비행교범
5. 운항규정
6. 항공운송사업의 운항증명서 사본 및 운영기준 사본(국제운송사업에 사용되는 항공기의 경우에는 영문으로 된 것을 포함)
7. 소음기준적합증명서
8. 각 운항승무원의 유효한 자격증명서 및 조종사의 비행기록에 관한 자료
9. 무선국 허가증명서
10. 탑승한 여객의 성명, 탑승지 및 목적지가 표시된 명부(항공운송사업용 항공기만 해당)
11. 해당 항공운송사업자가 발행하는 수송화물의 화물목록과 화물 운송장에 명시되어 있는 세부 화물신고서류(항공운송사업용 항공기만 해당)
12. 해당 국가의 항공당국 간에 체결한 항공기등의 감독 의무에 관한 이전협정서 사본(법 제5조에 따른 임대차 항공기의 경우만 해당)
13. 비행 전 및 각 비행단계에서 운항승무원이 사용해야 할 점검표
14. 그 밖에 국토교통부장관이 정하여 고시하는 서류

【문제】 26. 여압장치가 없는 항공기가 기내의 대기압이 700 hPa 미만 620 hPa 이상인 비행고도에서 30분을 초과하여 비행하는 경우 호흡용 산소의 요구량은?
① 승객 10%와 승무원 전원이 그 초과되는 비행시간 동안 필요로 하는 양
② 승객 전원과 승무원 전원이 해당 비행시간 동안 필요로 하는 양
③ 승객 전원과 승무원 전원이 비행고도 등 비행환경에 따라 적합하게 필요로 하는 양
④ 승객 전원과 승무원 전원이 최소한 10분 이상 사용할 수 있는 양

【문제】 27. 여압장치가 없는 항공기가 기내 대기압이 620 hPa 미만인 비행고도에서 비행하는 경우 필요한 산소의 양은?
① 승객 전원과 승무원 전원이 비행고도 등 비행환경에 따라 적합하게 필요로 하는 양
② 승객 전원과 승무원 전원이 해당 비행시간 동안 필요로 하는 양
③ 승객 전원과 승무원 전원이 최소한 10분 이상 사용할 수 있는 양
④ 승객의 10%와 승무원 전원이 그 초과되는 비행시간 동안 필요로 하는 양

【문제】 28. 기내 대기압을 700 hPa 이상으로 유지시켜 줄 수 있는 여압장치가 있는 비행기가 승객 전원과 승무원 전원이 비행환경에 따라 적합하게 필요로 하는 산소를 저장하고 분배할 수 있는 장치를 장착하여야 하는 경우는?
① 기내 대기압이 620 hPa 미만인 비행고도에서 비행하는 경우
② 기내 대기압이 700 hPa 미만인 비행고도에서 비행하는 경우
③ 700 hPa 미만 620 hPa 이상인 비행고도에서 20분을 초과하여 비행하는 경우
④ 700 hPa 미만 620 hPa 이상인 비행고도에서 30분을 초과하여 비행하는 경우

정답  26. ①  27. ②  28. ②

【문제】 29. 여압장치가 있는 항공기가 기내의 대기압이 700 hPa 미만인 비행고도에서 비행할 때 필요한 산소량은?
  ① 승객 전원과 승무원 전원이 비행고도 등 비행환경에 따라 적합하게 필요로 하는 양
  ② 승객의 10%와 승무원 전원이 그 초과되는 비행시간 동안 필요로 하는 양
  ③ 승객 전원과 승무원 전원이 최소한 10분 이상 사용할 수 있는 양
  ④ 승객 전원과 승무원 전원이 해당 비행시간 동안 필요로 하는 양

〈해설〉 항공안전법 시행규칙 제114조(산소 저장 및 분배장치 등). 고고도(高高度) 비행을 하는 항공기(무인항공기는 제외)는 다음의 구분에 따른 호흡용 산소의 양을 저장하고 분배할 수 있는 장치를 장착하여야 한다.

| 구 분 | | 산소의 양 |
|---|---|---|
| 1. 여압장치가 없는 항공기가 기내의 대기압이 700 hPa 미만인 비행고도에서 비행하려는 경우 | 가. 기내의 대기압이 700 hPa 미만 620 hPa 이상인 비행고도에서 30분을 초과하여 비행하는 경우 | 승객의 10%와 승무원 전원이 그 초과되는 비행시간 동안 필요로 하는 양 |
| | 나. 기내의 대기압이 620 hPa 미만인 비행고도에서 비행하는 경우 | 승객 전원과 승무원 전원이 해당 비행시간 동안 필요로 하는 양 |
| 2. 기내의 대기압을 700 hPa 이상으로 유지시켜 줄 수 있는 여압장치가 있는 모든 비행기와 항공운송사업에 사용되는 헬리콥터의 경우 | 가. 기내의 대기압이 700 hPa 미만인 동안 | 승객 전원과 승무원 전원이 비행고도 등 비행환경에 따라 적합하게 필요로 하는 양 |
| | 나. 기내의 대기압이 376 hPa 미만인 비행고도에서 비행하거나 376 hPa 이상인 비행고도에서 620 hPa인 비행고도까지 4분 이내에 강하할 수 없는 경우 | 승객 전원과 승무원 전원이 최소한 10분 이상 사용할 수 있는 양 |

【문제】 30. 여압장치가 있는 비행기의 경우 기압저하경보장치를 장착하여야 하는 경우는?
  ① 기내 대기압이 376 hPa 미만인 비행고도로 비행하려는 경우
  ② 기내 대기압이 376 hPa 이상인 비행고도로 비행하려는 경우
  ③ 기내 대기압이 620 hPa 미만인 비행고도로 비행하려는 경우
  ④ 기내 대기압이 620 hPa 이상인 비행고도로 비행하려는 경우

【문제】 31. 여압장치가 있는 비행기가 기내의 대기압이 376 hPa 미만인 비행고도에서 비행하려면 몇 기의 기압저하경보장치를 장착하여야 하는가?
  ① 1기　　　　② 2기　　　　③ 3기　　　　④ 4기

〈해설〉 항공안전법 시행규칙 제114조(산소 저장 및 분배장치 등). 여압장치가 있는 비행기로서 기내의 대기압이 376 hPa 미만인 비행고도로 비행하려는 비행기에는 기내의 압력이 떨어질 경우 운항승무원에게 이를 경고할 수 있는 기압저하경보장치 1기를 장착하여야 한다.

【문제】 32. 방사선투사량계기를 설치하여야 하는 항공기는?
  ① 항공운송사업용 항공기 또는 국외를 운항하는 비행기가 49,000ft를 초과하는 고도로 운항하려는 경우
  ② 항공운송사업용 항공기가 49,000ft를 초과하는 고도로 운항하려는 경우
  ③ 항공운송사업용 항공기 또는 국외를 운항하는 비행기가 15,000ft를 초과하는 고도로 운항하려는 경우
  ④ 항공운송사업 항공기가 15,000ft를 초과하는 고도로 운항하려는 경우

정답　29. ①　30. ①　31. ①　32. ①

【문제】33. 항공운송사업용 항공기가 얼마를 초과하는 고도로 운항하려는 경우 방사선투사량계기를 갖추어야 하는가?
① 5,000m  ② 10,000m  ③ 15,000m  ④ 18,000m

〈해설〉 항공안전법 시행규칙 제116조(방사선투사량계기), 항공운송사업용 항공기 또는 국외를 운항하는 비행기가 평균해면으로부터 1만5천m(4만9천ft)를 초과하는 고도로 운항하려는 경우에는 방사선투사량계기(Radiation Indicator) 1기를 갖추어야 한다.

【문제】34. 시계비행방식으로 비행하는 항공운송사업용 항공기에 갖추어야 할 항공계기가 아닌 것은?
① 시계  ② 선회 및 경사지시계
③ 기압고도계  ④ 나침반

【문제】35. 계기비행을 하려는 항공운송사업용의 항공기에 갖추어야 할 항공계기가 아닌 것은?
① FMS  ② 정밀기압고도계
③ 나침반  ④ 자이로식 기수방향지시계

【문제】36. 항공기사용사업용 헬리콥터가 계기비행 시 없어도 되는 항공계기는?
① 나침반  ② 시계  ③ 기압고도계  ④ 외기온도계

【문제】37. 항공운송사업용 외의 비행기가 시계비행 시 없어도 되는 항공계기는?
① 나침반  ② 시계  ③ 속도계  ④ 정밀기압고도계

〈해설〉 항공안전법 시행규칙 별표 16(항공계기등의 기준)

| 비행구분 | 계기명 | 수량 | | | |
|---|---|---|---|---|---|
| | | 비행기 | | 헬리콥터 | |
| | | 항공운송사업용 | 항공운송사업용 외 | 항공운송사업용 | 항공운송사업용 외 |
| 시계비행방식 | 나침반 | 1 | 1 | 1 | 1 |
| | 시계(시, 분, 초의 표시) | 1 | 1 | 1 | 1 |
| | 정밀기압고도계 | 1 | - | 1 | 1 |
| | 기압고도계 | - | 1 | - | - |
| | 속도계 | 1 | 1 | 1 | 1 |
| 계기비행방식 | 나침반 | 1 | 1 | 1 | 1 |
| | 시계(시, 분, 초의 표시) | 1 | 1 | 1 | 1 |
| | 정밀기압고도계 | 2 | 1 | 2 | 1 |
| | 기압고도계 | - | 1 | - | - |
| | 동결방지장치가 되어 있는 속도계 | 1 | 1 | 1 | 1 |
| | 선회 및 경사지시계 | 1 | 1 | - | - |
| | 경사지시계 | - | - | 1 | 1 |
| | 인공수평자세지시계 | 1 | 1 | 조종석당 1개 및 여분의 계기 1개 | |
| | 자이로식 기수방향지시계 | 1 | 1 | 1 | 1 |
| | 외기온도계 | 1 | 1 | 1 | 1 |
| | 승강계 | 1 | 1 | 1 | 1 |
| | 안정성유지시스템 | - | - | 1 | 1 |

정답 33. ③  34. ②  35. ①  36. ③  37. ④

【문제】38. 소유자등은 항공기에 ( )이 정하는 양의 연료 및 오일을 싣지 아니하고 항공기를 운항하여서는 아니 된다. ( )에 맞는 것은?
① 대통령령
② 국토교통부령
③ 항공교통본부장
④ 지방항공청장

〈해설〉 항공안전법 제53조(항공기의 연료). 항공기를 운항하려는 자 또는 소유자등은 항공기에 국토교통부령으로 정하는 양의 연료를 싣지 아니하고 항공기를 운항해서는 아니 된다.

【문제】39. 항공운송사업 및 항공기사용사업에 사용되는 왕복발동기 장착 비행기가 계기비행으로 교체비행장이 요구될 경우, 최초 착륙예정 비행장에 착륙할 때까지 비행에 필요한 연료의 양에 추가로 실어야 할 연료의 양은?
① 교체비행장까지 비행을 마친 후 순항속도 및 순항고도로 30분간 더 비행할 수 있는 연료의 양
② 교체비행장까지 비행을 마친 후 순항속도 및 순항고도로 45분간 더 비행할 수 있는 연료의 양
③ 순항속도로 비행하는 시간의 15%의 시간을 더 비행할 수 있는 연료의 양
④ 순항속도로 2시간 더 비행할 수 있는 연료

【문제】40. 항공운송사업에 사용되는 터빈발동기를 장착한 항공기로 계기비행 시 교체비행장이 요구될 경우 holding fuel의 기준이 되는 고도는?
① 300m(1,000ft)
② 450m(1,500ft)
③ 600m(2,000ft)
④ 750m(2,500ft)

【문제】41. 항공운송사업용 및 항공기사용사업용 터빈발동기를 장착한 비행기가 계기비행으로 교체비행장이 요구될 경우, 실어야 할 연료 산정의 기준고도와 연료량은?
① 교체비행장의 300m 상공에서 30분간 더 비행할 수 있는 연료의 양
② 교체비행장의 300m 상공에서 45분간 더 비행할 수 있는 연료의 양
③ 교체비행장의 450m 상공에서 30분간 더 비행할 수 있는 연료의 양
④ 교체비행장의 450m 상공에서 45분간 더 비행할 수 있는 연료의 양

【문제】42. 항공운송사업용 항공기에 탑재해야 할 연료량으로 맞는 것은?
① 왕복발동기 항공기가 계기비행으로 교체비행장이 요구될 경우 교체비행장에 도착 시 예상되는 중량 상태에서 순항속도 및 순항고도로 45분간 더 비행할 수 있는 연료의 양
② 왕복발동기 항공기가 계기비행으로 교체비행장이 요구되지 않을 경우 표준대기 상태에서 최초 착륙예정 비행장의 150m 상공에서 체공속도로 30분간 더 비행할 수 있는 연료의 양
③ 왕복발동기 항공기가 시계비행으로 교체비행장이 요구되지 않을 경우 순항속도로 30분간 더 비행할 수 있는 연료의 양
④ 터빈발동기 항공기가 계기비행으로 교체비행장이 요구될 경우 교체비행장에 도착 시 예상되는 중량 상태에서 착륙예정 비행장의 150m 상공에서 체공속도로 30분간 더 비행할 수 있는 연료의 양

[정답] 38. ② 39. ② 40. ② 41. ③ 42. ①

【문제】43. 항공운송사업에 사용되는 터빈발동기 항공기가 계기비행으로 교체비행장이 요구될 경우, 교체비행장에 도착 시 예상되는 체공속도로 교체비행장의 450m 상공에서 (   )분간 더 비행할 수 있는 연료를 실어야 한다. (   )에 맞는 것은?
① 15분　　　② 30분　　　③ 45분　　　④ 60분

【문제】44. 항공운송사업용으로 사용하는 다음 조건의 항공기는 최초 착륙예정 비행장에 도착 시 예상되는 비행기 중량 상태에서 순항속도 및 순항고도로 몇 분간 더 비행할 수 있는 양의 연료를 실어야 하는가?

- 왕복발동기 장착 항공기
- 계기비행으로 교체비행장이 요구되지 않을 경우

① 15분　　　② 30분　　　③ 45분　　　④ 60분

【문제】45. 항공운송사업용 및 항공기사용사업용 비행기가 시계비행을 할 경우 탑재해야 할 연료량은?
① 최초 착륙예정 비행장까지 비행에 필요한 양에 순항속도로 30분을 더 비행할 수 있는 양을 더한 양
② 최초 착륙예정 비행장까지 비행에 필요한 양에 순항속도로 45분을 더 비행할 수 있는 양을 더한 양
③ 최초 착륙예정 비행장까지 비행에 필요한 양에 순항속도로 교체비행장까지 비행하는데 필요한 양을 더한 양을 더한 양
④ 최초 착륙예정 비행장까지 비행에 필요한 연료의 양에 그 비행장의 450미터의 상공에서 30분간 체공하는데 필요한 양을 더한 양

【문제】46. 항공운송사업용 및 항공기사용사업용 외의 비행기가 계기비행으로 교체비행장이 요구되지 않을 경우, 최초 착륙예정 비행장까지 비행에 필요한 양에 추가로 실어야 할 연료량은?
① 순항고도로 30분간 더 비행할 수 있는 양을 더한 양
② 순항고도로 45분간 더 비행할 수 있는 양을 더한 양
③ 최대항속속도로 20분간 더 비행할 수 있는 양
④ 최초 착륙예정 비행장의 상공에서 체공속도로 2시간 동안 체공하는 데 필요한 양

【문제】47. 시계비행을 하는 항공운송사업용 및 항공기사용사업용 헬리콥터가 실어야 할 연료의 양이 아닌 것은?
① 최초 착륙예정 비행장까지 비행에 필요한 양
② 표준대기 상태에서 최초 착륙예정 비행장의 450미터의 상공에서 30분간 체공하는 데 필요한 양
③ 최대항속속도로 20분간 더 비행할 수 있는 양
④ 이상사태 발생 시 연료소모가 증가할 것에 대비하기 위한 것으로서 운항기술기준에서 정한 연료의 양

정답  43. ②　44. ③　45. ②　46. ②　47. ②

【문제】48. 항공운송사업용 및 항공기사용사업용 외의 비행기가 야간에 시계비행을 할 경우 최초 착륙예정 비행장까지 비행에 필요한 양에 추가로 실어야 할 연료량은?
① 순항고도로 30분간 더 비행할 수 있는 양
② 순항고도로 45분간 더 비행할 수 있는 양
③ 최대항속속도로 20분간 더 비행할 수 있는 양
④ 최초 착륙예정 비행장의 상공에서 체공속도로 2시간 동안 체공하는 데 필요한 양

【문제】49. 항공운송사업용 및 항공기사용사업용 헬리콥터가 계기비행으로 적당한 교체비행장이 없을 경우, 최초 착륙예정 비행장까지 비행에 필요한 연료에 추가로 실어야 할 연료량은?
① 순항고도로 30분간 더 비행할 수 있는 양
② 순항고도로 45분간 더 비행할 수 있는 양
③ 최대항속속도로 20분간 더 비행할 수 있는 양
④ 최초 착륙예정 비행장의 상공에서 체공속도로 2시간 동안 체공하는 데 필요한 양

【문제】50. 항공기의 예비연료는 무엇에서 정한 연료의 양을 추가해야 하는가?
① 항공기 운영교범  ② 운항규정
③ 운항기술기준  ④ 비행교범

〈해설〉 항공안전법 시행규칙 별표 17(항공기에 실어야 할 연료와 오일의 양). 그 밖에 비행기의 비행성능 등을 고려하여 운항기술기준에서 정한 연료의 양을 추가하여야 한다._56 페이지 참고

【문제】51. 항공기를 야간에 비행시키거나 비행장에 정류 또는 정박시키는 경우에 있어서 "야간"의 의미는?
① 일몰 30분 전부터 일출 30분 후까지
② 일몰 1시간 전부터 일출 1시간 후까지
③ 일몰시부터 일출시까지의 사이
④ 일몰 10분 전부터 일출 10분 후까지

【문제】52. 야간에 항행하는 경우 충돌방지등과 항행등을 켜야 하는 항공기는?
① 모든 항공기
② 항공운송사업용 항공기
③ 최대이륙중량이 5,700kg을 초과하는 항공기
④ 터빈발동기를 장착한 비행기

【문제】53. 항공기를 야간에 사용되는 비행장에 주기 또는 정박시키는 경우 항공기의 위치를 나타내기 위한 항공기 등불은?
① 충돌방지등, 미등  ② 충돌방지등, 우현등, 좌현등
③ 기수등, 우현등, 좌현등  ④ 우현등, 좌현등, 미등

[정답] 48. ②  49. ④  50. ③  51. ③  52. ①  53. ④

【문제】 54. 야간에 조명시설이 없는 비행장에 항공기를 주기 또는 정박시키는 경우, 항공기의 위치를 나타내기 위한 등불은?
① 충돌방지등  ② 항법등  ③ 항행등  ④ 착륙등

【문제】 55. 타 항공기의 업무수행에 장애를 주거나 외부 사람에게 눈부심을 주어 위험을 유발할 수 있는 경우 광도를 조절해야 하는 등은?
① 섬광등  ② 미등  ③ 좌현등  ④ 우현등

【문제】 56. 항행등에 대한 다음 설명 중 틀린 것은?
① 항공기가 야간에 조명시설이 없는 비행장에 주기 또는 정박할 경우 항행등을 이용하여 위치를 나타내야 한다.
② 항공기가 야간에 조명시설이 있는 비행장에 주기 또는 정박할 경우 충돌방지등, 우현등, 좌현등 및 미등을 이용하여 위치를 나타내야 한다.
③ 항공기가 야간에 엔진이 작동 중이거나 이동지역 안에서 이동하는 경우 항행등과 충돌방지등을 이용하여 위치를 나타내야 한다.
④ 항공기가 야간에 공중, 지상 또는 수상을 항행하는 경우 항행등과 충돌방지등을 이용하여 위치를 나타내야 한다.

〈해설〉 항공안전법 시행규칙 제120조(항공기의 등불)
1. 항공기가 야간(해가 진 뒤부터 해가 뜨기 전까지를 말한다)에 공중·지상 또는 수상을 항행하는 경우와 비행장의 이동지역 안에서 이동하거나 엔진이 작동 중인 경우에는 우현등, 좌현등 및 미등("항행등")과 충돌방지등에 의하여 그 항공기의 위치를 나타내야 한다.
2. 항공기를 야간에 사용되는 비행장에 주기(駐機) 또는 정박시키는 경우에는 해당 항공기의 항행등을 이용하여 항공기의 위치를 나타내야 한다. 다만, 비행장에 항공기를 조명하는 시설이 있는 경우에는 그러하지 아니하다.
3. 조종사는 섬광등이 업무를 수행하는 데 장애를 주거나 외부에 있는 사람에게 눈부심을 주어 위험을 유발할 수 있는 경우에는 섬광등을 끄거나 빛의 강도를 줄여야 한다.

【문제】 57. 자가용 조종사가 항공기의 운항업무에 종사하고자 할 때 필요한 최근의 비행경험은?
① 별도로 필요하지 않음
② 90일 이전에 같은 형식의 항공기로 각각 1회 이상의 이착륙 경험
③ 90일 이전에 같은 형식의 항공기로 각각 3회 이상의 이착륙 경험
④ 180일 이전에 같은 형식의 항공기로 각각 3회 이상의 이착륙 경험

【문제】 58. 항공운송사업 또는 항공기사용사업에 사용되는 항공기의 운항업무에 종사하고자 하는 조종사에게 필요한 최근의 비행경험은?
① 90일 이전에 이륙 및 착륙을 각각 6회 이상 행한 비행경험
② 60일 이전에 이륙 및 착륙을 각각 6회 이상 행한 비행경험
③ 90일 이전에 이륙 및 착륙을 각각 3회 이상 행한 비행경험
④ 60일 이전에 이륙 및 착륙을 각각 3회 이상 행한 비행경험

[정답] 54. ③  55. ①  56. ②  57. ①  58. ③

【문제】59. 항공운송사업 또는 항공기사용사업에 사용되는 항공기를 조종하려는 조종사의 최근의 비행경험에 대한 내용으로 틀린 것은?
① 90일 이전에 같은 형식의 항공기에 탑승하여 이륙 및 착륙을 각각 3회 이상 행한 비행경험이 있어야 한다.
② 야간에 운항업무에 종사하고자 하는 경우에는 90일 이전에 같은 형식의 항공기에 탑승하여 야간에 이륙 및 착륙을 각각 1회 이상 행한 비행경험이 있어야 한다.
③ 비행경험을 산정함에 있어서 모의비행훈련장치를 비행경험으로 보지 않는다.
④ 비행경험을 산정함에 있어서 모의비행훈련장치를 비행경험으로 본다.

【문제】60. 항공운송사업에 종사하고자 하는 조종사가 한동안 비행을 못하다가 최근에 지방항공청장의 지정을 받은 모의비행훈련장치로 비행훈련 시 비행경험으로 인정하는 비행시간은?
① 전부 인정한다.
② 1/2만 인정한다.
③ 1/3만 인정한다.
④ 전부 인정하지 않는다.

〈해설〉 항공안전법 시행규칙 제121조(조종사의 최근의 비행경험)
　1. 다음의 어느 하나에 해당하는 조종사는 해당 항공기를 조종하고자 하는 날부터 기산하여 그 이전 90일까지의 사이에 조종하려는 항공기와 같은 형식의 항공기에 탑승하여 이륙 및 착륙을 각각 3회 이상 행한 비행경험이 있어야 한다.
　　가. 항공운송사업 또는 항공기사용사업에 사용되는 항공기를 조종하려는 조종사
　　나. 제126조(국외운항항공기)의 어느 하나에 해당하는 항공기를 소유하거나 운용하는 법인 또는 단체에 고용된 조종사. 다만, 기장 외의 조종사는 이륙 또는 착륙 중 항공기를 조종하고자 하는 경우에만 해당한다.
　2. 조종사가 야간에 운항업무에 종사하고자 하는 경우에는 제1항의 비행경험 중 적어도 야간에 1회의 이륙 및 착륙을 행한 비행경험이 있어야 한다.
　3. 제1항 또는 제2항의 비행경험을 산정하는 경우 지방항공청장이 지정한 모의비행훈련장치를 조작한 경험은 제1항 또는 제2항의 비행경험으로 본다.

【문제】61. 항공운송사업 및 항공기사용사업에 사용되는 항공기의 계기비행에 종사하고자 하는 조종사에게 필요한 최근의 계기비행 경험은?
① 이전 6개월까지의 사이에 6회 이상의 계기접근과 6시간의 계기비행 경험
② 이전 3개월까지의 사이에 6회 이상의 계기접근과 6시간의 계기비행 경험
③ 이전 3개월까지의 사이에 3회 이상의 계기접근과 3시간의 계기비행 경험
④ 이전 6개월까지의 사이에 6회 이상의 계기접근과 9시간의 계기비행 경험

〈해설〉 항공안전법 시행규칙 제124조(계기비행의 경험). 계기비행을 하려는 조종사는 계기비행을 하려는 날부터 계산하여 그 이전 6개월까지의 사이에 6회 이상의 계기접근과 6시간 이상의 계기비행(모의계기비행을 포함)을 한 경험이 있어야 한다.

【문제】62. 조종교육업무에 종사하고자 하는 조종사에게 필요한 조종교육 경험은?
① 이전 1년까지의 사이에 10시간 이상의 조종교육 경험
② 이전 1년까지의 사이에 20시간 이상의 조종교육 경험

정답　59. ③　60. ①　61. ①

③ 이전 6개월까지의 사이에 10시간 이상의 조종교육 경험
④ 이전 6개월까지의 사이에 6시간 이상의 조종교육 경험

〈해설〉 항공안전법 시행규칙 제125조(조종교육 비행경험). 조종교육업무에 종사하려는 조종사는 조종교육을 하려는 날부터 계산하여 그 이전 1년까지의 사이에 10시간 이상의 조종교육을 한 경험이 있어야 한다.

【문제】63. 조종사가 갖추어야 할 비행경험으로 맞는 것은?
① 90일 이내 실제 이착륙만 각각 3회 이상 행한 최근의 비행경험
② 90일 이내 모의비행훈련 1회, 실제 이착륙을 각각 2회 이상 행한 최근의 비행경험
③ 최근 6개월 이내 모의비행훈련장치를 포함한 6회 이상의 계기접근과 6시간 이상의 계기비행 경험
④ 최근 6개월 이내에 10시간 이상의 조종교육 경험

【문제】64. 항공운송업자 및 항공기사용사업자는 소속 운항승무원의 승무시간, 비행근무시간 및 휴식시간에 대한 기록을 몇 개월 이상 보관해야 하는가?
① 6개월　　　　② 12개월　　　　③ 15개월　　　　④ 18개월

〈해설〉 항공안전법 제56조(승무원 등의 피로관리). 항공운송사업자, 항공기사용사업자 또는 국외운항항공기 소유자등은 승무원의 피로를 관리하는 경우에는 승무원의 승무시간등에 대한 기록을 15개월 이상 보관하여야 한다.

【문제】65. 운항승무원(기장 2명, 부기장 1명)의 연속되는 24시간 동안 최대승무시간 및 비행근무시간의 기준은?
① 8시간, 13시간　　　　　　　② 12시간, 15.5시간
③ 13시간, 16.5시간　　　　　④ 16시간, 20시간

【문제】66. 운항승무원 편성이 기장 1명, 기장 외의 조종사가 2명일 때 연속되는 24시간 동안의 최대 승무시간 및 최대 비행근무시간은?
① 8시간, 13시간　　　　　　　② 8시간, 16시간
③ 12시간, 15시간　　　　　　④ 12시간, 16시간

【문제】67. 운항승무원의 연속되는 24시간 동안 최대 승무시간과 최대 비행근무시간의 기준은?
① 기장 2명, 기장 외의 조종사 2명일 때: 최대 승무시간 18시간, 최대 비행근무시간 15.5시간
② 기장 1명, 기장 외의 조종사 1명일 때: 최대 승무시간 12시간, 최대 비행근무시간 13시간
③ 기장 1명, 기장 외의 조종사 2명일 때: 최대 승무시간 13시간, 최대 비행근무시간 15시간
④ 기장 2명, 기장 외의 조종사 1명일 때: 최대 승무시간 13시간, 최대 비행근무시간 16.5시간

【문제】68. 운항승무원이 연속되는 24시간 동안 몇 시간을 초과하여 승무할 경우, 항공기에 휴식시설이 있어야 하는가?
① 8시간　　　　② 12시간　　　　③ 13시간　　　　④ 16시간

정답　62. ①　63. ③　64. ③　65. ③　66. ④　67. ④　68. ②

**【문제】69.** 승무시간(flight time)의 정의로 맞는 것은?
  ① 비행임무를 수행하기 위하여 지정한 장소에 출두한 시각부터 비행을 종료한 후 디브리핑 시각까지의 비행 준비시간, 승무시간, 기내 휴식시간을 포함한 총 시간
  ② 항공기에 탑승한 시간부터 최종적으로 항공기가 정지한 후 항공기에서 내릴 때까지의 총 시간
  ③ 항공기에 탑승한 시간부터 최종적으로 항공기가 정지한 때까지의 총 시간
  ④ 항공기가 최초로 움직이기 시작한 시간부터 최종적으로 항공기가 정지한 때까지의 총 시간

〈해설〉 항공안전법 시행규칙 별표 18(운항승무원의 승무시간등 기준). 운항승무원의 연속 24시간 동안 최대 승무시간·비행근무시간 기준은 다음과 같다.

(단위: 시간)

| 운항승무원 편성 | 최대 승무시간 | 최대 비행근무시간 |
|---|---|---|
| 기장 1명 | 8 | 13 |
| 기장 1명, 기장 외의 조종사 1명 | 8 | 13 |
| 기장 1명, 기장 외의 조종사 1명, 항공기관사 1명 | 12 | 15 |
| 기장 1명, 기장 외의 조종사 2명 | 12 | 16 |
| 기장 2명, 기장 외의 조종사 1명 | 13 | 16.5 |
| 기장 2명, 기장 외의 조종사 2명 | 16 | 20 |
| 기장 2명, 기장 외의 조종사 2명, 항공기관사 2명 | 16 | 20 |

비고
1. "승무시간(Flight Time)"이란 비행기의 경우 이륙을 목적으로 비행기가 최초로 움직이기 시작한 때부터 비행이 종료되어 최종적으로 비행기가 정지한 때까지의 총 시간을 말한다.
2. "비행근무시간(Flight Duty Period)"이란 운항승무원이 1개 구간 또는 연속되는 2개 구간 이상의 비행이 포함된 근무의 시작을 보고한 때부터 마지막 비행이 종료되어 최종적으로 항공기의 발동기가 정지된 때까지의 총 시간을 말한다.
3. 연속되는 24시간 동안 12시간을 초과하여 승무할 경우 항공기에는 휴식시설이 있어야 한다.

**【문제】70.** 운항승무원 편성이 기장 1명, 기장 외의 조종사 2명일 때 연속되는 28일 동안에 제한할 수 있는 최대 승무시간은?
  ① 100시간    ② 120시간    ③ 140시간    ④ 160시간

**【문제】71.** 운항승무원 편성이 기장 1명, 기장 외의 조종사 1명일 때 연속되는 28일 동안의 최대 승무시간은?
  ① 80시간    ② 100시간    ③ 120시간    ④ 150시간

〈해설〉 항공안전법 시행규칙 별표 18(운항승무원의 승무시간등 기준). 운항승무원의 연속되는 28일 및 365일 동안의 최대 승무시간 기준은 다음과 같다.

(단위: 시간)

| 운항승무원 편성 | 연속 28일 | 연속 365일 |
|---|---|---|
| 기장 1명 | 100 | 1,000 |
| 기장 1명, 기장 외의 조종사 1명 | 100 | 1,000 |
| 기장 1명, 기장 외의 조종사 1명, 항공기관사 1명 | 120 | 1,000 |
| 기장 1명, 기장 외의 조종사 2명 | 120 | 1,000 |
| 기장 2명, 기장 외의 조종사 1명 | 120 | 1,000 |
| 기장 2명, 기장 외의 조종사 2명 | 120 | 1,000 |
| 기장 2명, 기장 외의 조종사 2명, 항공기관사 2명 | 120 | 1,000 |

[정답]  69. ④   70. ②   71. ②

【문제】72. 항공안전법에 따른 "주류등"에 포함되지 않는 것은?
① 약물　　　② 주류　　　③ 마약류　　　④ 환각물질

〈해설〉 항공안전법 제57조(주류등의 섭취·사용 제한). "주류등"이란 「주세법」에 따른 주류, 「마약류 관리에 관한 법률」에 따른 마약류(마약·향정신성의약품 및 대마) 또는 「화학물질관리법」에 따른 환각물질 등을 말한다.

【문제】73. 혈중 알코올 농도가 얼마 이상인 경우 비행을 해서는 안되는가?
① 0.2% 이상　　② 0.5% 이상　　③ 0.05% 이상　　④ 0.02% 이상

〈해설〉 항공안전법 제57조(주류등의 섭취·사용 제한). 주류등의 영향으로 항공업무 또는 객실승무원의 업무를 정상적으로 수행할 수 없는 상태의 기준은 다음과 같다.
1. 주정성분이 있는 음료의 섭취로 혈중 알코올 농도가 0.02% 이상인 경우
2. 「마약류 관리에 관한 법률」 제2조제1호에 따른 마약류를 사용한 경우
3. 「화학물질관리법」 제22조제1항에 따른 환각물질을 사용한 경우

【문제】74. 소속 공무원으로 하여금 조종사의 음주 여부를 측정하도록 할 수 있는 사람은?
① 항공안전본부장
② 항공교통본부장
③ 한국교통안전공단 이사장
④ 지방항공청장

【문제】75. 소속 공무원으로 하여금 항공종사자에 대해 음주 여부를 측정하도록 지시할 수 있는 사람은?
① 국토교통부장관, 지방항공청장
② 국토교통부장관, 항공교통본부장
③ 지방항공청장, 공항관리운영기관
④ 지방항공청장, 한국교통안전공단 이사장

【문제】76. 항공종사자 및 객실승무원의 주류등의 섭취 또는 사용 여부를 적발하였을 때, 그 적발보고서를 작성하거나 보고받는 대상이 아닌 자는?
① 국토교통부장관
② 지방항공청장
③ 항공전문의사
④ 국토교통부 소속 공무원

【문제】77. 주류등의 섭취 및 사용 제한에 대한 다음 설명 중 옳지 않은 것은?
① 주정성분이 있는 음료의 섭취로 혈중 알코올 농도가 0.02% 이상인 경우 항공업무에 종사해서는 안 된다.
② 항공종사자 및 객실승무원은 마약류를 복용한 경우에는 항공업무에 종사해서는 안 된다.
③ 약물을 복용한 경우 항공업무를 정상적으로 수행할 수 없는 상태에서는 항공업무에 종사해서는 안 된다.
④ 국토교통부장관, 지방항공청장 또는 항공교통본부장은 소속 공무원으로 하여금 항공종사자 및 객실승무원의 주류등의 섭취 또는 사용 사실을 측정하게 할 수 있다.

〈해설〉 항공안전법 시행규칙 제129조(주류등의 종류 및 측정 등)
1. 국토교통부장관 또는 지방항공청장은 소속 공무원으로 하여금 항공종사자 및 객실승무원의 주류등의 섭취 또는 사용 여부를 측정하게 할 수 있다.

정답　72. ①　73. ④　74. ④　75. ①　76. ③　77. ④

2. 주류등의 섭취 또는 사용 여부를 적발한 소속 공무원은 주류등 섭취 또는 사용 적발보고서를 작성하여 국토교통부장관 또는 지방항공청장에게 보고하여야 한다.

## Ⅶ. 항공기의 운항 2

**【문제】1.** 항공기사고 또는 항공기준사고를 발생시킨 기장은 언제까지 국토교통부장관에게 그 사실을 보고하여야 하는가?

① 즉시
② 24시간 이내
③ 48시간 이내
④ 72시간 이내

〈해설〉 항공안전법 시행규칙 제134조(항공안전 의무보고의 절차 등). 항공기사고 또는 항공기준사고를 발생시켰거나 발생한 것을 알게 된 항공종사자 등 관계인은 즉시 항공안전 의무보고서 또는 국토교통부장관이 정하여 고시하는 전자적인 보고방법에 따라 국토교통부장관 또는 지방항공청장에게 보고해야 한다.

**【문제】2.** 항공안전위해요인이 발생한 것을 알게 되거나 발생이 의심되는 경우에는?

① 국토교통부장관에게 그 사실을 보고할 수 있다.
② 72시간 이내에 국토교통부장관에게 그 사실을 보고하여야 한다.
③ 7일 이내에 국토교통부장관에게 그 사실을 보고하여야 한다.
④ 10일 이내에 국토교통부장관에게 그 사실을 보고하여야 한다.

**【문제】3.** 항공안전 자율보고에서 공개를 금지하는 것은?

① 사건 발생장소
② 사건 발생일시
③ 접수한 내용
④ 사건 발생경위 및 원인

〈해설〉 항공안전법 제61조(항공안전 자율보고)
1. 누구든지 의무보고 대상 항공안전장애 외의 항공안전장애("자율보고대상 항공안전장애")를 발생시켰거나 발생한 것을 알게 된 경우 또는 항공안전위해요인이 발생한 것을 알게 되거나 발생이 의심되는 경우에는 국토교통부령으로 정하는 바에 따라 그 사실을 국토교통부장관에게 보고할 수 있다.
2. 국토교통부장관은 항공안전 자율보고를 통하여 접수한 내용을 이 법에 따른 경우를 제외하고는 제3자에게 제공하거나 일반에게 공개해서는 아니 된다.

**【문제】4.** 자율보고대상 항공안전장애 또는 항공안전위해요인을 발생시킨 사람이 발생일로부터 며칠 이내에 국토교통부장관에게 그 사실을 보고한 경우 처분을 하지 않을 수 있는가?

① 7일
② 10일
③ 15일
④ 20일

〈해설〉 항공안전법 제61조(항공안전 자율보고). 국토교통부장관은 자율보고대상 항공안전장애 또는 항공안전위해요인을 발생시킨 사람이 그 발생일부터 10일 이내에 항공안전 자율보고를 한 경우에는 고의 또는 중대한 과실로 발생시킨 경우에 해당하지 아니하면 이 법 및 「공항시설법」에 따른 처분을 하여서는 아니 된다.

**【문제】5.** 항공안전위해요인은 누구에게 보고해야 하는가?

① 항공안전본부장
② 지방항공청장
③ 한국교통안전공단 이사장
④ 항공교통본부장

**정답** 1. ① 2. ① 3. ③ 4. ② 5. ③

【문제】6. 항공안전위해요인을 발생시킨 경우 발생일로부터 10일 이내에 누구에게 보고를 해야 자격증명의 효력정지 또는 취소처분을 면할 수 있는가?
① 항공안전위원회
② 지방항공청장
③ 한국교통안전공단 이사장
④ 항공교통본부장

〈해설〉 항공안전법 시행규칙 제135조(항공안전 자율보고의 절차 등). 항공안전 자율보고를 하려는 사람은 항공안전 자율보고서 또는 국토교통부장관이 정하여 고시하는 전자적인 보고방법에 따라 한국교통안전공단의 이사장에게 보고할 수 있다.

【문제】7. 항공기 기장의 직무와 권한에 대한 설명 중 틀린 것은?
① 그 항공기의 승무원을 지휘, 감독한다.
② 항공기에 있는 여객에게 안전에 관하여 필요한 사항을 명할 수 있다.
③ 규정에 의한 사고가 발생한 때에는 국토교통부장관에게 보고하여야 한다.
④ 항공기 내에서 발생한 범죄에 대하여 사법권을 갖는다.

【문제】8. 기장의 책임 및 권한에 대한 설명 중 틀린 것은?
① 항공기에 있는 여객에게 피난방법과 그 밖의 안전에 관하여 필요한 사항을 명할 수 있다.
② 운항 중 항공기에 위난이 발생하였을 때에는 가장 나중에 항공기를 떠나야 한다.
③ 항공기의 운항에 필요한 준비가 끝난 것을 확인하고 항공기를 출발시켜야 한다.
④ 무선설비로 들은 다른 항공기의 사고내용을 국토교통부장관에게 보고하여야 한다.

【문제】9. 기장의 책임 및 권한에 대한 설명 중 틀린 것은?
① 항공기나 여객에 위난이 발생할 우려가 있다고 인정될 때에는 항공기에 있는 여객에게 피난방법과 그 밖의 안전에 관하여 필요한 사항을 명할 수 있다.
② 무선설비로 들은 다른 항공기에서 항공기사고가 발생한 것을 알았을 때에는 그 사실을 국토교통부장관에게 보고하여야 한다.
③ 국토교통부령으로 정하는 바에 따라 항공기의 운항에 필요한 준비가 끝난 것을 확인하고 항공기를 출발시켜야 한다.
④ 운항 중 항공기에 위난이 발생하였을 때에는 지상이나 수상에 있는 사람이나 물건에 대한 위난방지에 필요한 수단을 마련하여야 한다.

【문제】10. 항공기에 관한 사고가 발생한 때에 기장이 보고하지 않아도 되는 경우는?
① 항공기에 의한 사람의 사망, 중상 또는 행방불명
② 항공기의 파손 또는 구조적 손상
③ 항공기의 위치를 확인할 수 없거나 항공기에 접근이 불가능한 경우
④ 무선설비로 다른 항공기의 추락, 충돌 또는 화재 사실을 알았을 때

〈해설〉 항공안전법 제62조(기장의 권한 등)
   1. 항공기의 운항 안전에 대하여 책임을 지는 사람("기장")은 그 항공기의 승무원을 지휘·감독한다.

[정답] 6. ③   7. ④   8. ④   9. ②   10. ④

2. 기장은 항공기나 여객에 위난(危難)이 발생하였거나 발생할 우려가 있다고 인정될 때에는 항공기에 있는 여객에게 피난방법과 그 밖에 안전에 관하여 필요한 사항을 명할 수 있다.
3. 기장은 운항 중 그 항공기에 위난이 발생하였을 때에는 여객을 구조하고, 지상 또는 수상(水上)에 있는 사람이나 물건에 대한 위난 방지에 필요한 수단을 마련하여야 하며, 여객과 그 밖에 항공기에 있는 사람을 그 항공기에서 나가게 한 후가 아니면 항공기를 떠나서는 아니 된다.
4. 기장은 다른 항공기에서 항공기사고, 항공기준사고 또는 의무보고 대상 항공안전장애가 발생한 것을 알았을 때에는 국토교통부령으로 정하는 바에 따라 국토교통부장관에게 그 사실을 보고하여야 한다. 다만, 무선설비를 통하여 그 사실을 안 경우에는 그러하지 아니하다.

【문제】11. 항공기를 출발시키기 전에 기장이 확인 및 점검해야 할 사항이 아닌 것은?
① 항공일지 및 정비에 관한 기록
② 연료 및 오일의 탑재량과 그 품질
③ 해당 항공기의 정밀 계기점검
④ 위험물을 포함한 적재물의 적절한 분배 여부 및 안정성

【문제】12. 항공기 출발 전 기장이 확인하여야 할 사항이 아닌 것은?
① 의무무선설비 및 항공계기등의 장착
② 해당 항공기와 그 장비품의 정비 상태 및 그 품질
③ 위험물을 포함한 적재물의 적절한 분배 여부
④ 운항에 필요한 기상정보 및 항공정보

【문제】13. 기장이 항공기 출발 전 확인하여야 할 사항이 아닌 것은?
① 발동기의 지상 시운전 점검
② 이륙중량, 착륙중량, 중심위치 및 중량분포
③ 위험물을 포함한 적재물의 안정성
④ 승무원과 승객의 명단

〈해설〉 항공안전법 시행규칙 제136조(출발 전의 확인). 항공기 출발 전에 기장이 확인하여야 할 사항은 다음과 같다.
1. 해당 항공기의 감항성 및 등록 여부와 감항증명서 및 등록증명서의 탑재
2. 해당 항공기의 운항을 고려한 이륙중량, 착륙중량, 중심위치 및 중량분포
3. 예상되는 비행조건을 고려한 의무무선설비 및 항공계기등의 장착
4. 해당 항공기의 운항에 필요한 기상정보 및 항공정보
5. 연료 및 오일의 탑재량과 그 품질
6. 위험물을 포함한 적재물의 적절한 분배 여부 및 안정성
7. 해당 항공기와 그 장비품의 정비 및 정비 결과
 가. 항공일지 및 정비에 관한 기록의 점검
 나. 항공기의 외부 점검
 다. 발동기의 지상 시운전 점검
 라. 그 밖에 항공기의 작동사항 점검
8. 그 밖에 항공기의 안전 운항을 위하여 국토교통부장관이 필요하다고 인정하여 고시하는 사항

정답  11. ③   12. ②   13. ④

【문제】 14. 기장은 항공기에 사고 또는 준사고가 발생한 경우 누구에게 그 사실을 보고하여야 하며, 만약 기장이 보고할 수 없는 경우에는 누가 보고하여야 하는가?
① 국토교통부장관, 항공사의 운항관리사
② 국토교통부장관, 항공기의 소유자
③ 한국교통안전공단 이사장, 항공사의 운항관리사
④ 한국교통안전공단 이사장, 항공기의 소유자

〈해설〉 항공안전법 제62조(기장의 권한 등). 기장은 항공기사고, 항공기준사고 또는 의무보고 대상 항공안전장애가 발생하였을 때에는 국토교통부령으로 정하는 바에 따라 국토교통부장관에게 그 사실을 보고하여야 한다. 다만, 기장이 보고할 수 없는 경우에는 그 항공기의 소유자등이 보고를 하여야 한다.

【문제】 15. 항공운송사업에 사용되는 항공기 기장의 운항자격 인정을 위한 국토교통부장관의 심사항목은?
① 경험 및 기량  ② 경험 및 항로  ③ 지식 및 경험  ④ 지식 및 기량

【문제】 16. 항공운송사업에 사용되는 항공기의 기장 외의 조종사가 운항자격 인정을 받기 위한 심사항목은?
① 기량  ② 지식  ③ 경험  ④ 조종기술

【문제】 17. 항공운송사업에 사용되는 항공기의 기장은 (  ) 및 (  )에 관하여, 기장 외의 조종사는 (  )에 관하여 국토교통부장관의 자격인정을 받아야 한다. (  ) 안에 맞는 것은?
① 지식, 기량, 기량
② 지식, 기량, 지식
③ 지식, 경험, 지식
④ 지식, 경험, 경험

〈해설〉 항공안전법 제63조(기장 등의 운항자격). 다음의 어느 하나에 해당하는 항공기의 기장은 지식 및 기량에 관하여, 기장 외의 조종사는 기량에 관하여 국토교통부장관의 자격인정을 받아야 한다.
  1. 항공운송사업에 사용되는 항공기
  2. 항공기사용사업에 사용되는 항공기 중 국토교통부령으로 정하는 업무에 사용되는 항공기
  3. 국외운항항공기

【문제】 18. 항공운송사업에 사용되는 항공기 기장의 운항자격 인정을 위한 지식요건에 해당하지 않는 것은?
① 지형 및 최저안전고도  ② 수색 및 구조절차
③ 도착지의 연료 재보급 체계  ④ 계절별 기상특성

〈해설〉 항공안전법 시행규칙 제138조(기장의 운항자격인정을 위한 지식 요건)_63 페이지 참고

【문제】 19. 항공운송사업에 사용되는 항공기 조종사의 운항자격 인정 중 기량요건은?
① 정상 상태 및 비정상 상태에서의 조종기술
② 정상 상태 및 비정상 상태에서의 절차 수행능력
③ 정상 상태에서의 조종기술과 비정상 상태에서의 조종기술 및 비상절차 수행능력
④ 정상 상태에서의 조종기술 및 절차 수행능력과 비정상 상태에서의 조종기술

정답  14. ②  15. ④  16. ①  17. ①  18. ③  19. ③

〈해설〉 항공안전법 시행규칙 제139조(기장 등의 운항자격인정을 위한 기량요건). 항공운송사업에 사용되는 항공기의 기장 또는 기장 외의 조종사는 운항하려는 지역, 노선 및 공항에 대해 해당 형식의 항공기에 대한 정상 상태에서의 조종기술과 비정상 상태에서의 조종기술 및 비상절차 수행능력이 있어야 한다.

【문제】 20. 조종사의 운항자격 인정을 받고자 하는 사람은 누구에게 신청서를 제출하여야 하는가?
① 국토교통부장관
② 항공교통센터장
③ 한국교통안전공단 이사장
④ 위촉심사관

〈해설〉 항공안전법 시행규칙 제140조(기장 등의 운항자격 인정 및 심사 신청). 기장 또는 기장 외의 조종사의 운항자격 인정을 받으려는 사람은 조종사 운항자격 인정(심사) 신청서에 비행경력증명서를 첨부하여 국토교통부장관 또는 지방항공청장에게 제출하여야 한다.

【문제】 21. 기장 등의 기량유지에 관한 심사 시 정상 상태에서의 조종기술에 대한 정기심사 횟수는?
① 매년 1회 이상
② 매년 2회 이상
③ 매년 3회 이상
④ 2년마다 1회 이상

【문제】 22. 2개 이상의 기종을 조종하는 조종사의 운항자격 정기심사의 실시 시기는?
① 기종별 6개월에 1회 실시
② 기종별 매년 1회 실시
③ 기종별 전후반기 1회 실시
④ 기종별 격년제로 실시

〈해설〉 항공안전법 시행규칙 제143조(기장 등의 운항자격의 정기심사)
1. 국토교통부장관은 항공운송사업에 사용되는 항공기의 기장 또는 기장 외의 조종사에 대해 다음의 구분에 따라 정기심사를 실시한다.
   가. 정상 상태에서의 조종기술 : 매년 1회 이상 국토교통부장관이 정하는 방법에 따른 심사
   나. 비정상 상태에서의 조종기술 및 비상절차 수행능력 : 매년 2회 이상 국토교통부장관이 정하는 방법에 따른 심사
2. 다음에 해당하는 조종사에 대한 심사는 각각 매년 1회 이상 국토교통부장관이 정하는 방법에 따라 실시한다. 다만, 2개 이상의 기종을 조종하는 조종사인 경우에는 기종별 격년으로 심사한다.
   가. 「항공사업법」 제10조에 따른 소형항공운송사업에 사용되는 항공기를 조종하는 조종사
   나. 제137조에 따른 업무를 하는 항공기사용사업에 사용되는 항공기를 조종하는 조종사

【문제】 23. 기장 등의 운항자격의 수시심사 대상이 아닌 것은?
① 항공기사고 또는 비정상운항을 발생시킨 조종사
② 항공관련법규 위반으로 처분을 받은 조종사
③ 항공기의 성능, 장비에 중요한 변경이 있는 경우 해당 항공기를 운항하는 조종사
④ 3개월 이상 비행업무에 종사하지 아니한 조종사

〈해설〉 항공안전법 시행규칙 제144조(기장 등의 운항자격의 수시심사). 국토교통부장관은 다음의 어느 하나에 해당하는 기장 또는 기장 외의 조종사에 대해서는 수시로 지식 또는 기량의 유무를 심사할 수 있다.
1. 항공기사고 또는 비정상운항을 발생시킨 기장 또는 기장 외의 조종사
2. 기장의 운항자격인정을 위한 지식요건의 사항에 중요한 변경이 있는 지역, 노선 및 공항을 운항하는 기장 또는 기장 외의 조종사

정답  20. ①   21. ①   22. ④   23. ④

3. 항공기의 성능·장비 또는 항법에 중요한 변경이 있는 경우 해당 항공기를 운항하는 기장 또는 기장 외의 조종사
4. 6개월 이상 운항업무에 종사하지 아니한 기장 또는 기장 외의 조종사
5. 항공 관련 법규 위반으로 처분을 받은 기장 또는 기장 외의 조종사
6. 항공기의 이륙·착륙에 특별한 주의가 필요한 공항으로서 국토교통부장관이 지정한 공항에 운항하는 기장 또는 기장 외의 조종사
7. 해당 운항자격 경력이 1년 미만인 기장 또는 기장 외의 조종사
8. 새로운 공항을 운항한 지 6개월이 지나지 아니한 기장 또는 기장 외의 조종사
9. 취항 중인 공항에 항공기 형식을 변경하여 운항한 지 6개월이 지나지 아니한 기장 또는 기장 외의 조종사

【문제】 24. 신규로 개설되는 노선을 운항하려는 기장이 해당 형식 항공기의 기장으로서 비행한 시간이 얼마 이상인 경우, 운항자격 인정 심사 시 경험요건을 면제할 수 있는가?
① 500시간    ② 800시간    ③ 1,000시간    ④ 1,200시간

【문제】 25. 신규로 개설되는 노선을 운항하려는 기장이 운항자격 인정을 위한 심사 시 경험요건에 관한 심사를 면제 받을 수 있는 경우는?
① 운항하려는 지역, 공항 및 노선에 대한 시각장비 또는 비행장 도면이 포함된 운항절차에 대한 교육을 받고 위촉심사관으로부터 확인을 받은 경우
② 위촉심사관으로서 비행시간이 1,200시간 이상인 경우
③ 운항하려는 해당 형식 항공기의 기장으로서 비행시간이 1,200시간 이상인 경우
④ 위촉심사관 또는 운항하려는 해당 형식 항공기의 기장으로서 비행시간이 1,200시간 이상인 경우

【문제】 26. 신규로 개설되는 노선을 운항하려는 기장의 운항자격 인정을 위한 경험요건을 면제할 수 있는 경우로 잘못된 것은?
① 운항하려는 지역, 노선 및 공항에 대한 비행장 도면이 포함된 운항절차에 대한 교육을 받고 위촉심사관으로부터 확인을 받은 경우
② 운항하려는 해당 형식 항공기의 기장으로서 비행한 시간이 1,000시간 이상인 경우
③ 항공운송사업에 사용되는 항공기의 조종사로서 비행한 시간이 1,200시간 이상인 경우
④ 위촉심사관으로서 비행한 시간이 1,000시간 이상인 경우

〈해설〉 항공안전법 시행규칙 제156조(기장의 경험요건의 면제). 국토교통부장관 또는 지방항공청장은 신규로 개설되는 노선을 운항하려는 기장이 다음의 어느 하나에 해당하는 경우에는 경험요건을 면제할 수 있다.
1. 운항하려는 지역, 노선 및 공항에 대한 시각장비 또는 비행장 도면이 포함된 운항절차에 대한 교육을 받고 위촉심사관등으로부터 확인을 받은 경우
2. 위촉심사관 또는 운항하려는 해당 형식 항공기의 기장으로서 비행한 시간이 1천시간 이상인 경우

【문제】 27. 운항관리사를 두어야 하는 경우는?
① 항공운송사업에 사용되는 5,700kg을 초과하는 항공기를 국내에 운항하는 경우
② 항공운송사업 항공기를 운항하는 경우

정답  24. ③   25. ①   26. ③

③ 국내 정기편 운항을 하는 항공운송사업 항공기를 운항하는 경우
④ 항공운송사업 항공기와 국외운항 항공기를 운항하려는 경우

**【문제】28.** 기장이 비행계획을 변경하려고 하는 경우에는 누구에게 승인을 받아야 하는가?
① 국토교통부장관　　　　　　　　② 항공안전본부장
③ 지방항공청장　　　　　　　　　④ 운항관리사

〈해설〉 항공안전법 제65조(운항관리사)
　1. 항공운송사업자와 국외운항항공기 소유자등은 국토교통부령으로 정하는 바에 따라 운항관리사를 두어야 한다.
　2. 운항관리사를 두어야 하는 자가 운항하는 항공기의 기장은 그 항공기를 출발시키거나 비행계획을 변경하려는 경우에는 운항관리사의 승인을 받아야 한다.

**【문제】29.** 다음 중 비행장 이외의 지역에서 이착륙이 가능한 항공기는?
① 헬리콥터　　② 활공기　　③ 자이로플레인　　④ 항공우주선

〈해설〉 항공안전법 제66조(항공기 이륙·착륙의 장소). 누구든지 항공기(활공기와 비행선은 제외)를 비행장이 아닌 곳에서 이륙하거나 착륙하여서는 아니 된다.

**【문제】30.** 비행장이 아닌 곳에서 비상상황이 발생하여 신속하게 착륙하여야 하는 경우 누구의 허가를 받아야 하는가?
① 대통령　　　　　　　　　　　② 국토교통부장관
③ 지방항공청장　　　　　　　　④ 해당 지역 시도지사

〈해설〉 항공안전법 시행령 제9조(항공기 이륙·착륙 장소 외에서의 이륙·착륙 허가등). 안전과 관련한 비상상황 등 불가피한 사유가 있는 경우 비행장이 아닌 곳에서 착륙의 허가를 받으려는 자는 무선통신 등을 사용하여 국토교통부장관에게 착륙 허가를 신청하여야 한다.

**【문제】31.** 비행장 외의 장소에서의 이착륙 허가신청서는 누구에게 제출하여야 하는가?
① 국토교통부장관　　　　　　　② 해당 시도지사
③ 교통안전공단 이사장　　　　　④ 항공교통관제기관

〈해설〉 항공안전법 시행규칙 제160조(이륙·착륙 장소 외에서의 이륙·착륙 허가신청). 국토교통부장관 또는 지방항공청장의 허가를 받으려는 자는 이륙·착륙 장소 외에서의 이륙·착륙 허가 신청서에 서류를 첨부하여 국토교통부장관 또는 지방항공청장에게 제출하여야 한다.

**【문제】32.** 기장이 준수해야 할 비행규칙에 대한 설명 중 틀린 것은?
① 기장은 법 제67조에 따른 비행규칙에 따라 비행하여야 한다. 다만, 안전을 위하여 불가피한 경우에는 그러하지 아니하다.
② 기장은 인명이나 재산에 피해가 발생하지 아니하도록 주의하여 비행하여야 한다.
③ 기장은 비행을 하기 전에 현재의 기상관측보고, 기상예보, 소요 연료량, 대체 비행경로 및 그 밖에 비행에 필요한 정보를 숙지하여야 한다.

---

정답　27. ④　28. ④　29. ②　30. ②　31. ①

④ 기장은 다른 항공기 또는 그 밖의 물체와 충돌하지 아니하도록 비행하여야 하며, 공중충돌경고장치의 회피지시가 발생한 경우에는 기장의 판단에 따라 회피기동을 하는 등 충돌을 예방하기 위한 조치를 하여야 한다.

〈해설〉 항공안전법 시행규칙 제161조(비행규칙의 준수 등)
 1. 기장은 법 제67조(항공기의 비행규칙)에 따른 비행규칙에 따라 비행하여야 한다. 다만, 안전을 위하여 불가피한 경우에는 그러하지 아니하다.
 2. 기장은 비행을 하기 전에 현재의 기상관측보고, 기상예보, 소요 연료량, 대체 비행경로 및 그 밖에 비행에 필요한 정보를 숙지하여야 한다.
 3. 기장은 인명이나 재산에 피해가 발생하지 아니하도록 주의하여 비행하여야 한다.
 4. 기장은 다른 항공기 또는 그 밖의 물체와 충돌하지 아니하도록 비행하여야 하며, 공중충돌경고장치의 회피지시가 발생한 경우에는 그 지시에 따라 회피기동을 하는 등 충돌을 예방하기 위한 조치를 하여야 한다.

【문제】33. 비행장 안의 이동지역에서 항공기의 지상이동 시 준수하여야 할 사항으로 맞지 않는 것은?
① 정면 또는 이와 유사하게 접근하는 항공기 상호간에는 각각 오른쪽으로 진로를 바꿀 것
② 교차하거나 이와 유사하게 접근하는 항공기 상호간에는 다른 항공기를 우측으로 보는 항공기가 진로를 양보할 것
③ 추월하는 항공기는 다른 항공기의 통행에 지장을 주지 아니하도록 충분한 분리간격을 유지할 것
④ 기동지역에서 지상이동하는 항공기는 정지선등이 꺼져 있는 경우에는 정지·대기하고, 정지선등이 켜질 때에 이동할 것

〈해설〉 항공안전법 시행규칙 제162조(항공기의 지상이동). 비행장 안의 이동지역에서 이동하는 항공기는 충돌예방을 위하여 다음의 기준에 따라야 한다.
 1. 정면 또는 이와 유사하게 접근하는 항공기 상호간에는 모두 정지하거나 가능한 경우에는 충분한 간격이 유지되도록 각각 오른쪽으로 진로를 바꿀 것
 2. 교차하거나 이와 유사하게 접근하는 항공기 상호간에는 다른 항공기를 우측으로 보는 항공기가 진로를 양보할 것
 3. 앞지르기(추월)하는 항공기는 다른 항공기의 통행에 지장을 주지 않도록 충분한 분리 간격을 유지할 것
 4. 기동지역에서 지상이동하는 항공기는 관제탑의 지시가 없는 경우에는 활주로진입전대기지점에서 정지·대기할 것
 5. 기동지역에서 지상이동하는 항공기는 정지선등이 켜져 있는 경우에는 정지·대기하고, 정지선등이 꺼질 때에 이동할 것

【문제】34. 터빈발동기를 장착한 항공기는 이륙 후 어느 고도까지 신속히 상승하여야 하는가?
① 300ft    ② 450ft    ③ 450m    ④ 1,500m

【문제】35. 비행장 또는 그 주변에서의 비행 방법 중 틀린 것은?
① 터빈발동기를 장착한 이륙항공기는 지표 또는 수면으로부터 1,450m의 고도까지 가능한 한 신속히 상승할 것
② 해당 비행장을 관할하는 항공교통관제기관과 무선통신을 유지할 것

정답  32. ④   33. ④   34. ③

③ 다른 항공기 다음에 이륙하려는 항공기는 그 다른 항공기가 이륙하여 활주로의 종단을 통과하기 전에는 이륙을 위한 활주를 시작하지 말 것
④ 착륙하기 위하여 접근하거나 이륙 중 선회가 필요할 경우에는 달리 지시를 받은 경우를 제외하고는 좌선회할 것

【문제】36. 비행장 또는 그 주변에서의 비행기준으로 틀린 것은?
① 다른 항공기 다음에 이륙하려는 항공기는 그 다른 항공기가 이륙하여 활주로 종단을 통과하기 전에는 이륙을 위한 활주를 시작하지 말 것
② 다른 항공기 다음에 착륙하려는 항공기는 그 다른 항공기가 착륙하여 활주로 밖으로 나가기 전에는 착륙하기 위해 그 활주로 시단을 통과하지 말 것
③ 이륙하는 다른 항공기 다음에 착륙하려는 항공기는 그 다른 항공기가 이륙하여 활주로 종단을 통과하기 전에는 착륙하기 위해 그 활주로 시단을 통과하지 말 것
④ 착륙하는 다른 항공기 다음에 이륙하려는 항공기는 그 다른 항공기가 착륙하여 활주로진입전 대기지점을 나가기 전에는 이륙을 위한 활주를 시작하지 말 것

〈해설〉 항공안전법 시행규칙 제163조(비행장 또는 그 주변에서의 비행)_65 페이지 참고

【문제】37. 180°~359° heading으로 29,000ft 이상의 수직분리축소공역에서 계기비행 시 비행할 수 있는 최저순항고도는?
① FL290　　　　② FL300　　　　③ FL310　　　　④ FL320

〈해설〉 항공안전법 시행규칙 제164조(순항고도). FL290 이상 FL410 이하의 고도에서 1,000ft의 수직분리 최저치가 적용되는 수직분리축소공역(RVSM)에서의 순항고도는 다음과 같다.

| 비행방향 | 비행방식 | 순항고도(29,000ft 이상) |
|---|---|---|
| 000°에서 179°까지 | 계기비행 | FL290, FL310, FL330, FL350, FL370, FL390 |
| 180°에서 359°까지 | 계기비행 | FL300, FL320, FL340, FL360, FL380, FL400 |

【문제】38. 29,000ft 미만의 고도에서 040°로 시계비행 중일 때의 비행고도로 맞는 것은?
① 10,500ft　　　② 11,000ft　　　③ 11,500ft　　　④ 12,000ft

【문제】39. RVSM 이외의 공역에서 자방위 150°로 계기비행 시 일반적인 순항고도는?
① 26,500ft　　　② 27,500ft　　　③ 31,000ft　　　④ 33,000ft

【문제】40. 29,000ft 미만의 고도에서 계기비행 항공기가 170°로 비행 시 순항고도는?
① 6,000ft　　　② 5,500ft　　　③ 3,100ft　　　④ 3,000ft

【문제】41. 29,000ft 이상의 고도에서 자방위 270°로 계기비행하는 항공기가 유지해야 할 고도는?
① 29,000ft, 33,000ft, 37,000ft　　　② 31,000ft, 35,000ft, 39,000ft
③ 33,000ft, 37,000ft, 41,000ft　　　④ 31,500ft, 35,500ft, 39,500ft

정답　35. ①　36. ④　37. ②　38. ③　39. ④　40. ④　41. ②

【문제】 42. 고도 29,000ft 이상에서 270° 방향으로 계기비행 시 비행할 수 있는 가장 낮은 고도는?
① 29,000ft     ② 30,000ft     ③ 31,000ft     ④ 41,000ft

【문제】 43. 고도 29,000ft 이상에서 서쪽에서 동쪽으로 계기비행 시 순항고도는?
① 29,000ft     ② 30,000ft     ③ 31,000ft     ④ 32,000ft

〈해설〉 항공안전법 시행규칙 제164조(순항고도). 일반적으로 사용되는 순항고도는 다음과 같다.

| 비행방향 | 비행방식 | 순항고도 | |
|---|---|---|---|
| | | 29,000ft 미만 | 29,000ft 이상 |
| 000°에서 179°까지 | 계기비행 | 1,000ft의 홀수배 (예: 1,000ft, 3,000ft, 5,000ft …) | 29,000ft 또는 29,000ft+4,000ft의 배수 (예: 29,000ft, 33,000ft, 37,000ft …) |
| | 시계비행 | 1,000ft의 홀수배+500ft (예: 3,500ft, 5,500ft, 7,500ft …) | 30,000ft 또는 30,000ft+4,000ft의 배수 (예: 30,000ft, 34,000ft, 38,000ft …) |
| 180°에서 359°까지 | 계기비행 | 1,000ft의 짝수배 (예: 2,000ft, 4,000ft, 6,000ft …) | 31,000ft 또는 31,000ft+4,000ft의 배수 (예: 31,000ft, 35,000ft, 39,000ft …) |
| | 시계비행 | 1,000ft의 짝수배+500ft (예: 4,500ft, 6,500ft, 8,500ft …) | 32,000ft 또는 32,000ft+4,000ft의 배수 (예: 32,000ft, 36,000ft, 40,000ft …) |

【문제】 44. 전이고도 이하의 고도로 비행하는 경우, 기압고도계는 어떻게 수정해야 하는가?
① QNH로 수정     ② QNE로 수정     ③ QNF로 수정     ④ QFE로 수정

【문제】 45. 전이고도 이하의 고도로 비행하는 경우 표준기압의 setting 방법으로 맞는 것은?
① 185마일 이내의 비행정보업무기관에서 알려주는 QNH로 set
② 185마일 이내의 항공교통관제기관에서 알려주는 QNH로 set
③ 185킬로미터 이내의 비행정보업무기관에서 알려주는 QNH로 set
④ 185킬로미터 이내의 항공교통관제기관에서 알려주는 QNH로 set

【문제】 46. 전이고도를 초과한 고도로 비행하는 경우 기압고도계의 수정은?
① 항공교통관제기관으로부터 통보받은 QNH로 수정
② 비행정보기관으로부터 받은 최신 QNH로 수정
③ 표준기압치 1013.2 hPa로 수정
④ QFE로 수정

【문제】 47. 기압고도계의 수정에 대한 설명으로 틀린 것은?
① 전이고도를 초과하는 고도로 비행하는 경우에는 표준기압치로 수정
② 전이고도를 초과하는 고도로 비행하는 경우에는 1,013.2헥토파스칼로 수정
③ 전이고도 이하로 비행하는 경우 185km 이내에 항공교통관제기관이 없을 때에는 비행정보기관 등으로부터 통보받은 최신 QNH로 수정
④ 기압고도계는 전이고도 이상에서 수정없이 유지

〈해설〉 항공안전법 시행규칙 제165조(기압고도계의 수정). 항공기의 기압고도계는 다음의 기준에 따라 수정해야 한다.

정답  42. ③   43. ①   44. ①   45. ④   46. ③   47. ④

| 구 분 | 기압고도계 수정 |
|---|---|
| 1. 전이고도 이하의 고도로 비행하는 경우 | 비행로를 따라 185km(100해리) 이내에 있는 항공교통관제기관으로부터 통보받은 QNH[185km(100해리) 이내에 항공교통관제기관이 없는 경우에는 비행정보기관 등으로부터 받은 최신 QNH]로 수정 |
| 2. 전이고도를 초과한 고도로 비행하는 경우 | 표준기압치(1,013.2 헥토파스칼)로 수정 |

【문제】48. 교차하거나 그와 유사하게 접근하는 항공기 상호간에 있어서 통행의 우선순위는?
① 비행기 - 비행선 - 활공기 - 기구류
② 비행기 - 비행선 - 기구류 - 활공기
③ 기구류 - 활공기 - 비행선 - 비행기
④ 활공기 - 기구류 - 비행선 - 비행기

【문제】49. 교차하거나 그와 유사하게 접근하는 고도의 항공기 상호간에 있어서 진로양보는?
① 다른 항공기를 상방으로 보는 항공기가 진로를 양보한다.
② 다른 항공기를 하방으로 보는 항공기가 진로를 양보한다.
③ 다른 항공기를 우측으로 보는 항공기가 진로를 양보한다.
④ 다른 항공기를 좌측으로 보는 항공기가 진로를 양보한다.

【문제】50. 다음 중 통행의 우선순위가 가장 높은 항공기는?
① 착륙하기 위하여 최종접근 중인 항공기
② 비행장 안에서 기동 중인 항공기
③ 공중에서 선회 중인 항공기
④ 지상 유도로 상의 항공기

【문제】51. 비행 중 통행의 우선순위에 대한 설명으로 틀린 것은?
① 비행기, 헬리콥터, 비행선은 항공기 또는 그 밖의 물건을 예항하는 다른 항공기에 진로를 양보해야 한다.
② 비행선은 활공기 및 기구류에 진로를 양보해야 한다.
③ 활공기는 기구류에 진로를 양보해야 한다.
④ 다른 비행기를 왼쪽으로 보는 비행기가 진로를 양보해야 한다.

【문제】52. 항공기 통행의 우선순위로 맞는 것은?
① 활공기는 비행선 및 기구류에 진로를 양보해야 한다.
② 다른 항공기를 좌측으로 보는 항공기가 진로를 양보해야 한다.
③ 착륙을 위해 낮은 고도에 있는 항공기는 높은 고도에 있는 항공기에 진로를 양보해야 한다.
④ 비행기는 비행선, 활공기 및 기구류에 진로를 양보해야 하다.

〈해설〉 항공안전법 시행규칙 제166조(통행의 우선순위)
1. 교차하거나 그와 유사하게 접근하는 고도의 항공기 상호간에는 다음에 따라 진로를 양보해야 한다.
　가. 비행기·헬리콥터는 비행선, 활공기 및 기구류에 진로를 양보할 것
　나. 비행기·헬리콥터·비행선은 항공기 또는 그 밖의 물건을 예항하는 다른 항공기에 진로를 양보할 것

정답  48 ③  49 ③  50. ①  51. ④  52. ④

다. 비행선은 활공기 및 기구류에 진로를 양보할 것
라. 활공기는 기구류에 진로를 양보할 것
마. 가항부터 라항까지의 경우를 제외하고는 다른 항공기를 우측으로 보는 항공기가 진로를 양보할 것

2. 비행 중이거나 지상 또는 수상에서 운항 중인 항공기는 착륙 중이거나 착륙하기 위하여 최종접근 중인 항공기에 진로를 양보하여야 한다.
3. 착륙을 위하여 비행장에 접근하는 항공기 상호간에는 높은 고도에 있는 항공기가 낮은 고도에 있는 항공기에 진로를 양보해야 한다. 이 경우 낮은 고도에 있는 항공기는 최종 접근단계에 있는 다른 항공기의 전방에 끼어들거나 그 항공기를 앞지르기해서는 아니 된다.

【문제】 53. 다른 항공기의 후방 좌우 70도 미만의 각도에서 그 항공기를 추월하려는 항공기는 추월당하는 항공기의 어느 방향으로 통과하여야 하는가?
① 위쪽　　　　② 오른쪽　　　　③ 아래쪽　　　　④ 왼쪽

【문제】 54. 항공기 간 통행 방법으로 틀린 것은?
① 정면으로 접근하는 경우에는 서로 기수를 오른쪽으로 돌려야 한다.
② 다른 항공기를 우측으로 보는 항공기가 진로를 양보하여야 한다.
③ 추월하려는 항공기는 추월당하는 항공기의 오른쪽을 통과하여야 한다.
④ 이륙하고 있는 항공기가 활주로를 벗어나고 있는 중이라고 기장이 판단한 경우에는 이륙을 위해 활주로에서 활주가 가능하다.

〈해설〉 항공안전법 시행규칙 제167조(진로와 속도 등)
1. 통행의 우선순위를 가진 항공기는 그 진로와 속도를 유지하여야 한다.
2. 다른 항공기에 진로를 양보하는 항공기는 그 다른 항공기의 상하 또는 전방을 통과해서는 아니 된다. 다만, 충분한 거리 및 항적난기류의 영향을 고려하여 통과하는 경우에는 그러하지 아니하다.
3. 두 항공기가 충돌할 위험이 있을 정도로 정면 또는 이와 유사하게 접근하는 경우에는 서로 기수를 오른쪽으로 돌려야 한다.
4. 다른 항공기의 후방 좌·우 70도 미만의 각도에서 그 항공기를 앞지르기 하려는 항공기는 앞지르기(추월)당하는 항공기의 오른쪽을 통과해야 한다. 이 경우 앞지르기 하는 항공기는 앞지르기 당하는 항공기와 간격을 유지하며, 앞지르기 당하는 항공기의 진로를 방해해서는 아니 된다.

【문제】 55. 지표면으로부터 750m를 초과하고 평균해면으로부터 3,050m 미만의 고도에서는 얼마 이하의 속도로 비행하여야 하는가?
① 지시대기속도 200kts　　　　② 지시대기속도 250kts
③ 대지속도 200kts　　　　　　④ 대지속도 250kts

【문제】 56. 지표면으로부터 2,500ft를 초과하고 평균해면으로부터 10,000ft 미만인 고도에서 유지해야 할 비행속도는?
① 지시대기속도 250kts 이하　　② 지시대기속도 200kts 이하
③ 진대기속도 250kts 이하　　　④ 진대기속도 200kts 이하

정답　53. ②　54. ④　55. ②　56. ①

【문제】57. 평균해면으로부터 1만피트 미만의 고도에서 터보제트 비행기가 유지해야 할 속도는?
① 180kts 이하　② 200kts 이하　③ 210kts 이하　④ 250kts 이하

【문제】58. C등급 또는 D등급 공역에서 공항으로부터 반경 7.4km(4해리) 내의 지표면으로부터 750m (2,500ft)까지는 어느 속도를 유지해야 하는가?
① 진대기속도 200kts 이하　② 진대기속도 250kts 이하
③ 지시대기속도 200kts 이하　④ 지시대기속도 250kts 이하

【문제】59. B등급 공역을 통과하는 시계비행로에서 유지해야 할 비행속도는?
① 지시대기속도 200노트 이하　② 지시대기속도 250노트 이하
③ 진대기속도 200노트 이하　④ 진대기속도 250노트 이하

【문제】60. 비행구역에 따라 유지해야 할 비행속도에 대한 설명 중 틀린 것은?
① 지표면으로부터 750m를 초과하고 평균해면으로부터 3,050m 미만인 고도: 지시대기속도 220노트 이하
② B등급 공역 중 공항별로 국토교통부장관이 고시하는 범위와 고도의 구역: 지시대기속도 200노트 이하
③ C등급 또는 D등급 공역에서 공항으로부터 반지름 7.4km 내의 지표면으로부터 750m의 고도 이하: 지시대기속도 200노트 이하
④ B등급 공역을 통과하는 시계비행로: 지시대기속도 200노트 이하

〈해설〉 항공안전법 시행규칙 제169조(비행속도의 유지 등). 비행고도와 비행구역에 따라 유지해야 할 비행속도는 다음과 같다.

| 비행고도/비행구역 | 비행속도 |
| --- | --- |
| 1. 지표면으로부터 750m(2,500ft)를 초과하고, 평균해면으로부터 3,050m(1만ft) 미만인 고도 | 지시대기속도 250노트 이하 |
| 2. C 또는 D등급 공역에서 공항으로부터 반지름 7.4km(4해리) 내의 지표면으로부터 750m(2,500ft)의 고도 이하 | 지시대기속도 200노트 이하 |
| 3. B등급 공역 중 공항별로 국토교통부장관이 고시하는 범위와 고도의 구역 또는 B등급 공역을 통과하는 시계비행로 | 지시대기속도 200노트 이하 |

【문제】61. 200kts 미만으로 속도가 제한된 C등급 공역에서 최저안전속도가 200kts인 항공기의 운용으로 맞는 것은?
① 최저안전속도(200kts) 이하의 속도로 비행한다.
② 그 항공기의 최저안전속도(200kts)로 비행한다.
③ 제한속도가 최저안전속도보다 높으므로 비행할 수 없다.
④ 최저안전속도가 제한속도보다 높으므로 비행할 수 없다.

〈해설〉 항공안전법 시행규칙 제169조(비행속도의 유지 등). 최저안전속도가 최대속도보다 빠른 항공기는 그 항공기의 최저안전속도로 비행하여야 한다.

정답　57. ④　58. ③　59. ①　60. ①　61. ②

【문제】62. 2대 이상의 항공기로 편대비행을 하려는 기장이 다른 기장과 협의해야 하는 사항이 아닌 것은?
① 유도로에서 통행의 우선순위
② 편대의 형(形)
③ 선회 및 그 밖의 행동 요령
④ 신호 및 그 의미

〈해설〉 항공안전법 시행규칙 제170조(편대비행). 2대 이상의 항공기로 편대비행을 하려는 기장은 미리 다음의 사항에 관하여 다른 기장과 협의하여야 한다.
1. 편대비행의 실시계획
2. 편대의 형(形)
3. 선회 및 그 밖의 행동 요령
4. 신호 및 그 의미
5. 그 밖에 필요한 사항

【문제】63. 관제공역 내에서 편대비행을 하는 항공기의 편대를 책임지는 항공기로부터의 분리기준은?
① 종적 및 횡적으로는 1.2km, 수직으로는 30m 이내
② 종적 및 횡적으로는 1.2km, 수직으로는 50m 이내
③ 종적 및 횡적으로는 1km, 수직으로는 30m 이내
④ 종적 및 횡적으로는 1km, 수직으로는 50m 이내

〈해설〉 항공안전법 시행규칙 제170조(편대비행). 관제공역 내에서 편대비행을 하려는 항공기의 기장은 편대를 책임지는 항공기로부터 편대 내의 항공기들을 종적 및 횡적으로는 1km, 수직으로는 30m 이내의 분리를 하여야 한다.

【문제】64. 항공기가 활공기를 예항하는 경우 예항줄을 이탈시키는 고도는?
① 예항줄 길이의 20%에 상당하는 고도 이상의 고도
② 예항줄 길이의 40%에 상당하는 고도 이상의 고도
③ 예항줄 길이의 60%에 상당하는 고도 이상의 고도
④ 예항줄 길이의 80%에 상당하는 고도 이상의 고도

【문제】65. 활공기 예항에 관한 설명으로 틀린 것은?
① 구름 속에서나 야간에는 예항을 하지 말 것
② 예항줄의 길이는 40미터 이상 80미터 이하로 할 것
③ 항공기와 활공기 간의 연락을 위해 지상연락원을 배치할 것
④ 예항줄 길이의 80퍼센트에 상당하는 고도 이하의 고도에서 예항줄을 이탈시킬 것

〈해설〉 항공안전법 시행규칙 제171조(활공기 등의 예항). 항공기가 활공기를 예항하는 경우에는 다음의 기준에 따라야 한다.
1. 항공기에 연락원을 탑승시킬 것(조종자를 포함하여 2명 이상이 탈 수 있는 항공기의 경우만 해당하며, 그 항공기와 활공기 간에 무선통신으로 연락이 가능한 경우는 제외)
2. 예항하기 전에 항공기와 활공기의 탑승자 사이에 다음에 관하여 상의할 것
  가. 출발 및 예항의 방법
  나. 예항줄 이탈의 시기·장소 및 방법
  다. 연락신호 및 그 의미

정답  62. ①  63. ③  64. ④  65. ④

라. 그 밖에 안전을 위하여 필요한 사항
3. 예항줄의 길이는 40m 이상 80m 이하로 할 것
4. 지상연락원을 배치할 것
5. 예항줄 길이의 80%에 상당하는 고도 이상의 고도에서 예항줄을 이탈시킬 것
6. 구름 속에서나 야간에는 예항을 하지 말 것(지방항공청장의 허가를 받은 경우는 제외)

## Ⅷ. 항공기의 운항 3

【문제】1. 기상상태에 관계없이 계기비행방식에 따라 비행을 해야 하는 경우가 아닌 것은?
① 평균해면으로부터 6,100m를 초과하는 고도로 비행하는 경우
② 비행시정이 5,000m 미만인 기상상태에서 비행하는 경우
③ 천음속으로 비행하는 경우
④ 초음속으로 비행하는 경우

〈해설〉항공안전법 시행규칙 제172조(시계비행의 금지). 항공기는 다음의 어느 하나에 해당되는 경우에는 기상상태에 관계없이 계기비행방식에 따라 비행해야 한다. 다만, 관할 항공교통관제기관의 허가를 받은 경우에는 그렇지 않다.
1. 평균해면으로부터 6,100m(2만ft)를 초과하는 고도로 비행하는 경우
2. 천음속 또는 초음속으로 비행하는 경우

【문제】2. 시계비행방식으로 비행하는 항공기는 지표면 또는 수면 상공으로부터 몇 피트 이상으로 비행할 경우 배정된 순항고도에 따라 비행하여야 하는가?
① 900피트  ② 2,000피트  ③ 3,000피트  ④ 4,000피트

〈해설〉항공안전법 시행규칙 제173조(시계비행방식에 의한 비행). 시계비행방식으로 비행하는 항공기는 지표면 또는 수면상공 900m(3,000ft) 이상을 비행할 경우에는 순항고도에 따라 비행하여야 한다. 다만, 관할 항공교통업무기관의 허가를 받은 경우에는 그러하지 아니하다.

【문제】3. 특별시계비행(SVFR)에 대한 설명 중 옳지 않은 것은?
① 구름을 피해서 비행한다.
② 조종사가 계기비행을 할 수 있는 자격이 없으면 비행기는 야간에 SVFR을 할 수 없다.
③ 계기비행을 할 수 있는 항공계기를 갖추지 아니한 헬리콥터는 야간에도 SVFR을 할 수 있다.
④ 비행시정을 5,000m 이상 유지하며 비행한다.

〈해설〉항공안전법 시행규칙 제174조(특별시계비행). 예측할 수 없는 급격한 기상의 악화 등 부득이한 사유로 관할 항공교통관제기관으로부터 특별시계비행허가를 받은 항공기의 조종사는 다음의 기준에 따라 비행하여야 한다.
1. 허가받은 관제권 안을 비행할 것
2. 구름을 피하여 비행할 것
3. 비행시정을 1,500m 이상 유지하며 비행할 것
4. 지표 또는 수면을 계속하여 볼 수 있는 상태로 비행할 것
5. 조종사가 계기비행을 할 수 있는 자격이 없거나 항공계기를 갖추지 아니한 항공기로 비행하는 경우에는 주간에만 비행할 것. 다만, 헬리콥터는 야간에도 비행할 수 있다.

[정답] 1. ②  2. ③  3. ④

【문제】4. 특별시계비행 시 지상시정이 보고되지 아니한 경우, 비행시정이 얼마 이상이어야 이착륙을 할 수 있는가?
  ① 1,000m    ② 1,200m    ③ 1,500m    ④ 2,000m

〈해설〉 항공안전법 시행규칙 제174조(특별시계비행). 특별시계비행을 하는 경우에는 다음의 조건에서만 이륙하거나 착륙할 수 있다.
  1. 지상시정이 1,500m 이상일 것
  2. 지상시정이 보고되지 아니한 경우에는 비행시정이 1,500m 이상일 것

【문제】5. D등급 공역의 해발 10,000ft 이상 고도에서 VFR 비행을 하려면 비행시정은 얼마 이상이어야 하는가?
  ① 12,000m    ② 10,000m    ③ 8,000m    ④ 5,000m

【문제】6. 해발 3,050m 이상의 B, C, D, E, F 및 G등급 공역에서 양호한 시계비행 기상상태는?
  ① 비행시정 8,000m 이상, 구름으로부터 수직으로 300m 이상
  ② 비행시정 5,000m 이상, 구름으로부터 수직으로 300m 이상
  ③ 비행시정 8,000m 이상, 구름으로부터 수직으로 500m 이상
  ④ 비행시정 5,000m 이상, 구름으로부터 수직으로 500m 이상

【문제】7. 시계비행 시 해발 10,000ft 미만에서 해발 3,000ft 이상 또는 장애물 상공 1,000ft 중 높은 고도를 초과하는 C등급 공역의 시계상의 양호한 기상상태는?
  ① 비행시정: 5,000m, 구름으로부터의 거리: 수평 1,500m 수직 300m
  ② 비행시정: 3,000m, 구름으로부터의 거리: 수평 1,500m 수직 300m
  ③ 비행시정: 5,000m, 구름으로부터의 거리: 구름을 피할 수 있는 거리
  ④ 비행시정: 3,000m, 구름으로부터의 거리: 구름을 피할 수 있는 거리

〈해설〉 항공안전법 시행규칙 별표 24(시계상의 양호한 기상상태)

| 고 도 | 공 역 | 비행시정 | 구름으로부터의 거리 |
|---|---|---|---|
| 1. 해발 3,050m(10,000ft) 이상 | B·C·D·E·F 및 G등급 | 8,000m | 수평으로 1,500m, 수직으로 300m(1,000ft) |
| 2. 해발 3,050m(10,000ft) 미만에서 해발 900m(3,000ft) 또는 장애물 상공 300m(1,000ft) 중 높은 고도 초과 | B·C·D·E·F 및 G등급 | 5,000m | 수평으로 1,500m, 수직으로 300m(1,000ft) |
| 3. 해발 900m(3,000ft) 또는 장애물 상공 300m(1,000ft) 중 높은 고도 이하 | B·C·D 및 E등급 | 5,000m | 수평으로 1,500m, 수직으로 300m(1,000ft) |
| | F 및 G등급 | 5,000m | 지표면 육안 식별 및 구름을 피할 수 있는 거리 |

【문제】8. 모의계기비행을 할 때 조종석에는 누가 타고 있어야 하는가?
  ① 기장                    ② 관숙 승무원
  ③ 안전 감독관              ④ 안전감독 조종사

정답  4. ③   5. ③   6. ①   7. ①   8. ④

【문제】9. 모의계기비행을 하려는 경우 따라야 할 기준으로 맞지 않는 것은?
  ① 완전하게 작동하는 이중비행조종장치(dual control)를 장착하고 있을 것
  ② 항공기 내에 관숙승무원(observer)이 있어 안전감독 조종사(safety pilot)의 시야를 보완할 수 있을 것
  ③ 안전감독 조종사(safety pilot)가 항공기의 전방 및 양 측면에 대하여 적절한 시야를 확보하고 있을 것
  ④ 기장급의 안전감독 조종사(safety pilot)가 조종석에 타고 있을 것

〈해설〉 항공안전법 시행규칙 제176조(모의계기비행의 기준). 모의계기비행을 하려는 자는 다음의 기준에 따라야 한다.
  1. 완전하게 작동하는 이중비행조종장치(Dual Control)를 장착하고 있을 것
  2. 안전감독 조종사(Safety Pilot)가 조종석에 타고 있을 것
  3. 안전감독 조종사가 항공기의 전방 및 양 측면에 대하여 적절한 시야를 확보하고 있거나 항공기 내에 관숙승무원(Observer)이 있어 안전감독 조종사의 시야를 보완할 수 있을 것

【문제】10. CAT I 정밀접근시설의 시정 또는 활주로가시범위(RVR)는?
  ① 시정 800m 또는 RVR 550m 이상   ② 시정 800m 또는 RVR 350m 이상
  ③ 시정 600m 또는 RVR 550m 이상   ④ 시정 600m 또는 RVR 350m 이상

【문제】11. Category Ⅲ 정밀접근시설의 결심고도 및 RVR은?
  ① 결심고도 30m 이상 60m 미만, RVR 300m 이상
  ② 결심고도 30m 미만 또는 No DH, RVR 300m 미만 또는 No RVR
  ③ 결심고도 15m 이상 30m 미만, RVR 175m 미만
  ④ 결심고도 15m 미만 또는 No DH, RVR 175m 미만 또는 No RVR

〈해설〉 항공안전법 시행규칙 제177조(계기 접근 및 출발 절차 등). 계기접근절차는 결심고도와 시정 또는 활주로가시범위에 따라 다음과 같이 구분한다.

| 종류 | | 결심고도<br>(Decision Height/DH) | 시정 또는 활주로가시범위<br>(Visibility or Runway Visual Range/RVR) |
|---|---|---|---|
| A형 (Type A) | | 75m(250ft) 이상 | 해당 사항 없음 |
| B형<br>(Type B) | 1종<br>(Category Ⅰ) | 60m(200ft) 이상<br>75m(250ft) 미만 | 시정 800m(1/2마일) 또는<br>RVR 550m 이상 |
| | 2종<br>(Category Ⅱ) | 30m(100ft) 이상<br>60m(200ft) 미만 | RVR 300m 이상 550m 미만 |
| | 3종<br>(Category Ⅲ) | 30m(100ft) 미만 또는<br>적용하지 아니함(No DH) | RVR 300m 미만 또는<br>적용하지 아니함(No RVR) |

【문제】12. 계기비행에 관한 설명으로 틀린 것은?
  ① 계기비행방식으로 비행하는 항공기는 최저비행고도 미만으로 비행하여서는 아니 된다.
  ② 시계비행 기상상태가 상당한 시간동안 유지되지 아니할 것으로 예상되는 경우에는 계기비행방식에 의한 비행을 취소해서는 아니 된다.

정답  9. ④   10. ①   11. ②

③ 관제공역 내에서 계기비행방식으로 비행하려는 항공기는 일반적으로 사용되는 순항고도로 비행하여야 한다.
④ 계기비행방식으로 비행하는 항공기가 시계비행방식으로 변경하려는 경우에는 사전에 변경사항을 관할 항공교통업무기관에 통보해야 한다.

〈해설〉 제179조(관제공역 내에서의 계기비행규칙). 관제공역 내에서 계기비행방식으로 비행하려는 항공기는 별표 21(순항고도)에 따른 순항고도로 비행하여야 한다.

【문제】13. 계기비행방식으로 착륙하기 위하여 접근하는 항공기의 활주로 관련 시각참조물이 아닌 것은?
① 활주로시단
② 활주로시단등
③ 활주로종단등
④ 접지구역등

【문제】14. 조종사가 계기비행방식으로 착륙하기 위하여 접근 시 활주로 시각참조물이 아닌 것은?
① Threshold marking
② Threshold light
③ Touchdown zone marking
④ Runway centerline light

〈해설〉 항공안전법 시행규칙 제181조(계기비행방식 등에 의한 비행·접근·착륙 및 이륙)_71 페이지 참고

【문제】15. 실패접근을 수행해야 하는 경우가 아닌 것은?
① 최저강하고도보다 낮은 고도에서 비행 중일 때
② 실패접근지점에 도달할 때
③ 선회접근 중 활주로가 육안으로 식별되지 않을 때
④ 실패접근의 지점에서 활주로에 접지할 때

〈해설〉 항공안전법 시행규칙 제181조(계기비행방식 등에 의한 비행·접근·착륙 및 이륙). 다음의 어느 하나에 해당할 때 해당 활주로 관련 시각참조물을 확실히 보고 식별할 수 없는 경우 또는 최저강하고도 이상의 고도에서 선회 중 비행장이 육안으로 식별되지 아니하는 경우에는 즉시 실패접근을 하여야 한다.
 1. 최저강하고도보다 낮은 고도에서 비행 중인 때
 2. 실패접근의 지점(결심고도가 정해져 있는 경우에는 그 결심고도를 포함한다)에 도달할 때
 3. 실패접근의 지점에서 활주로에 접지할 때

【문제】16. 계기접근절차 외의 방식으로 비행하는 항공기가 레이더가 운용되는 비행장에 착륙하려고 할 때, 레이더 유도는 항공기가 어느 부분까지 접근하도록 안내를 하는데 사용할 수 있는가?
① TOD
② 최초접근진로 또는 최초진입구간(IAF)
③ 최종접근진로 또는 최종접근지점
④ 최저강하고도(MDA) 또는 결심고도(DH)

〈해설〉 항공안전법 시행규칙 제181조(계기비행방식 등에 의한 비행·접근·착륙 및 이륙). 계기접근절차 외의 레이더 유도는 최종접근진로 또는 최종접근지점까지 항공기가 접근하도록 진로안내를 하는 데 사용할 수 있다.

【문제】17. 다음 중 외측마커(outer marker)와 중간마커(middle marker)를 대체할 수 있는 것은?
① 거리측정시설(DME)
② 전방향표지시설(VOR)
③ 무지향표지시설(NDB)
④ 전술항행표지시설(TACAN)

정답  12. ③  13. ③  14. ④  15. ③  16. ③  17. ①

〈해설〉 항공안전법 시행규칙 제181조(계기비행방식 등에 의한 비행·접근·착륙 및 이륙). 계기착륙시설(ILS)의 외측마커 및 중간마커는 거리측정시설(DME)로 대체할 수 있다.

【문제】18. 제3종 정밀접근 계기착륙시설을 이용한 정밀계기접근절차의 조종사 자격과 운항제한에 관한 설명 중 틀린 것은?
① 제3종 정밀계기접근 훈련을 이수한 조종사는 제3종 정밀계기접근절차를 수행할 수 있다.
② 해당 형식 항공기의 기장 비행시간이 100시간 미만인 기장은 활주로가시범위(RVR) 550m 이상의 기상최저치를 적용해야 한다.
③ 최근 측정된 활주로가시범위(RVR)가 착륙최저치 미만인 경우 계기접근절차의 최종접근구간에 진입해서는 안 된다.
④ 항공기가 최종접근구간에 진입한 후 활주로가시범위(RVR)가 허가된 최저치 미만으로 기상이 악화된다는 보고를 받은 경우에도 경고고도(AH) 또는 결심고도(DH)까지는 계속 비행할 수 있다.

〈해설〉 항공안전법 시행규칙 별표 25(제2종 및 제3종 계기착륙시설(ILS) 정밀계기접근용 장비 및 운항제한 등의 기준). 제3종의 정밀계기접근절차에 따라 비행하려는 기장은 운항증명 소지자에게 인가된 제3종 정밀계기접근 훈련프로그램을 수료하고, 위촉심사관 또는 운항자격심사관으로부터 제3종 정밀계기접근 운항자격을 취득해야 한다.

【문제】19. 비행계획서에 포함되어야 할 사항으로서 연료탑재량은 어떻게 표기하는가?
① 시간으로 환산하여 표기한다.  ② 파운드 단위로 환산하여 표기한다.
③ 킬로그램 단위로 환산하여 표기한다.  ④ 리터 단위로 환산하여 표기한다.

【문제】20. 다음 중 비행계획에 포함되어야 할 사항이 아닌 것은?
① 탑재장비  ② 비상무선주파수 및 구조장비
③ 낙하산 강하의 경우에는 그에 관한 사항  ④ 탑승객 명단

〈해설〉 항공안전법 시행규칙 제183조(비행계획에 포함되어야 할 사항)_72 페이지 참고

【문제】21. 비행계획서는 항공기가 출발하기 몇 분 전까지 제출하여야 하는가? (ICAO 기준)
① 30분  ② 60분  ③ 90분  ④ 120분

〈해설〉 ICAO Annex 2, 비행계획서(Flight plans). 해당 ATC 기관에 의하여 달리 규정되지 않는 한, 항공교통업무 또는 항공교통조언업무를 제공받기 위하여 비행계획서는 최소한 출발 60분 전에 제출하여야 한다.
〈참고〉 AIP ENR 1.10(Flight Plan), 1.2(비행계획 제출시간 및 장소). 인천 FIR 내에서 출발하는 항공기는 출발 예정시간으로부터 최소 1시간 전에 인근 공항 항공정보실 또는 군 기지운항실에 제출하여야 하며, 접수된 비행계획은 인천항공교통관제소(인천비행정보실)에 통보하여야 한다.

【문제】22. 계기비행방식에 따라 비행하려는 경우에 지정해야 하는 교체비행장은?
① 이륙 교체비행장  ② 항공로 교체비행장
③ 목적지 교체비행장  ④ 착륙 교체비행장

정답  18. ①  19. ①  20. ④  21. ②  22. ③

【문제】 23. 다음 중 이륙 교체비행장을 지정하여야 하는 경우는?
① 계기비행방식에 따라 비행하려는 경우로서 출발비행장의 기상상태가 비행장운영 최저치 이하인 경우
② 쌍발비행기로서 1개의 발동기가 작동하지 아니할 때의 순항속도로 가장 가까운 공항까지 비행하여 착륙할 수 있는 시간이 1시간을 초과하는 지점이 있는 노선을 운항하려는 경우
③ 출발비행장의 기상상태가 비행장 착륙 최저치 이하이거나 그 밖의 이유로 출발비행장으로 되돌아올 수 없는 경우
④ 계기비행방식에 따라 비행하려는 경우

〈해설〉 항공안전법 시행규칙 제186조(교체비행장 등). 항공운송사업에 사용되거나 항공운송사업을 제외한 국외비행에 사용되는 비행기를 운항하려는 경우에는 다음의 구분에 따라 교체비행장을 지정하여야 한다.

| 구 분 | 지정 사유 |
|---|---|
| 1. 이륙 교체비행장 | 출발비행장의 기상상태가 비행장 착륙 최저치 이하이거나 그 밖의 다른 이유로 출발비행장으로 되돌아올 수 없는 경우 |
| 2. 항공로 교체비행장 | 터빈발동기를 장착한 항공운송사업용 비행기로서 제215조제2항에 따른 시간을 초과하는 지점이 있는 노선을 운항하려는 경우 |
| 3. 목적지 교체비행장 | 계기비행방식에 따라 비행하려는 경우 |

【문제】 24. 쌍발항공기의 경우 이륙 교체비행장은 1개의 발동기가 작동하지 아니할 때의 순항속도로 출발비행장으로부터 몇 시간 비행거리 이내의 지역에 있어야 하는가?
① 1시간 이내   ② 2시간 이내   ③ 3시간 이내   ④ 4시간 이내

【문제】 25. 3발 이상 비행기의 경우 이륙 교체비행장은 순항속도로 출발비행장으로부터 몇 시간 비행거리 이내의 지역에 있어야 하는가?
① 모든 발동기가 작동할 때 1시간 이내
② 모든 발동기가 작동할 때 2시간 이내
③ 2개 이상의 발동기가 작동할 때 1시간 이내
④ 2개 이상의 발동기가 작동할 때 2시간 이내

【문제】 26. B747-400 항공기가 인천에서 나리타로 비행하는데 기상상태가 인천은 착륙기상 최저치 미만이고 나리타는 CAVOK일 경우 교체공항 선정으로 맞는 것은?
① 1개의 엔진이 작동하지 않을 때의 순항속도로 출발공항으로부터 1시간 비행거리 이내의 이륙 교체공항 선정
② 1개의 엔진이 작동하지 않을 때의 순항속도로 출발공항으로부터 1시간 비행거리 이내의 목적지 교체공항 선정
③ 모든 엔진이 작동할 때의 순항속도로 출발공항으로부터 2시간 비행거리 이내의 이륙 교체공항 선정
④ 모든 엔진이 작동할 때의 순항속도로 출발공항으로부터 2시간 비행거리 이내의 목적지 교체공항 선정

정답  23. ③   24. ①   25. ②   26. ③

【문제】 27. 다음 중 이륙 교체비행장의 요건으로 옳은 것은?
① 3발 이상 비행기의 경우에는 모든 발동기가 작동할 때의 순항속도로 출발비행장으로부터 1시간의 비행거리 이내인 지역에 있을 것
② 3발 이상 비행기의 경우에는 1개의 발동기가 작동하지 아니할 때의 순항속도로 출발비행장으로부터 1시간의 비행거리 이내인 지역에 있을 것
③ 쌍발비행기의 경우에는 1개의 발동기가 작동하지 아니할 때의 순항속도로 출발비행장으로부터 1시간의 비행거리 이내인 지역에 있을 것
④ 쌍발비행기의 경우에는 모든 발동기가 작동할 때의 순항속도로 출발비행장으로부터 1시간의 비행거리 이내인 지역에 있을 것

〈해설〉 항공안전법 시행규칙 제186조(교체비행장 등). 이륙 교체비행장은 다음의 요건을 갖추어야 한다.
1. 2개의 발동기를 가진 비행기의 경우 : 1개의 발동기가 작동하지 아니할 때의 순항속도로 출발비행장으로부터 1시간의 비행거리 이내인 지역에 있을 것
2. 3개 이상의 발동기를 가진 비행기의 경우 : 모든 발동기가 작동할 때의 순항속도로 출발비행장으로부터 2시간의 비행거리 이내인 지역에 있을 것
3. 예상되는 이용시간 동안의 기상조건이 해당 운항에 대한 비행장 운영 최저치 이상일 것

【문제】 28. 목적지 교체비행장의 지정이 필요한 경우 목적지 교체비행장으로 적합한 기상상태는?
① 도착 예정시간 1시간 전부터 1시간 후까지 해당 비행장의 운영 최저치 이상의 기상일 것
② 이륙 예정시간 1시간 전부터 1시간 후까지 해당 비행장의 운영 최저치 이상의 기상일 것
③ 도착 예정시간에 해당 비행장의 운영 최저치 이상의 기상일 것
④ 이륙 예정시간에 해당 비행장의 운영 최저치 이상의 기상일 것

〈해설〉 항공안전법 시행규칙 제187조(최초 착륙예정 비행장 등의 기상상태). 최초 착륙예정 비행장의 기상정보를 이용할 수 있거나 목적지 교체비행장의 지정이 요구되는 경우에는 최소 1개의 목적지 교체비행장의 기상상태가 도착 예정시간에 해당 비행장 운영 최저치 이상일 경우에 비행을 시작하여야 한다.

【문제】 29. 항공기는 도착비행장에 착륙하는 즉시 도착보고를 하여야 한다. 다음 중 도착보고에 포함되는 사항이 아닌 것은?
① 이륙시간  ② 출발비행장  ③ 착륙시간  ④ 도착비행장

〈해설〉 항공안전법 시행규칙 제188조(비행계획의 종료). 항공기는 도착비행장에 착륙하는 즉시 관할 항공교통업무기관에 다음의 사항을 포함하는 도착보고를 하여야 한다.
1. 항공기의 식별부호
2. 출발비행장
3. 도착비행장
4. 목적비행장(목적비행장이 따로 있는 경우만 해당)
5. 착륙시간

【문제】 30. 계기비행 기상상태에서 통신이 두절되었을 경우, 접근 예정시간과 도착 예정시간 중 더 늦은 시간으로부터 몇 분 이내에 착륙해야 하는가?
① 10분  ② 20분  ③ 30분  ④ 40분

정답  27. ③  28. ③  29. ①  30. ③

【문제】 31. 시계비행 기상상태에서 계기비행 시 무선통신이 두절된 경우 대처방법으로 맞는 것은?
① 시계비행방식으로 전환하여 가장 가까운 착륙 가능한 비행장에 착륙한 후 관할 항공교통관제기관에 통보한다.
② 계기비행상태를 유지하여 가장 가까운 착륙 가능한 비행장에 착륙한 후 관할 항공교통관제기관에 통보한다.
③ 목적지비행장까지 비행을 계속하여 착륙한 후 도착사실을 관할 항공교통관제기관에 통보한다.
④ 즉시 회항하여 비행장에 착륙한 후 도착사실을 관할 항공교통관제기관에 통보한다.

【문제】 32. 계기비행상태인 항공기가 필수 위치통지점에서 위치보고를 할 수 없을 때, 관할 항공교통관제기관으로부터 최종적으로 지시받은 속도를 몇 분간 유지한 후 비행계획에 명시된 고도와 속도로 변경하여 비행해야 하는가? (레이더가 운용되지 아니하는 공역의 경우)
① 5분　　　　② 10분　　　　③ 20분　　　　④ 30분

【문제】 33. 계기비행상태인 항공기가 레이더가 운용되는 공역의 필수 위치통지점에서 위치보고를 할 수 없을 때, 관할 항공교통관제기관으로부터 최종적으로 지시받은 속도를 몇 분간 유지한 후 비행계획에 명시된 고도와 속도로 변경하여 비행해야 하는가?
① 5분　　　　② 7분　　　　③ 10분　　　　④ 15분

〈해설〉 항공안전법 시행규칙 제190조(통신). 무선통신을 유지할 수 없는 항공기("통신두절항공기")는 다음의 기준에 따라 비행하여야 한다.

| 구 분 | 기 준 |
|---|---|
| 1. 시계비행 기상상태인 경우 | 시계비행방식으로 비행을 계속하여 가장 가까운 착륙 가능한 비행장에 착륙한 후 도착 사실을 지체 없이 관할 항공교통관제기관에 통보하여야 한다. |
| 2. 계기비행 기상상태이거나 시계비행방식으로 비행이 불가능한 경우 | 항공교통업무용 레이더가 운용되지 아니하는 공역의 필수 위치통지점에서 위치보고를 할 수 없는 항공기 : 해당 비행로의 최저비행고도와 관할 항공교통관제기관으로부터 최종적으로 지시받은 고도 중 높은 고도로 비행하여야 하며, 관할 항공교통관제기관으로부터 최종적으로 지시받은 속도를 20분간 유지한 후 비행계획에 명시된 고도와 속도로 변경하여 비행할 것 |
| | 항공교통업무용 레이더가 운용되는 공역의 필수 위치통지점에서 위치보고를 할 수 없는 항공기 : 해당 비행로의 최저비행고도와 관할 항공교통관제기관으로부터 최종적으로 지시받은 고도 중 높은 고도를 유지하고 관할 항공교통관제기관으로부터 최종적으로 지시받은 속도를 7분간 유지한 후, 비행계획에 명시된 고도와 속도로 변경하여 비행할 것 |
| | 가능한 한 접근 예정시간과 도착 예정시간 중 더 늦은 시간부터 30분 이내에 착륙할 것 |

【문제】 34. 관제비행을 하는 항공기가 위치통지점에서 항공교통관제기관에 보고하여야 하는 내용이 아닌 것은?
① 항공기 식별부호　　　　② 위치통지점의 통과시각
③ 위치통지점의 고도　　　　④ 위치통지점의 기상

〈해설〉 항공안전법 시행규칙 제191조(위치보고). 관제비행을 하는 항공기는 국토교통부장관이 정하여 고시하는 위치통지점에서 가능한 한 신속히 다음의 사항을 관할 항공교통업무기관에 보고("위치보고")하여야 한다. 다만, 레이더에 의하여 관제를 받는 경우로서 관할 항공교통관제기관이 별도로 위치보고를 요구하지 아니하는 경우에는 그러하지 아니하다.

[정답] 31. ①　　32. ③　　33. ②　　34. ④

1. 항공기의 식별부호
2. 해당 위치통지점의 통과시각과 고도
3. 그 밖에 항공기의 안전항행에 영향을 미칠 수 있는 사항

【문제】35. 요격 시 사용하는 용어 중 "AM LOST"의 의미는?
① Understood, will comply　　② Unable to comply
③ Position unknown　　④ Repeat your instruction

【문제】36. 요격 시 사용하는 용어 "WILCO"의 의미는?
① Understood, will comply　　② Position unknown
③ Repeat your instruction　　④ Unable to comply

〈해설〉 항공안전법 시행규칙 별표 26(신호). 요격항공기와 통신이 이루어졌으나 통상의 언어로 사용할 수 없을 경우에 필요한 정보와 지시는 다음과 같은 발음과 용어를 2회 연속 사용하여 전달할 수 있도록 시도해야 한다.

| Phrase | Pronunciation | Meaning |
| --- | --- | --- |
| WILCO | VILL-KO | Understood, will comply |
| AM LOST | AM LOSST | Position unknown |

【문제】37. 요격 시 "당신은 요격을 당하고 있으니 나를 따라오라."는 요격항공기의 신호에 "알았다. 지시를 따르겠다."라는 피요격항공기의 응신으로 맞는 것은?
① 날개를 흔들고, 항행등을 불규칙적으로 점멸시킨 후 요격항공기의 뒤를 따라간다.
② 바퀴다리를 내리고, 고정착륙등을 켠 상태로 요격항공기의 뒤를 따라간다.
③ 항공기의 보조익 또는 방향타를 움직이고, 요격항공기의 뒤를 따라간다.
④ 날개를 흔들고, 요격항공기의 뒤를 따라간다.

【문제】38. 피요격기가 날개를 흔드는 것은 "알았다. 지시를 따르겠다."라는 응신이다. 이러한 응신에 대한 그 전의 요격기의 행동으로 맞는 것은?
① 피요격항공기의 진로를 방해하고 180도 이상의 급격한 상승선회
② 피요격항공기의 진로를 방해하지 않고 180도 이상의 급격한 상승선회
③ 피요격항공기의 진로를 방해하고 90도 이상의 상승선회
④ 피요격항공기의 진로를 방해하지 않고 90도 이상의 상승선회

【문제】39. 요격항공기가 바퀴다리를 내리고 고정착륙등을 켠 상태로 착륙방향으로 활주로 상공을 통과하는 경우, 이 신호의 의미는?
① 착륙을 준비하라.
② 이 비행장에 착륙하라.
③ 다른 항공기에 진로를 양보하고 선회하라.
④ 이 비행장은 불안전하니 착륙하지 마라.

정답　35. ③　36. ①　37. ①　38. ④　39. ②

【문제】40. 요격항공기가 90° 이상으로 상승선회를 하며 피요격항공기로부터 급속히 이탈할 때 피요격항공기의 행동으로 맞는 것은?
① 랜딩기어를 내린다.
② 항행등을 규칙적으로 깜박인다.
③ 항행등을 불규칙적으로 깜박인다.
④ 날개를 흔든다.

〈해설〉 항공안전법 시행규칙 별표 26(신호). 요격항공기의 신호 및 피요격항공기의 응신의 의미는 다음과 같다.

| 요격항공기의 신호 | 의 미 | 피요격항공기의 응신 | 의 미 |
|---|---|---|---|
| 1. 피요격항공기의 약간 위쪽 전방 좌측에서 날개를 흔들고 항행등을 불규칙적으로 점멸시킨 후 응답을 확인하고, 통상 좌측으로 완만하게 선회하여 원하는 방향으로 향한다. | 당신은 요격을 당하고 있으니 나를 따라오라. | 날개를 흔들고, 항행등을 불규칙적으로 점멸시킨 후 요격항공기의 뒤를 따라간다. | 알았다. 지시를 따르겠다. |
| 2. 피요격항공기의 진로를 가로지르지 않고 90° 이상의 상승선회를 하며, 피요격항공기로부터 급속히 이탈한다. | 그냥 가도 좋다. | 날개를 흔든다. | 알았다. 지시를 따르겠다. |
| 3. 바퀴다리를 내리고 고정착륙등을 켠 상태로 착륙방향으로 활주로 상공을 통과하며, 피요격항공기가 헬리콥터인 경우에는 헬리콥터 착륙구역 상공을 통과한다. | 이 비행장에 착륙하라. | 바퀴다리를 내리고, 고정착륙등을 켠 상태로 요격항공기를 따라서 활주로나 헬리콥터 착륙구역 상공을 통과한 후 안전하게 착륙할 수 있다고 판단되면 착륙한다. | 알았다. 지시를 따르겠다. |

【문제】41. 요격항공기의 지시를 따를 수 없을 때 피요격항공기의 응신방법으로 적합한 것은?
① 모든 가용 등화를 규칙적으로 개폐한다.
② 모든 가용 등화를 불규칙적으로 점멸한다.
③ 날개를 흔든다.
④ 날개를 흔들고, 항행등을 불규칙적으로 점멸한다.

〈해설〉 항공안전법 시행규칙 별표 26(신호). 피요격항공기의 신호 및 요격항공기의 응신의 의미는 다음과 같다.

| 피요격항공기의 신호 | 의 미 | 요격항공기의 응신 | 의 미 |
|---|---|---|---|
| 점멸하는 등화와는 명확히 구분할 수 있는 방법으로 사용가능한 모든 등화의 스위치를 규칙적으로 개폐한다. | 지시를 따를 수 없다. | 날개를 흔든다. | 알았다. |

【문제】42. 지상에 있는 항공기에게 점멸적색의 빛총을 쏘는 경우 무엇을 의미하는가?
① 정지할 것
② 활주로 또는 유도로에서 벗어날 것
③ 사용 중인 착륙지역으로부터 벗어날 것
④ 비행장 안의 출발지역으로 돌아갈 것

【문제】43. 비행 중 무선통신 두절 시 빛총신호 중 연속되는 붉은색의 의미는?
① 착륙하지 말 것
② 착륙을 준비할 것
③ 다른 항공기에 진로를 양보하고 계속 선회할 것
④ 착륙하여 계류장으로 갈 것

정답  40. ④  41. ①  42. ③  43. ③

【문제】44. 지상에 있는 항공기에게 보내는 연속되는 녹색 빛총신호의 의미는?
① 지상 이동을 허가함
② 이륙을 허가함
③ 이륙을 준비할 것
④ 비행장의 출발지점으로 돌아갈 것

【문제】45. 지상에 있는 항공기에 보내는 깜빡이는 녹색 빛총신호의 의미는?
① 이륙을 허가함
② 지상 이동을 허가함
③ 비행장 안의 출발지점으로 돌아갈 것
④ 통과하거나 진행할 것

【문제】46. 비행 중인 항공기에게 보내는 "착륙하지 말 것" 이라는 의미의 빛총신호는?
① 연속되는 적색
② 깜박이는 적색
③ 연속되는 녹색
④ 깜박이는 백색

【문제】47. 관제탑과 항공기와의 무선통신이 두절된 경우, 관제탑에서 비행중인 항공기에 보내는 깜박이는 백색신호의 의미는?
① 착륙하지 말 것
② 진로를 양보하고 계속 선회할 것
③ 착륙을 준비할 것
④ 착륙하여 계류장으로 갈 것

【문제】48. 지상에 있는 항공기에 대한 깜박이는 백색 빛총신호의 의미는?
① 비행장 안의 출발지점으로 되돌아 갈 것
② 지상이동을 허가함
③ 활주로 또는 유도로에서 벗어날 것
④ 사용 중인 착륙지역으로부터 벗어날 것

【문제】49. 지상 항공기에 대한 빛총신호 중 맞는 것은?
① 연속되는 녹색 - 지상 이동을 허가함
② 깜박이는 흰색 - 비행장 안의 출발지점으로 돌아갈 것
③ 연속되는 붉은색 - 사용 중인 착륙지역으로부터 벗어날 것
④ 깜박이는 녹색 - 통과하거나 진행할 것

【문제】50. 빛총신호에 관한 설명 중 틀린 것은?
① 연속되는 녹색 - 비행 중인 항공기는 착륙을 허가함
② 연속되는 적색 - 지상에 있는 항공기는 정지할 것
③ 깜박이는 백색 - 비행 중인 경우 착륙하여 계류장으로 갈 것
④ 깜박이는 적색 - 비행 중인 경우 선회하며 대기할 것

〈해설〉 항공안전법 시행규칙 별표 26(신호). 빛총신호의 의미는 다음과 같다.

정답  44. ②  45. ②  46. ②  47. ④  48. ①  49. ②  50. ④

| 신호의 종류 | 의 미 | | |
|---|---|---|---|
| | 비행 중인 항공기 | 지상에 있는 항공기 | 차량·장비 및 사람 |
| 연속되는 녹색 | 착륙을 허가함 | 이륙을 허가함 | - |
| 연속되는 붉은색 | 다른 항공기에 진로를 양보하고 계속 선회할 것 | 정지할 것 | 정지할 것 |
| 깜박이는 녹색 | 착륙을 준비할 것 | 지상 이동을 허가함 | 통과하거나 진행할 것 |
| 깜박이는 붉은색 | 비행장이 불안전하니 착륙하지 말 것 | 사용 중인 착륙지역으로부터 벗어날 것 | 활주로 또는 유도로에서 벗어날 것 |
| 깜박이는 흰색 | 착륙하여 계류장으로 갈 것 | 비행장 안의 출발지점으로 돌아갈 것 | 비행장 안의 출발지점으로 돌아갈 것 |

【문제】51. 주간 비행 시 빛총신호에 대한 조종사의 응신방법으로 알맞은 것은?
① 날개를 흔든다.　　　　　　　　② 착륙등을 2회 점멸한다.
③ 착륙등을 불규칙적으로 점멸한다.　④ 보조익 또는 방향타를 움직인다.

【문제】52. 비행 중 무선 두절 시 관제탑의 빛총신호에 대한 항공기의 응신방법이 아닌 것은?
① 날개를 흔든다.
② 보조익 또는 방향타를 움직인다.
③ 착륙등을 2회 점멸한다.
④ 착륙등이 없는 경우 항행등을 2회 점멸한다.

【문제】53. 비행 중 무선통신 두절 시 빛총신호에 대한 항공기의 응신방법 중 잘못된 것은?
① 주간에는 날개를 흔든다.
② 야간에는 착륙등을 2회 점멸한다.
③ 주간에는 보조익과 방향타를 흔든다.
④ 착륙등이 없는 경우 항행등을 2회 점멸한다.

【문제】54. 비행 중 통신이 두절된 경우 연락방법 및 빛총신호의 의미로 맞는 것은?
① 주간에 지상에 있는 경우 빛총신호에 대한 응답으로 보조익 또는 방향타를 움직인다.
② 야간에 비행 중인 경우 빛총신호에 대한 응답으로 항행등을 2회 점멸한다.
③ 지상에 있는 항공기에게 보내는 깜박이는 백색의 빛총신호는 활주로에서 벗어나라는 의미이다.
④ 비행 중인 항공기에게 보내는 깜박이는 적색의 빛총신호는 착륙을 허가한다는 의미이다.

〈해설〉 항공안전법 시행규칙 별표 26(신호). 빛총신호에 대한 항공기의 응신방법은 다음과 같다.

| 구 분 | 주 간 | 야 간 |
|---|---|---|
| 1. 비행 중인 경우 | 날개를 흔든다. | 착륙등이 장착된 경우에는 착륙등을 2회 점멸하고, 착륙등이 장착되지 않은 경우에는 항행등을 2회 점멸한다. |
| 2. 지상에 있는 경우 | 항공기의 보조익 또는 방향타를 움직인다. | |

【문제】55. NOTAM의 기준시간은?
① Greenwich Mean Time(GMT)
② Coordinated Universal Time(UTC)
③ Local Mean Time(LMT)
④ Standard Time(ST)

〈해설〉 항공안전법 시행규칙 제195조(시간). 항공기의 운항과 관련된 시간을 전파하거나 보고하려는 자는 국제 표준시(UTC; Coordinated Universal Time)를 사용하여야 한다.

【문제】56. 불법간섭을 받았을 경우 기장의 조치로 틀린 것은?
① 즉시 경로와 고도를 이탈하여 가장 가까운 비행장에 착륙한다.
② 현재 사용 중인 초단파(VHF) 주파수, 초단파 비상주파수 또는 사용 가능한 다른 주파수로 경고 방송을 시도한다.
③ 2차 감시 항공교통관제 레이더용 트랜스폰더 또는 데이터링크 탑재장비를 사용하여 불법간섭을 받고 있다는 사실을 알린다.
④ 고도 600미터의 수직분리가 적용되는 지역에서는 계기비행 순항고도와 300미터 분리된 고도로 변경하여 비행한다.

〈해설〉 항공안전법 시행규칙 제198조(불법간섭 행위 시의 조치). 불법간섭을 받고 있는 항공기의 기장은 관할 항공교통업무기관과 무선통신이 불가능한 상황에서 배정된 항공로 및 순항고도를 이탈할 것을 강요받은 경우에는 가능한 한 다음의 조치를 할 것
1. 항공기 안의 상황이 허용되는 한도 내에서 현재 사용 중인 초단파(VHF) 주파수, 초단파 비상주파수 (121.5Mhz) 또는 사용 가능한 다른 주파수로 경고방송을 시도할 것
2. 2차 감시 항공교통관제 레이더용 트랜스폰더(Mode 3/A 및 Mode C SSR transponder) 또는 데이터링크 탑재장비를 사용하여 불법간섭을 받고 있다는 사실을 알릴 것
3. 고도 600m의 수직분리가 적용되는 지역에서는 계기비행 순항고도와 300m 분리된 고도로, 고도 300m의 수직분리가 적용되는 지역에서는 계기비행 순항고도와 150m 분리된 고도로 각각 변경하여 비행할 것

【문제】57. 시계비행 시 인구 밀집지역 상공에서의 최저비행고도는?
① 수평거리 600m 범위 안에 있는 가장 높은 장애물 상단에서 300m의 고도
② 수평거리 300m 범위 안에 있는 가장 높은 장애물 상단에서 150m의 고도
③ 수평거리 600m 범위 안에 있는 가장 높은 장애물 상단에서 200m의 고도
④ 수평거리 300m 범위 안에 있는 가장 높은 장애물 상단에서 100m의 고도

【문제】58. 시계비행 시 인구 밀집지역 상공에서의 최저비행고도는?
① 수평거리 600미터 범위 안의 가장 높은 장애물 상단에서 300피트의 고도
② 수평거리 600미터 범위 안의 가장 높은 장애물 상단에서 1,000피트의 고도
③ 수평거리 1,500미터 범위 안의 가장 높은 장애물 상단에서 300피트의 고도
④ 수평거리 1,500미터 범위 안의 가장 높은 장애물 상단에서 1,000피트의 고도

정답  55. ②  56. ①  57. ①  58. ②

【문제】59. 사람 또는 건축물이 밀집된 지역 외의 지역에서 시계비행방식으로 비행 시 최저비행고도는?
① 지표면, 수면 또는 물건의 상단에서 150m의 고도
② 지표면, 수면 또는 물건의 상단에서 200m의 고도
③ 지표면, 수면 또는 물건의 상단에서 250m의 고도
④ 지표면, 수면 또는 물건의 상단에서 300m의 고도

【문제】60. 계기비행방식으로 산악지역 비행 시 최저비행고도는?
① 반지름 6km 이내에 위한 가장 높은 장애물로부터 300m의 고도
② 반지름 6km 이내에 위한 가장 높은 장애물로부터 600m의 고도
③ 반지름 8km 이내에 위한 가장 높은 장애물로부터 300m의 고도
④ 반지름 8km 이내에 위한 가장 높은 장애물로부터 600m의 고도

【문제】61. 국토교통부령으로 정하는 최저비행고도에 대한 설명으로 틀린 것은?
① 시계비행으로 인구 밀집지역 비행 시 해당 항공기를 중심으로 반경 600m 이내의 가장 높은 장애물의 상단에서 300m의 고도
② 시계비행으로 인구 밀집지역 외에서 비행 시 지표면으로부터 150m의 고도
③ 계기비행으로 산악지역 비행 시 해당 항공기를 중심으로 반경 8km 이내의 가장 높은 장애물의 상단에서 600미터의 고도
④ 계기비행으로 산악지역 외에서 비행 시 해당 항공기를 중심으로 반경 7km 이내의 가장 높은 장애물의 상단에서 300m의 고도

〈해설〉 항공안전법 시행규칙 제199조(최저비행고도). 법 제68조제1호에서 "국토교통부령으로 정하는 최저비행고도"란 다음과 같다.

| 구 분 | | 최저비행고도 |
|---|---|---|
| 1. 시계비행방식으로 비행하는 항공기 | 가. 사람 또는 건축물이 밀집된 지역의 상공 | 해당 항공기를 중심으로 수평거리 600m 범위 안의 지역에 있는 가장 높은 장애물의 상단에서 300m(1,000ft)의 고도 |
| | 나. 위 가항 외의 지역 | 지표면·수면 또는 물건의 상단에서 150m(500ft)의 고도 |
| 2. 계기비행방식으로 비행하는 항공기 | 가. 산악지역 | 항공기를 중심으로 반지름 8km 이내에 위치한 가장 높은 장애물로부터 600m의 고도 |
| | 나. 위 가항 외의 지역 | 항공기를 중심으로 반지름 8km 이내에 위치한 가장 높은 장애물로부터 300m의 고도 |

【문제】62. 최저비행고도 아래에서 비행을 하기 위해서는 누구에게 비행허가 신청서를 제출해야 하는가?
① 국토교통부장관　　　　② 항공교통본부장
③ 항공안전본부장　　　　④ 지방항공청장

【문제】63. 최저비행고도 아래에서 비행할 때 제출하는 비행허가 신청서에 포함되지 않는 내용은?
① 신청인의 성명 및 주소　　　　② 해당 항공기의 장비 명세
③ 조종사의 성명 및 자격번호　　④ 동승자의 성명 및 동승의 목적

[정답]　59. ①　60. ④　61. ④　62. ④　63. ②

〈해설〉 항공안전법 시행규칙 제200조(최저비행고도 아래에서의 비행허가). 최저비행고도 아래에서 비행하려는 자는 최저비행고도 아래에서의 비행허가 신청서를 지방항공청장·국방부장관 또는 항공교통업무증명을 받은 자에게 제출하여야 한다_77 페이지 참고

【문제】64. 다음 중 곡예비행이 가능한 비행시정으로 맞는 것은?
① 비행고도 3,050m 이상: 5,000m 이상
② 비행고도 3,050m 이상: 7,000m 이상
③ 비행고도 3,050m 미만: 5,000m 이상
④ 비행고도 3,050m 미만: 3,500m 이상

【문제】65. 비행고도 10,000피트 이상인 구역에서 곡예비행 시 최저비행시정은?
① 3,000미터    ② 5,000미터    ③ 8,000미터    ④ 10,000미터

【문제】66. 비행고도 1만피트 미만의 구역에서 곡예비행을 할 수 있는 비행시정으로 옳은 것은?
① 3천미터 이상    ② 5천미터 이상    ③ 6천미터 이상    ④ 8천미터 이상

〈해설〉 항공안전법 시행규칙 제197조(곡예비행 등을 할 수 있는 비행시정). 곡예비행을 할 수 있는 비행시정은 다음의 구분과 같다.
1. 비행고도 3,050m(1만ft) 미만인 구역 : 5,000m 이상
2. 비행고도 3,050m(1만ft) 이상인 구역 : 8,000m 이상

【문제】67. 국토교통부령으로 정하는 곡예비행 금지구역으로 틀린 것은?
① 관제구 및 관제권
② 사람 또는 건축물이 밀집한 지역의 상공
③ 지표로부터 1,500m 미만의 고도
④ 해당 항공기를 중심으로 반지름 500m 범위 안에 있는 가장 높은 장애물의 상단으로부터 500m 이하의 고도

【문제】68. 곡예비행 금지구역에 대한 설명으로 틀린 것은?
① 해당 활공기를 중심으로 반지름 300미터 범위 안의 지역에 있는 가장 높은 장애물의 상단으로부터 300미터 이하의 고도
② 사람 또는 건축물이 밀집한 지역의 상공
③ 해당 항공기를 중심으로 반지름 500미터 범위 안의 지역에 있는 가장 높은 장애물의 상단으로부터 500미터 이하의 고도
④ 지표로부터 150미터 미만의 고도

〈해설〉 항공안전법 시행규칙 제204조(곡예비행 금지구역)
1. 사람 또는 건축물이 밀집한 지역의 상공
2. 관제구 및 관제권
3. 지표로부터 450m(1,500ft) 미만의 고도
4. 해당 항공기(활공기는 제외)를 중심으로 반지름 500m 범위 안의 지역에 있는 가장 높은 장애물의 상단으로부터 500m 이하의 고도

[정답] 64. ③　65. ③　66. ②　67. ③　68. ④

5. 해당 활공기를 중심으로 반지름 300m 범위 안의 지역에 있는 가장 높은 장애물의 상단으로부터 300m 이하의 고도

【문제】69. 무인항공기를 사용하려고 할 때, 비행허가 신청서는 누구에게 비행예정일 며칠 전까지 제출하여야 하는가?

① 지방항공청장 또는 항공교통본부장에게 7일 전까지
② 지방항공청장에게 15일 전까지
③ 지방항공청장 또는 항공교통본부장에게 15일 전까지
④ 지방항공청장에게 10일 전까지

〈해설〉 제206조(무인항공기의 비행허가 신청 등). 무인항공기를 비행시키려는 자는 무인항공기 비행허가 신청서에 서류를 첨부하여 지방항공청장·항공교통본부장·국방부장관 또는 항공교통업무증명을 받은 자에게 비행예정일 7일 전까지 제출하여야 한다.

【문제】70. 긴급항공기의 지정 및 운항절차 등에 관하여 필요한 사항은 누가 정하는가?
① 지방항공청령　　② 국토교통부령　　③ 대통령령　　④ 한국교통안전공단

【문제】71. 긴급항공기 지정 취소처분을 받은 자는 몇 년 이내에는 긴급항공기의 지정을 받을 수 없는가?
① 6개월　　② 1년　　③ 2년　　④ 3년

【문제】72. 수색업무를 수행하는 긴급항공기의 최저비행고도는?
① 최저비행고도의 제한을 받지 않는다.
② 최저비행고도 미만의 고도로 비행할 수 없다.
③ 최저비행고도 아래에서 비행하려는 자는 국토교통부장관의 허가를 받아야 한다.
④ 최저비행고도 아래에서 비행하려는 자는 비행허가 신청서를 지방항공청장에게 제출하여야 한다.

【문제】73. 긴급항공기 지정에 관한 설명 중 틀린 것은?
① 긴급한 업무의 수행을 위하여 운항하는 경우에도 이착륙 장소의 제한규정이 적용된다.
② 긴급항공기 지정에 관하여 필요한 사항은 국토교통부령으로 정한다.
③ 긴급항공기 지정은 지방항공청장으로부터 받아야 한다.
④ 긴급항공기 지정 취소처분을 받은 자는 2년 이내에는 긴급항공기의 지정을 받을 수 없다

〈해설〉 항공안전법 제69조(긴급항공기의 지정 등)
1. 응급환자의 수송 등 국토교통부령으로 정하는 긴급한 업무에 항공기를 사용하려는 소유자등은 그 항공기에 대하여 국토교통부장관의 지정을 받아야 한다. (참고; 항공안전법 시행규칙 제207조에서는 지방항공청장으로부터 긴급항공기의 지정을 받아야 한다고 규정하고 있다)
2. 국토교통부장관의 지정을 받은 긴급항공기를 긴급한 업무의 수행을 위하여 운항하는 경우에는 제66조(항공기 이륙·착륙의 장소) 및 제68조제1호(최저비행고도 아래에서의 비행)·제2호(물건의 투하 또는 살포)를 적용하지 아니한다.
3. 긴급항공기의 지정 및 운항절차 등에 필요한 사항은 국토교통부령으로 정한다.
4. 긴급항공기의 지정 취소처분을 받은 자는 취소처분을 받은 날부터 2년 이내에는 긴급항공기의 지정을 받을 수 없다.

정답　69. ①　70. ②　71. ③　72. ①　73. ①

**【문제】74.** 다음 중 긴급항공기로 지정할 수 있는 업무가 아닌 것은?
① 재난, 재해 등으로 인한 수색/구조  ② 응급환자의 후송
③ 화재의 진화  ④ 공항시설의 긴급한 복구

〈해설〉 항공안전법 시행규칙 제207조(긴급항공기의 지정). "응급환자의 수송 등 국토교통부령으로 정하는 긴급한 업무"란 다음의 어느 하나에 해당하는 업무를 말한다.
 1. 재난·재해 등으로 인한 수색·구조
 2. 응급환자의 수송 등 구조·구급활동
 3. 화재의 진화
 4. 화재의 예방을 위한 감시활동
 5. 응급환자를 위한 장기(臟器) 이송
 6. 그 밖에 자연재해 발생 시의 긴급복구

**【문제】75.** 긴급항공기를 운영하기 위한 긴급항공기 지정신청서는 누구에게 제출하여야 하는가?
① 국토교통부장관  ② 항공교통본부장
③ 지방항공청장  ④ 관할 행정 자치단체장

〈해설〉 항공안전법 시행규칙 제207조(긴급항공기의 지정). 긴급항공기의 지정을 받으려는 자는 긴급항공기 지정신청서를 지방항공청장에게 제출하여야 한다.

**【문제】76.** 긴급항공기로 수색, 구조 종료 후 긴급항공기 운항결과 보고서는 몇 시간 이내에 누구에게 제출해야 하는가?
① 15시간, 지방항공청장  ② 15시간, 국토교통부장관
③ 24시간, 지방항공청장  ④ 24시간, 국토교통부장관

〈해설〉 항공안전법 시행규칙 제208조(긴급항공기의 운항절차). 긴급항공기를 운항한 자는 운항이 끝난 후 24시간 이내에 긴급항공기 운항결과 보고서를 지방항공청장에게 제출하여야 한다.

**【문제】77.** 항공기를 이용하여 폭발성이나 연소성이 높은 물건 등 국토교통부령으로 정하는 위험물을 운송하고자 하는 경우 누구의 허가를 받아야 하는가?
① 국토교통부장관  ② 공항관리기관
③ 지방항공청장  ④ 기장

〈해설〉 항공안전법 제70조(위험물 운송 등). 항공기를 이용하여 폭발성이나 연소성이 높은 물건 등 국토교통부령으로 정하는 위험물을 운송하려는 자는 국토교통부령으로 정하는 바에 따라 국토교통부장관의 허가를 받아야 한다.

**【문제】78.** 국토교통부령으로 정하는 위험물이 아닌 것은?
① 폭발성 물질  ② 가소성 물질  ③ 가연성 물질  ④ 산화성 물질

〈해설〉 항공안전법 시행규칙 제209조(위험물 운송허가등) "폭발성이나 연소성이 높은 물건 등 국토교통부령으로 정하는 위험물"이란 다음의 어느 하나에 해당하는 것을 말한다.
 1. 폭발성 물질
 2. 가스류

**정답** 74. ④  75. ③  76. ③  77. ①  78. ②

3. 인화성 액체
4. 가연성 물질류
5. 산화성 물질류
6. 독물류
7. 방사성 물질류
8. 부식성 물질류
9. 그 밖에 국토교통부장관이 정하여 고시하는 물질류

【문제】79. 운항 중에 기내에서 전자기기의 사용을 제한할 수 있는 항공기는?
① 항공운송사업용 항공기　　② 항공기사용사업용 항공기
③ 시계비행방식으로 비행 중인 항공기　　④ 응급환자를 후송중인 항공기

【문제】80. 계기비행 시 사용이 제한되는 전자기기는?
① 휴대용 음성녹음기　　② 휴대 전화기
③ 전기면도기　　④ 보청기

【문제】81. 운항 중 전자기기의 사용제한에 대한 설명 중 틀린 것은?
① 시계비행방식으로 비행 중인 항공운송사업용 항공기에서는 전자기기를 사용할 수 있다.
② 휴대용 음성녹음기와 전기면도기는 항상 사용할 수 있다.
③ 기장이 사용할 수 있도록 허용한 경우 전자기기를 사용할 수 있다.
④ 기장이 항공기 제작회사의 권고 등에 따라 해당 항공기에 전자파 영향을 주지 아니한다고 인정한 휴대용 전자기기는 사용할 수 있다.

〈해설〉 항공안전법 시행규칙 제214조(전자기기의 사용제한) 운항 중에 전자기기의 사용을 제한할 수 있는 항공기와 사용이 제한되는 전자기기의 품목은 다음과 같다.
1. 다음의 어느 하나에 해당하는 항공기
 가. 항공운송사업용으로 비행 중인 항공기
 나. 계기비행방식으로 비행 중인 항공기
2. 다음 외의 전자기기
 가. 휴대용 음성녹음기
 나. 보청기
 다. 심장박동기
 라. 전기면도기
 마. 그 밖에 항공운송사업자 또는 기장이 항공기 제작회사의 권고 등에 따라 해당 항공기에 전자파 영향을 주지 아니한다고 인정한 휴대용 전자기기

【문제】82. 기장과 기장 외의 조종사가 탑승하지 않아도 되는 항공기는?
① 비행교범에 따라 항공기 운항을 위하여 2명 이상의 조종사가 필요한 항공기
② 여객운송에 사용되는 항공기
③ 인명구조, 산불진화 등 특수업무를 수행하는 쌍발 헬리콥터
④ 구조상 단독으로 발동기 및 기체를 완전히 취급할 수 없는 항공기

[정답] 79. ①　80. ②　81. ①　82. ④

〈해설〉 항공안전법 시행규칙 제218조(승무원 등의 탑승 등). 항공기에 태워야 할 운항승무원은 다음의 구분에 따른다.

| 항공기 | 탑승시켜야 할 항공종사자 |
|---|---|
| 1. 비행교범에 따라 항공기 운항을 위하여 2명 이상의 조종사가 필요한 항공기 | 조종사(기장과 기장 외의 조종사) |
| 2. 여객운송에 사용되는 항공기 | |
| 3. 인명구조, 산불진화 등 특수임무를 수행하는 쌍발 헬리콥터 | |
| 4. 구조상 단독으로 발동기 및 기체를 완전히 취급할 수 없는 항공기 | 조종사 및 항공기관사 |
| 5. 법 제51조에 따라 무선설비를 갖추고 비행하는 항공기 | 「전파법」에 따른 무선설비를 조작할 수 있는 무선종사자 기술자격증을 가진 조종사 1명 |
| 6. 착륙하지 아니하고 550km 이상의 구간을 비행하는 항공기(비행 중 상시 지상표지 또는 항행안전시설을 이용할 수 있다고 인정되는 관성항법장치 또는 정밀 도플러레이더 장치를 갖춘 것은 제외) | 조종사 및 항공사 |

【문제】83. 여객운송에 사용되는 좌석수 280석인 항공기에 태워야 할 객실승무원 수는?
① 4명　　　　② 5명　　　　③ 6명　　　　④ 7명

【문제】84. 여객운송에 사용되는 항공기의 객실승무원 탑승 인원에 관한 설명으로 틀린 것은?
① 20석 이상 50석 이하: 1명
② 51석 이상 100석 이하: 2명
③ 151석 이상 200석 이하: 4명
④ 201석 이상: 3명에 좌석수 40석을 추가할 때마다 1명씩 추가

〈해설〉 항공안전법 시행규칙 제218조(승무원 등의 탑승 등). 여객운송에 사용되는 항공기로 승객을 운송하는 경우에는 항공기에 장착된 승객의 좌석 수에 따라 그 항공기의 객실에 다음 표에서 정하는 수 이상의 객실승무원을 태워야 한다.

| 장착된 좌석 수 | 객실승무원 수 |
|---|---|
| 20석 이상 50석 이하 | 1명 |
| 51석 이상 100석 이하 | 2명 |
| 101석 이상 150석 이하 | 3명 |
| 151석 이상 200석 이하 | 4명 |
| 201석 이상 | 5명에 좌석 수 50석을 추가할 때마다 1명씩 추가 |

【문제】85. 수직분리축소공역 등에서의 항공기 운항을 승인 받으려는 자는 별지 제83호 서식의 항공기 운항승인 신청서에 법 제77조에 따라 고시하는 운항기술기준에 적합함을 증명하는 서류를 첨부하여 운항개시 예정일 (　) 전까지 (　) 또는 (　)에게 제출하여야 한다. (　) 안에 맞는 것은?
① 15일, 국토교통부장관, 지방항공청장
② 7일, 국토교통부장관, 지방항공청장
③ 15일, 지방항공청장, 항공교통본부장
④ 7일, 지방항공청장, 항공교통본부장

정답　83. ③　84. ④　85. ①

〈해설〉 항공안전법 시행규칙 제216조(수직분리축소공역 등에서의 항공기 운항). 국토교통부장관 또는 지방항공청장으로부터 수직분리축소공역 등에서의 항공기 운항 승인을 받으려는 자는 항공기 운항승인 신청서에 운항개시예정일 15일 전까지 국토교통부장관 또는 지방항공청장에게 제출하여야 한다.

【문제】86. 수직분리축소(RVSM)공역 등에서 국토교통장관의 승인을 얻지 않고 항공기 운항이 가능한 경우는?
① 항공기의 정비, 수리 또는 개조 후 시험비행을 하는 항공기를 운항하는 경우
② 우리나라에 신규로 도입하는 항공기를 운항하는 경우
③ 국내에서 수리, 개조 또는 제작한 후 수출하는 항공기를 운항하는 경우
④ 항공기의 정비 또는 수리, 개조를 위한 장소까지 공수비행을 하는 항공기를 운항하는 경우

〈해설〉 항공안전법 시행규칙 제216조(수직분리축소공역 등에서의 항공기 운항). 다음의 운항을 하려는 경우에는 국토교통부장관의 승인을 받지 아니하고 수직분리축소공역에서 항공기를 운항할 수 있다.
1. 항공기의 사고·재난이나 그 밖의 사고로 인하여 사람 등의 수색·구조 등을 위하여 긴급하게 항공기를 운항하는 경우
2. 우리나라에 신규로 도입하는 항공기를 운항하는 경우
3. 수직분리축소공역에서의 운항승인을 받은 항공기에 고장등이 발생하여 그 항공기를 정비등을 위한 장소까지 운항하는 경우

【문제】87. 다음 중 항공기의 안전운항을 위한 운항기술기준에 포함하여야 할 사항으로 옳지 않은 것은?
① 항공종사자의 자격증명
② 항공기 계기 및 장비
③ 항공정비 시설 및 인력
④ 항공기 운항

〈해설〉 항공안전법 제77조(항공기의 안전운항을 위한 운항기술기준). 국토교통부장관은 항공기 안전운항을 확보하기 위하여 이 법과「국제민간항공협약」및 같은 협약 부속서에서 정한 범위에서 다음의 사항이 포함된 운항기술기준을 정하여 고시할 수 있다.
1. 자격증명
2. 항공훈련기관
3. 항공기 등록 및 등록부호 표시
4. 항공기 감항성
5. 정비조직인증기준
6. 항공기 계기 및 장비
7. 항공기 운항
8. 항공운송사업의 운항증명 및 관리
9. 그 밖에 안전운항을 위하여 필요한 사항으로서 국토교통부령으로 정하는 사항

## Ⅸ. 공역 및 항공교통업무 등

【문제】1. 우리나라 수도 서울의 상공을 통제공역으로 지정하는 경우는?
① 대통령이 정한다.
② 국토교통부장관이 정한다.
③ 국방부장관이 정한다.
④ 서울특별시장이 정한다.

정답  86. ②   87. ③  /  1. ②

【문제】 2. 긴급운항이나 통제공역의 근거는?
　　① 대통령령　　② 국토교통부령　　③ 항공고시보　　④ 항공정보간행물

〈해설〉 항공안전법 제78조(공역 등의 지정). 국토교통부장관은 필요하다고 인정할 때에는 국토교통부령으로 정하는 바에 따라 공역을 세분하여 지정·공고할 수 있다

【문제】 3. 관제공역 외의 공역으로서 항공기의 조종사에게 비행에 필요한 조언, 비행정보 등을 제공하는 공역은?
　　① 조언공역　　② 비관제공역　　③ 통제공역　　④ 주의공역

【문제】 4. 항공교통의 안전을 위하여 항공기의 비행을 금지하거나 제한할 필요가 있는 공역은?
　　① 관제공역　　② 비관제공역　　③ 통제공역　　④ 주의공역

【문제】 5. 각 공역에 대한 다음 설명 중 틀린 것은?
　　① 비행정보공역: 관제공역 외의 공역으로서 항공기의 조종사에게 비행에 필요한 조언, 비행정보 등을 제공하는 공역
　　② 관제공역: 항공교통의 안전을 위하여 항공기의 비행순서, 시기 및 방법 등에 관하여 국토교통부장관의 지시를 받아야 할 필요가 있는 공역으로서 관제권 및 관제구를 포함하는 공역
　　③ 통제공역: 항공교통의 안전을 위하여 항공기의 비행을 금지하거나 제한할 필요가 있는 공역
　　④ 주의공역: 항공기의 조종사가 비행 시 특별한 주의. 경계, 식별 등이 필요한 공역

〈해설〉 항공안전법 제78조(공역 등의 지정). 국토교통부장관은 공역을 체계적이고 효율적으로 관리하기 위하여 필요하다고 인정할 때에는 비행정보구역을 다음의 공역으로 구분하여 지정·공고할 수 있다.

| 구분 | 내용 |
| --- | --- |
| 관제공역 | 항공교통의 안전을 위하여 항공기의 비행 순서·시기 및 방법 등에 관하여 국토교통부장관 또는 항공교통업무증명을 받은 자의 지시를 받아야 할 필요가 있는 공역으로서 관제권 및 관제구를 포함하는 공역 |
| 비관제공역 | 관제공역 외의 공역으로서 항공기의 조종사에게 비행에 관한 조언·비행정보 등을 제공할 필요가 있는 공역 |
| 통제공역 | 항공교통의 안전을 위하여 항공기의 비행을 금지하거나 제한할 필요가 있는 공역 |
| 주의공역 | 항공기의 조종사가 비행 시 특별한 주의·경계·식별 등이 필요한 공역 |

【문제】 6. 다음 중 모든 항공기가 계기비행을 하여야 하는 공역은?
　　① A등급 공역　　② B등급 공역　　③ C등급 공역　　④ D등급 공역

【문제】 7. 모든 항공기에 항공교통관제업무가 제공되나, 시계비행을 하는 항공기 간에 교통정보만 제공되는 공역은?
　　① C등급 공역　　② D등급 공역　　③ F등급 공역　　④ G등급 공역

【문제】 8. 다음 중 관제가 이루어지지 않는 공역은?
　　① B등급 공역　　② C등급 공역　　③ D등급 공역　　④ G등급 공역

[정답]　2. ②　3. ②　4. ③　5. ①　6. ①　7. ①　8. ④

【문제】9. 모든 항공기에 항공교통관제업무가 제공되나, 계기비행 항공기와 시계비행 항공기 및 시계비행 항공기 간에는 교통정보만 제공되는 공역은?
① B등급 공역　② C등급 공역　③ D등급 공역　④ E등급 공역

〈해설〉 항공안전법 시행규칙 별표 23(공역의 구분). 제공하는 항공교통업무에 따라 공역을 구분하면 다음과 같다.

| 구 분 | | 내 용 |
|---|---|---|
| 관제 공역 | A등급 공역 | 모든 항공기가 계기비행을 해야 하는 공역 |
| | B등급 공역 | 계기비행 및 시계비행을 하는 항공기가 비행 가능하고, 모든 항공기에 분리를 포함한 항공교통관제업무가 제공되는 공역 |
| | C등급 공역 | 모든 항공기에 항공교통관제업무가 제공되나, 시계비행을 하는 항공기 간에는 교통정보만 제공되는 공역 |
| | D등급 공역 | 모든 항공기에 항공교통관제업무가 제공되나, 계기비행을 하는 항공기와 시계비행을 하는 항공기 및 시계비행을 하는 항공기 간에는 교통정보만 제공되는 공역 |
| | E등급 공역 | 계기비행을 하는 항공기에 항공교통관제업무가 제공되고, 시계비행을 하는 항공기에 교통정보가 제공되는 공역 |
| 비관제 공역 | F등급 공역 | 계기비행을 하는 항공기에 비행정보업무와 항공교통조언업무가 제공되고, 시계비행항공기에 비행정보업무가 제공되는 공역 |
| | G등급 공역 | 모든 항공기에 비행정보업무만 제공되는 공역 |

【문제】10. 공역에 대한 설명으로 틀린 것은?
① 비관제공역: 관제공역 외의 공역으로서 항공기의 조종사에게 비행에 관한 조언·비행정보 등을 제공할 필요가 있는 공역
② 관제공역: 항공교통의 안전을 위하여 항공기의 비행 순서·시기 및 방법 등에 관하여 국토교통부장관의 지시를 받아야 할 필요가 있는 공역
③ 통제공역: 항공교통의 안전을 위하여 항공기의 비행을 금지하거나 제한할 필요가 있는 공역
④ 경계공역: 항공기의 비행 시 조종사의 특별한 주의, 경계, 식별 등이 필요한 공역

【문제】11. 항공사격, 대공사격 등으로 인한 위험으로부터 항공기의 안전을 보호하거나 그 밖의 이유로 비행허가를 받지 않은 항공기의 비행을 제한하는 공역은?
① 훈련구역　② 위험구역　③ 경계구역　④ 비행제한구역

【문제】12. 다음 중 통제공역은?
① 훈련구역　② 군작전구역　③ 비행금지구역　④ 위험구역

【문제】13. 다음 중 주의공역이 아닌 것은?
① 군작전구역　② 제한구역　③ 훈련구역　④ 경계구역

【문제】14. 다음 중 통제공역이 아닌 것은?
① 군작전구역
② 비행금지구역
③ 비행제한구역
④ 초경량비행장치 비행제한구역

정답　9. ③　10. ④　11. ④　12. ③　13. ②　14. ①

【문제】 15. 공역의 사용목적에 따른 구분 중 조언구역에 해당하는 공역은?
① 관제공역　　② 통제공역　　③ 비관제공역　　④ 위험공역

【문제】 16. 군사작전을 위하여 항공기가 기동을 하는 공역은?
① 주의공역　　② 통제공역　　③ 관제공역　　④ 비관제공역

【문제】 17. 다음 주의공역 중 대규모 조종사의 훈련이나 비정상 형태의 항공활동이 수행되어지는 공역은?
① 훈련구역　　② 군작전구역　　③ 경계구역　　④ 위험구역

〈해설〉 항공안전법 시행규칙 별표 23(공역의 구분) 사용목적에 따라 공역을 구분하면 다음과 같다.

| 구 분 | | 내 용 |
|---|---|---|
| 관제공역 | 관제권 | 비행정보구역 내의 B, C 또는 D등급 공역 중에서 시계 및 계기비행을 하는 항공기에 대하여 항공교통관제업무를 제공하는 공역 |
| | 관제구 | 비행정보구역 내의 A, B, C, D 및 E등급 공역에서 시계 및 계기비행을 하는 항공기에 대하여 항공교통관제업무를 제공하는 공역 |
| | 비행장 교통구역 | 비행정보구역 내의 D등급에서 시계비행을 하는 항공기 간에 교통정보를 제공하는 공역 |
| 비관제공역 | 조언구역 | 항공교통조언업무가 제공되도록 지정된 비관제공역 |
| | 정보구역 | 비행정보업무가 제공되도록 지정된 비관제공역 |
| 통제공역 | 비행금지구역 | 안전, 국방상, 그 밖의 이유로 항공기의 비행을 금지하는 공역 |
| | 비행제한구역 | 항공사격·대공사격 등으로 인한 위험으로부터 항공기의 안전을 보호하거나 그 밖의 이유로 비행허가를 받지 않은 항공기의 비행을 제한하는 공역 |
| | 초경량비행장치 비행제한구역 | 초경량비행장치의 비행안전을 확보하기 위하여 초경량비행장치의 비행활동에 대한 제한이 필요한 공역 |
| 주의공역 | 훈련구역 | 민간항공기의 훈련공역으로서 계기비행항공기로부터 분리를 유지할 필요가 있는 공역 |
| | 군작전구역 | 군사작전을 위하여 설정된 공역으로서 계기비행항공기로부터 분리를 유지할 필요가 있는 공역 |
| | 위험구역 | 항공기의 비행시 항공기 또는 지상시설물에 대한 위험이 예상되는 공역 |
| | 경계구역 | 대규모 조종사의 훈련이나 비정상 형태의 항공활동이 수행되는 공역 |
| | 초경량비행장치 비행구역 | 초경량비행장치의 비행활동이 수행되는 공역으로 그 주변을 비행하는 자의 주의가 필요한 공역 |

【문제】 18. 다음 중 공역의 설정기준으로 적절하지 않은 것은?
① 이용자의 편의　　② 효율성과 경제성
③ 항공안전　　　　④ 국토의 구분

〈해설〉 항공안전법 시행규칙 제221조(공역의 구분·관리 등). 공역의 설정기준은 다음과 같다.
　1. 국가안전보장과 항공안전을 고려할 것
　2. 항공교통에 관한 서비스의 제공 여부를 고려할 것
　3. 이용자의 편의에 적합하게 공역을 구분할 것
　4. 공역이 효율적이고 경제적으로 활용될 수 있을 것

【문제】 19. 통제공역에 진입하기 위한 통제공역 비행허가 신청서를 접수하는 대상이 아닌 자는?
① 국방부장관　　② 국토교통부장관　　③ 지방항공청장　　④ 항공교통본부장

[정답] 15. ③　16. ①　17. ③　18. ④　19. ②

〈해설〉 항공안전법 시행규칙 제222조(통제공역에서의 비행허가). 통제공역에서 비행하려는 자는 통제공역 비행허가 신청서를 지방항공청장·항공교통본부장 또는 국방부장관에게 제출해야 한다. 이 경우 비행 중에는 무선통신 등의 방법을 사용하여 신청서를 제출할 수 있다.

【문제】20. 항공교통업무의 목적이 아닌 것은?
① 항공교통흐름의 질서유지 및 촉진
② 항공기와 장애물 간의 충돌 방지
③ 전파에 의한 항공기 항행의 지원
④ 항공기의 안전한 운항을 위한 조언 및 정보의 제공

【문제】21. 항공교통관제업무의 목적에 포함되지 않는 것은?
① 항공기 간의 충돌 방지
② 항공교통흐름의 질서 유지 및 촉진
③ 기동지역 안에서 항공기와 장애물 간의 충돌 방지
④ 조난 항공기에 대한 수색 및 구조

【문제】22. 다음 중 항공교통업무가 아닌 것은?
① 항공교통관제업무  ② 수색구조업무
③ 비행정보업무  ④ 경보업무

【문제】23. 다음 중 항공교통관제업무가 아닌 것은?
① 착륙유도관제업무  ② 비행장관제업무
③ 지역관제업무  ④ 접근관제업무

【문제】24. 비행정보구역 안에서 비행하는 항공기에 대하여 조언 및 정보 등을 제공하는 항공교통업무는?
① 접근관제업무  ② 지역관제업무
③ 비행정보업무  ④ 경보업무

【문제】25. 수색, 구조를 필요로 하는 항공기에 대한 관계기관에의 정보 제공 및 협조의 목적을 수행하기 위하여 제공하는 항공교통업무는?
① 항공교통관제업무  ② 지역관제업무
③ 비행정보업무  ④ 경보업무

〈해설〉 항공안전법 시행규칙 제228조(항공교통업무의 목적 등)

| 항공교통업무의 구분 | | 항공교통업무의 목적 |
|---|---|---|
| 1. 항공교통 관제업무 | 접근관제업무 | · 항공기 간의 충돌 방지 |
| | 비행장관제업무 | · 기동지역 안에서 항공기와 장애물 간의 충돌 방지 |
| | 지역관제업무 | · 항공교통흐름의 질서유지 및 촉진 |
| 2. 비행정보업무 | | 항공기의 안전하고 효율적인 운항을 위하여 필요한 조언 및 정보의 제공 |
| 3. 경보업무 | | 수색·구조를 필요로 하는 항공기에 대한 관계기관에의 정보 제공 및 협조 |

[정답] 20. ③  21. ④  22. ②  23. ①  24. ③  25. ④

【문제】 26. 다음 중 관제소로부터의 지시사항에 대하여 복창하지 않아도 되는 것은?
① CPDLC에 의한 지시사항　　② 이륙 및 착륙의 허가
③ 항로의 허가사항　　　　　　④ 사용 활주로, 고도계 수정치

〈해설〉 항공안전법 시행규칙 제247조(항공안전 관련 정보의 복창)
1. 항공기의 조종사는 관할 항공교통관제기관에서 음성으로 전달된 항공안전 관련 항공교통관제의 허가 또는 지시사항을 복창하여야 한다. 이 경우 다음의 사항은 반드시 복창하여야 한다.
　가. 항로의 허가사항
　나. 활주로의 진입, 착륙, 이륙, 대기, 횡단 및 역방향 주행에 대한 허가 또는 지시사항
　다. 사용 활주로, 고도계 수정치, 2차 감시 항공교통관제 레이더용 트랜스폰더(Mode 3/A 및 Mode C SSR transponder)의 배정부호, 고도지시, 기수지시, 속도지시 및 전이고도
2. 관할 항공교통관제기관에서 달리 정하고 있지 않으면 항공교통관제사와 조종사간 데이터통신(CPDLC)에 의하여 항공교통관제의 허가 또는 지시사항이 전달되는 경우에는 음성으로 복창을 하지 아니할 수 있다.

【문제】 27. 항공기로부터 연락이 있어야 할 시간으로부터 30분 이내에 연락이 없을 경우의 비상상황은?
① 불확실상황　　② 주의상황　　③ 경보상황　　④ 조난상황

【문제】 28. 항공기가 착륙허가를 받고도 착륙 예정시간으로부터 5분 이내에 착륙하지 아니한 상태에서 무선교신이 되지 않을 경우의 비상상황은?
① 조난상황　　② 경계상황　　③ 불확실상황　　④ 경보상황

【문제】 29. 다음 중 경보상황에 해당하는 것은?
① 항공기 탑재연료가 고갈되어 항공기의 안전을 유지하기가 곤란한 경우
② 항공기가 마지막으로 통보한 도착 예정시간 또는 항공교통업무기관이 예상한 도착 예정시간 중 더 늦은 시간부터 30분 이내에 도착하지 아니할 경우
③ 항공기가 착륙허가를 받고도 착륙 예정시간부터 5분 이내에 착륙하지 아니한 상태에서 그 항공기와의 무선교신이 되지 아니할 경우
④ 항공기가 불시착 중이거나 불시착하였다는 정보사항이 정확한 정보로 판단되는 경우

【문제】 30. 다음 중 경보상황에 해당하지 않는 것은?
① 불확실상황에서의 항공기와의 교신시도 또는 관계 부서의 조회로도 해당 항공기의 위치를 확인하기 곤란한 경우
② 항공기가 착륙허가를 받고도 착륙 예정시간부터 5분 이내에 착륙하지 아니한 경우
③ 항공기의 비행능력이 상실되었으나 불시착할 가능성이 없음을 나타내는 정보를 입수한 경우
④ 항공기가 테러 등 불법간섭을 받는 것으로 인지된 경우

【문제】 31. 비상상황의 단계별 순서가 올바른 것은?
① ALERFA - INCERFA - DETRESFA　　② INCERFA - ALERFA - DETRESFA
③ ALERFA - DETRESFA - INCERFA　　④ INCERFA - DETRESFA - ALERFA

정답　26. ①　27. ①　28. ④　29. ③　30. ②　31. ②

【문제】 32. 다음 중 불확실상황에 해당하는 것은?

① 항공기 탑재연료가 고갈되어 항공기의 안전을 유지하기가 곤란한 경우
② 항공기가 마지막으로 통보한 도착 예정시간 또는 항공교통업무기관이 예상한 도착 예정시간 중 더 늦은 시간부터 30분 이내에 도착하지 아니할 경우
③ 항공기가 착륙허가를 받고도 착륙 예정시간부터 5분 이내에 착륙하지 아니한 상태에서 그 항공기와의 무선교신이 되지 아니할 경우
④ 항공기가 불시착 중이거나 불시착하였다는 정보사항이 정확한 정보로 판단되는 경우

〈해설〉 항공안전법 시행규칙 제243조(경보업무의 수행절차 등). 항공교통업무기관은 항공기가 다음의 구분에 따른 비상상황에 처한 사실을 알았을 때에는 지체 없이 수색·구조업무를 수행하는 기관에 통보하여야 한다.

| 구 분 | 비상상황 |
|---|---|
| 1. 불확실상황<br>(INCERFA;<br>Uncertainly phase) | 가. 항공기로부터 연락이 있어야 할 시간 또는 그 항공기와의 첫 번째 교신시도에 실패한 시간 중 더 이른 시간부터 30분 이내에 연락이 없을 경우<br>나. 항공기가 마지막으로 통보한 도착 예정시간 또는 항공교통업무기관이 예상한 도착 예정시간 중 더 늦은 시간부터 30분 이내에 도착하지 아니할 경우. 다만, 항공기 및 탑승객의 안전이 의심되지 아니하는 경우는 제외한다. |
| 2. 경보상황<br>(ALERFA;<br>Alert phase) | 가. 불확실상황에서의 항공기와의 교신시도 또는 관계 부서의 조회로도 해당 항공기의 위치를 확인하기 곤란한 경우<br>나. 항공기가 착륙허가를 받고도 착륙 예정시간부터 5분 이내에 착륙하지 아니한 상태에서 그 항공기와의 무선교신이 되지 아니할 경우<br>다. 항공기의 비행능력이 상실되었으나 불시착할 가능성이 없음을 나타내는 정보를 입수한 경우. 다만, 항공기 및 탑승자의 안전에 우려가 없다는 명백한 증거가 있는 경우는 제외한다.<br>라. 항공기가 테러 등 불법간섭을 받는 것으로 인지된 경우 |
| 3. 조난상황<br>(DETRESFA;<br>Distress phase) | 가. 경보상황에서 항공기와의 교신시도를 실패하고, 여러 관계 부서와의 조회 결과 항공기가 조난당하였을 가능성이 있는 경우<br>나. 항공기 탑재연료가 고갈되어 항공기의 안전을 유지하기가 곤란한 경우<br>다. 항공기의 비행능력이 상실되어 불시착하였을 가능성이 있음을 나타내는 정보가 입수되는 경우<br>라. 항공기가 불시착 중이거나 불시착하였다는 정보사항이 정확한 정보로 판단되는 경우. 다만, 항공기 및 탑승자가 중대하고 긴박한 위험에 처하여 있지 아니하며, 긴급한 도움이 필요하지 아니하다는 명백한 증거가 있는 경우는 제외한다. |

【문제】 33. 국토교통부장관이 운항승무원에게 제공해야 되는 항공정보의 내용이 아닌 것은?

① 비행장과 항행안전시설의 공용의 개시, 휴지, 재개 및 폐지에 관한 사항
② 비행장과 항행안전시설의 중요한 변경 및 운용에 관한 사항
③ 비행장을 이용할 때에 있어 항공기의 운항에 장애가 되는 사항
④ 비행장과 항행안전시설의 안전한 사용 방법에 관한 사항

【문제】 34. 국토교통부장관이 조종사에게 제공하는 항공정보의 내용이 아닌 것은?

① 진입표면을 초과하는 높이의 공역에서의 로켓 발사
② 항공로 안의 높이 150m 아래 공역에서의 기구 부양
③ 항공로 안의 높이 150m 이상 공역에서의 낙하산 강하
④ 원추표면을 초과하는 높이의 공역에서의 불꽃 발사

[정답]  32. ②   33. ④   34. ②

〈해설〉 항공안전법 시행규칙 제255조(항공정보). 항공정보의 내용은 다음과 같다.
1. 비행장과 항행안전시설의 공용의 개시, 휴지, 재개(再開) 및 폐지에 관한 사항
2. 비행장과 항행안전시설의 중요한 변경 및 운용에 관한 사항
3. 비행장을 이용할 때에 있어 항공기의 운항에 장애가 되는 사항
4. 비행의 방법, 장애물회피고도, 결심고도, 최저강하고도, 비행장 이륙·착륙 기상 최저치 등의 설정과 변경에 관한 사항
5. 항공교통업무에 관한 사항
6. 다음의 공역에서 하는 로켓·불꽃·레이저광선 또는 그 밖의 물건의 발사, 무인기구(기상관측용 및 완구용은 제외)의 계류·부양 및 낙하산 강하에 관한 사항
  가. 진입표면·수평표면·원추표면 또는 전이표면을 초과하는 높이의 공역
  나. 항공로 안의 높이 150m 이상인 공역
  다. 그 밖에 높이 250m 이상인 공역
7. 그 밖에 항공기의 운항에 도움이 될 수 있는 사항

【문제】35. 항공안전법 제89조에 따라 항공정보를 제공하는 방법이 아닌 것은?
① AIP   ② NOTAM   ③ AIC   ④ Jeppesen Chart

〈해설〉 항공안전법 시행규칙 제255조(항공정보). 항공정보는 다음의 어느 하나의 방법으로 제공한다.
1. 항공정보간행물(AIP)
2. 항공고시보(NOTAM)
3. 항공정보회람(AIC)
4. 비행 전·후 정보를 적은 자료

【문제】36. 다음 중 항공정보에 사용되는 측정단위로 틀린 것은?
① 온도: 섭씨도(°C) 또는 화씨도(°F)   ② 고도: 미터(m) 또는 피트(ft)
③ 주파수: 헤르츠(Hz)   ④ 속도: 초당 미터(m/s)

〈해설〉 항공안전법 시행규칙 제255조(항공정보). 항공정보에 사용되는 측정단위는 다음의 어느 하나의 방법에 따라 사용한다.
1. 고도(Altitude) : 미터(m) 또는 피트(ft)
2. 시정(Visibility) : 킬로미터(km) 또는 마일(SM). 이 경우 5km 미만의 시정은 미터(m) 단위를 사용
3. 주파수(Frequency) : 헤르쯔(Hz)
4. 속도(Velocity Speed) : 초당 미터(m/s)
5. 온도(Temperature) : 섭씨도(℃)

## Ⅹ. 항공운송사업자 등에 대한 안전관리

【문제】1. 국토교통부장관이 운항증명을 받은 항공운송사업자가 안전운항체계를 계속적으로 유지하고 있는지 여부를 검사하는 주기는?
① 정기   ② 수시
③ 정기 또는 수시   ④ 정기 또는 불시

〈해설〉 항공안전법 제90조(항공운송사업자의 운항증명). 국토교통부장관은 항공기 안전운항을 확보하기 위하여 운항증명을 받은 항공운송사업자가 안전운항체계를 유지하고 있는지를 정기 또는 수시로 검사하여야 한다.

[정답] 35. ④   36. ①   /   1. ③

【문제】2. 운항증명을 하는 경우 운영기준에 명시할 국토교통부령으로 정하는 운항조건과 제한사항이 아닌 것은?
① 정규 공항과 항공기 기종 및 등록기호
② 항공기 급유시설 및 연료저장시설에 관한 사항
③ 운항하려는 항공로와 지역의 인가 및 제한 사항
④ 항공기등의 임차에 관한 사항

〈해설〉 항공안전법 시행규칙 제259조(운항증명 등의 발급). 운영기준에 명시되는 "국토교통부령으로 정하는 운항조건과 제한사항"은 다음과 같다.
 1. 항공운송사업자의 주 사업소의 위치와 운영기준에 관하여 연락을 취할 수 있는 자의 성명 및 주소
 2. 항공운송사업에 사용할 정규 공항과 항공기 기종 및 등록기호
 3. 인가된 운항의 종류
 4. 운항하려는 항공로와 지역의 인가 및 제한 사항
 5. 공항의 제한 사항
 6. 기체·발동기·프로펠러·회전익·기구와 비상장비의 검사·점검 및 분해정밀검사에 관한 제한시간 또는 제한시간을 결정하기 위한 기준
 7. 항공운송사업자 간의 항공기 부품교환 요건
 8. 항공기 중량 배분을 위한 방법
 9. 항공기등의 임차에 관한 사항
 10. 그 밖에 안전운항을 위하여 국토교통부장관이 정하여 고시하는 사항

【문제】3. 항공운송사업자가 운항규정 또는 정비규정을 제정하려는 경우 해야 할 올바른 행동은?
① 지방항공청장의 인가
② 지방항공청장에게 신고
③ 국토교통부장관의 인가
④ 국토교통부장관에게 신고

【문제】4. 항공운송사업자가 항공기의 운항규정과 정비규정을 변경하려는 경우에는 누구에게 신고하여야 하는가?
① 국토교통부장관
② 지방항공청장
③ 한국교통안전공단이사장
④ 항공기 제작사

〈해설〉 항공안전법 제93조(항공운송사업자의 운항규정 및 정비규정)
 1. 항공운송사업자는 운항을 시작하기 전까지 국토교통부령으로 정하는 바에 따라 항공기의 운항에 관한 운항규정 및 정비에 관한 정비규정을 마련하여 국토교통부장관의 인가를 받아야 한다.
 2. 항공운송사업자는 인가를 받은 운항규정 또는 정비규정을 변경하려는 경우에는 국토교통부령으로 정하는 바에 따라 국토교통부장관에게 신고하여야 한다. 다만, 최소장비목록, 승무원 훈련프로그램 등 국토교통부령으로 정하는 중요사항을 변경하려는 경우에는 국토교통부장관의 인가를 받아야 한다.

【문제】5. 운항규정에 포함되어야 할 사항이 아닌 것은?
① 항공기의 중량 및 균형 관리를 위한 지침
② 항공기 중량분배 계산을 위한 방법
③ 비행장 기상최저치 결정방법
④ 지상조업 협정 및 절차

[정답] 2. ②   3. ③   4. ①   5. ②

〈해설〉 항공안전법 시행규칙 별표 36(운항규정에 포함되어야 할 사항)_85 페이지 참고

【문제】6. 해외에서 취득한 다음 증명 중 우리나라 국토교통부장관의 증명이 필요한 것은?
① 항공기 감항증명
② 항공종사자 자격증명
③ 계기비행증명
④ 항공기 형식증명

〈해설〉 항공안전법 시행규칙 제278조(증명서등의 인정). 「국제민간항공협약」의 부속서로서 채택된 표준방식 및 절차를 채용하는 협약 체결국 외국정부가 한 다음의 증명·면허와 그 밖의 행위는 국토교통부장관이 한 것으로 본다.
1. 법 제12조에 따른 항공기 등록증명
2. 법 제23조제1항에 따른 감항증명
3. 법 제34조제1항에 따른 항공종사자의 자격증명
4. 법 제40조제1항에 따른 항공신체검사증명
5. 법 제44조제1항에 따른 계기비행증명
6. 법 제45조제1항에 따른 항공영어구술능력증명

【문제】7. 항공안전에 관한 전문가로 위촉받을 수 있는 사람의 자격에 대한 설명으로 틀린 것은?
① 항공종사자 자격증명을 가진 사람으로서 해당 분야에서 10년 이상의 실무경력을 갖춘 사람
② 항공종사자 양성 전문교육기관의 해당 분야에서 10년 이상 교육훈련업무에 종사한 사람
③ 5급 이상의 공무원이었던 사람으로서 항공분야에서 5년 이상의 실무경력을 갖춘 사람
④ 대학 또는 전문대학에서 해당 분야의 전임강사 이상으로 5년 이상 재직한 경력이 있는 사람

〈해설〉 항공안전법 시행규칙 제314조(항공안전전문가). 항공안전에 관한 전문가로 위촉받을 수 있는 사람은 다음의 어느 하나에 해당하는 사람으로 한다.
1. 항공종사자 자격증명을 가진 사람으로서 해당 분야에서 10년 이상의 실무경력을 갖춘 사람
2. 항공종사자 양성 전문교육기관의 해당 분야에서 5년 이상 교육훈련업무에 종사한 사람
3. 5급 이상의 공무원이었던 사람으로서 항공분야에서 5년(6급의 경우 10년) 이상의 실무경력을 갖춘 사람
4. 대학 또는 전문대학에서 해당 분야의 전임강사 이상으로 5년 이상 재직한 경력이 있는 사람

【문제】8. 국토교통부장관이 행정처분 시 청문을 하지 않아도 되는 사항은?
① 항공종사자의 업무정지
② 항공신체검사증명의 취소
③ 운항증명의 취소
④ 조종교육증명의 취소

〈해설〉 항공안전법 제134조(청문)_86 페이지 참고

## XI. 보칙/벌칙

【문제】1. 항공기사고 시 승객보다 먼저 항공기를 떠난 기장에 대한 처벌은?
① 10년 이하의 징역
② 5년 이하의 징역
③ 3년 이상의 유기징역
④ 3년 이하의 징역

정답  6. ④  7. ②  8. ①  /  1. ②

【문제】2. 비행장, 공항시설 또는 항행안전시설을 파손하거나 그 밖의 방법으로 항공상의 위험을 발생시킨 사람에 대한 처벌은?
　　① 5년 이하의 징역
　　② 10년 이하의 징역
　　③ 3년 이하의 징역 또는 5천만원 이하의 벌금
　　④ 1년 이상 10년 이하의 징역

【문제】3. 기장이 직권을 남용하여 항공기에 있는 사람에게 부당한 업무지시를 하거나 권리행사를 방해한 경우의 벌칙은?
　　① 1년 이상 10년 이하의 징역
　　② 5년 이하의 징역
　　③ 3년 이상의 유기징역
　　④ 3년 이하의 징역 또는 3천만원 이하의 벌금

【문제】4. 감항증명 또는 소음기준적합증명을 받지 아니하거나 감항증명 또는 소음기준적합증명이 취소 또는 정지된 항공기를 운항한 자에 대한 벌칙은?
　　① 3년 이하의 징역 또는 3천만원 이하의 벌금
　　② 3년 이하의 징역 또는 5천만원 이하의 벌금
　　③ 2년 이하의 징역 또는 3천만원 이하의 벌금
　　④ 2년 이하의 징역 또는 2천만원 이하의 벌금

【문제】5. 항공종사자가 항공업무에 종사하는 동안 주류 등을 섭취하거나 사용한 경우 처벌은?
　　① 3년 이하의 징역 또는 3천만원 이하의 벌금
　　② 2년 이하의 징역 또는 2천만원 이하의 벌금
　　③ 2년 이하의 징역 또는 1천만원 이하의 벌금
　　④ 1년 이하의 징역 또는 1천만원 이하의 벌금

【문제】6. 자격증명을 받지 않은 무자격자가 항공업무에 종사하는 경우 벌칙으로 옳은 것은?
　　① 1년 이하의 징역 또는 1천만원 이하의 벌금
　　② 2년 이하의 징역 또는 1천만원 이하의 벌금
　　③ 1년 이하의 징역 또는 2천만원 이하의 벌금
　　④ 2년 이하의 징역 또는 2천만원 이하의 벌금

【문제】7. 계기비행자격이 없는 자가 계기비행을 했을 경우의 처벌은?
　　① 5백만원 이하의 벌금　　　　　　② 1천만원 이하의 벌금
　　③ 2천만원 이하의 벌금　　　　　　④ 3천만원 이하의 벌금

정답　2. ②　3. ①　4. ②　5. ①　6. ④　7. ③

【문제】 8. 기장이 보고의무를 위반한 경우 기장에 대한 벌금은?
① 300만원 이하
② 500만원 이하
③ 700만원 이하
④ 1,000만원 이하

〈해설〉 항공안전법 제12장(벌칙). 항공종사자가 다음과 같은 법을 위반한 경우 적용되는 벌칙은 다음과 같다.

| 해당 조항 | 조문 내용 | 벌 칙 |
|---|---|---|
| 1. 제140조(항공상 위험 발생 등의 죄) | 비행장, 이착륙장, 공항시설 또는 항행안전시설을 파손하거나 그 밖의 방법으로 항공상의 위험을 발생시킨 사람 | 10년 이하의 징역 |
| 2. 제142조(기장 등의 탑승자 권리행사 방해의 죄) | 직권을 남용하여 항공기에 있는 사람에게 그의 의무가 아닌 일을 시키거나 그의 권리행사를 방해한 기장 또는 조종사 | 1년 이상 10년 이하의 징역 |
| 3. 제143조(기장의 항공기 이탈의 죄) | 제62조(기장의 권한 등) 제4항을 위반하여 항공기를 떠난 기장 | 5년 이하의 징역 |
| 4. 제144조(감항증명을 받지 아니한 항공기 사용 등의 죄) | 감항증명 또는 소음기준적합증명을 받지 아니하거나 감항증명 또는 소음기준적합증명이 취소 또는 정지된 항공기를 운항한 자 | 3년 이하의 징역 또는 5천만원 이하의 벌금 |
| 5. 제146조(주류등의 섭취·사용 등의 죄) | 항공업무 또는 객실승무원의 업무에 종사하는 동안 주류 등을 섭취하거나 사용한 항공종사자 또는 객실승무원 | 3년 이하의 징역 또는 3천만원 이하의 벌금 |
| 6. 제148조(무자격자의 항공업무 종사 등의 죄) | 자격증명을 받지 아니하고 항공업무에 종사한 사람 | 2년 이하의 징역 또는 2천만원 이하의 벌금 |
| 7. 제152조(무자격 계기비행 등의 죄) | 계기비행증명을 받지 아니하고 계기비행 또는 계기비행방식에 따른 비행을 한 경우 | 2천만원 이하의 벌금 |
| 8. 제158조(기장 등의 보고의무 등의 위반에 관한 죄) | 항공기사고·항공기준사고 또는 의무보고 대상 항공안전장애에 관한 보고를 하지 아니하거나 거짓으로 한 자 | 500만원 이하의 벌금 |

정답  8. ②

# 2 항공사업법

## 제1절 총 칙

### 1.1 항공사업법의 목적(항공사업법 제1조)

이 법은 항공정책의 수립 및 항공사업에 관하여 필요한 사항을 정하여 대한민국 항공사업의 체계적인 성장과 경쟁력 강화 기반을 마련하는 한편, 항공사업의 질서유지 및 건전한 발전을 도모하고 이용자의 편의를 향상시켜 국민경제의 발전과 공공복리의 증진에 이바지함을 목적으로 한다.

### 1.2 정의(항공사업법 제2조)
#### 1.2.1 항공사업

1. 항공운송사업: 타인의 수요에 맞추어 항공기를 사용하여 유상으로 여객이나 화물을 운송하는 사업
   가. 국내 및 국제항공운송사업의 종류
      (1) 국내 및 국제 정기편 운항
      (2) 국내 및 국제 부정기편 운항
         (가) 지점 간 운항: 한 지점과 다른 지점 사이에 노선을 정하여 운항하는 것
         (나) 관광비행: 관광을 목적으로 한 지점을 이륙하여 중간에 착륙하지 아니하고 정해진 노선을 따라 출발지점에 착륙하기 위하여 운항하는 것
         (다) 전세운송: 노선을 정하지 아니하고 사업자와 항공기를 독점하여 이용하려는 이용자 간의 1개의 항공운송계약에 따라 운항하는 것
   나. 국내 및 국제항공운송사업용 항공기의 요건
      (1) 여객을 운송하기 위한 사업의 경우 승객의 좌석 수가 51석 이상일 것
      (2) 화물을 운송하기 위한 사업의 경우 최대이륙중량이 2만5천kg을 초과할 것
      (3) 조종실과 객실 또는 화물칸이 분리된 구조일 것
2. 소형항공운송사업: 타인의 수요에 맞추어 항공기를 사용하여 유상으로 여객이나 화물을 운송하는 사업으로서 국내항공운송사업 및 국제항공운송사업 외의 항공운송사업
3. 항공기사용사업: 항공운송사업 외의 사업으로서 타인의 수요에 맞추어 항공기를 사용하여 유상으로 농약살포, 건설자재 등의 운반, 사진촬영 또는 항공기를 이용한 비행훈련 등 국토교통부령으로 정하는 업무를 하는 사업
   가. 비료 또는 농약 살포, 씨앗 뿌리기 등 농업 지원
   나. 해양오염 방지약제 살포
   다. 광고용 현수막 견인 등 공중광고
   라. 사진촬영, 육상 및 해상 측량 또는 탐사
   마. 산불 등 화재 진압
   바. 수색 및 구조(응급구호 및 환자 이송을 포함)
   사. 헬리콥터를 이용한 건설자재 등의 운반(헬리콥터 외부에 건설자재 등을 매달고 운반하는 경우만 해당)
   아. 산림, 관로(管路), 전선 등의 순찰 또는 관측

자. 항공기를 이용한 비행훈련(「고등교육법」 제2조에 따른 학교가 실시하는 비행훈련은 제외)

차. 항공기를 이용한 고공낙하

카. 글라이더 견인

타. 그 밖에 특정 목적을 위하여 하는 것으로서 국토교통부장관 또는 지방항공청장이 인정하는 업무

4. "항공기정비업"이란 타인의 수요에 맞추어 다음의 어느 하나에 해당하는 업무를 하는 사업을 말한다.

  가. 항공기, 발동기, 프로펠러, 장비품 또는 부품을 정비·수리 또는 개조하는 업무

  나. 가목의 업무에 대한 기술관리 및 품질관리 등을 지원하는 업무

5. "항공기취급업"이란 타인의 수요에 맞추어 항공기에 대한 급유, 항공화물 또는 수하물의 하역과 그 밖에 국토교통부령으로 정하는 지상조업(地上操業)을 하는 사업을 말한다.

  가. 항공기급유업: 항공기에 연료 및 윤활유를 주유하는 사업

  나. 항공기하역업: 화물이나 수하물을 항공기에 싣거나 항공기에서 내려서 정리하는 사업

  다. 지상조업사업: 항공기 입항·출항에 필요한 유도, 항공기 탑재 관리 및 동력 지원, 항공기 운항정보 지원, 승객 및 승무원의 탑승 또는 출입국 관련 업무 또는 항공기의 청소 등을 하는 사업

6. "항공기대여업"이란 타인의 수요에 맞추어 유상으로 항공기, 경량항공기 또는 초경량비행장치를 대여하는 사업을 말한다.

7. "초경량비행장치사용사업"이란 타인의 수요에 맞추어 국토교통부령으로 정하는 초경량비행장치를 사용하여 유상으로 농약살포, 사진촬영 등 국토교통부령으로 정하는 업무를 하는 사업을 말한다.

8. "상업서류송달업"이란 타인의 수요에 맞추어 유상으로 「우편법」 제1조의2제7호 단서에 해당하는 수출입 등에 관한 서류와 그에 딸린 견본품을 항공기를 이용하여 송달하는 사업을 말한다.

9. "항공운송총대리점업"이란 항공운송사업자를 위하여 유상으로 항공기를 이용한 여객 또는 화물의 국제운송계약 체결을 대리[사증(査證)을 받는 절차의 대행은 제외]하는 사업을 말한다.

10. "도심공항터미널업"이란 「공항시설법」에 따른 공항구역이 아닌 곳에서 항공여객 및 항공화물의 수송 및 처리에 관한 편의를 제공하기 위하여 이에 필요한 시설을 설치·운영하는 사업을 말한다.

## 제2절 항공사업

### 2.1 국내항공운송사업과 국제항공운송사업(항공사업법 제7조)

1. 국내항공운송사업 또는 국제항공운송사업을 경영하려는 자는 국토교통부장관의 면허를 받아야 한다. 다만, 국제항공운송사업의 면허를 받은 경우에는 국내항공운송사업의 면허를 받은 것으로 본다.

2. 국제항공운송사업(여객)의 면허기준(항공사업법 시행령 제12조)

  국제항공운송사업의 면허기준 중 항공기에 대한 사항은 다음과 같다.

  가. 항공기 대수: 5대 이상(운항개시예정일부터 3년 이내에 도입할 것)

  나. 항공기 성능

  (1) 계기비행능력을 갖출 것

  (2) 쌍발 이상의 항공기일 것

  (3) 항공기의 조종실과 객실이 분리된 구조일 것

  (4) 항공기의 위치를 자동으로 확인할 수 있는 기능을 갖출 것

  다. 승객의 좌석 수가 51석 이상일 것

## 2.2 항공기사용사업 등

1. 항공기사용사업(항공사업법 제30조)

   항공기사용사업을 경영하려는 자는 국토교통부령으로 정하는 바에 따라 운항개시예정일 등을 적은 신청서에 사업계획서와 그 밖에 국토교통부령으로 정하는 서류를 첨부하여 국토교통부장관에게 등록하여야 한다.

2. 항공기정비업(항공사업법 제42조)

   항공기정비업을 경영하려는 자는 국토교통부령으로 정하는 바에 따라 국토교통부장관에게 등록하여야 한다.

3. 항공기취급업(항공사업법 제44조)

   항공기취급업을 경영하려는 자는 국토교통부령으로 정하는 바에 따라 신청서에 사업계획서와 그 밖에 국토교통부령으로 정하는 서류를 첨부하여 국토교통부장관에게 등록하여야 한다.

■ 잠깐! 알고 가세요.

[항공사업의 경영 요건]

| 항공사업의 종류 | 경영 요건 |
|---|---|
| 1. 국내·국제항공운송사업 | 국토교통부장관의 면허 |
| 2. 소형항공운송사업 | 국토교통부장관에게 등록 |
| 3. 항공기사용사업 | |
| 4. 항공기정비업 | |
| 5. 항공기취급업 | |
| 6. 항공기대여업 | |
| 7. 초경량비행장치사용사업 | |
| 8. 항공레저스포츠사업 | |
| 9. 상업서류송달업 | 국토교통부장관에게 신고 |
| 10. 항공운송총대리점업 | |
| 11. 도심공항터미널업 | |

## 제3절 외국인 국제항공운송사업

### 3.1 외국항공기의 유상운송(항공사업법 제55조)

1. 외국 국적을 가진 항공기의 사용자는 항행을 할 때 국내에 도착하거나 국내에서 출발하는 여객 또는 화물의 유상운송을 하는 경우에는 국토교통부령으로 정하는 바에 따라 국토교통부장관의 허가를 받아야 한다.

2. 외국 국적을 가진 항공기를 사용하여 유상운송을 하려는 자는 운송 예정일 10일 전까지 별지 제31호서식의 신청서에 운항 내용을 첨부하여 국토교통부장관 또는 지방항공청장에게 제출하여야 한다.

3. 외국항공기의 국내 유상 운송 금지(항공사업법 제56조)

   제54조(외국인 국제항공운송사업의 허가 신청), 제55조 또는 「항공안전법」 제101조 단서에 따른 허가를 받은 항공기는 유상으로 국내 각 지역 간의 여객 또는 화물을 운송해서는 아니 된다.

## 3.2 군수품 수송의 금지(항공사업법 제58조)

1. 외국 국적을 가진 항공기로「항공안전법」제100조(외국항공기의 항행) 제1항의 어느 하나에 해당하는 항행을 하여 국토교통부령으로 정하는 군수품을 수송해서는 아니 된다. 다만, 국토교통부령으로 정하는 바에 따라 국토교통부장관의 허가를 받은 경우에는 그러하지 아니한다.

2. 수송 금지 군수품(항공사업법 시행규칙 제58조)

    외국 국적을 가진 항공기로 수송해서는 안되는 "국토교통부령으로 정하는 군수품"이란 병기와 탄약을 말한다.

## 출제예상문제

**【문제】1.** 항공운송사업의 정의로 맞는 것은?
① 공항과 공항 사이에 일정한 노선을 정하고 정기적인 운항계획에 따라 운항을 하는 사업
② 항공기사용사업 외의 사업으로서 여객이나 화물의 운송 등의 국토교통부령으로 정하는 업무를 하는 사업
③ 타인의 수요에 맞추어 항공기를 사용하여 유상(有償)으로 여객이나 화물을 운송하는 사업
④ 여객이나 항공 화물의 운송, 항공기에 대한 급유, 그 밖에 정비 등을 제외한 지상조업을 하는 사업

〈해설〉 항공사업법 제2조(정의). "국내항공운송사업"이란 타인의 수요에 맞추어 항공기를 사용하여 유상으로 여객이나 화물을 운송하는 사업으로서 국토교통부령으로 정하는 일정 규모 이상의 항공기를 이용하여 다음의 어느 하나에 해당하는 운항을 하는 사업을 말한다.
  1. 국내 정기편 운항 : 국내공항과 국내공항 사이에 일정한 노선을 정하고 정기적인 운항계획에 따라 운항하는 항공기 운항
  2. 국내 부정기편 운항 : 국내에서 이루어지는 정기편 운항 외의 항공기 운항

**【문제】2.** 다음 중 부정기편 운항이 아닌 것은?
① 지점 간 운항　　　　　　② 관광비행
③ 전세운송　　　　　　　　④ 상업서류 송달

〈해설〉 항공사업법 시행규칙 제3조(부정기편 운항의 구분). 국내 및 국제 항공운송사업의 국내 및 국제 부정기편 운항은 다음과 같이 구분한다.

| 구 분 | 내 용 |
|---|---|
| 1. 지점 간 운항 | 한 지점과 다른 지점 사이에 노선을 정하여 운항하는 것 |
| 2. 관광비행 | 관광을 목적으로 한 지점을 이륙하여 중간에 착륙하지 아니하고 정해진 노선을 따라 출발 지점에 착륙하기 위하여 운항하는 것 |
| 3. 전세운송 | 노선을 정하지 아니하고 사업자와 항공기를 독점하여 이용하려는 이용자 간의 1개의 항공운송계약에 따라 운항하는 것 |

**【문제】3.** 항공운송사업용 항공기의 조건이 아닌 것은?
① 국토교통부령으로 정하는 일정 규모 이상의 항공기일 것
② 단발 이상일 것
③ 여객을 운송하기 위한 사업의 경우, 승객의 좌석수가 51석 이상일 것
④ 조종실과 객실 또는 화물칸이 분리된 구조일 것

〈해설〉 항공사업법 시행규칙 제2조(국내항공운송사업 및 국제항공운송사업용 항공기의 규모). "국토교통부령으로 정하는 일정 규모 이상의 항공기"란 각각 다음의 요건을 모두 갖춘 항공기를 말한다.
  1. 여객을 운송하기 위한 사업의 경우 승객의 좌석 수가 51석 이상일 것
  2. 화물을 운송하기 위한 사업의 경우 최대이륙중량이 2만5천kg을 초과할 것
  3. 조종실과 객실 또는 화물칸이 분리된 구조일 것

정답　1. ③　　2. ④　　3. ②

【문제】4. 다음 중 항공기사용사업은?
① 지점 간 운송　　　　　　② 관광비행
③ 수색 및 구조　　　　　　④ 전세운송

【문제】5. 다음 중 항공기사용사업이 아닌 것은?
① 농약 살포　　　　　　　② 항공 사진 촬영
③ 응급 구호　　　　　　　④ 항공 화물 하역

【문제】6. 항공방제는 무슨 사업에 해당하는가?
① 항공운송사업　　　　　　② 항공기사용사업
③ 항공기취급업　　　　　　④ 부정기편 운항업

〈해설〉 항공사업법 시행규칙 제4조(항공기사용사업의 범위)
1. 비료 또는 농약 살포(항공방제), 씨앗 뿌리기 등 농업 지원
2. 해양오염 방지약제 살포
3. 광고용 현수막 견인 등 공중광고
4. 사진 촬영, 육상 및 해상 측량 또는 탐사
5. 산불 등 화재 진압
6. 수색 및 구조(응급 구호 및 환자 이송을 포함)
7. 헬리콥터를 이용한 건설자재 등의 운반(헬리콥터 외부에 건설자재 등을 매달고 운반하는 경우만 해당)
8. 산림, 관로(管路), 전선(電線) 등의 순찰 또는 관측
9. 항공기를 이용한 비행훈련(「고등교육법」 제2조에 따른 학교가 실시하는 비행훈련은 제외)
10. 항공기를 이용한 고공낙하
11. 글라이더 견인
12. 그 밖에 특정 목적을 위하여 하는 것으로서 국토교통부장관 또는 지방항공청장이 인정하는 업무

【문제】7. 항공기, 발동기, 프로펠러, 장비품 또는 부품을 정비, 수리 또는 개조하는 업무를 하는 사업은?
① 항공기사용사업　　　　　② 항공기지상조업
③ 항공기취급업　　　　　　④ 항공기정비업

〈해설〉 항공사업법 제2조(정의). "항공기정비업"이란 타인의 수요에 맞추어 다음의 어느 하나에 해당하는 업무를 하는 사업을 말한다.
1. 항공기, 발동기, 프로펠러, 장비품 또는 부품을 정비·수리 또는 개조하는 업무
2. 위 1항의 업무에 대한 기술관리 및 품질관리 등을 지원하는 업무

【문제】8. 다음 중 항공기취급업이 아닌 것은?
① 항공기급유업　　② 지상조업사업　　③ 항공기정비업　　④ 항공기하역업

【문제】9. 항공기취급업 중 지상조업사업이 아닌 것은?
① 화물이나 수하물을 항공기에 싣거나 항공기로부터 내리는 업무
② 항공기 동력지원

[정답]　4. ③　　5. ④　　6. ②　　7. ④　　8. ③

③ 항공기의 청소
④ 승객 및 승무원의 탑승 또는 출입국 관련업무

〈해설〉 항공사업법 시행규칙 제5조(항공기취급업의 구분). 항공기취급업은 다음과 같이 구분한다.
1. 항공기급유업 : 항공기에 연료 및 윤활유를 주유하는 사업
2. 항공기하역업 : 화물이나 수하물(手荷物)을 항공기에 싣거나 항공기에서 내려서 정리하는 사업
3. 지상조업사업 : 항공기 입항·출항에 필요한 유도, 항공기 탑재 관리 및 동력 지원, 항공기 운항정보 지원, 승객 및 승무원의 탑승 또는 출입국 관련 업무 또는 항공기의 청소 등을 하는 사업

【문제】10. 국제항공운송사업자(여객)가 갖추어야 할 면허기준 중 항공기와 관련된 사항이 아닌 것은?
① 항공기의 조종실과 객실과 분리된 구조일 것
② 단발 이상의 항공기를 보유할 것
③ 계기비행능력을 갖출 것
④ 자동위치 확인 능력이 있을 것

〈해설〉 항공사업법 시행령 별표 1(국내항공운송사업 및 국제항공운송사업의 면허기준). 국제항공운송사업(여객)의 면허기준 중 항공기에 대한 사항은 다음과 같다.
1. 항공기 대수: 5대 이상(운항개시예정일부터 3년 이내에 도입할 것)
2. 항공기 성능
   가. 계기비행능력을 갖출 것
   나. 쌍발 이상의 항공기일 것
   다. 항공기의 조종실과 객실이 분리된 구조일 것
   라. 항공기의 위치를 자동으로 확인할 수 있는 기능을 갖출 것
3. 승객의 좌석 수가 51석 이상일 것

【문제】11. 항공기사용사업을 경영하고자 하는 자는?
① 국토교통부장관의 면허를 받아야 한다.
② 국토교통부장관에게 등록하여야 한다.
③ 국토교통부장관의 인가를 받아야 한다.
④ 국토교통부장관에게 신고하여야 한다.

〈해설〉 항공사업법 제30조(항공기사용사업의 등록). 항공기사용사업을 경영하려는 자는 국토교통부령으로 정하는 바에 따라 운항개시예정일 등을 적은 신청서에 사업계획서와 그 밖에 국토교통부령으로 정하는 서류를 첨부하여 국토교통부장관에게 등록하여야 한다.

【문제】12. 다음 중 국토교통부장관에게 등록하여야 하는 항공관련 사업은?
① 항공기취급업
② 항공운송총대리점업
③ 상업서류송달업
④ 도심공항터미널업

〈해설〉 항공사업법 제44조(항공기취급업의 등록) 항공기취급업을 경영하려는 자는 국토교통부령으로 정하는 바에 따라 신청서에 사업계획서와 그 밖에 국토교통부령으로 정하는 서류를 첨부하여 국토교통부장관에게 등록하여야 한다.

정답  9. ①   10. ②   11. ②   12. ①

【문제】13. 국토교통부장관에게 신고하여야 하는 항공사업이 아닌 것은?
  ① 항공기정비업    ② 상업서류송달업
  ③ 항공운송총대리점업    ④ 도심공항터미널업

〈해설〉 항공사업법 제42조(항공기정비업의 등록). 항공기정비업을 경영하려는 자는 국토교통부령으로 정하는 바에 따라 국토교통부장관에게 등록하여야 한다.

【문제】14. 다음 중 국토교통부장관에게 신고를 필요로 하는 사업은?
  ① 항공기대여업   ② 항공기취급업   ③ 항공기정비업   ④ 도심공항터미널업

〈해설〉 항공사업법 제52조(상업서류송달업등의 신고). 상업서류송달업, 항공운송총대리점업 및 도심공항터미널업("상업서류송달업등")을 경영하려는 자는 국토교통부령으로 정하는 바에 따라 국토교통부장관에게 신고하여야 한다. 신고한 사항을 변경하려는 경우에도 또한 같다.

〈참고〉 항공운송사업 등의 경영요건을 비교하면 다음과 같다.

| 항공사업의 종류 | 사업의 경영요건 |
| --- | --- |
| 1. 국내 또는 국제항공운송사업 | 국토교통부장관의 면허 |
| 2. 소형항공운송사업 | 국토교통부장관에게 등록 |
| 3. 항공기사용사업 | |
| 4. 항공기정비업 | |
| 5. 항공기취급업 | |
| 6. 항공기대여업 | |
| 7. 초경량비행장치사용사업 | |
| 8. 항공레저스포츠사업 | |
| 9. 상업서류송달업 | 국토교통부장관에게 신고 |
| 10. 항공운송총대리점업 | |
| 11. 도심공항터미널업 | |

【문제】15. 외국항공기에 관한 허가에 대한 다음 내용 중 틀린 것은?
  ① 외국국적을 가진 항공기는 국토부장관의 허가가 있으면 군수품(병기, 탄약)을 수송할 수 있다.
  ② 국토부장관의 허가가 있으면 외국항공기로 국내 각 지역 간 여객 또는 화물을 운송할 수 있다.
  ③ 외국국적을 가진 항공기를 사용하여 유상운송을 하려는 자는 운송예정일 10일 전까지 외국항공기 유상운송 허가신청서를 국토부장관 또는 지방항공청장에게 제출해야 한다.
  ④ 외국의 군, 세관 또는 경찰업무에 사용되는 항공기는 국가가 사용하는 항공기로 본다.

〈해설〉 항공사업법 제56조(외국항공기의 국내 유상 운송 금지). 제54조(외국인 국제항공운송사업의 허가 신청), 제55조(외국항공기의 유상운송) 또는 「항공안전법」 제101조 단서에 따른 허가를 받은 항공기는 유상으로 국내 각 지역 간의 여객 또는 화물을 운송해서는 아니 된다.

【문제】16. 활주로, 유도로, 에이프런, 계류장 등 항공기의 이착륙 및 지상주행을 위하여 사용되는 공항 내의 지역은?
  ① 이동지역   ② 기동지역   ③ 활주지역   ④ 대기지역

〈해설〉 항공사업법 제61조의2(이동지역에서의 지연 금지 등). 이동지역이란 활주로·유도로 및 계류장 등 항공기의 이륙·착륙 및 지상이동을 위하여 사용되는 공항 내 지역을 말한다.

[정답] 13. ①   14. ④   15. ②   16. ①

# 3 공항시설법

## 제1절 총 칙

### 1.1 공항시설법의 목적(공항시설법 제1조)
이 법은 공항·비행장 및 항행안전시설의 설치 및 운영 등에 관한 사항을 정함으로써 항공산업의 발전과 공공복리의 증진에 이바지함을 목적으로 한다.

### 1.2 정의(공항시설법 제2조)
#### 1.2.1 비행장

1. "비행장"이란 항공기·경량항공기·초경량비행장치의 이륙과 착륙[이수(離水)와 착수(着水)를 포함]을 위하여 사용되는 육지 또는 수면(水面)의 일정한 구역으로서 대통령령으로 정하는 것을 말한다.

   가. 육상비행장의 분류번호
   
   육상비행장의 분류번호는 항공기의 최소이륙거리를 고려하여 분류한다.
   
   나. 육상비행장의 착륙대 등급은 활주로의 길이를 기준으로 하여 다음과 같이 정한다.

   | 착륙대의 등급 | 활주로의 길이 | 착륙대의 등급 | 활주로의 길이 |
   |---|---|---|---|
   | A | 2,550m 이상 | F | 1,080m 이상 1,280m 미만 |
   | B | 2,150m 이상 2,550m 미만 | G | 900m 이상 1,080m 미만 |
   | C | 1,800m 이상 2,150m 미만 | H | 500m 이상 900m 미만 |
   | D | 1,500m 이상 1,800m 미만 | J | 100m 이상 500m 미만 |
   | E | 1,280m 이상 1,500m 미만 | | |

   [비고] 활주로 또는 착륙대의 길이를 적용할 때 육상비행장의 경우에는 활주로의 길이를, 수상비행장의 경우에는 착륙대의 길이를 기준으로 한다.

   다. 육상비행장 활주로의 폭은 육상비행장 분류번호와 항공기의 주(主) 날개 폭을 고려하여 정한다.

   | 분류번호 | 항공기 주륜 외곽의 폭(OMGWS) | | | |
   |---|---|---|---|---|
   | | 4.5m 미만 | 4.5m 이상 6m 미만 | 6m 이상 9m 미만 | 9m 이상 15m 미만 |
   | 1 | 18m | 18m | 23m | - |
   | 2 | 23m | 23m | 30m | - |
   | 3 | 30m | 30m | 30m | 45m |
   | 4 | - | - | 45m | 45m |

2. "공항"이란 공항시설을 갖춘 공공용 비행장으로서 국토교통부장관이 그 명칭·위치 및 구역을 지정·고시한 것을 말한다.

3. "공항시설"이란 공항구역에 있는 시설과 공항구역 밖에 있는 시설 중 대통령령으로 정하는 시설로서 국토교통부장관이 지정한 다음의 시설을 말한다.

   가. 다음에서 정하는 기본시설과 지원시설

   | 기본시설 | 지원시설 |
   |---|---|
   | 1. 활주로, 유도로, 계류장, 착륙대 등 항공기의 이착륙시설<br>2. 여객터미널, 화물터미널 등 여객시설 및 화물처리시설 | 1. 항공기 및 지상조업장비의 점검·정비 등을 위한 시설<br>2. 운항관리시설, 의료시설, 교육훈련시설, 소방시설 및 기내식 제조·공급 등을 위한 시설<br>3. 공항의 운영 및 유지·보수를 위한 공항 운영·관리시설 |

| 기본시설 | 지원시설 |
|---|---|
| 3. 항행안전시설<br>4. 관제소, 송수신소, 통신소 등의 통신시설<br>5. 기상관측시설<br>6. 공항 이용객을 위한 주차시설 및 경비·보안시설<br>7. 공항 이용객에 대한 홍보시설 및 안내시설 | 4. 공항 이용객 편의시설 및 공항근무자 후생복지시설<br>5. 공항 이용객을 위한 업무·숙박·판매·위락·운동·전시 및 관람집회 시설<br>6. 공항교통시설 및 조경시설, 방음벽, 공해배출 방지시설 등 환경보호시설<br>7. 공항과 관련된 상하수도 시설 및 전력·통신·냉난방 시설<br>8. 항공기 급유시설 및 유류의 저장·관리 시설<br>9. 항공화물을 보관하기 위한 창고시설<br>10. 공항의 운영·관리와 항공운송사업 및 이와 관련된 사업에 필요한 건축물에 부속되는 시설<br>11. 공항과 관련된 신에너지 및 재생에너지 설비 |

나. 도심공항터미널

다. 헬기장에 있는 여객시설, 화물처리시설 및 운항지원시설

라. 공항구역 내에 있는 자유무역지역에 설치하려는 시설로서 해당 공항의 원활한 운영을 위하여 필요하다고 인정하여 국토교통부장관이 지정·고시하는 시설

마. 그 밖에 국토교통부장관이 공항의 운영 및 관리에 필요하다고 인정하는 시설

4. "활주로"란 항공기 착륙과 이륙을 위하여 국토교통부령으로 정하는 크기로 이루어지는 공항 또는 비행장에 설정된 구역을 말한다.

5. "착륙대"(着陸帶)란 활주로와 항공기가 활주로를 이탈하는 경우 항공기와 탑승자의 피해를 줄이기 위하여 활주로 주변에 설치하는 안전지대로서 국토교통부령으로 정하는 크기로 이루어지는 활주로 중심선에 중심을 두는 직사각형의 지표면 또는 수면을 말한다.

6. "이착륙장"이란 비행장 외에 경량항공기 또는 초경량비행장치의 이륙 또는 착륙을 위하여 사용되는 육지 또는 수면의 일정한 구역으로서 대통령령으로 정하는 것을 말한다.

## 1.2.1 장애물 제한표면

"장애물 제한표면"이란 항공기의 안전운항을 위하여 공항 또는 비행장 주변에 장애물(항공기의 안전운항을 방해하는 지형·지물 등)의 설치 등이 제한되는 표면으로서 대통령령으로 정하는 구역을 말한다.

1. 장애물 제한표면의 구분(공항시설법 시행령 제5조)

  가. 수평표면

  나. 원추표면

  다. 진입표면 및 내부진입표면

  라. 전이(轉移)표면 및 내부전이표면

  마. 착륙복행(着陸復行)표면

2. 장애물 제한표면 종류별 설정기준

  가. 원추표면: 수평표면의 원주로부터 바깥쪽 위로 경사도를 갖는 표면

  나. 수평표면: 비행장 및 그 주변의 위쪽에 수평한 평면

  (1) 수평표면의 높이는 각 활주로 중심선의 끝(수상비행장 및 수상헬기장에서는 착륙대) 높이 중 가장 높은 점을 기준으로 수직상방 45m로 한다.

(2) 육상비행장에서 착륙대의 등급별 수평표면의 반지름의 길이는 다음과 같다.

| 착륙대의 등급 | 수평표면의 반지름 | 착륙대의 등급 | 수평표면의 반지름 |
|---|---|---|---|
| A | 4,000m | F | 1,800m |
| B | 3,500m | G | 1,500m |
| C | 3,000m | H | 1,000m |
| D | 2,500m | J | 800m |
| E | 2,000m | | |

다. 진입표면: 활주로 시단 또는 착륙대 끝의 앞에 있는 경사도를 갖는 표면
 (1) 진입표면 긴 바깥쪽 변의 착륙대 긴 변의 연장선에 대한 경사도는 계기접근을 할 때에는 100분의 15, 비계기접근을 할 때에는 100분의 10으로 해야 한다. 다만, 헬기장에서는 그 경사도를 100분의 27로 해야 한다.
 (2) 진입표면이 지표면 또는 수면에 수직으로 투영된 구역("진입구역")의 길이는 계기접근을 할 때에는 1만5천m, 비계기접근을 할 때에는 육상비행장은 3천m의 길이로 한다. 다만, 헬기장 진입구역의 길이는 1천m로 한다.
라. 내부진입표면: 활주로 시단 바로 앞에 있는 진입표면의 직사각형 부분
마. 전이표면: 착륙대의 옆변 및 진입표면 옆변의 일부에서 수평표면에 연결되는 바깥쪽 위로 경사도를 갖는 복합된 표면
 전이표면의 경사도는 아래쪽 가장자리에서 바깥쪽 위로 7분의 1로 해야 한다.
바. 내부전이표면: 활주로에 더욱 가깝고 전이표면과 닮은 표면
사. 착륙복행표면: 내부전이표면 사이의 시단 이후로 규정된 거리에서 연장되는 경사진 표면

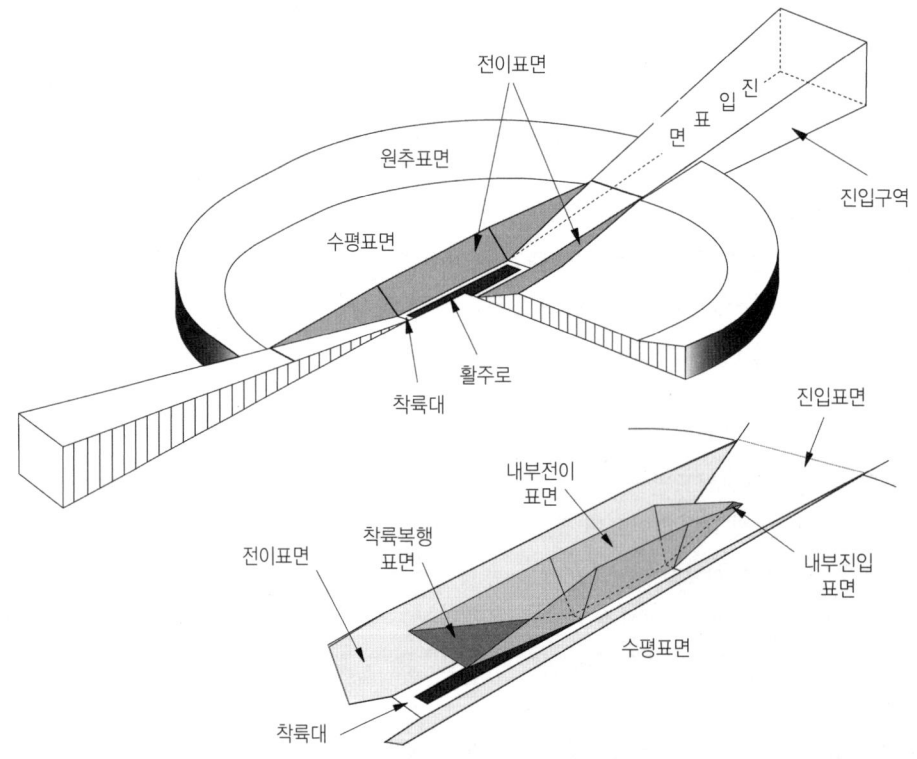

그림 3-1. 장애물 제한표면

## 1.2.2 항행안전시설

"항행안전시설"이란 유선통신, 무선통신, 인공위성, 불빛, 색채 또는 전파를 이용하여 항공기의 항행을 돕기 위한 시설로서 국토교통부령으로 정하는 항공등화, 항행안전무선시설 및 항공정보통신시설을 말한다.

〔항행안전시설의 구분〕

```
                    항행안전시설
        ┌───────────┼───────────┐
      항공등화    항행안전무선시설   항공정보통신시설
```

| 항공등화 | 항행안전무선시설 | 항공정보통신시설 |
|---|---|---|
| 불빛, 색채 또는 형상(形象)을 이용하여 항공기의 항행을 돕기 위한 시설 | 전파를 이용하여 항공기의 항행을 돕기 위한 시설 | 전기통신을 이용하여 항공교통업무에 필요한 정보를 제공·교환하기 위한 시설 |

### 1. 항공등화
불빛, 색채 또는 형상(形象)을 이용하여 항공기의 항행을 돕기 위한 항행안전시설

| 구 분 | 내 용 |
|---|---|
| 비행장등대 | 항행 중인 항공기에 공항·비행장의 위치를 알려주기 위해 공항·비행장 또는 그 주변에 설치하는 등화 |
| 비행장식별등대 | 항행 중인 항공기에 공항·비행장의 위치를 알려주기 위해 모르스부호에 따라 명멸(明滅)하는 등화 |
| 진입등시스템 | 착륙하려는 항공기에 진입로를 알려주기 위해 진입구역에 설치하는 등화 |
| 진입각지시등 | 착륙하려는 항공기에 착륙 시 진입각의 적정 여부를 알려주기 위해 활주로의 외측에 설치하는 등화 |
| 활주로등 | 이륙 또는 착륙하려는 항공기에 활주로를 알려주기 위해 그 활주로 양측에 설치하는 등화 |
| 활주로시단등 | 이륙 또는 착륙하려는 항공기에 활주로의 시단을 알려주기 위해 활주로의 양 시단(始端)에 설치하는 등화 |
| 활주로거리등 | 활주로를 주행 중인 항공기에 전방의 활주로 종단(終端)까지의 남은 거리를 알려주기 위해 설치하는 등화 |
| 활주로종단등 | 이륙 또는 착륙하려는 항공기에 활주로의 종단을 알려주기 위해 설치하는 등화 |
| 활주로시단식별등 | 착륙하려는 항공기에 활주로 시단의 위치를 알려주기 위해 활주로 시단의 양쪽에 설치하는 등화 |
| 선회등 | 체공 선회 중인 항공기가 기존의 진입등시스템과 활주로등만으로는 활주로 또는 진입지역을 충분히 식별하지 못하는 경우에 선회비행을 안내하기 위해 활주로의 외측에 설치하는 등화 |
| 활주로경계등 | 활주로에 진입하기 전에 멈추어야 할 위치를 알려주기 위해 설치하는 등화 |
| 유도로안내등 | 지상 주행 중인 항공기에 목적지, 경로 및 분기점을 알려주기 위해 설치하는 등화 |

### 2. 항행안전무선시설
전파를 이용하여 항공기의 항행을 돕기 위한 시설

가. 거리측정시설(DME)

나. 계기착륙시설(ILS/MLS/TLS)

나. 다변측정감시시설(MLAT)

라. 레이더시설(ASR/ARSR/SSR/ARTS/ASDE/PAR)

마. 무지향표지시설(NDB)

바. 범용접속데이터통신시설(UAT)

사. 위성항법감시시설(GNSS Monitoring System)

아. 위성항법시설(GNSS/SBAS/GRAS/GBAS)
자. 자동종속감시시설(ADS, ADS-B, ADS-C)
차. 전방향표지시설(VOR)
카. 전술항행표지시설(TACAN)

3. 항공정보통신시설
   전기통신을 이용하여 항공교통업무에 필요한 정보를 제공·교환하기 위한 시설
   가. 항공고정통신시설
   (1) 항공고정통신시스템(AFTN/MHS)
   (2) 항공관제정보교환시스템(AIDC)
   (3) 항공정보처리시스템(AMHS)
   (4) 항공종합통신시스템(ATN)
   나. 항공이동통신시설
   (1) 관제사·조종사간데이터링크 통신시설(CPDLC)
   (2) 단거리이동통신시설(VHF/UHF Radio)
   (3) 단파데이터이동통신시설(HFDL)
   (4) 단파이동통신시설(HF Radio)
   (5) 모드 S 데이터통신시설
   (6) 음성통신제어시설(VCCS, 항공직통전화시설 및 녹음시설을 포함)
   (7) 초단파디지털이동통신시설(VDL, 항공기출발허가시설 및 디지털공항정보방송시설을 포함)
   (8) 항공이동위성통신시설〔AMS(R)S〕
   (9) 공항이동통신시설(AeroMACS)
   다. 항공정보방송시설: 공항정보방송시설(ATIS)

## 제2절 공항 및 비행장의 관리·운영

### 2.1 항공장애 표시등의 설치 등(공항시설법 제36조)

1. 국토교통부장관 또는 사업시행자등은 장애물 제한표면에서 수직으로 지상까지 투영한 구역에 있는 구조물로서 국토교통부령으로 정하는 구조물에는 국토교통부령으로 정하는 항공장애 표시등 및 항공장애 주간표지의 설치 위치 및 방법 등에 따라 표시등 및 표지를 설치하여야 한다.
2. 장애물 제한표면 밖의 지역에서 지표면이나 수면으로부터 높이가 60m 이상 되는 구조물을 설치하는 자는 표시등 및 표지를 설치하여야 한다. 다만, 구조물의 높이가 표시등이 설치된 구조물과 같거나 낮은 구조물 등 국토교통부령으로 정하는 구조물은 그러하지 아니하다.
3. 장애물이 주간에 고광도 표시등을 설치하여 운영되는 경우에는 표지의 설치를 생략할 수 있다.

## 제3절 항행안전시설

### 3.1 항행안전시설의 설치(공항시설법 제43조)

1. 항행안전시설은 국토교통부장관이 설치한다.

2. 국토교통부장관 외에 항행안전시설을 설치하려는 자는 국토교통부령으로 정하는 바에 따라 국토교통부장관의 허가를 받아야 한다.

### 3.2 항공등화의 설치

1. 항공등화 설치기준(공항시설법 시행규칙 별표 14)

| 항공등화 종류 | 육상비행장 ||||| 육상 헬기장 | 색 상 |
| | 비계기 진입 활주로 | 계기진입 활주로 ||||||
| | | 비정밀 | 카테고리 I | 카테고리 II | 카테고리 III | | |
|---|---|---|---|---|---|---|---|
| 비행장등대 | ○ | ○ | ○ | ○ | ○ | | 흰색, 녹색 |
| 진입등시스템 | | ○ | ○ | ○ | ○ | | 흰색, 붉은색 |
| 진입각지시등 | ○ | ○ | ○ | ○ | ○ | | 흰색, 붉은색 |
| 활주로등 | ○ | ○ | ○ | ○ | ○ | | 노란색, 흰색 |
| 활주로시단등 | ○ | ○ | ○ | ○ | ○ | | 녹색 |
| 활주로중심선등 | | | | ○ | ○ | | 흰색, 붉은색 |
| 접지구역등 | | | | ○ | ○ | | 흰색 |
| 활주로종단등 | ○ | ○ | ○ | ○ | ○ | | 붉은색 |
| 유도로등 | ○ | ○ | ○ | ○ | ○ | | 파란색 |
| 유도로중심선등 | | | | | ○ | | 노란색, 녹색 |
| 일시정지위치등 | | | | | ○ | | 노란색 |
| 정지선등 | | | | ○ | ○ | | 붉은색 |
| 활주로경계등 | | | ○ | ○ | ○ | | 노란색 |
| 풍향등 | ○ | ○ | ○ | ○ | ○ | ○ | 흰색 |
| 지향신호등 | | | | | | | 붉은색, 녹색 및 흰색 |
| 정지로등 | ○ | ○ | ○ | ○ | ○ | | 붉은색 |
| 유도로안내등 | ○ | ○ | ○ | ○ | ○ | | 붉은색, 노란색 및 흰색 |
| 착륙구역등 | | | | | | ○ | 녹색 |

〔비고〕 "○"표는 설치가 필요한 항공등화. 다만, 활주로경계등은 카테고리 I 활주로에서 항공교통량이 많은 경우에만 설치한다.

2. 항공등화 관리기준(공항시설법 시행규칙 별표17)

공항·비행장의 등화(비행장등대는 제외)는 야간(태양이 수평선 아래 6도보다 낮은 경우)과 계기비행 기상상태에서 항공기가 이륙하거나 착륙하는 경우 또는 상공을 통과하는 항공기의 항행을 돕기 위하여 필요하다고 인정되는 경우에는 다음의 방법으로 점등할 것

가. 항공기가 착륙하는 경우에는 해당 착륙 예정시각 1시간 전에 점등준비를 하고 그 착륙 예정시각보다 최소한 10분 전에 점등할 것
나. 항공기가 이륙하는 경우에는 이륙한 후 최소한 5분간 점등을 계속할 것

## 제4절 보칙

### 4.1 금지행위 등(공항시설법 제56조)

1. 누구든지 국토교통부장관, 사업시행자등 또는 항행안전시설설치자등의 허가 없이 착륙대, 유도로, 계류장, 격납고 또는 항행안전시설이 설치된 지역에 출입해서는 아니 된다.

2. 누구든지 항공기, 경량항공기 또는 초경량비행장치를 향하여 물건을 던지거나 그 밖에 항행에 위험을 일으킬 우려가 있는 행위를 해서는 아니 된다.
   가. 착륙대, 유도로 또는 계류장에 금속편·직물 또는 그 밖의 물건을 방치하는 행위
   나. 착륙대·유도로·계류장·격납고 및 사업시행자등이 화기 사용 또는 흡연을 금지한 장소에서 화기를 사용하거나 흡연을 하는 행위
   다. 운항 중인 항공기에 장애가 되는 방식으로 항공기나 차량 등을 운행하는 행위
   라. 지방항공청장의 승인 없이 레이저광선을 방사하는 행위
   마. 지방항공청장의 승인 없이 관제권에서 불꽃 또는 그 밖의 물건을 발사하거나 풍등(風燈)을 날리는 행위
   바. 그 밖에 항행의 위험을 일으킬 우려가 있는 행위
3. 누구든지 국토교통부장관, 사업시행자등, 항행안전시설설치자등 또는 이착륙장을 설치·관리하는 자의 승인 없이 해당 시설에서 다음의 어느 하나에 해당하는 행위를 해서는 아니 된다.
   가. 노숙하는 행위
   나. 폭언 또는 고성방가 등 소란을 피우는 행위
   다. 광고물을 설치·부착하거나 배포하는 행위
   라. 기부를 요청하거나 물품을 배부 또는 권유하는 행위
   마. 공항의 시설이나 주차장의 차량을 훼손하거나 더럽히는 행위
   바. 공항운영자가 지정한 장소 외의 장소에 쓰레기 등의 물건을 버리는 행위
   사. 무기, 폭발물 또는 가연성 물질을 휴대하거나 운반하는 행위(공항 내의 사업자 또는 영업자 등이 그 업무 또는 영업을 위하여 하는 경우는 제외)
   아. 불을 피우는 행위
   자. 내화구조와 소화설비를 갖춘 장소 또는 야외 외의 장소에서 가연성 또는 휘발성 액체를 사용하여 항공기, 발동기, 프로펠러 등을 청소하는 행위
   차. 공항운영자가 정한 구역 외의 장소에 가연성 액체가스 등을 보관하거나 저장하는 행위
   카. 흡연구역 외의 장소에서 담배를 피우는 행위
   타. 기름을 넣거나 배출하는 작업 중인 항공기로부터 30m 이내의 장소에서 담배를 피우는 행위
   파. 기름을 넣거나 배출하는 작업, 정비 또는 시운전 중인 항공기로부터 30m 이내의 장소에 들어가는 행위(그 작업에 종사하는 사람은 제외)
   하. 내화구조와 통풍설비를 갖춘 장소 외의 장소에서 기계칠을 하는 행위
   거. 휘발성·가연성 물질을 사용하여 격납고 또는 건물 바닥을 청소하는 행위
   너. 기름이 묻은 걸레 등의 폐기물을 해당 폐기물에 의하여 부식되거나 훼손될 수 있는 보관용기에 담거나 버리는 행위
4. 국토교통부장관은 레이저광선의 방사로부터 항공기 항행의 안전을 확보하기 위하여 다음의 보호공역을 비행장 주위에 설정하여야 한다.
   가. 레이저광선 제한공역
   나. 레이저광선 위험공역
   다. 레이저광선 민감공역

# 출 제 예 상 문 제

**【문제】1.** 항공기의 이륙 및 착륙을 위하여 사용되는 육지 또는 수면의 일정한 구역을 무엇이라 하는가?
① 공항　　　　② 비행장　　　　③ 활주로　　　　④ 착륙대

**【문제】2.** 육상비행장의 분류번호별 착륙대 및 활주로 설치기준에서 분류번호는 무엇을 고려하여 정하는가?
① 항공기의 최대이륙거리　　　　② 항공기의 최소이륙거리
③ 항공기의 최대착륙거리　　　　④ 항공기의 최소착륙거리

〈해설〉 공항시설법 시행규칙 별표 1(공항시설 및 비행장 설치기준). 육상비행장은 사용하는 항공기의 최소이륙거리를 고려하여 정한 분류번호와 항공기의 주(主) 날개 폭을 고려하여 정한 분류문자에 따라 분류한다.

**【문제】3.** 육상비행장의 착륙대의 등급이 C등급인 경우 활주로의 길이는?
① 1,280m 이상 1,500m 미만　　　　② 1,500m 이상 1,800m 미만
③ 1,800m 이상 2,150m 미만　　　　④ 2,150m 이상 2,550m 미만

**【문제】4.** 착륙대의 등급에 따른 활주로의 길이가 잘못된 것은?
① A등급: 2,550m 이상　　　　② C등급: 1,800m ~ 2,250m
③ E등급: 1,280m ~ 1,500m　　　　④ G등급: 900m ~ 1,080m

**【문제】5.** 육상 및 수상비행장 착륙대의 등급은 무엇에 따라 구분하는가?
① 육상비행장은 활주로의 길이, 수상비행장은 착륙대의 길이
② 육상비행장은 활주로의 폭, 수상비행장은 착륙대의 폭
③ 육상비행장 및 수상비행장 모두 활주로의 길이
④ 육상비행장 및 수상비행장 모두 착륙대의 길이

〈해설〉 공항시설법 시행규칙 별표 1(공항시설 및 비행장 설치기준). 육상비행장의 착륙대 등급 분류기준은 다음과 같다.

| 착륙대의 등급 | 활주로 또는 착륙대의 길이 | 착륙대의 등급 | 활주로 또는 착륙대의 길이 |
|---|---|---|---|
| A | 2,550m 이상 | F | 1,080m 이상 1,280m 미만 |
| B | 2,150m 이상 2,550m 미만 | G | 900m 이상 1,080m 미만 |
| C | 1,800m 이상 2,150m 미만 | H | 500m 이상 900m 미만 |
| D | 1,500m 이상 1,800m 미만 | J | 100m 이상 500m 미만 |
| E | 1,280m 이상 1,500m 미만 | | |

비고: 활주로 또는 착륙대의 길이를 적용할 때 육상비행장의 경우에는 활주로의 길이를, 수상비행장의 경우에는 착륙대의 길이를 기준으로 한다.

**【문제】6.** 4C 등급인 항공기가 이착륙하는 활주로의 폭은 몇 m 이상이어야 하는가?
① 18m 이상　　　　② 23m 이상　　　　③ 30m 이상　　　　④ 45m 이상

**정답** 1. ②　　2. ②　　3. ③　　4. ②　　5. ①　　6. ④

〈해설〉 공항시설법 시행규칙 별표 1(공항시설 및 비행장 설치기준). 항공기의 최소이륙거리를 고려하여 정한 분류번호와 항공기 주륜 외곽의 폭에 따른 육상비행장의 활주로의 폭은 다음과 같다.

| 분류번호 | 항공기 주륜 외곽의 폭(OMGWS) | | | |
|---|---|---|---|---|
| | 4.5m 미만 | 4.5m 이상 6m 미만 | 6m 이상 9m 미만 | 9m 이상 15m 미만 |
| 1 | 18m | 18m | 23m | - |
| 2 | 23m | 23m | 30m | - |
| 3 | 30m | 30m | 30m | 45m |
| 4 | - | - | 45m | 45m |

【문제】7. 공항에 대한 설명으로 옳은 것은?
① 공항시설을 갖춘 공공용비행장으로서 국토교통부장관이 명칭, 위치 및 지역을 지정·고시한 시설
② 비행장시설을 갖춘 공항으로서 국토교통부장관이 지정·고시한 시설
③ 항공기의 이륙·착륙 및 여객·화물의 운송을 위한 시설로서 국토교통부장관이 지정·고시한 시설
④ 항공기의 이륙·착륙 및 여객·화물의 운송을 위한 시설과 그 부대시설 및 지원시설로서 국토교통부장관이 지정·고시한 시설

〈해설〉 공항시설법 제2조(정의). "공항"이란 공항시설을 갖춘 공공용 비행장으로서 국토교통부장관이 그 명칭·위치 및 구역을 지정·고시한 것을 말한다.

【문제】8. 다음 중 공항의 기본시설인 것은?
① 항공기 급유시설 및 유류 저장시설
② 운항관리시설 및 소방시설
③ 공항 이용객 편의시설 및 숙박시설
④ 공항 이용객 홍보 및 안내시설

【문제】9. 다음 중 공항의 기본시설은?
① 기내식 제조 공급을 위한 시설
② 운항관리시설 및 소방시설
③ 공항 이용객 주차시설
④ 공항 유지 보수를 위한 관리시설

【문제】10. 다음 중 공항의 기본시설이 아닌 것은?
① 항행안전시설
② 기상관측시설
③ 항공기 급유시설 및 유류 저장시설
④ 이용객 홍보 및 안내시설

〈해설〉 공항시설법 시행령 제3조(공항시설의 구분). "대통령령으로 정하는 공항의 기본시설"이란 다음의 시설을 말한다.
 1. 활주로, 유도로, 계류장, 착륙대 등 항공기의 이착륙시설
 2. 여객터미널, 화물터미널 등 여객시설 및 화물처리시설
 3. 항행안전시설
 4. 관제소, 송수신소, 통신소 등의 통신시설
 5. 기상관측시설
 6. 공항 이용객을 위한 주차시설 및 경비·보안시설
 7. 공항 이용객에 대한 홍보시설 및 안내시설

[정답] 7. ①　8. ④　9. ③　10. ③

【문제】 11. 다음 중 지원시설인 것은?
① 기상관측시설　　　　　　　　② 항행안전시설
③ 경비보안시설　　　　　　　　④ 소방시설

〈해설〉 공항시설법 시행령 제3조(공항시설의 구분)_196 페이지 참고

【문제】 12. 착륙대에 대한 설명 중 맞는 것은?
① 항공기의 안전운항을 위하여 비행장 주변에 장애물의 설치 등이 제한되는 지표면 또는 수면
② 항공기가 활주로를 이탈하는 경우에 항공기와 탑승자의 피해를 줄이기 위하여 활주로 주변에 설치하는 안전지대
③ 항공기의 이륙, 착륙을 위하여 사용되는 육지 또는 수면의 일정한 구역
④ 특정 방향으로 설치된 비행장 내의 안전구역

【문제】 13. 착륙대에 대한 설명으로 잘못된 것은?
① 항공기가 활주로를 이탈하는 경우 항공기와 탑승자의 피해를 줄이기 위하여 활주로 주변에 설치하는 안전지대이다.
② 활주로 중심선에 중심을 두는 직사각형의 지표면 또는 수면이다.
③ 착륙대의 높이는 각 활주로중심선의 끝 높이 중 가장 높은 점을 기준으로 수직상방 4.5미터이다.
④ 착륙대의 등급은 육상비행장의 경우 활주로의 길이에 따라 구분한다.

〈해설〉 공항시설법 제2조(정의). "착륙대(着陸帶)"란 활주로와 항공기가 활주로를 이탈하는 경우 항공기와 탑승자의 피해를 줄이기 위하여 활주로 주변에 설치하는 안전지대로서 국토교통부령으로 정하는 크기로 이루어지는 활주로 중심선에 중심을 두는 직사각형의 지표면 또는 수면을 말한다.

【문제】 14. 항공기의 안전운항을 위하여 비행장 주변에 장애물의 설치 등이 제한되는 장애물 제한표면이 아닌 것은?
① 기본표면　　② 전이표면　　③ 진입표면　　④ 원추표면

〈해설〉 공항시설법 시행령 제5조(장애물 제한표면의 구분)
1. 수평표면
2. 원추표면
3. 진입표면 및 내부진입표면
4. 전이(轉移)표면 및 내부전이표면
5. 착륙복행(着陸復行)표면

【문제】 15. 각 활주로 중심선의 끝 높이 중 가장 높은 점을 기준으로 한 수평표면의 수직상방 높이는?
① 45m　　② 50m　　③ 55m　　④ 60m

〈해설〉 공항시설법 시행규칙 별표 2(장애물 제한표면의 기준). 수평표면의 높이는 각 활주로 중심선의 끝(수상비행장 및 수상헬기장에서는 착륙대) 높이 중 가장 높은 점을 기준으로 수직상방 45m로 한다.

정답　11. ④　12. ②　13. ③　14. ①　15. ①

【문제】16. A등급 착륙대의 수평표면 반지름은?
    ① 4,000m    ② 3,500m    ③ 3,000m    ④ 2,500m

【문제】17. 육상비행장의 착륙대 등급이 B등급인 수평표면 반지름의 길이는?
    ① 3,000m    ② 3,500m    ③ 4,000m    ④ 4,500m

〈해설〉 공항시설법 시행규칙 별표 2(장애물 제한표면의 기준). 육상비행장에서 착륙대의 등급별 수평표면의 반지름의 길이는 다음과 같다.

| 착륙대의 등급 | 수평표면의 반지름 | 착륙대의 등급 | 수평표면의 반지름 |
|---|---|---|---|
| A | 4,000m | F | 1,800m |
| B | 3,500m | G | 1,500m |
| C | 3,000m | H | 1,000m |
| D | 2,500m | J | 800m |
| E | 2,000m | | |

【문제】18. 계기접근에 사용되는 비행장의 진입구역의 길이는?
    ① 12,000m    ② 15,000m    ③ 17,000m    ④ 20,000m

【문제】19. 비계기접근 육상비행장의 진입구역의 길이는?
    ① 2,000m    ② 3,000m    ③ 5,000m    ④ 7,000m

〈해설〉 공항시설법 시행규칙 별표 2(장애물 제한표면의 기준). 진입표면이 지표면 또는 수면에 수직으로 투영된 구역("진입구역")의 길이는 계기접근을 할 때에는 1만5천m, 비계기접근을 할 때에는 육상비행장은 3천m의 길이로 한다. 다만, 헬기장 진입구역의 길이는 1천m로 한다.

【문제】20. 육상헬기장을 제외한 육상비행장 전이표면의 경사도는?
    ① 1/4    ② 1/5    ③ 1/6    ④ 1/7

〈해설〉 공항시설법 시행규칙 별표 2(장애물 제한표면의 기준). 육상비행장의 전이표면의 경사도는 아래쪽 가장자리에서 바깥쪽 위로 7분의 1로 해야 한다.

【문제】21. 항행안전시설에 대한 설명 중 맞는 것은?
    ㉮ 유선통신, 무선통신, 인공위성, 불빛, 색채 또는 전파를 이용하여 항공기의 항행을 돕기 위한 시설
    ㉯ 유선통신, 무선통신, 인공위성 또는 전파를 이용하여 항공기의 항행을 돕기 위한 시설
    ㉰ 야간이나 계기비행 기상상태에서 항공기의 이륙 또는 착륙을 돕기 위한 시설
    ㉱ 야간이나 계기비행 기상상태에서 항공기의 항행을 돕기 위한 시설

【문제】22. 다음 중 항행안전시설이 아닌 것은?
    ① 항공기의 항행을 돕기 위한 항공교통관제탑
    ② 유선통신, 무선통신에 의해 항공기의 항행을 돕기 위한 시설

[정답]  16. ①   17. ②   18. ②   19. ②   20. ④   21. ①

③ 불빛에 의해 항공기의 항행을 돕기 위한 시설
④ 색채에 의해 항공기의 항행을 돕기 위한 시설

〈해설〉 공항시설법 제2조(정의). "항행안전시설"이란 유선통신, 무선통신, 인공위성, 불빛, 색채 또는 전파를 이용하여 항공기의 항행을 돕기 위한 시설로서 국토교통부령으로 정하는 시설을 말한다.

【문제】23. 항행 중인 항공기에 비행장의 위치를 알려주기 위하여 비행장 또는 주변에 설치하는 등화는?
① 비행장등대
② 비행장식별등대
③ 비행장유도등
④ 목표지점등

【문제】24. 항행 중인 항공기에 비행장의 위치를 알려주기 위하여 모르스부호에 따라 명멸하는 등화는?
① 목표지점등
② 비행장등대
③ 비행장식별등대
④ 활주로등

【문제】25. 착륙하려는 항공기에 진입로를 알려주기 위하여 진입구역에 설치하는 등화는?
① 비행장등대
② 진입등시스템
③ 활주로등
④ 진입각지시등

【문제】26. 이륙 또는 착륙하는 항공기에 활주로의 시단 위치를 알려주기 위하여 활주로의 양 시단에 설치하는 등화는?
① 활주로등
② 활주로경계등
③ 활주로시단등
④ 정지선등

【문제】27. 체공 선회 중인 항공기가 기존의 진입등시스템과 활주로등만으로는 활주로 또는 진입지역을 충분히 식별하지 못하는 경우에 선회비행을 안내하기 위하여 활주로의 주변에 설치하는 등화는?
① 진입등시스템(Approach Lighting Systems)
② 진입각지시등(Precision Approach Path Indicator)
③ 진입구역등(Final Approach & Take-off Area Lights)
④ 선회등(Circling Guidance Lights)

【문제】28. 지상 주행 중의 항공기에 목적지, 경로 및 분기점을 알려주기 위하여 설치하는 등화는?
① 유도로안내등(Taxiway Guidance Sign)
② 유도로등(Taxiway Edge Lights)
③ 활주로유도등(Runway Leading Lighting Systems)
④ 지향신호등(Signalling Lamp, Light Gun)

【문제】29. 활주로에 진입하기 전에 멈추어야 할 위치를 알려주기 위하여 설치하는 등화는?
① 활주로등
② 활주로경계등
③ 일시정지위치등
④ 정지선등

정답  22. ①  23. ①  24. ③  25. ②  26. ③  27. ④  28. ①  29. ②

【문제】 30. 활주로 접근 중 활주로 시단의 위치를 알려주기 위해 활주로 시단의 양쪽에 위치하는 등화는?
① 활주로시단등
② 활주로종단등
③ 활주로접근등
④ 활주로시단식별등

【문제】 31. 이륙하거나 착륙하는 항공기에게 활주로를 알려주기 위하여 활주로 양쪽에 설치하는 등화는?
① 활주로유도등
② 활주로등
③ 활주로시단등
④ 활주로시단식별등

【문제】 32. 다음 중 항공등화가 아닌 것은?
① 비행장등대
② 항공장애표시등
③ 선회등
④ 풍향등

〈해설〉 공항시설법 시행규칙 별표 3(항공등화의 종류)_199 페이지 참고

【문제】 33. 다음 중 항행안전무선시설은?
① GNSS
② AFTN
③ ATIS
④ VDL

【문제】 34. 다음 중 항행안전무선시설이 아닌 것은?
① 레이더시설(ASR/ARSR/SSR/ARTS/ASDE/PAR)
② 위성항법시설(GNSS/SBAS/GRAS/GBAS)
③ 위성항법감시시설(GNSS Monitoring System)
④ 항공고정통신망(AFTN)

【문제】 35. 다음 중 항공고정통신시설이 아닌 것은?
① 항공정보방송 시스템
② 항공정보처리 시스템
③ 항공종합통신 시스템
④ 항공관제정보교환 시스템

【문제】 36. 다음 중 항공이동통신시설이 아닌 것은?
① VDL
② CPDLC
③ AFTN
④ UHF Radio

〈해설〉 공항시설법 시행규칙 제8조(항공정보통신시설)_200 페이지 참고

【문제】 37. 항공장애 표시등 및 항공장애 주간표지를 설치하여야 하는 구조물은?
① 지표면이나 수면으로부터 45m 이상 되는 구조물
② 지표면이나 수면으로부터 60m 이상 되는 구조물
③ 지표면이나 수면으로부터 90m 이상 되는 구조물
④ 지표면이나 수면으로부터 120m 이상 되는 구조물

〈해설〉 공항시설법 제36조(항공장애 표시등의 설치 등). 장애물 제한표면 밖의 지역에서 지표면이나 수면으로부터 높이가 60m 이상 되는 구조물을 설치하는 자는 표시등 및 표지를 설치하여야 한다.

정답  30. ④  31. ②  32. ②  33. ①  34. ④  35. ①  36. ③  37. ②

【문제】 38. 다음 중 항공장애 주간표지를 설치하지 않아도 되는 경우는?
  ① 뼈대로만 이루어진 구조물의 경우
  ② 장애물이 주간에 고광도 장애등을 설치하여 운영되는 경우
  ③ 장애물이 등대로서 광도가 충분하다고 지방항공청장이 인정하는 경우
  ④ 장애물의 높이가 지표 또는 수면으로부터 200미터 이하인 경우

〈해설〉 공항시설법 시행규칙 별표 9(표시등 및 표지 설치대상 구조물). 장애물이 주간에 고광도 표시등을 설치하여 운영되는 경우에는 항공장애 주간표지의 설치를 생략할 수 있다.

【문제】 39. 항행안전시설을 설치하고자 하는 자는 누구의 허가를 받아야 하는가?
  ① 대통령                    ② 국토교통부장관
  ③ 해당 자치단체장            ④ 지방항공청장

〈해설〉 공항시설법 제43조(항행안전시설의 설치)
  1. 항행안전시설은 국토교통부장관이 설치한다.
  2. 국토교통부장관 외에 항행안전시설을 설치하려는 자는 국토교통부령으로 정하는 바에 따라 국토교통부장관의 허가를 받아야 한다.

【문제】 40. 비행장등대의 색상으로 옳은 것은?
  ① 흰색, 청색    ② 흰색, 빨간색    ③ 흰색    ④ 흰색, 녹색

【문제】 41. 진입각지시등의 색깔은?
  ① 노란색, 흰색    ② 녹색, 흰색    ③ 빨강색, 흰색    ④ 노란색, 녹색

【문제】 42. 활주로시단등(threshold light)의 색깔은?
  ① 적색    ② 녹색    ③ 청색    ④ 백색

【문제】 43. 유도로등의 색깔은?
  ① 청색    ② 녹색    ③ 황색    ④ 백색

【문제】 44. 유도로중심선등의 색깔은?
  ① 청색    ② 녹색    ③ 백색    ④ 적색

【문제】 45. 비계기접근 활주로에 필요하지 않은 항공등화는?
  ① 진입등시스템              ② 활주로시단등
  ③ 정지로등                  ④ 유도로안내등

【문제】 46. 다음 중 차륜구역등을 설치해야 하는 곳은?
  ① 육상 비행장              ② 육상 정밀접근 활주로
  ③ 육상 비정밀접근 활주로    ④ 육상 헬기장

정답  38. ②  39. ②  40. ④  41. ③  42. ②  43. ①  44. ②  45. ①  46. ④

【문제】 47. 유도로중심선등과 일시정지위치등의 설치가 요구되는 육상비행장의 등급은?
① 비정밀접근    ② CAT-Ⅰ    ③ CAT-Ⅱ    ④ CAT-Ⅲ

〈해설〉 항공안전법 시행규칙 별표 14(항공등화의 설치기준)_201 페이지 참고

【문제】 48. 활주로중심선등의 3,000ft에서 2,000ft까지의 색깔은?
① 백색    ② 황색    ③ 백색, 적색    ④ 적색

〈해설〉 항공등화 설치 및 설치기준 제2장(항공등화시스템). 활주로중심선등의 불빛은 다음과 같다.
1. 활주로 종단으로부터 활주로 방향으로 300m(1,000ft) 지점까지는 진입방향에서 볼 때 적색으로 한다.
2. 활주로 종단으로부터 300m(1,000ft)에서 900m(3,000ft) 사이는 진입방향에서 보았을 때 적색과 가변백색등을 교대로 설치한다.
3. 활주로 종단으로부터 900m(3,000ft) 이후는 진입방향에서 볼 때 가변백색으로 한다.

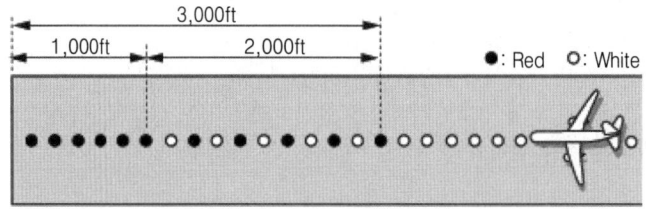

【문제】 49. 비행장등화의 점등시기로 맞는 것은?
① 착륙 1시간 전에 준비를 하고, 착륙 예정시각 최소한 10분 전에 점등한다.
② 이륙한 후 최소한 10분간 계속 점등한다.
③ 착륙 2시간 전에 준비를 하고, 착륙 예정시각 최소한 20분 전에 점등한다.
④ 이륙한 후 최소한 20분간 계속 점등한다.

〈해설〉 공항시설법 시행규칙 별표 17(항행안전시설의 관리기준). 공항·비행장의 등화(비행장등대는 제외)는 야간(태양이 수평선 아래 6도보다 낮은 경우)과 계기비행 기상상태에서 항공기가 이륙하거나 착륙하는 경우 또는 상공을 통과하는 항공기의 항행을 돕기 위하여 필요하다고 인정되는 경우에는 다음의 방법으로 점등할 것
  1. 항공기가 착륙하는 경우에는 해당 착륙 예정시각 1시간 전에 점등준비를 하고 그 착륙 예정시각보다 최소한 10분 전에 점등할 것
  2. 항공기가 이륙하는 경우에는 이륙한 후 최소한 5분간 점등을 계속할 것

【문제】 50. 법이 정하는 비행장의 출입금지구역으로 맞는 것은?
① 착륙대, 유도로, 계류장, 격납고, 항행안전시설 설치지역
② 급유시설, 활주로, 격납고, 유도로, 항행안전시설 설치지역
③ 운항실, 관제실, 활주로, 계류장, 항행안전시설 설치지역
④ 급유시설, 유도로, 격납고, 활주로, 항행안전시설 설치지역

〈해설〉 공항시설법 제56조(금지행위). 누구든지 국토교통부장관, 사업시행자등 또는 항행안전시설설치자등의 허가 없이 착륙대, 유도로(誘導路), 계류장(繫留場), 격납고(格納庫) 또는 항행안전시설이 설치된 지역에 출입해서는 아니 된다.

정답  47. ④   48. ③   49. ①   50. ①

【문제】51. 공항 내 금지사항이 아닌 것은?
① 내화 및 통풍설비가 되어 있는 장소 이외에서 도포작업을 하는 것
② 기름 묻은 걸레를 쓰레기통에 버리는 것
③ 급유중인 항공기에 30미터 이내로 접근하는 것
④ 소화장치가 있는 곳에서 발화물질을 취급하는 것

〈해설〉 공항시설법 시행령 제50조(금지행위)_201 페이지 참고

【문제】52. 레이저광선의 방사로부터 항공기 항행의 안전을 확보하기 위하여 설정한 공역이 아닌 것은?
① 레이저광선 제한공역　　　　　② 레이저광선 경계공역
③ 레이저광선 민감공역　　　　　④ 레이저광선 위험공역

〈해설〉 공항시설법 시행규칙 제47조(금지행위 등). 국토교통부장관은 레이저광선의 방사로부터 항공기 항행의 안전을 확보하기 위하여 다음의 보호공역을 비행장 주위에 설정하여야 한다.
　1. 레이저광선 제한공역
　2. 레이저광선 위험공역
　3. 레이저광선 민감공역

정답　51. ④　　52. ②

# 4 기타 관련법규

## 제1절 항공보안법

### 1.1 항공보안법의 목적(항공보안법 제1조)
이 법은「국제민간항공협약」등 국제협약에 따라 공항시설, 항행안전시설 및 항공기 내에서의 불법행위를 방지하고 민간항공의 보안을 확보하기 위한 기준·절차 및 의무사항 등을 규정함을 목적으로 한다.

### 1.2 용어의 정의(항공보안법 제2조)
1. "운항중"이란 승객이 탑승한 후 항공기의 모든 문이 닫힌 때부터 내리기 위하여 문을 열 때까지를 말한다.
2. "항공기내보안요원"이란 항공기 내의 불법방해행위를 방지하는 직무를 담당하는 사법경찰관리 또는 그 직무를 위하여 항공운송사업자가 지명하는 사람을 말한다.

### 1.3 국제협약의 준수(항공보안법 제3조)
민간항공의 보안을 위하여 이 법에서 규정하는 사항 외에는 다음의 국제협약에 따른다.
1. 「항공기 내에서 범한 범죄 및 기타 행위에 관한 협약」
2. 「항공기의 불법납치 억제를 위한 협약」
3. 「민간항공의 안전에 대한 불법적 행위의 억제를 위한 협약」
4. 「민간항공의 안전에 대한 불법적 행위의 억제를 위한 협약을 보충하는 국제민간항공에 사용되는 공항에서의 불법적 폭력행위의 억제를 위한 의정서」
5. 「가소성 폭약의 탐지를 위한 식별조치에 관한 협약」

### 1.4 공항시설 보호구역의 지정(항공보안법 제12조)
1. 공항운영자는 보안검색이 완료된 구역, 활주로, 계류장 등 공항시설의 보호를 위하여 필요한 구역을 국토교통부장관의 승인을 받아 보호구역으로 지정하여야 한다.
2. 보호구역에는 다음의 지역이 포함되어야 한다.
   가. 보안검색이 완료된 구역
   나. 출입국심사장
   다. 세관검사장
   라. 관제탑 등 관제시설
   마. 활주로 및 계류장
   바. 항행안전시설 설치지역
   사. 화물청사
   아. 라항부터 사항까지의 규정에 따른 지역의 부대지역

### 1.5 승객의 안전 및 항공기의 보안(항공보안법 제14조)
항공운송사업자는 승객의 안전 및 항공기의 보안을 위하여 필요한 조치를 하여야 한다.

## 1.6 승객 등의 검색 등(항공보안법 제15조)

공항운영자는 항공기에 탑승하는 사람, 휴대물품 및 위탁수하물에 대한 보안검색을 하고, 항공운송사업자는 화물에 대한 보안검색을 하여야 한다.

## 1.7 통과 승객 또는 환승 승객에 대한 보안검색 등(항공보안법 제17조)

공항운영자는 항공기에서 내린 통과 승객, 환승 승객, 휴대물품 및 위탁수하물에 대하여 보안검색을 하여야 한다.

## 1.8 기내식 등의 통제(항공보안법 제18조)

항공운송사업자는 위해물품이 기내식(機內食)이나 기내 저장품을 이용하여 항공기 내로 유입되는 것을 방지하기 위하여 필요한 조치를 하여야 한다.

## 1.9 무기 등 위해물품 휴대 금지(항공보안법 제21조)

1. 누구든지 항공기에 무기, 도검류(刀劍類), 폭발물, 독극물 또는 연소성이 높은 물건 등 국토교통부장관이 정하여 고시하는 위해물품을 가지고 들어가서는 아니 된다.
2. 기내 반입무기(항공보안법 시행령 제19조)
   가. 경호업무, 범죄인 호송업무 등 대통령령으로 정하는 특정한 직무를 수행하기 위하여 대통령령으로 정하는 무기의 경우에는 국토교통부장관의 허가를 받아 항공기에 가지고 들어갈 수 있다.
   나. 국토교통부장관의 허가를 받아 항공기에 가지고 들어갈 수 있는 "대통령령으로 정하는 무기"란 다음의 무기를 말한다.
      (1) 「총포·도검·화약류 등의 안전관리에 관한 법률 시행령」 제3조에 따른 권총
      (2) 「총포·도검·화약류 등의 안전관리에 관한 법률 시행령」 제6조의2에 따른 분사기
      (3) 「총포·도검·화약류 등의 안전관리에 관한 법률 시행령」 제6조의3에 따른 전자충격기
      (4) 국제협약 또는 외국정부와의 합의서에 의하여 휴대가 허용되는 무기

## 1.10 범인의 인도·인수(항공보안법 제25조)

1. 기장등은 항공기 내에서 이 법에 따른 죄를 범한 범인을 직접 또는 해당 관계기관 공무원을 통하여 해당 공항을 관할하는 국가경찰관서에 통보한 후 인도하여야 한다.
2. 기장등이 다른 항공기 내에서 죄를 범한 범인을 인수한 경우에 그 항공기 내에서 구금을 계속할 수 없을 때에는 직접 또는 해당 관계기관 공무원을 통하여 해당 공항을 관할하는 국가경찰관서에 지체 없이 인도하여야 한다.
3. 범인을 인도받은 국가경찰관서의 장은 범인에 대한 처리 결과를 지체 없이 해당 항공운송사업자에게 통보하여야 한다.

## 1.11 예비조사(항공보안법 제26조)

1. 국가경찰관서의 장은 범인을 인도받은 경우에는 범행에 대한 범인의 조사, 증거물의 제출요구 또는 증인에 대한 진술확보 등 예비조사를 할 수 있다.
2. 국가경찰관서의 장은 예비조사를 하는 경우에 해당 항공기의 운항을 부당하게 지연시켜서는 아니 된다.

## 1.12 벌칙

| 해당 조항 | 조문 내용 | 벌 칙 |
|---|---|---|
| 1. 제42조(항공기 항로 변경죄) | 위계 또는 위력으로써 운항중인 항공기의 항로를 변경하게 하여 정상 운항을 방해한 사람 | 1년 이상 10년 이하의 징역 |
| 2. 제47조(항공기 점거 및 농성죄) | 항공기가 착륙한 후 항공기에서 내리지 아니하고 항공기를 점거하거나 항공기 내에서 농성한 사람 | 3년 이하의 징역 또는 3천만원 이하의 벌금 |
| 3. 제50조(벌칙) | 운항 중인 항공기 내에서 폭언, 고성방가 등 소란 행위를 한 사람 | 3년 이하의 징역 또는 3천만원 이하의 벌금 |

## 제2절 항공·철도 사고조사에 관한 법률

### 2.1 항공·철도 사고조사에 관한 법률의 목적(항공·철도 사고조사에 관한 법률 제1조)

이 법은 항공·철도사고조사위원회를 설치하여 항공사고 및 철도사고 등에 대한 독립적이고 공정한 조사를 통하여 사고 원인을 정확하게 규명함으로써 항공사고 및 철도사고 등의 예방과 안전 확보에 이바지함을 목적으로 한다.

### 2.2 항공·철도사고조사위원회

1. 항공·철도사고조사위원회의 설치(항공·철도 사고조사에 관한 법률 제4조)
   가. 항공·철도사고등의 원인규명과 예방을 위한 사고조사를 독립적으로 수행하기 위하여 국토교통부에 항공·철도사고조사위원회를 둔다.
   나. 국토교통부장관은 일반적인 행정사항에 대하여는 위원회를 지휘·감독하되, 사고조사에 대하여는 관여하지 못한다.
2. 위원회의 업무(항공·철도 사고조사에 관한 법률 제5조)
   가. 사고조사
   나. 제25조에 따른 사고조사보고서의 작성·의결 및 공표
   다. 제26조에 따른 안전권고 등
   라. 사고조사에 필요한 조사·연구
   마. 사고조사 관련 연구·교육기관의 지정
   바. 그 밖에 항공사고조사에 관하여 규정하고 있는 「국제민간항공조약」 및 동 조약부속서에서 정한 사항
3. 위원회의 구성(항공·철도 사고조사에 관한 법률 제6조)
   가. 위원회는 위원장 1인을 포함한 12인 이내의 위원으로 구성하되, 위원 중 대통령령으로 정하는 수의 위원은 상임으로 한다.
   나. 위원장 및 상임위원은 대통령이 임명하며, 비상임위원은 국토교통부장관이 위촉한다.
   다. 상임위원의 직급에 관하여는 대통령령으로 정한다.
4. 위원의 자격요건(항공·철도 사고조사에 관한 법률 제7조)
   위원이 될 수 있는 자는 항공·철도관련 전문지식이나 경험을 가진 자로서 다음의 어느 하나에 해당하는 자로 한다.

가. 변호사의 자격을 취득한 후 10년 이상 된 자
나. 대학에서 항공·철도 또는 안전관리분야 과목을 가르치는 부교수 이상의 직에 5년 이상 있거나 있었던 자
다. 행정기관의 4급 이상 공무원으로 2년 이상 있었던 자
라. 항공·철도 또는 의료 분야 전문기관에서 10년 이상 근무한 박사학위 소지자
마. 항공종사자 자격증명을 취득하여 항공운송사업체에서 10년 이상 근무한 경력이 있는 자로서 임명·위촉일 3년 이전에 항공운송사업체에서 퇴직한 자
바. 철도시설 또는 철도운영관련 업무분야에서 10년 이상 근무한 경력이 있는 자로서 임명·위촉일 3년 이전에 퇴직한 자
사. 국가기관등항공기 또는 군·경찰·세관용 항공기와 관련된 항공업무에 10년 이상 종사한 경력이 있는 자

5. 위원의 신분보장(항공·철도 사고조사에 관한 법률 제9조)
   위원은 임기 중 직무와 관련하여 독립적으로 권한을 행사한다.

6. 자문위원(항공·철도 사고조사에 관한 법률 제14조)
   위원회는 사고조사에 관련된 자문을 얻기 위하여 필요한 경우 항공 및 철도분야의 전문지식과 경험을 갖춘 전문가를 대통령령으로 정하는 바에 따라 자문위원으로 위촉할 수 있다.

7. 직무종사의 제한(항공·철도 사고조사에 관한 법률 제15조)
   위원회는 항공·철도사고등의 원인과 관계가 있거나 있었던 자와 밀접한 관계를 갖고 있다고 인정되는 위원에 대하여는 해당 항공·철도사고등과 관련된 회의에 참석시켜서는 아니 된다.

## 2.3 사고조사보고서의 작성 등(항공·철도 사고조사에 관한 법률 제25조)

위원회는 사고조사를 종결한 때에는 다음의 사항이 포함된 사고조사보고서를 작성하여야 한다.
1. 개요
2. 사실정보
3. 원인분석
4. 사고조사결과
5. 제26조(안전권고 등)에 따른 권고 및 건의사항

## 2.4 정보의 공개금지(항공·철도 사고조사에 관한 법률 제28조)

1. 정보의 공개금지
   가. 위원회는 사고조사 과정에서 얻은 정보가 공개됨으로써 해당 또는 장래의 정확한 사고조사에 영향을 줄 수 있거나, 국가의 안전보장 및 개인의 사생활이 침해될 우려가 있는 경우에는 이를 공개하지 아니할 수 있다. 이 경우 항공·철도사고등과 관계된 사람의 이름을 공개하여서는 아니 된다.
   나. 공개하지 아니할 수 있는 정보의 범위는 대통령령으로 정한다.

2. 공개를 금지할 수 있는 정보의 범위(항공·철도 사고조사에 관한 법률 시행령 제8조)
   공개하지 아니할 수 있는 정보의 범위는 다음과 같다. 다만, 해당정보가 사고분석에 관계된 경우에는 사고조사보고서에 그 내용을 포함시킬 수 있다.

가. 사고조사과정에서 관계인들로부터 청취한 진술
나. 항공기운항 또는 열차운행과 관계된 자들 사이에 행하여진 통신기록
다. 항공사고등 또는 철도사고와 관계된 자들에 대한 의학적인 정보 또는 사생활 정보
라. 조종실 및 열차기관실의 음성기록 및 그 녹취록
마. 조종실의 영상기록 및 그 녹취록
바. 항공교통관제실의 기록물 및 그 녹취록
사. 비행기록장치 및 열차운행기록장치 등의 정보 분석과정에서 제시된 의견
3. 위원회는 항공·철도사고등을 통보한 자의 의사에 반하여 해당 통보자의 신분을 공개하여서는 아니 된다.

## 제3절 운항기술기준

### 3.1 용어의 정의(운항기술기준 7.1.2)

1. "장거리 해상비행(Extended flight over water)"이란 비상착륙에 적합한 육지로부터 93km(50해리) 또는 순항속도로 30분 중 짧은 거리 이상의 해상을 비행하는 것을 말한다.
2. "비행중요단계(Critical phases of flight)"라 함은 순항비행을 제외한 지상활주, 이륙 및 착륙을 포함한 고도 1만ft 이하에서 운항하는 모든 비행을 말한다.

### 3.2 기내방송시스템(Public Address System)(운항기술기준 7.4.9.3)

운항증명소지자는 최대인가 승객좌석이 19석을 초과하는 승객운송용 항공기 운항을 위해서는 기내방송시스템(public address system)을 장착하여야 한다.

## 제4절 항공기 기술기준

### 4.1 용어의 정의(항공기 기술기준 Part 1)

1. 임계엔진(Critical engine)이란 어느 하나의 엔진이 고장난 경우 항공기의 성능 또는 조종특성에 가장 심각하게 영향을 미치는 엔진을 말한다.
2. 설계단위중량(Design unit weight)이라 함은 구조설계에 있어 사용하는 단위중량으로 활공기의 경우를 제외하고는 다음과 같다.
   가. 연료 0.72kg/ℓ (6 lb/gal) 다만, 개소린 이외의 연료에 있어서는 그 연료에 상응하는 단위중량으로 한다.
   나. 윤활유 0.9kg/ℓ (7.5 lb/gal)
   다. 승무원 및 승객 77kg/인(170 lb/인)

### 4.2 감항분류(항공기 기술기준 Part 23, 24)

비행기에 대한 감항분류는 다음과 같이 구분한다.

| 감항분류 | 기호 | 적요 |
|---|---|---|
| 보 통<br>(Normal) | N | 승객 좌석이 19인승 이하이고 최대이륙중량이 8,618kg (19,000lb) 이하인 비행기<br>- 보통의 비행(60°의 경사를 넘지 않는 선회 및 실속을 포함)에 적합 |
| 수 송<br>(Transportation) | T | 최대이륙중량이 5,700kg을 초과하는 수송류 비행기<br>- 항공운송사업에 적합 |

## I. 항공보안법

**【문제】1.** "항공기내보안요원"이란?
① 공항의 보호구역에 출입하려고 하는 사람 등에 대하여 보안검색을 하는 사람
② 공항 출입부터 공항을 떠날 때까지 질서 및 안전을 해하는 행위를 방지하는 사람
③ 공항입국, 항공기 탑승, 보안검색 통과 등에서의 질서 및 안전을 해하는 행위를 방지하는 직무를 담당하는 사람
④ 항공기 내의 불법방해행위를 방지하는 직무를 담당하는 사법경찰관리 또는 항공운송사업자가 지명하는 사람

〈해설〉 항공보안법 제2조(정의). "항공기내보안요원"이란 항공기 내의 불법방해행위를 방지하는 직무를 담당하는 사법경찰관리 또는 그 직무를 위하여 항공운송사업자가 지명하는 사람을 말한다.

**【문제】2.** 민간항공의 안전을 위하여 제정한 국제협약이 아닌 것은?
① 가소성 폭약의 탐지를 위한 식별조치에 관한 협약
② 민간항공의 안전에 대한 불법적 행위의 억제를 위한 협약
③ 항공기와의 범죄에 대한 협약
④ 항공기의 불법납치 억제를 위한 협약

〈해설〉 항공보안법 제3조(국제협약의 준수). 민간항공의 보안을 위하여 이 법에서 규정하는 사항 외에는 다음의 국제협약에 따른다.
  1. 「항공기 내에서 범한 범죄 및 기타 행위에 관한 협약」
  2. 「항공기의 불법납치 억제를 위한 협약」
  3. 「민간항공의 안전에 대한 불법적 행위의 억제를 위한 협약」
  4. 「민간항공의 안전에 대한 불법적 행위의 억제를 위한 협약을 보충하는 국제민간항공에 사용되는 공항에서의 불법적 폭력행위의 억제를 위한 의정서」
  5. 「가소성 폭약의 탐지를 위한 식별조치에 관한 협약」

**【문제】3.** 다음 중 공항의 보호구역이 아닌 것은?
① 화물청사                          ② 세관검사장
③ 보안검색 대기실                   ④ 항행안전시설 설치지역

〈해설〉 항공보안법 시행규칙 제4조(보호구역의 지정). 보호구역에는 다음의 지역이 포함되어야 한다.
  1. 보안검색이 완료된 구역
  2. 출입국심사장
  3. 세관검사장
  4. 관제탑 등 관제시설
  5. 활주로 및 계류장(항공운송사업자가 관리·운영하는 정비시설에 부대하여 설치된 계류장은 제외)
  6. 항행안전시설 설치지역

---

정답   1. ④   2. ③   3. ③

7. 화물청사
8. 제4호부터 제7호까지의 규정에 따른 지역의 부대지역

【문제】4. 승객의 안전에 대한 책임은 누가 지는가?
① 항공운송사업자　　　　　　　　② 운항관리사
③ 국토교통부장관　　　　　　　　④ 지방항공청장

〈해설〉 항공보안법 제14조(승객의 안전 및 항공기의 보안). 항공운송사업자는 승객의 안전 및 항공기의 보안을 위하여 필요한 조치를 하여야 한다.

【문제】5. 항공화물에 대한 보안검색의 책임은 누구에게 있는가?
① 공항운영자　　　　　　　　　　② 항공기 소유자
③ 항공운송사업자　　　　　　　　④ 화물청사 담당자

〈해설〉 항공보안법 제15조(승객 등의 검색 등). 공항운영자는 항공기에 탑승하는 사람, 휴대물품 및 위탁수하물에 대한 보안검색을 하고, 항공운송사업자는 화물에 대한 보안검색을 하여야 한다.

【문제】6. 환승하는 승객에 대하여 보안검색을 하여야 할 책임이 있는 사람은?
① 공항운영자　　　　　　　　　　② 항공운송사업자
③ 승무원　　　　　　　　　　　　④ 지방항공청장

〈해설〉 항공보안법 제17조(통과 승객 또는 환승 승객에 대한 보안검색 등). 공항운영자는 항공기에서 내린 통과 승객, 환승 승객, 휴대물품 및 위탁수하물에 대하여 보안검색을 하여야 한다.

【문제】7. 허가받지 않은 사람이 공항의 보호구역에 들어가지 못하도록 하는 책임은 누구에게 있는가?
① 국토교통부장관　　　　　　　　② 지방항공청장
③ 항공운송사업자　　　　　　　　④ 공항운영자

〈해설〉 항공보안법 시행규칙 제3조의4(공항운영자의 자체 보안계획). 공항운영자가 수립하는 자체 보안계획에는 보호구역 지정 및 출입통제에 대한 사항이 포함되어야 한다.

【문제】8. 위해물품이 기내식이나 기내 저장품을 이용하여 항공기 내로 유입되는 것을 방지하기 위하여 필요한 조치를 하여야 하는 사람은?
① 공항운영자　　　　　　　　　　② 항공운송사업자
③ 화물터미널 운영자　　　　　　　④ 항공보안검색요원

〈해설〉 항공보안법 제18조(기내식 등의 통제). 항공운송사업자는 위해물품이 기내식(機內食)이나 기내 저장품을 이용하여 항공기 내로 유입되는 것을 방지하기 위하여 필요한 조치를 하여야 한다.

【문제】9. 다음 중 항공기 기내에 반입할 수 있는 것은?
① 도검류　　② 총포류　　③ 전사충격기　　④ 폭약류

〈해설〉 항공보안법 시행령 제19조(기내 반입무기). 국토교통부장관의 허가를 받아 항공기에 가지고 들어갈 수 있는 "대통령령으로 정하는 무기"란 다음의 무기를 말한다.

정답　4. ①　5. ③　6. ①　7. ④　8. ②　9. ③

1. 「총포·도검·화약류 등의 안전관리에 관한 법률 시행령」제3조에 따른 권총
2. 「총포·도검·화약류 등의 안전관리에 관한 법률 시행령」제6조의2에 따른 분사기
3. 「총포·도검·화약류 등의 안전관리에 관한 법률 시행령」제6조의3에 따른 전자충격기
4. 국제협약 또는 외국정부와의 합의서에 의하여 휴대가 허용되는 무기

【문제】10. 기내 범죄자 인도 방법으로 틀린 것은?
① 기장이 직접 경찰에 인도한다.
② 지상직원을 통해 경찰에 인도한다.
③ 해당 관계기관 공무원을 통해 경찰에 인도한다.
④ 사무장에 위임하여 경찰에 인도한다.

【문제】11. 운항 중인 기내에서 불법행위 발생 시 공항 관할 경찰관서의 장이 행할 수 있는 행위로 볼 수 없는 것은?
① 범죄행위자의 인도를 거부할 수 있다.
② 경찰관서의 장은 사건 조사 후 처리결과를 즉시 해당 항공운송사업자에게 통보하여야 한다.
③ 사건조사를 위해 부당하게 해당 항공기의 운항을 지연시켜서는 안 된다.
④ 경찰관서의 장은 사건조사를 위해 증거물 제출요구 등의 예비조사를 할 수 있다.

〈해설〉 항공보안법 제25조(범인의 인도·인수)
1. 기장 및 기장으로부터 권한을 위임받은 승무원("기장등")은 항공기 내에서 이 법에 따른 죄를 범한 범인을 직접 또는 해당 관계기관 공무원을 통하여 해당 공항을 관할하는 국가경찰관서에 통보한 후 인도하여야 한다.
2. 기장등이 다른 항공기 내에서 죄를 범한 범인을 인수한 경우에 그 항공기 내에서 구금을 계속할 수 없을 때에는 직접 또는 해당 관계기관 공무원을 통하여 해당 공항을 관할하는 국가경찰관서에 지체 없이 인도하여야 한다.
3. 범인을 인도받은 국가경찰관서의 장은 범인에 대한 처리 결과를 지체 없이 해당 항공운송사업자에게 통보하여야 한다.

【문제】12. 위계 또는 위력으로서 운항중인 항공기의 항로를 변경하게 하여 정상 운항을 방해한 자에 대한 처벌은?
① 2년 이상, 5년 이하의 징역
② 3년 이상의 징역 또는 2천만원 이하의 벌금
③ 7년 이하의 징역
④ 1년 이상, 10년 이하의 징역

【문제】13. 비행이 종료된 후 항공기에서 내리지 않고 항공기를 점거하여 농성을 벌인 자에 대한 처벌은?
① 1년 이상 10년 이하의 징역
② 3년 이하의 징역 또는 3천만원 이하의 벌금
③ 2년 이하의 징역 또는 2천만원 이하의 벌금
④ 2년 이하의 징역 또는 1천만원 이하의 벌금

정답  10. ②  11. ①  12. ④  13. ②

【문제】 14. 운항 중인 항공기 내에서 난동 및 소란을 피우는 승객에 대한 벌칙은?

① 2년 이하의 징역 또는 2천만원 이하의 벌금

② 3년 이하의 징역 또는 3천만원 이하의 벌금

③ 1년 이상 10년 이하의 징역

④ 1년 이하 징역

〈해설〉 항공보안법 제8장(벌칙). 다음과 같은 법을 위반한 경우 적용되는 벌칙은 다음과 같다.

| 관련 조항 | 조문 내용 | 벌 칙 |
|---|---|---|
| 1. 제42조(항공기 항로 변경죄) | 위계 또는 위력으로써 운항중인 항공기의 항로를 변경하게 하여 정상 운항을 방해한 사람 | 1년 이상 10년 이하의 징역 |
| 2. 제47조(항공기 점거 및 농성죄) | 항공기가 착륙한 후 항공기에서 내리지 아니하고 항공기를 점거하거나 항공기 내에서 농성한 사람 | 3년 이하의 징역 또는 3천만원 이하의 벌금 |
| 3. 제50조(벌칙) | 운항 중인 항공기 내에서 폭언, 고성방가 등 소란행위를 한 사람 | 3년 이하의 징역 또는 3천만원 이하의 벌금 |

## II. 항공·철도 사고조사에 관한 법률

【문제】 1. 항공기 사고조사의 기본 취지는 무엇인가?

① 사고 항공기의 자재를 재사용하기 위하여

② 유사사고의 재발 방지를 위하여

③ 항공시설의 설치와 관리를 효율적으로 하기 위하여

④ 항공기사고를 발생시킨 사람을 처벌하기 위하여

〈해설〉 항공·철도 사고조사에 관한 법률 제1조(목적). 이 법은 항공·철도사고조사위원회를 설치하여 항공사고 및 철도사고 등에 대한 독립적이고 공정한 조사를 통하여 사고 원인을 정확하게 규명함으로써 항공사고 및 철도사고 등의 예방과 안전 확보에 이바지함을 목적으로 한다.

【문제】 2. 항공·철도사고조사위원회에 대한 내용으로 틀린 것은?

① 위원회는 위원장 1인을 포함한 12인 이내의 위원으로 구성한다.

② 위원장 및 상임위원은 대통령이 임명한다.

③ 위원은 임기 중 직무와 관련하여 독립적으로 권한을 행사한다.

④ 국토교통부장관은 일반적인 행정사항과 사고조사에 대하여 위원회를 지휘, 감독한다.

〈해설〉 항공·철도 사고조사에 관한 법률 제4조(항공·철도사고조사위원회의 설치). 국토교통부장관은 일반적인 행정사항에 대하여는 위원회를 지휘·감독하되, 사고조사에 대하여는 관여하지 못한다.

【문제】 3. 다음 중 항공·철도사고조사위원회의 업무가 아닌 것은?

① 사고조사보고서의 작성, 의결 및 공포

② 사고조사 관련 연구, 교육기관의 지정

③ 규정에 의한 처벌 권고

④ 사고조사에 필요한 조사, 연구

정답  14. ②  /  1. ②  2. ④  3. ③

⟨해설⟩ 항공·철도 사고조사에 관한 법률 제5조(위원회의 업무). 위원회는 다음의 업무를 수행한다.
1. 사고조사
2. 제25조에 따른 사고조사보고서의 작성·의결 및 공표
3. 제26조에 따른 안전권고 등
4. 사고조사에 필요한 조사·연구
5. 사고조사 관련 연구·교육기관의 지정
6. 그 밖에 항공사고조사에 관하여 규정하고 있는 「국제민간항공조약」 및 동 조약부속서에서 정한 사항

【문제】 4. 항공·철도 사고조사위원회의 내용으로 올바른 것은?
① 상임위원은 대통령이 임명한다.
② 상임위원의 직급에 관하여는 국토교통부령으로 정한다.
③ 일반적인 행정사항과 사고조사에 대하여 국토교통부장관이 지휘 감독한다.
④ 항공종사자 자격증명을 취득하여 항공운송업체에서 10년 이상 근무한 경력이 있는 자는 임명 위촉일 2년 이전에 항공운송업체에서 퇴직하여야 위원의 자격이 있다.

⟨해설⟩ 항공·철도 사고조사에 관한 법률 제6조(위원회의 구성)
1. 위원회는 위원장 1인을 포함한 12인 이내의 위원으로 구성하되, 위원 중 대통령령으로 정하는 수의 위원은 상임으로 한다.
2. 위원장 및 상임위원은 대통령이 임명하며, 비상임위원은 국토교통부장관이 위촉한다.
3. 상임위원의 직급에 관하여는 대통령령으로 정한다.

【문제】 5. 항공기 사고조사보고서에 포함되어야 할 내용이 아닌 것은?
① 사실정보
② 원인분석
③ 사고조사결과
④ 재발방지를 위한 대책

⟨해설⟩ 항공·철도 사고조사에 관한 법률 제25조(사고조사보고서의 작성 등). 위원회는 사고조사를 종결한 때에는 다음 각 호의 사항이 포함된 사고조사보고서를 작성하여야 한다.
1. 개요
2. 사실정보
3. 원인분석
4. 사고조사결과
5. 제26조에 따른 권고 및 건의사항

【문제】 6. 항공기 사고조사 시 국가의 안전보장 및 개인의 사생활이 침해될 우려가 있는 경우, 정보의 공개 범위를 정하는 것은?
① 대통령령
② 국토교통부령
③ 항공안전법
④ 항공안전법 시행령

⟨해설⟩ 항공·철도 사고조사에 관한 법률 제28조(정보의 공개금지)
1. 위원회는 사고조사 과정에서 얻은 정보가 공개됨으로써 해당 또는 장래의 정확한 사고조사에 영향을 줄 수 있거나, 국가의 안전보장 및 개인의 사생활이 침해될 우려가 있는 경우에는 이를 공개하지 아니할 수 있다. 이 경우 항공·철도사고등과 관계된 사람의 이름을 공개하여서는 아니 된다.
2. 제1항에 따라 공개하지 아니할 수 있는 정보의 범위는 대통령령으로 정한다.

정답  4. ①  5. ④  6. ①

【문제】 7. 사고조사위원회에서 공개하지 않아도 되는 정보가 아닌 것은?
① 조종실, 항공관제 등의 음성기록
② 사고조사보고 초안
③ 항공기운항 관련 통신기록
④ 비행기록장치의 정보 분석과정에서 제시된 의견

〈해설〉 항공·철도 사고조사에 관한 법률 제8조(공개를 금지할 수 있는 정보의 범위)
1. 사고조사과정에서 관계인들로부터 청취한 진술
2. 항공기운항 또는 열차운행과 관계된 자들 사이에 행하여진 통신기록
3. 항공사고등 또는 철도사고와 관계된 자들에 대한 의학적인 정보 또는 사생활 정보
4. 조종실 및 열차기관실의 음성기록 및 그 녹취록
5. 조종실의 영상기록 및 그 녹취록
6. 항공교통관제실의 기록물 및 그 녹취록
7. 비행기록장치 및 열차운행기록장치 등의 정보 분석과정에서 제시된 의견

【문제】 8. 항공기 사고조사와 관련된 내용으로 옳은 것은?
① 통보한 자의 의사에 의해 해당 통보자의 신분을 공개할 수 있다.
② 통보한 자의 의사에 반하여 해당 통보자의 신분을 공개하여서는 아니 된다.
③ 사고조사 자문위원 위촉 시 국토교통부장관이 정하는 바에 따른다.
④ 사고원인과 관계가 있거나 있었던 자와 밀접한 관계가 있는 인원의 회의 참석도 가능하다.

〈해설〉 항공·철도 사고조사에 관한 법률 제17조(항공·철도사고등의 발생 통보). 위원회는 항공·철도사고등을 통보한 자의 의사에 반하여 해당 통보자의 신분을 공개하여서는 아니 된다.

## Ⅲ. 운항기술기준

【문제】 1. 장거리 해상비행이란 비상착륙이 적합한 육지로부터 얼마 이상의 해상을 비행하는 것을 말하는가?
① 93km(50해리)
② 148km(80해리)
③ 185km(100해리)
④ 222km(120해리)

〈해설〉 운항기술기준 7.1.2(용어의 정의). "장거리 해상비행(Extended flight over water)"이란 비상착륙에 적합한 육지로부터 93km(50해리) 또는 순항속도로 30분 중 짧은 거리 이상의 해상을 비행하는 것을 말한다.

【문제】 2. 비행의 중요단계(Critical Phases of Flight)는?
① 이륙단계, 착륙단계
② 지상활주에서부터 고도 10,000ft까지의 단계
③ 고도 10,000ft 이하에서의 지상활주, 이륙 및 착륙을 포함한 모든 단계
④ 고도 10,000ft부터의 착륙단계

〈해설〉 운항기술기준 7.1.2(용어의 정의). "비행중요단계(Critical Phases of Flight)"라 함은 순항비행을 제외한 지상활주, 이륙 및 착륙을 포함한 고도 1만ft 이하에서 운항하는 모든 비행을 말한다.

정답  7. ②  8. ②  /  1. ④  2. ③

【문제】 3. 최대인가 승객좌석이 몇 석을 초과하는 승객운송용 항공기 운항을 위해서는 기내방송 시스템(Public Address System)을 장착하여야 하는가?
① 10석　　　　② 15석　　　　③ 19석　　　　④ 30석

〈해설〉 운항기술기준 7.4.9.3〔기내방송시스템(Public Address System)〕. 운항증명소지자는 최대인가 승객좌석이 19석을 초과하는 승객운송용 항공기 운항을 위해서는 기내방송 시스템을 장착하여야 한다.

## Ⅳ. 항공기 기술기준

【문제】 1. 임계엔진(Critical Engine)에 대한 설명으로 알맞은 것은?
① 엔진 시동시에는 맨 먼저 시동하고 엔진 정지시에는 맨 나중에 정지하는 엔진을 말한다.
② 이륙을 위해 증속할 경우 부작동되면 반드시 이륙을 포기해야 하는 엔진을 말한다.
③ 공중에서 부작동되면 어느 경우든지 가장 가까운 비행장에 착륙해야 하는 엔진을 말한다.
④ 엔진이 부작동시 항공기의 성능이나 조종특성에 가장 나쁜 영향을 줄 수 있는 엔진을 말한다.

〈해설〉 항공기 기술기준 Part 1의 1.3(정의). 임계엔진(Critical engine)이란 어느 하나의 엔진이 고장난 경우 항공기의 성능 또는 조종특성에 가장 심각하게 영향을 미치는 엔진을 말한다.

【문제】 2. 항공기 구조설계 시 탑승객 1인당 몸무게는 몇 kg을 기준으로 하는가?
① 68kg　　　　② 72kg　　　　③ 77kg　　　　④ 80kg

〈해설〉 항공기 기술기준 Part 1의 1.3(정의). 설계단위중량(Design unit weight)이라 함은 구조설계에 있어 사용하는 단위중량으로 활공기의 경우를 제외하고는 다음과 같다.
1. 연료 0.72kg/l(6lb/gal) 다만, 가솔린 이외의 연료에 있어서는 그 연료에 상응하는 단위중량으로 한다.
2. 윤활유 0.9kg/l(7.5lb/gal)
3. 승무원 및 승객 77kg/인(170lb/인)

【문제】 3. 비행기의 감항유별 분류에서 감항분류 N의 항공기 기준은?
① 최대이륙중량 8,618kg 이하의 비행기로서 60도 경사를 넘지 않는 보통비행에 적합
② 최대이륙중량 8,618kg 이하의 비행기로서 60도 경사를 넘지 않는 곡기비행에 적합
③ 최대이륙중량 8,618kg 이하의 비행기로서 보통비행 및 곡기비행에 적합
④ 최대이륙중량 8,618kg 이하의 비행기로서 항공운송사업에 적합

〈해설〉 비행기의 감항유별은 일반적으로 다음과 같이 구분한다.

| 감항분류 | 기호 | 적요 |
|---|---|---|
| 보통(Normal) | N | 승객좌석이 19인승 이하이고 최대이륙중량이 8,618kg 이하의 비행기로서 보통의 비행(60°의 경사를 넘지 않는 선회 및 실속을 포함)에 적합 |
| 수송(Transportation) | T | 최대이륙중량이 5,700kg을 초과하는 수송류 비행기로서 항공운송사업에 적합 |

정답　3. ③　/　1. ④　2. ③　3. ①

# 항공법규(Air Law)

## PART 3 모의고사

- 항공법규 제1/2회 모의고사
- 항공법규 제3/4회 모의고사
- 항공법규 제5/6회 모의고사
- 항공법규 제7/8회 모의고사
- 항공법규 제9/10회 모의고사
- 항공법규 제11/12회 모의고사
- 항공법규 제13/14회 모의고사
- 항공법규 제15/16회 모의고사
- 항공법규 제17/18회 모의고사
- 항공법규 제19/20회 모의고사
- 항공법규 제21/22회 모의고사
- 항공법규 제23/24회 모의고사
- 항공법규 제25/26회 모의고사
- 항공법규 제27/28회 모의고사

모의고사는 실제시험같이, 실제시험은 모의고사같이!

### NOTICE — 점수별 추천 방안

합격 점수는 70점입니다. 따라서 18문제 이상을 맞추어야 합격입니다.
모든 분들의 합격을 진심으로 기원 드리며, 모의고사 점수별 추천 방안은 다음과 같습니다.

| 나의 점수 | 점수별 추천 방안 |
|---|---|
| 100점 | **축하합니~다. 축하합니~다. 당신의 합격을 축하합니다.** ♪<br>이제 누가 나를 막을 수 있겠는가! 두 손을 높이 들고 만세를 3번 외친 다음, 자기 자신에게 수고했다고 큰 소리로 박수를 쳐준다. 모든 책을 덮고 3박 4일 동안 푹 쉰다. (잊을 뻔 했다!) 혹시 숨겨놓은 비상금이 있다면 복권을 산다. |
| 80/90점 대 | 합격은 하긴 했는데 왠지 허전한 것은 무엇 때문일까? 만족하지 말고 100점을 목표로 삼고 다시 시작한다. 이왕 공부하는 것 100점도 한번 맞아 보자.<br>■ 틀린 문제 위주로 다시 한 번 살펴본다. |
| 70점 대 | 애초 목표는 합격(70점 이상)이었다. "70점이나 100점이나 어차피 똑 같이 합격이다. 100점 맞는다고 자격증 2개 주는 것 아니다~"라고 위안을 하고, 80/90점 대를 목표로 다시 시작한다.<br>■ 기출문제 위주로 공부한다. 틀린 문제는 해설을 참고하여 관련 내용을 숙지한다. |
| 60점 대 | 집중만이 살 길이다. 대부분 한 두 문제 차이로 불합격한다는 것을 잊지 말자. 불합격과 합격의 차이는 조금 더 집중하느냐? 아니면 집중하지 않고, 이것인가 보다 하고 대충 지나가느냐에 따라 달라진다. 정말 종이 한 장 차이다.<br>한 두 문제 때문에 떨어져서 다시 시험을 봐야 하다니 수수료가 아깝지 않는가! 잊지 말자, 아까운 내 돈~~<br>■ 출제예상문제부터 다시 시작한다. 특히 해설을 정독하여 관련 내용을 숙지한다. |
| 50점 이하 | 포기할 것인가? 계속할 것인가? 심사숙고하여 결정한다. 선택은 당신의 몫이다. 포기하기에는 그 동안의 노력이 너무 아깝다. 나의 피가 끓는다.<br>계속 도전하기로 작정을 하였다면 각서를 쓰고 도장을 찍어서 책상 앞에 붙여 둔다. 다시 1일차이다. 마음을 다잡고 날밤을 새운다. 느슨해질 때 마다 각서를 쳐다보고 큰 소리로 외친다. 나도 할 수 있다. **나도 날 수 있다!**<br>■ 출제예상문제부터 다시 시작한다. 이해되지 않는 부분은 본문의 내용을 살펴보고, 관련 내용을 숙지한다. |

| 항공종사자 자격증명시험 제1회 모의고사 | | | | | 수험번호 | 성 명 |
|---|---|---|---|---|---|---|
| 자격분류명 | 자격명 | 과목명 | 시험시간 | 문제수 | | |
| 항공종사자 자격증명 | 조종사 | 항공법규 | 30분 | 25문항 | | |

1. 국가의 영공에 대한 완전하고 배타적인 주권을 인정한 조약은?
   ① 제네바 협약
   ② 도쿄 협약
   ③ 파리 협약
   ④ 헤이그 협약

   〈해설〉 국제 항공법 참고

2. 국제민간항공협약에 규정된 국가 이외의 기타 국가가 협약에 가입하기 위해서는 세계의 제국이 평화를 유지하기 위하여 설립하는 일반적 국제기구의 승인을 받을 것을 조건으로, 총회의 찬반투표에서 얼마 이상의 찬성을 얻어야 하는가?
   ① 5분의 2
   ② 2분의 1
   ③ 3분의 2
   ④ 5분의 4

   〈해설〉 국제 항공법 참고

3. 동경협약(1963년)에서 뜻하는 "비행중"의 의미는?
   ① 항공기 엔진의 시동을 건 때부터 시동을 끌 때까지
   ② 탑승을 완료하고 항공기 문을 닫을 때부터 비행을 완료하고 하기를 위해 문을 열 때까지
   ③ 이륙의 목적을 위하여 시동이 된 순간부터 착륙활주가 끝난 순간까지
   ④ 이륙부터 착륙까지

   〈해설〉 국제 항공법 참고

4. 항공안전법의 목적과 관계없는 것은?
   ① 안전하게 항행하기 위한 방법을 규정함
   ② 효율적인 항행을 위한 방법을 규정함
   ③ 항행안전시설의 운영에 관한 사항을 규정함
   ④ 국가, 항공사업자 및 항공종사자 능의 의무 등에 관한 사항을 규정함

   〈해설〉 항공안전법 제1조(목적) 참고

5. 다음 중 예외적으로 감항증명을 받을 수 있는 항공기가 아닌 것은?
   ① 법 제5조에 따른 임대차항공기의 운영에 대한 권한 및 의무이양의 적용특례를 적용받는 항공기
   ② 항공기의 제작, 정비 또는 수리, 개조 후 시험비행을 하는 항공기
   ③ 국내에서 수리, 개조 또는 제작한 후 수출할 항공기
   ④ 국내에서 제작되거나 외국으로부터 수입하는 항공기로서 대한민국의 국적을 취득하기 전에 감항증명을 신청한 항공기

   〈해설〉 항공안전법 시행규칙 제36조(예외적으로 감항증명을 받을 수 있는 항공기) 참고

6. 운송용 조종사의 업무범위가 아닌 것은?
   ① 항공기사용사업에 사용하는 항공기를 조종하는 행위
   ② 무상으로 운항하는 항공기를 보수를 받고 조종하는 행위
   ③ 무상으로 운항하는 항공기를 보수를 받지 아니하고 조종하는 행위
   ④ 유상으로 운항하는 항공기를 보수를 받고 조종하는 행위

   〈해설〉 항공안전법 제36조(업무범위) 참고

7. 자가용 조종사 자격증명을 가진 사람이 같은 종류의 항공기에 대하여 부조종사 또는 사업용 조종사의 자격증명을 받은 경우, 종전의 자가용 조종사 자격증명에 관한 항공기의 종류·등급·형식의 한정 중 새로 받은 자격증명에도 유효한 것은?
   ① 종류, 등급, 형식
   ② 형식
   ③ 등급, 형식
   ④ 등급

   〈해설〉 항공안전법 시행규칙 제90조(조종사 등이 받은 자격증명의 효력) 참고

8. 자가용 조종사의 항공신체검사증명 유효기간으로 맞지 않는 것은?
   ① 30세: 60개월
   ② 40세: 24개월
   ③ 50세: 12개월
   ④ 60세: 6개월
   〈해설〉 항공안전법 시행규칙 별표 8(항공신체검사증명의 종류와 그 유효기간) 참고

9. 항공신체검사증명의 결과에 대하여 이의가 있는 사람은 그 결과를 통보받은 날부터 며칠 이내에 이의신청서를 제출해야 하는가?
   ① 7일
   ② 15일
   ③ 30일
   ④ 45일
   〈해설〉 항공안전법 시행규칙 제96조(이의신청 등) 참고

10. 승객 좌석수가 280석인 항공기에 갖추어야 할 소화기의 수량은?
    ① 3개
    ② 4개
    ③ 5개
    ④ 6개
    〈해설〉 항공안전법 시행규칙 별표 15(항공기에 장비하여야 할 구급용구 등) 참고

11. 항공안전 자율보고에서 공개를 금지하는 것은?
    ① 사건 발생장소
    ② 사건 발생일시
    ③ 접수한 내용
    ④ 사건 발생경위 및 원인
    〈해설〉 항공안전법 제61조(항공안전 자율보고) 참고

12. 항공운송사업에 사용되는 항공기 기장의 운항자격 인정을 위한 국토교통부장관의 심사항목은?
    ① 지역, 노선 및 공항
    ② 정상 및 비정상 상태의 조종기술과 비상절차 수행능력
    ③ 비상절차, 운항절차
    ④ 지식 및 기량
    〈해설〉 항공안전법 제63조(기장 등의 운항자격) 참고

13. 항공운송사업 또는 항공기사용사업에 사용되는 항공기의 운항업무에 종사하고자 하는 조종사에게 필요한 최근의 비행경험은?
    ① 90일 이전에 같은 형식의 항공기로 각각 3회 이상의 이착륙 경험
    ② 60일 이전에 같은 형식의 항공기로 각각 3회 이상의 이착륙 경험
    ③ 90일 이전에 같은 형식의 항공기로 각각 6회 이상의 이착륙 경험
    ④ 60일 이전에 같은 형식의 항공기로 각각 6회 이상의 이착륙 경험
    〈해설〉 항공안전법 시행규칙 제121조(조종사의 최근의 비행경험) 참고

14. 29,000ft 미만의 고도에서 시계비행방식으로 170도 방향으로 비행 시 순항고도는?
    ① 6,000ft
    ② 6,500ft
    ③ 7,000ft
    ④ 7,500ft
    〈해설〉 항공안전법 시행규칙 제164조(순항고도) 참고

15. 반드시 계기비행방식에 따라 비행을 해야 하는 경우가 아닌 것은?
    ① 천음속으로 비행하는 경우
    ② 초음속으로 비행하는 경우
    ③ 평균해면으로부터 4,300m(14,000ft)를 초과하는 고도로 비행하는 경우
    ④ 평균해면으로부터 6,100m(20,000ft)를 초과하는 고도로 비행하는 경우
    〈해설〉 항공안전법 시행규칙 제172조(시계비행의 금지) 참고

16. 지상에 있는 항공기에게 보내는 연속되는 녹색 빛총신호의 의미는?
    ① 지상 이동을 허가함
    ② 이륙을 허가함
    ③ 이륙을 준비할 것
    ④ 비행장의 출발지점으로 돌아갈 것
    〈해설〉 항공안전법 시행규칙 별표 26(신호) 참고

17. 다음 중 이륙 교체비행장을 지정하여야 하는 경우는?
   ① 계기비행방식에 따라 비행하려는 경우로서 출발비행장의 기상상태가 비행장운영 최저치 이하인 경우
   ② 쌍발비행기로서 1개의 발동기가 작동하지 아니할 때의 순항속도로 가장 가까운 공항까지 비행하여 착륙할 수 있는 시간이 1시간을 초과하는 지점이 있는 노선을 운항하려는 경우
   ③ 출발비행장의 기상상태가 비행장 착륙 최저치 이하이거나 그 밖의 이유로 출발비행장으로 되돌아올 수 없는 경우
   ④ 계기비행방식에 따라 비행하려는 경우

〈해설〉 항공안전법 시행규칙 제186조(교체비행장 등) 참고

18. 최저비행고도 아래에서 비행을 하기 위해서는 누구에게 비행허가 신청서를 제출해야 하는가?
   ① 국토교통부장관    ② 항공교통본부장
   ③ 항공안전본부장    ④ 지방항공청장

〈해설〉 항공안전법 시행규칙 제200조(최저비행고도 아래에서의 비행허가) 참고

19. 다음 중 불확실상황에 해당하는 것은?
   ① 항공기 탑재연료가 고갈되어 항공기의 안전을 유지하기가 곤란한 경우
   ② 항공기가 마지막으로 통보한 도착 예정시간 또는 항공교통업무기관이 예상한 도착 예정시간 중 더 늦은 시간부터 30분 이내에 도착하지 아니할 경우
   ③ 항공기가 착륙허가를 받고도 착륙 예정시간부터 5분 이내에 착륙하지 아니한 상태에서 그 항공기와의 무선교신이 되지 아니할 경우
   ④ 항공기가 불시착 중이거나 불시착하였다는 정보사항이 정확한 정보로 판단되는 경우

〈해설〉 항공안전법 시행규칙 제243조(경보업무의 수행절차 등) 참고

20. 운항 중에 기내에서 전자기기의 사용을 제한할 수 있는 항공기는?
   ① 항공운송사업용 항공기
   ② 항공기사용사업용 항공기
   ③ 시계비행방식으로 비행 중인 항공기
   ④ 응급환자를 후송중인 항공기

〈해설〉 항공안전법 시행규칙 제214조(전자기기의 사용제한) 참고

21. 다음 중 주의공역이 아닌 것은?
   ① 군작전구역        ② 훈련구역
   ③ 제한구역          ④ 경계구역

〈해설〉 항공안전법 시행규칙 별표 23(공역의 구분) 참고

22. 비행장, 공항시설 또는 항행안전시설을 파손하거나 그 밖의 방법으로 항공상의 위험을 발생시킨 사람에 대한 처벌은?
   ① 10년 이하의 징역
   ② 7년 이하의 징역
   ③ 5년 이상의 유기징역
   ④ 10년 이상의 유기징역

〈해설〉 항공안전법 제140조(항공상 위험 발생 등의 죄) 참고

23. 다음 중 지원시설이 아닌 것은?
   ① 항공기 급유시설
   ② 항공화물 보관시설
   ③ 공항 이용객 주차시설
   ④ 공항 이용객 편의시설

〈해설〉 공항시설법 시행령 제3조(공항시설의 구분)

24. 다음 중 항행안전무선시설은?
   ① VHF/UHF Radio
   ② HF Radio
   ③ ATIS
   ④ GNSS

〈해설〉 공항시설법 시행규칙 제7조(항행안전무선시설) 참고

**25.** 비행장등대를 제외한 비행장등화는 야간과 계기비행 기상상태에서 항공기가 착륙하는 경우, 착륙 예정시간으로부터 최소한 몇 분 전에 점등하여야 하는가?

① 5분  ② 10분
③ 30분  ④ 60분

〈해설〉 공항시설법 시행규칙 별표 17(항행안전시설의 관리기준) 참고

| 제1회 정답 | | | | |
|---|---|---|---|---|
| 문제 | 1 | 2 | 3 | 4 | 5 |
| 정답 | ③ | ④ | ③ | ③ | ② |
| 문제 | 6 | 7 | 8 | 9 | 10 |
| 정답 | ④ | ② | ④ | ③ | ② |
| 문제 | 11 | 12 | 13 | 14 | 15 |
| 정답 | ③ | ④ | ① | ④ | ③ |
| 문제 | 16 | 17 | 18 | 19 | 20 |
| 정답 | ② | ③ | ④ | ② | ① |
| 문제 | 21 | 22 | 23 | 24 | 25 |
| 정답 | ③ | ① | ③ | ④ | ② |

| 항공종사자 자격증명시험 제2회 모의고사 | | | | | 수험번호 | 성 명 |
|---|---|---|---|---|---|---|
| 자격분류명 | 자격명 | 과목명 | 시험시간 | 문제수 | | |
| 항공종사자 자격증명 | 조종사 | 항공법규 | 30분 | 25문항 | | |

1. 다음 중 국제민간항공에 종사하는 모든 항공기가 휴대하여야 하는 서류가 아닌 것은?
   ① 항공기 등록증명서
   ② 승무원 자격증
   ③ 운항규정
   ④ 항공일지
   〈해설〉 국제 항공법 참고

2. 국제민간항공조약 부속서는 총 몇 개인가?
   ① 15 ② 16
   ③ 19 ④ 21
   〈해설〉 국제 항공법 참고

3. 항공기 운항 중 기내에서 발생한 범죄 및 기타 행위에 대한 재판의 주체가 되는 국가는?
   ① 관할국 ② 체약국
   ③ 관할국 및 체약국 ④ 등록국
   〈해설〉 국제 항공법 참고

4. 관제권에 대한 설명 중 맞는 것은?
   ① 지표면 또는 수면으로부터 200m 이상의 공역으로서 항공교통의 안전을 위하여 국토교통부장관이 지정한 공역
   ② 국토교통부장관이 항공기의 항행에 적합하다고 지정한 지구의 표면상에 표시한 공간
   ③ 비행장과 그 주변의 공역으로서 항공교통의 안전을 위하여 국토교통부장관이 지정한 공역
   ④ 비행장 이외의 지역으로 항공기 항행의 안전을 위하여 국토교통부장관이 지정한 공역
   〈해설〉 항공안전법 제2조(정의) 제25호 참고

5. 사고로 인하여 항공기가 멸실된 경우 며칠 이내에 말소등록을 신청해야 하는가?
   ① 7일 이내 ② 14일 이내
   ③ 15일 이내 ④ 30일 이내
   〈해설〉 항공안전법 제15조(항공기 말소등록) 참고

6. 항공종사자 자격증명 응시자격 중 연령이 만 21세 이상이어야 하는 자는?
   ① 항공정비사 ② 사업용 조종사
   ③ 부조종사 ④ 운항관리사
   〈해설〉 항공안전법 제34조(항공종사자 자격증명 등) 참고

7. 자격증명에 대한 종류, 등급 또는 형식을 한정할 수 있는 항공종사자는?
   ① 항공정비사 ② 항공기관사
   ③ 항공사 ④ 항공교통관제사
   〈해설〉 항공안전법 시행규칙 제81조(자격증명의 한정) 참고

8. 항공종사자가 항공종사자 자격증명서 및 항공신체검사증명서를 소지하지 않고 항공업무에 종사한 경우 처분내용으로 올바른 것은?
   ① 1차 위반 – 효력정지 10일
   ② 1차 위반 – 효력정지 20일
   ③ 2차 위반 – 효력정지 2개월
   ④ 2차 위반 – 효력정지 3개월
   〈해설〉 항공안전법 시행규칙 별표 10(항공종사자 등에 대한 행정처분기준) 참고

9. 항공기에 탑재해야 할 서류가 아닌 것은?
   ① 비행교범 ② 소음기준적합증명서
   ③ 운항규정 ④ 항공정보간행물
   〈해설〉 항공안전법 시행규칙 제113조(항공기에 탑재하는 서류) 참고

10. 계기비행으로 교체비행장이 요구될 경우 체공연료(holding fuel) 산정의 기준이 되는 고도는?
    ① 300m ② 450m
    ③ 600m ④ 750m

〈해설〉 항공안전법 시행규칙 별표 17(항공기에 실어야 할 연료와 오일의 양)

**11.** 항공안전법, 주세법 등에 따라 "주류등"에 포함되지 않는 것은?
① 마약류  ② 향정신성 의약품
③ 주류  ④ 화학합성 음식품

〈해설〉 항공안전법 제57조(주류등의 섭취·사용 제한) 참고

**12.** 기장이 항공기를 출발시키기 전에 비행계획을 변경하고자 할 때는 누구의 승인을 받아야 하는가?
① 운항관리사  ② 항공교통관제사
③ 공항 운영자  ④ 지방항공청장

〈해설〉 항공안전법 제65조(운항관리사) 참고

**13.** 전이고도 이하의 고도로 비행하는 경우 기압고도계의 수정은?
① 표준기압치로 수정
② 비행로를 따라 100km 이내에 있는 항공교통관제기관으로부터 통보받은 QNH로 수정
③ 비행로를 따라 185km 이내에 있는 항공교통관제기관으로부터 통보받은 QNE로 수정
④ 비행로를 따라 185km 이내에 있는 항공교통관제기관으로부터 통보받은 QNH로 수정

〈해설〉 항공안전법 시행규칙 제165조(기압고도계의 수정) 참고

**14.** 다음 중 외측마커(outer marker)와 중간마커(middle marker)를 대체할 수 있는 것은?
① 무지향표지시설(NDB)
② 전방향표지시설(VOR)
③ 거리측정시설(DME)
④ 전술항행표지시설(TACAN)

〈해설〉 항공안전법 시행규칙 제181조(계기비행방식 등에 의한 비행·접근·착륙 및 이륙) 참고

**15.** 모의계기비행을 할 때 조종석에는 누가 타고 있어야 하는가?
① 기장  ② 관숙 승무원
③ 안전감독 조종사  ④ 안전 감독관

〈해설〉 항공안전법 시행규칙 제176조(모의계기비행의 기준) 참고

**16.** 불법간섭을 받았을 경우 기장의 조치로 틀린 것은?
① 즉시 경로와 고도를 이탈하여 가장 가까운 비행장에 착륙한다.
② 현재 사용 중인 초단파(VHF) 주파수, 초단파 비상주파수 또는 사용 가능한 다른 주파수로 경고방송을 시도한다.
③ 2차 감시 항공교통관제 레이더용 트랜스폰더 또는 데이터링크 탑재장비를 사용하여 불법간섭을 받고 있다는 사실을 알린다.
④ 고도 600미터의 수직분리가 적용되는 지역에서는 계기비행 순항고도와 300미터 분리된 고도로 변경하여 비행한다.

〈해설〉 항공안전법 시행규칙 제198조(불법간섭 행위 시의 조치) 참고

**17.** 다음 중 곡예비행이 가능한 비행시정으로 맞는 것은?
① 비행고도 3,050m 이상: 5,000m 이상
② 비행고도 3,050m 이상: 7,000m 이상
③ 비행고도 3,050m 미만: 5,000m 이상
④ 비행고도 3,050m 미만: 3,500m 이상

〈해설〉 항공안전법 시행규칙 제197조(곡예비행 등을 할 수 있는 비행시정) 참고

**18.** 국토교통부령으로 정하는 위험물이 아닌 것은?
① 가소성 물질  ② 폭발성 물질
③ 가연성 물질  ④ 산화성 물질

〈해설〉 항공안전법 시행규칙 제209조(위험물 운송허가등) 참고

19. 항공교통업무의 목적이 아닌 것은?
① 항공교통흐름의 질서유지 및 촉진
② 항공기와 장애물 간의 충돌 방지
③ 공역의 체계적이고 효율적인 관리
④ 항공기의 안전한 운항을 위한 조언 및 정보의 제공

〈해설〉 항공안전법 시행규칙 제228조(항공교통업무의 목적 등) 참고

20. 다음 중 경보상황(Alert phase)에 해당하지 않는 것은?
① 불확실상황에서의 항공기와의 교신시도 또는 관계 부서의 조회로도 해당 항공기의 위치를 확인하기 곤란한 경우
② 항공기로부터 연락이 있어야 할 시간 또는 그 항공기와의 첫 번째 교신시도에 실패한 시간 중 더 이른 시간부터 30분 이내에 연락이 없을 경우
③ 항공기의 비행능력이 상실되었으나 불시착할 가능성이 없음을 나타내는 정보를 입수한 경우
④ 항공기가 테러 등 불법간섭을 받는 것으로 인지된 경우

〈해설〉 항공안전법 시행규칙 제243조(경보업무의 수행절차 등) 참고

21. 항공기사용사업을 경영하고자 하는 자는?
① 국토교통부장관의 면허를 받아야 한다.
② 국토교통부장관에게 등록하여야 한다.
③ 국토교통부장관의 인가를 받아야 한다.
④ 국토교통부장관에게 신고하여야 한다.

〈해설〉 항공사업법 제30조(항공기사용사업의 등록) 참고

22. 육상비행장의 분류번호별 착륙대 및 활주로 설치기준에서 분류번호는 무엇을 고려하여 정하는가?
① 항공기의 최대이륙거리
② 항공기의 최소이륙거리
③ 항공기의 최대착륙거리
④ 항공기의 최소착륙거리

〈해설〉 공항시설법 시행규칙 별표 1(공항시설 및 비행장 설치기준) 참고

23. 항행안전시설에 대한 설명으로 틀린 것은?
① 항공기의 관제를 돕기 위한 관제탑 시설
② 색채를 이용하여 항공기의 항행을 돕기 위한 시설
③ 불빛을 이용하여 항공기의 항행을 돕기 위한 시설
④ 유무선통신을 이용하여 항공기의 항행을 돕기 위한 시설

〈해설〉 공항시설법 제2조(정의) 참고

24. 유도로중심선의 색깔은?
① 흰색        ② 검정색
③ 노란색      ④ 빨간색

〈해설〉 비행장시설 설치기준, 제2장 제53조(육상비행장 설치기준) 참조

25. 항공화물에 대한 보안검색의 책임은 누구에게 있는가?
① 공항운영자       ② 항공기 소유자
③ 항공운송사업자   ④ 화물청사 담당자

〈해설〉 항공보안법 제15조(승객 등의 검색 등) 참고

### 제2회 정답

| 문제 | 1 | 2 | 3 | 4 | 5 |
|---|---|---|---|---|---|
| 정답 | ❸ | ❸ | ❹ | ❸ | ❸ |
| 문제 | 6 | 7 | 8 | 9 | 10 |
| 정답 | ❹ | ❷ | ❶ | ❹ | ❷ |
| 문제 | 11 | 12 | 13 | 14 | 15 |
| 정답 | ❹ | ❶ | ❹ | ❸ | ❸ |
| 문제 | 16 | 17 | 18 | 19 | 20 |
| 정답 | ❶ | ❸ | ❶ | ❸ | ❷ |
| 문제 | 21 | 22 | 23 | 24 | 25 |
| 정답 | ❷ | ❷ | ❶ | ❸ | ❸ |

## 항공종사자 자격증명시험 제3회 모의고사

| 자격분류명 | 자격명 | 과목명 | 시험시간 | 문제수 | 수험번호 | 성 명 |
|---|---|---|---|---|---|---|
| 항공종사자 자격증명 | 조종사 | 항공법규 | 30분 | 25문항 | | |

1. 시카고협약에 대한 설명으로 틀린 것은?
   ① 1944년 제2차 세계대전 중 52개국의 대표가 모여 전후 국제항공의 법적질서를 확립하기 위하여 체결되었다.
   ② 영공주권주의를 수정하고 완전한 상공의 자유를 확립하였다.
   ③ 각국이 그 영공에서 완전하고 배타적인 주권을 갖고 있음을 인정하고 있다.
   ④ 국제민간항공협약을 보완하는 협정으로 국제항공운송협정과 국제항공업무통과협정이 있다.

   〈해설〉 국제 항공법 참고

2. 국제항공운송협회(IATA)의 설립목적이 아닌 것은?
   ① 국제민간항공운송에 종사하고 있는 민간항공사의 협력을 위한 교류의 장과 다양한 수단들의 제공
   ② 불합리한 경쟁으로 인하여 발생하는 경제적 낭비를 방지
   ③ 안전하고 경제적인 국제항공운송의 발전을 촉진함과 동시에 이와 관련된 문제들의 해결
   ④ ICAO등 국제항공기구 및 지역별 항공협회와의 협력의 도모

   〈해설〉 국제 항공법 참고

3. Hague 협약에 대한 사실로 옳지 않은 것은?
   ① 탑승 전 승객에도 적용된다.
   ② 국내선 항공기에도 적용된다.
   ③ 항공기 등록국가의 영토 외에서 이륙 또는 착륙한 경우에 적용된다.
   ④ 항공기 등록국가 이외의 국가 영토 내에서 범죄가 행하여진 경우에 적용된다.

   〈해설〉 국제 항공법 참고

4. 항공기준사고가 아닌 것은?
   ① 항공기가 이륙 또는 초기 상승 중 규정된 성능에 도달하지 못한 경우
   ② 항공기가 허가 받지 않은 활주로에서 이륙하거나 이륙을 포기한 경우
   ③ 운항 중 항공기 구성품 또는 부품의 고장으로 인해 조종실 또는 객실에 연기가 축적된 경우
   ④ 비행 중 비상상황이 발생하여 산소마스크를 사용한 경우

   〈해설〉 항공안전법 시행규칙 별표 2(항공기준사고의 범위) 참고

5. 등록기호표의 부착에 대한 설명으로 틀린 것은?
   ① 소유자등은 항공기를 등록한 경우 등록기호표를 항공기에 붙여야 한다.
   ② 등록기호표는 가로 7센티미터, 세로 5센티미터의 내화금속으로 만든다.
   ③ 등록기호표는 주익면과 미익면의 보기 쉬운 곳에 붙여야 한다.
   ④ 등록기호표에 적어야 할 사항은 국적기호 및 등록기호와 소유자등의 명칭이다.

   〈해설〉 항공안전법 시행규칙 제12조(등록기호표의 부착) 참고

6. 전문교육기관에서 전문교육을 이수한 조종사가 교육받은 것과 같은 형식의 항공기에 대한 계기한정자격을 받으려는 경우, 교육 이수 후 며칠 이내에 한정심사에 응시하면 실기시험이 면제되는가?
   ① 180일   ② 150일
   ③ 60일    ④ 30일

   〈해설〉 항공안전법 시행규칙 제89조(한정심사의 면제) 참고

7. 다음 중 항공기의 등급 분류로 맞는 것은?
① 육상비행기, 수상비행기
② 육상다발, 수상다발
③ 비행선, 헬리콥터
④ 747-400, MD-82

〈해설〉 항공안전법 시행규칙 제81조(자격증명의 한정) 참고

8. 다음 중 항공안전법상 항공종사자가 아닌 사람은?
① 경량항공기 조종사
② 운항관리사
③ 항공정비사
④ 객실승무원

〈해설〉 항공안전법 시행규칙 별표 8(항공신체검사증명의 종류와 그 유효기간) 참고

9. 사고예방 및 사고조사를 위하여 공중충돌경고장치(ACAS)를 갖추어야 하는 항공기는?
① 항공운송사업에 사용되는 모든 비행기
② 항공운송사업에 사용되는 터빈발동기를 장착한 비행기
③ 최대이륙중량이 5,700kg을 초과하거나 승객 9명을 초과하여 수송할 수 있는 터빈발동기를 장착한 비행기
④ 최대이륙중량이 5,700kg을 초과하고 승객 19명을 초과하여 수송할 수 있는 항공운송사업에 사용되는 비행기

〈해설〉 항공안전법 시행규칙 제109조(사고예방장치 등) 참고

10. 항공운송업자 및 항공기사용사업자는 소속 운항승무원의 승무시간, 비행근무시간 및 휴식시간에 대한 기록을 몇 개월 이상 보관해야 하는가?
① 6개월
② 12개월
③ 15개월
④ 18개월

〈해설〉 항공안전법 제56조(승무원 등의 피로관리) 참고

11. 시계비행 항공기가 갖추어야 할 항공계기는?
① 외부온도계
② 시계
③ 승강계
④ 선회 경사지시계

〈해설〉 항공안전법 시행규칙 별표 16(항공계기등의 기준) 참고

12. 운항관리사를 두어야 하는 경우는?
① 항공운송사업자와 국외운항항공기 소유자
② 최대이륙중량이 15,000kg 이상인 항공기를 소유한 항공운송사업자
③ 비행교범에 따라 2명 이상의 조종사가 필요한 최대이륙중량이 5,700kg을 초과하는 항공기를 소유한 항공운송사업자
④ 국외를 운항하려는 항공운송사업자

〈해설〉 항공안전법 제65조(운항관리사) 참고

13. 다음 중 비행장 또는 그 주변을 비행하는 항공기의 조종사가 따라야 하는 기준으로 틀린 것은?
① 착륙예정 비행장의 기상보고치가 시계비행 착륙기상 최저치 미만일 때는 시계비행에 의한 착륙을 시도하지 말 것
② 해당 비행장을 관할하는 항공교통관제기관과 무선통신을 유지할 것
③ 이륙하려는 항공기는 안전고도 미만의 고도 또는 안전속도 미만의 속도에서 선회하지 말 것
④ 터빈발동기를 장착한 항공기는 이륙 후 가능한 한 신속히 550ft 이상의 고도까지 상승할 것

〈해설〉 항공안전법 시행규칙 제163조(비행장 또는 그 주변에서의 비행) 참고

14. B등급 공역을 통과하는 시계비행로에서 유지해야 할 비행속도는?
① 진대기속도 200노트 이하
② 지시대기속도 200노트 이하
③ 신대기속도 250노트 이하
④ 지시대기속도 250노트 이하

〈해설〉 항공안전법 시행규칙 제169조(비행속도의 유지 등) 참고

15. B747-400 항공기가 인천에서 나리타로 비행하는데 기상상태가 인천은 착륙기상 최저치 미만이고 나리타는 CAVOK일 경우, 교체공항 선정으로 맞는 것은?
① 1개의 엔진이 작동하지 않을 때의 순항속도로 출발공항으로부터 1시간 비행거리 이내의 이륙 교체공항 선정
② 1개의 엔진이 작동하지 않을 때의 순항속도로 출발공항으로부터 1시간 비행거리 이내의 목적지 교체공항 선정
③ 모든 엔진이 작동할 때의 순항속도로 출발공항으로부터 2시간 비행거리 이내의 이륙 교체공항 선정
④ 모든 엔진이 작동할 때의 순항속도로 출발공항으로부터 2시간 비행거리 이내의 목적지 교체공항 선정

〈해설〉 항공안전법 시행규칙 제186조(교체비행장 등) 참고

16. 요격 시 사용하는 용어 중 "AM LOST"의 의미는?
① Understood, will comply
② Unable to comply
③ Position unknown
④ Repeat your instruction

〈해설〉 항공안전법 시행규칙 별표 26(신호) 참고

17. 다음 보기에 들어갈 알맞은 숫자를 고르시오.
〔보기〕
계기비행방식으로 산악지역을 비행하는 항공기는 항공기를 중심으로 반지름 ( )km 이내에 위치한 가장 높은 장애물로부터 최소 ( )m 이상의 고도를 유지해야 한다.

① 8, 300     ② 8, 600
③ 6, 300     ④ 6, 600

〈해설〉 항공안전법 시행규칙 제199조(최저비행고도) 참고

18. 수직분리축소공역 등에서의 항공기 운항을 승인 받으려는 자는 별지 제83호 서식의 항공기 운항 승인 신청서에 법 제77조에 따라 고시하는 항공기술기준에 적합함을 증명하는 서류를 첨부하여 운항개시 예정일 ( )일 전까지 ( ) 또는 ( )에게 제출하여야 한다. ( ) 안에 맞는 것은?
① 15, 국토교통부장관, 지방항공청장
② 7, 국토교통부장관, 지방항공청장
③ 15, 지방항공청장, 항공교통본부장
④ 7, 지방항공청장, 항공교통본부장

〈해설〉 항공안전법 시행규칙 제216조(수직분리축소공역 등에서의 항공기 운항) 참고

19. 모든 항공기에 항공교통관제업무가 제공되나, 시계비행을 하는 항공기 간에는 교통정보만 제공되는 공역은?
① C등급 공역     ② D등급 공역
③ F등급 공역     ④ G등급 공역

〈해설〉 항공안전법 시행규칙 별표 23(공역의 구분) 참고

20. 국토교통부장관이 운항승무원에게 제공해야 되는 항공정보의 내용이 아닌 것은?
① 비행장과 항행안전시설의 공용의 개시, 휴지, 재개 및 폐지에 관한 사항
② 비행장과 항행안전시설의 중요한 변경 및 운용에 관한 사항
③ 비행장을 이용할 때에 있어 항공기의 운항에 장애가 되는 사항
④ 비행장과 항행안전시설의 안전한 사용 방법에 관한 사항

〈해설〉 항공안전법 시행규칙 제255조(항공정보) 참고

21. 다음 중 항공기취급업의 구분으로 바르지 못한 것은?
① 항공기급유업     ② 항공기정비업
③ 지상조업사업     ④ 항공기하역업

〈해설〉 항공사업법 시행규칙 제5조(항공기취급업의 구분) 참고

**22.** 법이 정하는 비행장의 출입금지구역으로 맞는 것은?
① 착륙대, 유도로, 계류장, 격납고, 항행안전시설 설치지역
② 급유시설, 활주로, 격납고, 유도로, 항행안전시설 설치지역
③ 운항실, 관제실, 활주로, 계류장, 항행안전시설 설치지역
④ 급유시설, 유도로, 격납고, 활주로, 항행안전시설 설치지역

〈해설〉 공항시설법 제56조(금지행위) 참고

**23.** 착륙대에 대한 설명 중 맞는 것은?
① 항공기의 안전한 착륙을 위하여 비행장 주변에 장애물의 설치 등이 제한되는 지표면 또는 수면
② 항공기가 활주로를 이탈하는 경우에 항공기와 탑승자의 피해를 줄이기 위하여 활주로 주변에 설치하는 안전지대
③ 항공기의 이륙, 착륙을 위하여 사용되는 육지 또는 수면의 일정한 구역
④ 특정 방향으로 설치된 비행장 내의 안전구역

〈해설〉 공항시설법 제2조(정의) 참고

**24.** 다음 중 공역에 대한 설명으로 옳지 않은 것은?
① 관제공역: 항공교통의 안전을 위하여 항공기의 비행 순서, 시기 및 방법 등에 관하여 국토교통부장관의 지시를 받아야 할 필요가 있는 공역으로서 관제권 및 관제구를 포함하는 공역
② 비관제공역: 관제공역 외의 공역으로서 항공기에 탑승하고 있는 조종사에게 비행에 필요한 조언, 비행정보 등을 제공하는 공역
③ 제한공역: 항공교통의 안전을 위하여 항공기의 비행을 금지하거나 제한할 필요가 있는 공역
④ 주의공역: 항공기의 조종사가 비행 시 특별한 주의, 경계, 식별 등이 필요한 공역

〈해설〉 항공안전법 시행규칙 별표 23(공역의 구분) 참고

**25.** 다음 중 항공이동통신시설이 아닌 것은?
① VDL          ② CPDLC
③ AFTN        ④ UHF Radio

〈해설〉 공항시설법 시행규칙 제8조(항공정보통신시설) 참고

| 문제 | 1 | 2 | 3 | 4 | 5 |
|---|---|---|---|---|---|
| 정답 | ② | ② | ① | ③ | ③ |
| 문제 | 6 | 7 | 8 | 9 | 10 |
| 정답 | ① | ② | ④ | ① | ③ |
| 문제 | 11 | 12 | 13 | 14 | 15 |
| 정답 | ② | ① | ④ | ② | ③ |
| 문제 | 16 | 17 | 18 | 19 | 20 |
| 정답 | ③ | ② | ① | ① | ④ |
| 문제 | 21 | 22 | 23 | 24 | 25 |
| 정답 | ② | ① | ② | ③ | ③ |

## 항공종사자 자격증명시험 제4회 모의고사

| 자격분류명 | 자격명 | 과목명 | 시험시간 | 문제수 | 수험번호 | 성 명 |
|---|---|---|---|---|---|---|
| 항공종사자 자격증명 | 조종사 | 항공법규 | 30분 | 25문항 | | |

1. 다음 중 국가항공기가 아닌 것은?
   ① 군용기
   ② 경찰업무에 사용하는 항공기
   ③ 세관이 소유하는 업무용 항공기
   ④ 국토교통부가 소유하는 점검용 항공기
   〈해설〉 국제 항공법 참고

2. 항공종사자의 면허에 대한 기준을 정하고 있는 국제민간항공협약 부속서는?
   ① 제1부속서  ② 제7부속서
   ③ 제8부속서  ④ 제16부속서
   〈해설〉 국제 항공법 참고

3. 기장의 권한 중 불법행위자에 대한 감금 시 조치 사항으로 옳지 않은 것은?
   ① 기장은 감금을 위해 승객에게 명령할 수 있다.
   ② 기장은 승무원에게 도움을 요청할 수 있다.
   ③ 기장은 다른 승무원에게 권한을 위임할 수 있다.
   ④ 기장은 불법행위가 확실하다고 판단되거나 증거가 확실할 때에는 불법행위자를 감금할 수 있다.
   〈해설〉 국제 항공법 참고

4. 다음 중 관제구의 설명으로 옳은 것은?
   ① 국토교통부장관이 항공기의 항행에 적합하다고 지정한 지구의 표면상에 표시한 공간의 길
   ② 지표면 또는 수면으로부터 200m 이상 높이의 공역으로서 항공교통의 안전을 위하여 국토교통부장관이 지정한 공역
   ③ 비행장 및 그 주변의 공역으로서 항공교통의 안전을 위하여 국토교통부장관이 지정한 공역
   ④ 항공교통량이 복잡한 공역으로서 항공교통의 질서를 유지하기 위하여 국토교통부장관이 지정한 공역

〈해설〉 항공안전법 제2조(정의) 제26호 참고

5. 항공기 등록원부에 기재하여야 할 사항이 아닌 것은?
   ① 항공기의 제작자     ② 항공기의 정치장
   ③ 감항유별           ④ 소유자의 국적
   〈해설〉 항공안전법 제11조(항공기 등록사항) 참고

6. 조종사의 업무범위로 틀린 것은?
   ① 사업용 조종사: 무상으로 운항하는 항공기를 보수를 받고 조종하는 행위
   ② 사업용 조종사: 항공운송사업의 목적을 위하여 사용하는 항공기를 조종하는 행위
   ③ 자가용 조종사: 무상으로 운항하는 항공기를 보수를 받지 아니하고 조종하는 행위
   ④ 운송용 조종사: 사업용 조종사의 자격을 가진 사람이 할 수 있는 행위
   〈해설〉 항공안전법 제36조(업무범위) 참고

7. 항행등에 대한 다음 설명 중 틀린 것은?
   ① 항공기가 야간에 조명시설이 없는 비행장에 주기 또는 정박할 경우 항행등을 이용하여 위치를 나타내야 한다.
   ② 항공기가 야간에 조명시설이 있는 비행장에 주기 또는 정박할 경우 충돌방지등, 우현등, 좌현등 및 미등을 이용하여 위치를 나타내야 한다.
   ③ 항공기가 야간에 엔진이 작동 중이거나 이동지역 안에서 이동하는 경우 항행등과 충돌방지등을 이용하여 위치를 나타내야 한다.
   ④ 항공기가 야간에 공중, 지상 또는 수상을 항행하는 경우 항행등과 충돌방지등을 이용하여 위치를 나타내야 한다.
   〈해설〉 항공안전법 시행규칙 제120조(항공기의 등불) 참고

8. 자격증명 필기시험 과목 합격의 유효기간은?
   ① 최종 과목을 합격한 시험에 응시한 날부터 2년 이내에 실시하는 시험
   ② 최종 과목의 합격 통보가 있는 날부터 2년 이내에 실시하는 시험
   ③ 최종 과목을 합격한 시험에 응시한 날부터 1년 이내에 실시하는 시험
   ④ 최종 과목의 합격 통보가 있는 날부터 1년 이내에 실시하는 시험

   〈해설〉 항공안전법 시행규칙 제85조(과목합격의 유효) 참고

9. 교차하거나 그와 유사하게 접근하는 고도의 항공기 상호간에 있어서 진로양보는?
   ① 다른 항공기를 상방으로 보는 항공기가 진로를 양보한다.
   ② 다른 항공기를 하방으로 보는 항공기가 진로를 양보한다.
   ③ 다른 항공기를 우측으로 보는 항공기가 진로를 양보한다.
   ④ 다른 항공기를 좌측으로 보는 항공기가 진로를 양보한다.

   〈해설〉 항공안전법 시행규칙 제166조(통행의 우선순위) 참고

10. 기장이 비행 중 준수하여야 할 내용으로 맞지 않는 것은?
    ① 기장은 승객의 재산 및 생명을 보호하기 위하여 안전하게 비행하여야 한다.
    ② 기장은 비행을 하기 전에 현재의 기상관측보고, 기상예보, 소요 연료량, 대체 비행경로 및 그 밖에 비행에 필요한 정보를 숙지하여야 한다.
    ③ 기장은 비행규칙에 따라 비행하여야 한다. 다만, 안전을 위하여 불가피한 경우에는 그러하지 아니하다.
    ④ 기장은 다른 항공기 또는 그 밖의 물체와 충돌하지 아니하도록 비행하여야 한다.

    〈해설〉 항공안전법 시행규칙 제161조(비행규칙의 준수 등) 참고

11. 기장이 항공기 출발 전 확인하여야 할 사항이 아닌 것은?
    ① 발동기의 지상 시운전 점검
    ② 승무원과 탑승 승객의 명단
    ③ 위험물을 포함한 적재물의 안정성
    ④ 이륙중량, 착륙중량, 중심위치 및 중량분포

    〈해설〉 항공안전법 시행규칙 제136조(출발 전의 확인) 참고

12. 여압장치가 없는 항공기가 기내의 대기압이 700 hPa 미만 620 hPa 이상인 비행고도에서 30분을 초과하여 비행하는 경우 호흡용 산소의 요구량은?
    ① 승객 10%와 승무원 전원이 그 초과되는 비행시간 동안 필요로 하는 양
    ② 승객 전원과 승무원 전원이 해당 비행시간 동안 필요로 하는 양
    ③ 승객 전원과 승무원 전원이 비행고도 등 비행환경에 따라 적합하게 필요로 하는 양
    ④ 승객 전원과 승무원 전원이 최소한 10분 이상 사용할 수 있는 양

    〈해설〉 항공안전법 시행규칙 제114조(산소 저장 및 분배장치 등) 참고

13. 항공종사자 학과시험 응시자가 부정행위를 하여 처분을 받은 경우, 처분을 받은 날부터 얼마동안 시험에 응시할 수 없는가?
    ① 6개월            ② 1년
    ③ 2년              ④ 3년

    〈해설〉 항공안전법 제43조(자격증명·항공신체검사증명의 취소 등) 참고

14. 계기비행방식으로 착륙하기 위하여 접근하는 항공기가 활주로를 찾기 위한 시각참조물이 아닌 것은?
    ① 활주로시단          ② 활주로시단등
    ③ 활주로종단등        ④ 접지구역등

    〈해설〉 항공안전법 시행규칙 제181조(계기비행방식 등에 의한 비행·접근·착륙 및 이륙) 참고

15. 시계비행 시 해발 10,000ft 미만에서 해발 3,000ft 이상 또는 장애물 상공 1,000ft 중 높은 고도를 초과하는 C등급 공역의 시계상의 양호한 기상상태는?
   ① 비행시정: 5,000m, 구름으로부터의 거리: 수평 1,500m 수직 300m
   ② 비행시정: 3,000m, 구름으로부터의 거리: 수평 1,500m 수직 300m
   ③ 비행시정: 5,000m, 구름으로부터의 거리: 구름을 피할 수 있는 거리
   ④ 비행시정: 3,000m, 구름으로부터의 거리: 구름을 피할 수 있는 거리

〈해설〉 항공안전법 시행규칙 별표 24(시계상의 양호한 기상상태) 참고

16. 주간 비행 중에 빛총신호를 받았을 때 "알았다."는 의미의 항공기의 응신방법으로 맞는 것은?
   ① 날개를 흔든다.
   ② 착륙등을 2회 점멸한다.
   ③ 항행등을 점멸한다.
   ④ 보조익 또는 방향타를 움직인다.

〈해설〉 항공안전법 시행규칙 별표 26(신호) 참고

17. 긴급항공기를 운영하기 위한 긴급항공기 지정 신청서는 누구에게 제출하여야 하는가?
   ① 국토교통부장관
   ② 항공교통본부장
   ③ 지방항공청장
   ④ 관할 행정 자치단체장

〈해설〉 항공안전법 시행규칙 제207조(긴급항공기의 지정) 참고

18. 다음 중 관제소로부터의 지시사항에 대하여 복창하지 않아도 되는 것은?
   ① CPDLC에 의한 지시사항
   ② 이륙 및 착륙의 허가
   ③ 항공로의 허가사항
   ④ 사용 활주로, 고도계 수정치

〈해설〉 항공안전법 시행규칙 제247조(항공안전 관련 정보의 복창)

19. 곡예비행 금지구역에 대한 설명으로 옳지 않은 것은?
   ① 사람 또는 건축물이 밀집한 지역 상공
   ② 관제구 및 관제권
   ③ 지표로부터 1,500ft(450m) 미만의 고도
   ④ 해당 항공기를 중심으로 반지름 500ft 내 범위 안 지역의 가장 높은 장애물 상단으로부터 500ft 이하의 고도

〈해설〉 항공안전법 시행규칙 제204조(곡예비행 금지구역) 참고

20. 운항증명 발급 시 국토교통부령으로 정하는 운항조건과 제한사항이 아닌 것은?
   ① 공항의 제한사항
   ② 운항 항공기 기종 및 등록기호
   ③ 운항하려는 항공로와 지역의 인가 및 제한사항
   ④ 조종사 및 승무원의 수

〈해설〉 항공안전법 시행규칙 제259조(운항증명 등의 발급) 참고

21. 기장이 법에 규정된 보고를 하지 아니하거나 거짓으로 보고한 경우 벌금은?
   ① 2천만원 이하   ② 1천만원 이하
   ③ 5백만원 이하   ④ 3백만원 이하

〈해설〉 항공안전법 제158조(기장 등의 보고의무 등의 위반에 관한 죄) 참고

22. 항공기 사고조사 시 국가의 안전보장 및 개인의 사생활이 침해될 우려가 있는 경우, 정보의 공개 범위를 정하는 것은?
   ① 대통령령         ② 국토교통부령
   ③ 항공안전법       ④ 항공안전법 시행령

〈해설〉 항공·철도 사고조사에 관한 법률 제28조(정보의 공개금지) 참고

**23.** 공항에 대한 설명으로 옳은 것은?
① 공항시설을 갖춘 공공용비행장으로서 국토교통부장관이 명칭, 위치 및 지역을 지정·고시한 시설
② 비행장시설을 갖춘 공항으로서 국토교통부장관이 지정·고시한 시설
③ 항공기의 이륙·착륙 및 여객·화물의 운송을 위한 시설로서 국토교통부장관이 지정·고시한 시설
④ 항공기의 이륙·착륙 및 여객·화물의 운송을 위한 시설과 그 부대시설 및 지원시설로서 국토교통부장관이 지정·고시한 시설

〈해설〉 공항시설법 제2조(정의) 참고

**24.** 다음 중 항행안전무선시설인 것은?
① CPDLC   ② ATIS
③ VOR   ④ HF Radio

〈해설〉 공항시설법 시행규칙 제7조(항행안전무선시설) 참고

**25.** "항공기내보안요원"이란?
① 공항의 보호구역에 출입하려고 하는 사람 등에 대하여 보안검색을 하는 사람
② 공항 출입부터 공항을 떠날 때까지 질서 및 안전을 해하는 행위를 방지하는 사람
③ 공항입국, 항공기 탑승, 보안검색 통과 등에서의 질서 및 안전을 해하는 행위를 방지하는 직무를 담당하는 사람
④ 항공기 내의 불법방해행위를 방지하는 직무를 담당하는 사법경찰관리 또는 항공운송사업자가 지명하는 사람

〈해설〉 항공보안법 제2조(정의) 참고

### 제4회 정답

| 문제 | 1 | 2 | 3 | 4 | 5 |
|---|---|---|---|---|---|
| 정답 | ❹ | ❶ | ❶ | ❷ | ❸ |
| 문제 | 6 | 7 | 8 | 9 | 10 |
| 정답 | ❷ | ❷ | ❷ | ❸ | ❶ |
| 문제 | 11 | 12 | 13 | 14 | 15 |
| 정답 | ❷ | ❶ | ❸ | ❸ | ❶ |
| 문제 | 16 | 17 | 18 | 19 | 20 |
| 정답 | ❶ | ❸ | ❶ | ❹ | ❹ |
| 문제 | 21 | 22 | 23 | 24 | 25 |
| 정답 | ❸ | ❶ | ❶ | ❸ | ❹ |

## 항공종사자 자격증명시험 제5회 모의고사

| 자격분류명 | 자격명 | 과목명 | 시험시간 | 문제수 | 수험번호 | 성 명 |
|---|---|---|---|---|---|---|
| 항공종사자 자격증명 | 조종사 | 항공법규 | 30분 | 25문항 | | |

1. 에어 카보타지(air cabotage) 금지란?
   ① 외국 항공기에 대하여 자기나라 안에서의 두 지점 사이를 여객이나 화물 및 우편을 무상으로 운송하는 행위를 금지하는 것
   ② 외국 항공기에 대하여 자기나라 안에서의 두 지점 사이를 여객이나 화물 및 우편을 유상 또는 전세로 운송하는 행위를 금지하는 것
   ③ 외국 항공기에 대하여 자기나라 안에서의 두 지점 사이를 여객이나 화물을 유상 또는 전세로 운송하는 행위를 금지하는 것
   ④ 외국 항공기에 대하여 자기나라 안에서의 두 지점 사이를 여객이나 화물을 무상으로 운송하는 행위를 금지하는 것
   〈해설〉 국제 항공법 참고

2. 운수 이외의 급유 또는 정비와 같은 기술적 목적으로 상대국에 착륙할 수 있는 특권을 가지는 자유는?
   ① 제1의 자유   ② 제2의 자유
   ③ 제3의 자유   ④ 제4의 자유
   〈해설〉 국제 항공법 참고

3. 사람이 탑승하는 경우, 항공기의 범위에 속하는 비행기와 헬리콥터의 기준이 아닌 것은?
   ① 조종사 좌석을 포함한 탑승좌석 수가 1개 이상일 것
   ② 1개 이상의 발동기를 갖춘 것
   ③ 지상에서 사용하는 경우 최대이륙중량이 600kg을 초과할 것
   ④ 수상에서 사용하는 경우 최대이륙중량이 700kg을 초과할 것
   〈해설〉 항공안전법 시행규칙 제2조(항공기의 기준) 참고

4. 다음 중 항공기 등록기호표의 기재사항이 아닌 것은?
   ① 국적기호   ② 등록기호
   ③ 소유자 명칭   ④ 항공기 형식
   〈해설〉 항공안전법 시행규칙 제12조(등록기호표의 부착) 참고

5. 형식증명을 받은 항공기등을 제작하려는 자에게 국토교통부장관이 항공기기술기준에 적합하게 항공기등을 제작할 수 있는 기술, 설비, 인력 및 품질관리체계 등을 갖추고 있음을 인정하는 증명은?
   ① 형식증명   ② 감항증명
   ③ 제작증명   ④ 부품등제작자증명
   〈해설〉 항공안전법 제22조(제작증명) 참고

6. 다음 중 비행경력을 인정받을 수 없는 경우는?
   ① 자격증명을 받은 조종사의 비행경력: 비행이 끝날 때마다 해당 조종사가 증명한 것
   ② 자격증명을 받은 조종사의 비행경력: 비행이 끝날 때마다 해당 기장이 증명한 것
   ③ 법 제46조2항의 허가를 받은 사람의 비행경력: 조종연습 비행이 끝날 때마다 그 조종교관이 증명한 것
   ④ 위 외의 비행경력: 비행이 끝날 때마다 그 사용자, 조종교관 또는 이에 준하는 사람으로서 국토교통부장관이 인정하여 고시하는 사람
   〈해설〉 항공안전법 시행규칙 제77조(비행경력의 증명) 참고

7. 비상주파수가 아닌 것은?
   ① 121.5 MHz   ② 243.0 MHz
   ③ 406.0 MHz   ④ 2,603 kHz
   〈해설〉 항공안전법 시행규칙 제107조(무선설비) 참고

8. 조종연습의 허가를 받으려는 사람은 항공기 조종연습 허가신청서를 누구에게 제출하여야 하며, 조종연습의 허가 신청을 받은 사람은 무엇을 확인해야 하는가?
① 국토교통부장관, 비행경력증명서
② 국토교통부장관, 항공신체검사증명서
③ 지방항공청장, 비행경력증명서
④ 지방항공청장, 항공신체검사증명서

〈해설〉 항공안전법 시행규칙 제101조(조종연습의 허가 신청) 참고

9. 다음 중 구명보트가 필요하지 않은 상황은?
① 비행기가 이륙경로나 착륙접근경로가 수상에서의 사고 시에 착수가 예상되는 경우
② 비상착륙에 적합한 육지로부터 120분 거리 이상의 해상을 비행하는 쌍발비행기가 임계발동기가 작동하지 않아도 교체비행장에 착륙할 수 있는 경우
③ 비상착륙에 적합한 육지로부터 740km 이상의 해상을 비행하는 3발 이상의 비행기가 2개의 발동기가 작동하지 않아도 교체비행장에 착륙할 수 있는 경우
④ 단발비행기가 비상착륙에 적합한 육지로부터 185km 이상의 해상을 비행하는 경우

〈해설〉 항공안전법 시행규칙 별표 15(항공기에 장비하여야 할 구급용구 등) 참고

10. 시계비행을 하는 항공운송사업용 및 항공기사용사업용 헬리콥터가 실어야 할 연료의 양이 아닌 것은?
① 최초 착륙예정 비행장까지 비행에 필요한 양
② 표준대기 상태에서 최초 착륙예정 비행장의 450미터의 상공에서 30분간 체공하는 데 필요한 양
③ 최대항속속도로 20분간 더 비행할 수 있는 양
④ 이상사태 발생 시 연료소모가 증가할 것에 대비하기 위한 것으로서 운항기술기준에서 정한 연료의 양

〈해설〉 항공안전법 시행규칙 별표 17(항공기에 실어야 할 연료와 오일의 양)

11. 소속 공무원으로 하여금 항공종사자에 대해 음주 여부를 측정하도록 지시할 수 있는 사람은?
① 국토교통부장관, 지방항공청장
② 국토교통부장관, 항공교통본부장
③ 지방항공청장, 공항관리운영기관
④ 지방항공청장, 한국교통안전공단 이사장

〈해설〉 항공안전법 시행규칙 제129조(주류등의 종류 및 측정 등) 참고

12. 항공운송사업에 사용되는 항공기 조종사의 운항자격 인정을 위한 기량요건은?
① 정상 상태 및 비정상 상태에서의 조종기술
② 정상 상태 및 비정상 상태에서의 절차 수행능력
③ 정상 상태에서의 조종기술과 비정상 상태에서의 조종기술 및 비상절차 수행능력
④ 정상 상태에서의 조종기술 및 절차 수행능력과 비정상 상태에서의 조종기술

〈해설〉 제139조(기장 등의 운항자격인정을 위한 기량요건) 참고

13. 다른 항공기를 후방 좌우 70도 미만의 각도에서 추월하고자 하는 경우에는?
① 추월당하는 항공기의 위쪽을 통과하여야 한다.
② 추월당하는 항공기의 아래쪽을 통과하여야 한다.
③ 추월당하는 항공기의 오른쪽을 통과하여야 한다.
④ 추월당하는 항공기의 왼쪽을 통과하여야 한다.

〈해설〉 항공안전법 시행규칙 제167조(진로와 속도 등) 참고

14. 비행계획서에 포함되어야 할 내용 중 틀린 것은?
① 기장의 성명
② 비행의 방식 및 종류
③ 비상무선주파수 및 구조장비
④ 연료탑재량(파운드 단위)

〈해설〉 항공안전법 시행규칙 제183조(비행계획에 포함되어야 할 사항) 참고

**15.** Category Ⅲ 정밀접근시설의 결심고도 및 RVR은?
① 결심고도 30m 이상 60m 미만, RVR 300m 이상
② 결심고도 30m 미만 또는 No DH, RVR 300m 미만 또는 No RVR
③ 결심고도 15m 이상 30m 미만, RVR 175m 미만
④ 결심고도 15m 미만 또는 No DH, RVR 175m 미만 또는 No RVR

〈해설〉 항공안전법 시행규칙 제177조(계기 접근 및 출발 절차 등) 참고

**16.** 비행계획서의 제출 시기는?
① 출발 예정시간 30분 전
② 출발 예정시간 60분 전
③ 출발 예정시간 90분 전
④ 출발 예정시간 120분 전

〈해설〉 AIP ENR 1.10(Flight Plan), 1.2(비행계획 제출시간 및 장소) 참고

**17.** 지상에 있는 항공기에게 점멸적색의 빛총을 쏘는 경우 무엇을 의미하는가?
① 정지할 것
② 활주로 또는 유도로에서 벗어날 것
③ 사용 중인 착륙지역으로부터 벗어날 것
④ 비행장 안의 출발지역으로 돌아갈 것

〈해설〉 항공안전법 시행규칙 별표 26(신호) 참고

**18.** 무인항공기를 사용하려고 할 때 비행허가 신청서는 누구에게 비행예정일 며칠 전까지 제출하여야 하는가?
① 지방항공청장 또는 항공교통본부장에게 7일 전
② 지방항공청장에게 15일 전
③ 지방항공청장 또는 항공교통본부장에게 15일 전
④ 지방항공청장에게 10일 전

〈해설〉 제206조(무인항공기의 비행허가 신청 등) 참고

**19.** 기장과 기장 외의 조종사가 탑승하지 않아도 되는 항공기는?
① 비행교범에 따라 항공기 운항을 위하여 2명 이상의 조종사가 필요한 항공기
② 여객운송에 사용되는 항공기
③ 구조상 단독으로 발동기 및 기체를 완전히 취급할 수 없는 항공기
④ 인명구조, 산불진화 등 특수업무를 수행하는 쌍발 헬리콥터

〈해설〉 항공안전법 시행규칙 제218조(승무원 등의 탑승 등) 참고

**20.** 다음 중 공역의 설정기준으로 적절하지 않은 것은?
① 이용자의 편의    ② 효율성과 경제성
③ 항공안전        ④ 국토의 구분

〈해설〉 항공안전법 시행규칙 제221조(공역의 구분·관리 등) 참고

**21.** 항공기가 착륙허가를 받고도 착륙 예정시간으로부터 5분 이내에 착륙하지 아니한 상태에서 무선교신이 되지 않을 경우의 비상상황은?
① 조난상황      ② 경보상황
③ 불확실상황    ④ 경계상황

〈해설〉 항공안전법 시행규칙 제243조(경보업무의 수행절차 등) 참고

**22.** 항공운송사업용 항공기의 조건이 아닌 것은?
① 단발 이상일 것
② 국토교통부령으로 정하는 일정 규모 이상의 항공기일 것
③ 승객의 좌석수가 51석 이상일 것
④ 조종실과 객실 또는 화물칸이 분리된 구조일 것

〈해설〉 항공사업법 시행규칙 제2조(국내항공운송사업 및 국제항공운송사업용 항공기의 규모) 참고

**23.** 육상비행장에서 B등급 착륙대의 수평표면 반지름의 길이는?

① 3,000미터　　② 3,500미터
③ 4,000미터　　④ 4,500미터

〈해설〉 공항시설법 시행규칙 별표 2(장애물 제한표면의 기준) 참고

**24.** 항행 중의 항공기에 비행장의 위치를 알려주기 위하여 비행장 또는 그 주변에 설치하는 등화는?

① 비행장식별등대　　② 비행장등대
③ 신호항공등대　　④ 지향신호등

〈해설〉 공항시설법 시행규칙 별표 3(항공등화의 종류) 참고

**25.** 다음 중 공항의 보호구역이 아닌 것은?

① 화물청사
② 세관검사장
③ 보안검색 대기실
④ 항행안전시설 설치지역

〈해설〉 항공보안법 시행규칙 제4조(보호구역의 지정) 참고

| 문제 | 1 | 2 | 3 | 4 | 5 |
|---|---|---|---|---|---|
| 정답 | ❷ | ❷ | ❹ | ❹ | ❸ |
| 문제 | 6 | 7 | 8 | 9 | 10 |
| 정답 | ❶ | ❹ | ❹ | ❶ | ❷ |
| 문제 | 11 | 12 | 13 | 14 | 15 |
| 정답 | ❶ | ❸ | ❸ | ❹ | ❷ |
| 문제 | 16 | 17 | 18 | 19 | 20 |
| 정답 | ❷ | ❸ | ❶ | ❸ | ❹ |
| 문제 | 21 | 22 | 23 | 24 | 25 |
| 정답 | ❷ | ❶ | ❷ | ❷ | ❸ |

## 항공종사자 자격증명시험 제6회 모의고사

| 자격분류명 | 자격명 | 과목명 | 시험시간 | 문제수 | 수험번호 | 성 명 |
|---|---|---|---|---|---|---|
| 항공종사자 자격증명 | 조종사 | 항공법규 | 30분 | 25문항 | | |

1. 국제항공에 종사하는 항공기의 군수품 수송에 대한 설명 중 틀린 것은?
   ① 군수품은 체약국의 영역 내 또는 상공을 그 국가의 허가 없이 항공기로 운송해서는 안 된다.
   ② 각국은 통일성을 부여하기 위하여 운송을 금지하는 군수품을 규칙으로서 결정한다.
   ③ 군수품 수송에 있어서 안전을 위하여 자국의 항공기와 타체약국 항공기 간에 차별을 둘 수 있다.
   ④ 각 체약국은 규칙으로 규정한 군수품 이외의 물품에 대해서 안전을 위하여 운송을 제한하거나 금지할 수 있는 권리가 있다.
   〈해설〉 국제 항공법 참고

2. Rules of the air에 관한 국제민간항공협약 부속서는?
   ① Annex 2    ② Annex 5
   ③ Annex 11   ④ Annex 12
   〈해설〉 국제 항공법 참고

3. ICAO 외에 국가 간 맺은 지역별 국제 항공협력 기구가 아닌 것은?
   ① 아시아 태평양 지역 아시아 태평양 항공사협회(AAAP)
   ② 유럽지역 구주 민간항공회의(ECAC)
   ③ 중남미지역 라틴아메리카 민간항공위원회(LACAC)
   ④ 중동지역 아랍 민간항공이사회(ACAC)
   〈해설〉 국제 항공법 참고

4. 항공로는 누가 지정하는가?
   ① 대통령
   ② 지방항공청장
   ③ 국토교통부장관
   ④ 국제민간항공기구(ICAO)

   〈해설〉 항공안전법 제2조(정의) 제13호 참고

5. 다음 중 국토교통부에 등록하여 사용할 수 있는 항공기인 것은?
   ① 대한민국 국민이 아닌 사람이 소유한 항공기
   ② 외국의 법인 또는 단체가 소유한 항공기
   ③ 대한민국 법인이 임차한 항공기
   ④ 외국정부가 소유한 항공기
   〈해설〉 항공안전법 제10조(항공기 등록의 제한) 참고

6. 항공기의 감항증명을 위한 검사범위로 옳은 것은?
   ① 해당 항공기의 설계, 정비과정 및 정비 후의 상태와 동력한계에 대한 기술기준 검사
   ② 해당 항공기의 제작, 정비과정 및 정비 후의 상태와 운용한계에 대한 기술기준 검사
   ③ 해당 항공기의 설계, 제작과정 및 완성 후의 상태와 비행성능에 대한 기술기준 검사
   ④ 해당 항공기의 설계, 제작과정 및 완성 후의 상태와 동력한계에 대한 기술기준 검사
   〈해설〉 항공안전법 제23조(감항증명 및 감항성 유지) 참고

7. 지상접근경고장치(GPWS)가 경고를 제공하여야 하는 경우가 아닌 것은?
   ① 과도한 상승률이 발생하는 경우
   ② 지형지물에 대한 과도한 접근율이 발생하는 경우
   ③ 계기활공로 아래로의 과도한 강하가 이루어진 경우
   ④ 착륙바퀴가 착륙위치로 고정되지 아니한 상태에서 지형지물과의 안전거리를 유지하지 못하는 경우
   〈해설〉 항공안전법 시행규칙 제109조(사고예방장치 등) 참고

8. 다음 중 항공신체검사증명을 받지 않아도 되는 항공종사자는?
   ① 자가용 조종사   ② 항공기관사
   ③ 부조종사        ④ 운항관리사

   〈해설〉 항공안전법 시행규칙 별표 8(항공신체검사증명의 종류와 그 유효기간) 참고

9. 만 40세인 조종사가 제1종 항공신체검사증명을 2017년 7월 21일에 받았다면 항공신체검사 유효기간의 종료일은 언제인가?
   ① 2018년 1월 21일
   ② 2018년 1월 31일
   ③ 2018년 7월 21일
   ④ 2018년 7월 31일

   〈해설〉 항공안전법 시행규칙 별표 8(항공신체검사증명의 종류와 그 유효기간) 참고

10. 운항승무원의 연속되는 24시간 동안 최대 승무시간 및 최대 비행근무시간으로 맞는 것은?
    ① 기장 1명, 기장 외의 조종사 2명 - 승무시간 8시간, 비행근무시간 15시간
    ② 기장 1명, 기장 외의 조종사 2명 - 승무시간 12시간, 비행근무시간 16시간
    ③ 기장 2명, 기장 외의 조종사 1명 - 승무시간 12시간, 비행근무시간 17시간
    ④ 기장 1명, 기장 외의 조종사 1명, 항공기관사 1명 - 승무시간 13시간, 비행근무시간 20시간

    〈해설〉 항공안전법 시행규칙 별표 18(운항승무원의 승무시간등 기준) 참고

11. 기장 등의 운항자격의 수시심사 기준이 아닌 것은?
    ① 항공기사고 또는 비정상운항을 발생시킨 경우
    ② 3개월 이상 운항업무에 종사한 경험이 없을 때
    ③ 항행안전시설의 이용에 있어 중요한 변경이 있는 지역을 운항할 때
    ④ 항공기의 성능, 장비 또는 항법에 중요한 변경이 있을 때

〈해설〉 항공안전법 시행규칙 제144조(기장 등의 운항자격의 수시심사) 참고

12. 항공운송사업 및 항공기사용사업에 사용되는 항공기의 계기비행에 종사하고자 하는 조종사에게 필요한 최근의 계기비행 경험은?
    ① 이전 6개월까지의 사이에 6회 이상의 계기접근과 6시간의 계기비행 경험
    ② 이전 3개월까지의 사이에 6회 이상의 계기접근과 6시간의 계기비행 경험
    ③ 이전 3개월까지의 사이에 3회 이상의 계기접근과 3시간의 계기비행 경험
    ④ 이전 6개월까지의 사이에 6회 이상의 계기접근과 9시간의 계기비행 경험

    〈해설〉 항공안전법 시행규칙 제124조(계기비행의 경험) 참고

13. 29,000ft 이상의 고도에서 자방위 270°로 계기비행하는 항공기가 유지해야 할 고도는?
    ① 29,000ft, 33,000ft, 37,000ft
    ② 31,000ft, 35,000ft, 39,000ft
    ③ 33,000ft, 37,000ft, 41,000ft
    ④ 31,500ft, 35,500ft, 39,500ft

    〈해설〉 항공안전법 시행규칙 제164조(순항고도) 참고

14. 시계비행 기상상태에서 계기비행 시 무선통신이 두절된 경우 비행절차로 맞는 것은?
    ① 시계비행방식으로 전환하여 가장 가까운 착륙 가능한 비행장에 착륙한 후 도착사실을 관할 항공교통관제기관에 통보한다.
    ② 계기비행상태를 유지하여 가장 가까운 착륙 가능한 비행장에 착륙한 후 도착사실을 관할 항공교통관제기관에 통보한다.
    ③ 목적지비행장까지 비행을 계속하여 착륙한 후 도착사실을 관할 항공교통관제기관에 통보한다.
    ④ 즉시 회항하여 비행장에 착륙한 후 도착사실을 관할 항공교통관제기관에 통보한다.

    〈해설〉 항공안전법 시행규칙 제190조(통신) 참고

15. 편대비행을 하려고 때 다른 기장들과 협의하여야 할 사항이 아닌 것은?
① 편대의 형(形)
② 항공기 탑재장비
③ 신호 및 그 의미
④ 선회 그 밖의 행동 요령

〈해설〉 항공안전법 시행규칙 제170조(편대비행) 참고

16. 손가락을 펴고 한쪽 팔을 들어 가슴 앞을 수평으로 가로지르게 한 다음 주먹을 쥐는 유도원 수신호의 의미는?
① Chock를 고였음
② 브레이크를 걸 것
③ 엔진시동 준비가 완료되었음
④ 서행할 것

〈해설〉 항공안전법 시행규칙 제194조 관련, 별표 26 (신호) 제6호 참조

17. 시계비행 시 인구 밀집지역 상공에서의 최저비행고도는?
① 수평거리 300m 범위 안의 가장 높은 장애물 상단에서 150m의 고도
② 수평거리 300m 범위 안의 가장 높은 장애물 상단에서 300m의 고도
③ 수평거리 600m 범위 안의 가장 높은 장애물 상단에서 150m의 고도
④ 수평거리 600m 범위 안의 가장 높은 장애물 상단에서 300m의 고도

〈해설〉 항공안전법 시행규칙 제199조(최저비행고도) 참고

18. 관제공역 외의 공역으로서 항공기의 조종사에게 비행에 필요한 조언, 비행정보 등을 제공하는 공역은?
① 조언공역    ② 비관제공역
③ 통제공역    ④ 주의공역

〈해설〉 항공안전법 제78조(공역 등의 지정) 참고

19. 비행정보업무의 정의로 맞는 것은?
① 관제공역 안에서 이륙이나 착륙으로 연결되는 관제비행을 하는 항공기를 위하여 필요한 정보를 제공하는 업무
② 관제공역 안에서 관제비행을 하는 항공기에 대하여 필요한 정보를 제공하는 업무
③ 비행정보구역 안에서 비행하는 항공기에 대하여 안전하고 효율적인 운항을 위하여 필요한 조언 및 정보를 제공하는 업무
④ 수색·구조를 필요로 하는 항공기에 대하여 관계기관에 정보를 제공하는 업무

〈해설〉 항공안전법 시행규칙 제228조(항공교통업무의 목적 등) 참고

20. 항공운송사업자가 운항규정 또는 정비규정을 변경하려는 경우에는?
① 지방항공청장의 승인을 받아야 한다.
② 지방항공청장에게 신고하여야 한다.
③ 국토교통부장관의 승인을 받아야 한다.
④ 국토교통부장관에게 신고하여야 한다.

〈해설〉 항공안전법 제93조(항공운송사업자의 운항규정 및 정비규정) 참고

21. 기장이 직권을 남용하여 항공기 안에 있는 자에 대하여 의무가 아닌 일을 시키거나 권리의 행사를 방해한 경우 처벌은?
① 1년 이상 3년 이하의 징역
② 1년 이상 5년 이하의 징역
③ 1년 이상 10년 이하의 징역
④ 3년 이하의 징역

〈해설〉 항공안전법 제142조(기장 등의 탑승자 권리행사 방해의 죄) 참고

22. 공항시설 중 기본시설인 것은?
① 공항 이용객 홍보시설
② 항공기 급유시설
③ 항공기 정비 및 수리시설
④ 공항 운영, 관리시설

〈해설〉 공항시설법 시행령 제3조(공항시설의 구분) 참고

23. 항공기 사고조사에 대한 설명으로 맞는 것은?
① 보고를 한 사람의 의사에 반하여 보고자의 신분을 공개해서는 안 된다.
② 보고를 한 사람의 의사에 의해 해당 보고자의 신분을 공개할 수 있다.
③ 사고조사 자문위원 위촉 시 국토교통부장관이 정하는 바에 따른다.
④ 위원회는 사고원인과 관계가 있거나 있었던 자와 밀접한 관계가 있는 인원의 참석도 가능하다.

〈해설〉 항공·철도 사고조사에 관한 법률 제17조(항공·철도사고등의 발생 통보) 참고

24. 유도로중심선등의 색깔은?
① 청색        ② 녹색
③ 백색        ④ 적색

〈해설〉 공항시설법 시행규칙 별표 14(항공등화의 설치기준) 참고

25. 항공장애 표시등 및 항공장애 주간표지를 설치하여야 하는 구조물은?
① 지표면이나 수면으로부터 45m 이상 되는 구조물
② 지표면이나 수면으로부터 60m 이상 되는 구조물
③ 지표면이나 수면으로부터 90m 이상 되는 구조물
④ 지표면이나 수면으로부터 120m 이상 되는 구조물

〈해설〉 공항시설법 제36조(항공장애 표시등의 설치 등) 참고

### 제6회 정답

| 문제 | 1 | 2 | 3 | 4 | 5 |
|---|---|---|---|---|---|
| 정답 | ③ | ① | ① | ③ | ③ |
| 문제 | 6 | 7 | 8 | 9 | 10 |
| 정답 | ③ | ① | ④ | ④ | ② |
| 문제 | 11 | 12 | 13 | 14 | 15 |
| 정답 | ② | ① | ② | ① | ② |
| 문제 | 16 | 17 | 18 | 19 | 20 |
| 정답 | ② | ④ | ② | ③ | ④ |
| 문제 | 21 | 22 | 23 | 24 | 25 |
| 정답 | ③ | ① | ① | ② | ② |

## 항공종사자 자격증명시험 제7회 모의고사

| 자격분류명 | 자격명 | 과목명 | 시험시간 | 문제수 | 수험번호 | 성 명 |
|---|---|---|---|---|---|---|
| 항공종사자 자격증명 | 조종사 | 항공법규 | 30분 | 25문항 | | |

1. 항공기 사고가 발생했을 경우 사고조사의 책임이 있는 국가는?
   ① 항공기 등록국
   ② 항공기 출발국
   ③ 항공기 제조국
   ④ 항공기 사고가 난 관할 영역국

   〈해설〉 국제 항공법 참고

2. 국제항공운송협회(IATA)에 대한 설명 중 틀린 것은?
   ① IATA의 중요한 임무는 국제항공의 운임을 결정하는 것이다.
   ② ICAO 회원국의 국적을 가진 항공사만이 IATA의 회원이 될 수 있다.
   ③ IATA 가입 항공사는 IATA가 지정한 여객 및 화물 대리점만을 이용할 수 있다.
   ④ IATA는 공항 및 항공사에 IATA Code를 부여하고 공항 활주로 길이, 항공등화, 항법시설과 안전시설 등에 대한 국제적인 기준을 설정한다.

   〈해설〉 국제 항공법 참고

3. 몬트리올 협약의 목적으로 맞는 것은?
   ① 민간항공의 안전에 대한 불법적 행위의 억제
   ② 가소성 폭약의 탐지를 위한 식별 조치
   ③ 항공기 불법납치의 억제
   ④ 항공기 내에서 범한 범죄 및 기타 행위에 대한 재판권 행사

   〈해설〉 국제 항공법 참고

4. 비행기의 등록부호 표시위치로 틀린 것은?
   ① 오른쪽 날개 윗면에 표시한다.
   ② 수직꼬리날개의 양쪽 면에 표시한다.
   ③ 왼쪽 날개 아랫면에 표시한다.
   ④ 수직안정판 바로 앞의 동체 양쪽 면에 표시한다.

   〈해설〉 항공안전법 시행규칙 제14조(등록부호의 표시 위치 등) 참고

5. 다음 중 등록을 필요로 하지 아니하는 항공기의 범위가 아닌 것은?
   ① 국토교통부의 시험비행 항공기
   ② 외국에 임대할 목적으로 도입한 항공기로서 외국 국적을 취득할 항공기
   ③ 국내에서 제작된 항공기로서 제작자 외의 소유자가 결정되지 않은 항공기
   ④ 군 또는 세관에서 사용하거나 경찰업무에 사용하는 항공기

   〈해설〉 항공안전법 시행령 제4조(등록을 필요로 하지 않는 항공기의 범위) 참고

6. 비행기에 대하여 자가용 조종사 자격증명을 신청하는 경우, 단독 야외비행경력에는 (   )km 이상의 구간 비행 중 2개의 다른 비행장에서의 이착륙 경력을 포함해야 한다. 빈칸에 알맞은 것은?
   ① 180          ② 240
   ③ 270          ④ 330

   〈해설〉 항공안전법 시행규칙 별표 4(항공종사자·경량항공기조종사 자격증명 응시경력) 참고

7. 항공운송사업용 및 항공기사용사업용 비행기가 계기비행으로 교체비행장이 요구될 경우, 실어야 할 연료 산정의 기준고도와 연료량은?
   ① 교체비행장의 300m의 상공에서 30분간 더 비행할 수 있는 연료의 양
   ② 교체비행장의 300m의 상공에서 45분간 더 비행할 수 있는 연료의 양
   ③ 교체비행장의 450m의 상공에서 30분간 더 비행할 수 있는 연료의 양
   ④ 교체비행장의 450m의 상공에서 45분간 더 비행할 수 있는 연료의 양

〈해설〉 항공안전법 시행규칙 별표 17(항공기에 실어야 할 연료와 오일의 양)

8. 운항승무원으로서 항공업무에 종사하기 위하여 누구로부터 자격증명별로 항공신체검사증명을 받아야 하는가?
  ① 항공전문병원장
  ② 지방항공청장
  ③ 국토교통부장관
  ④ 한국교통안전공단이사장

〈해설〉 항공안전법 제40조(항공신체검사증명).참고

9. 270°의 방향으로 계기비행 시 유지해야 할 고도는?
  ① 26,000ft    ② 26,500ft
  ③ 27,000ft    ④ 27,500ft

〈해설〉 항공안전법 시행규칙 제164조(순항고도) 참고

10. 항공운송사업에 사용되는 항공기 외의 항공기가 시계비행방식에 의한 비행을 하는 경우에 설치하지 않아도 되는 무선설비는?
  ① Transponder
  ② VHF 무선전화 송수신기
  ③ ADF
  ④ ELT

〈해설〉 항공안전법 시행규칙 제107조(무선설비) 참고

11. 관제공역 내에서 편대비행을 하는 항공기의 편대를 책임지는 항공기로부터의 분리기준은?
  ① 종적 및 횡적으로는 1.2km, 수직으로는 30m 이내
  ② 종적 및 횡적으로는 1.2km, 수직으로는 50m 이내
  ③ 종적 및 횡적으로는 1km, 수직으로는 30m 이내
  ④ 종적 및 횡적으로는 1km, 수직으로는 50m 이내

〈해설〉 항공안전법 시행규칙 제170조(편대비행) 참고

12. 항공운송사업용 항공기가 얼마를 초과하는 고도로 운항하려는 경우, 방사선투사량계기를 갖추어야 하는가?
  ① 10,000m    ② 15,000m
  ③ 20,000m    ④ 25,000m

〈해설〉 항공안전법 시행규칙 제116조(방사선투사량계기) 참고

13. 항공기의 진로 양보에 대한 설명 중 틀린 것은?
  ① 통행의 우선순위를 가진 항공기는 속도를 변경하여 진로를 유지하여야 한다.
  ② 다른 항공기에 진로를 양보하는 항공기는 다른 항공기의 상하 또는 전방을 통과해서는 안 된다.
  ③ 두 항공기가 정면으로 접근하는 경우에는 서로 오른쪽으로 기수를 돌린다.
  ④ 다른 항공기를 추월하려는 항공기는 추월당하는 항공기의 오른쪽을 통과한다.

〈해설〉 항공안전법 시행규칙 제167조(진로와 속도 등) 참고

14. 다음 중 특별시계비행의 요건이 아닌 것은?
  ① 구름으로부터 수평으로 1,500m, 수직으로 300m 이상의 거리를 유지하여 비행할 것
  ② 야간에 비행하는 경우에는 계기비행을 할 수 있는 자격이 있어야 한다.
  ③ 지표 또는 수면을 계속하여 볼 수 있는 상태로 비행할 것
  ④ 비행시정을 1,500m 이상 유지하며 비행할 것

〈해설〉 항공안전법 시행규칙 제174조(특별시계비행) 참고

15. 계기비행 기상상태의 항공기가 레이더가 운용되지 않는 공역에서 통신이 두절되어 위치보고를 할 수 없는 경우, 항공교통관제기관으로부터 최종적으로 지시받은 고도로 비행하며 최종적으로 지시받은 속도를 유지해야 할 시간은?
  ① 7분    ② 10분
  ③ 20분    ④ 30분

〈해설〉 항공안전법 시행규칙 제190조(통신) 참고

**16.** 요격 시 "당신은 요격을 당하고 있으니 나를 따라오라."는 요격항공기의 신호에 "알았다. 지시를 따르겠다."라는 피요격항공기의 응신으로 맞는 것은?
① 날개를 흔들고, 항행등을 불규칙적으로 점멸시킨 후 요격항공기의 뒤를 따라간다.
② 바퀴다리를 내리고, 고정착륙등을 켠 상태로 요격항공기의 뒤를 따라간다.
③ 항공기의 보조익 또는 방향타를 움직이고, 요격항공기의 뒤를 따라간다.
④ 날개를 흔들고, 요격항공기의 뒤를 따라간다.

〈해설〉 항공안전법 시행규칙 별표 26(신호) 참고

**17.** 비행 중 무선통신 두절 시 빛총신호 중 연속되는 붉은색의 의미는?
① 착륙하지 말 것
② 착륙을 준비할 것
③ 다른 항공기에 진로를 양보하고 계속 선회할 것
④ 착륙하여 계류장으로 갈 것

〈해설〉 항공안전법 시행규칙 별표 26(신호) 참고

**18.** 제3종 정밀접근 계기착륙시설을 이용한 정밀계기접근절차의 조종사 자격과 운항제한에 관한 설명 중 틀린 것은?
① 제3종 정밀계기접근 훈련을 이수한 조종사는 제3종 정밀계기접근절차를 수행할 수 있다.
② 해당 형식 항공기의 기장 비행시간이 100시간 미만인 기장은 활주로가시범위(RVR) 550m 이상의 기상최저치를 적용해야 한다.
③ 최근 측정된 활주로가시범위(RVR)가 착륙최저치 미만인 경우 계기접근절차의 최종접근구간에 진입해서는 안 된다.
④ 항공기가 최종접근구간에 진입한 후 활주로가시범위(RVR)가 허가된 최저치 미만으로 기상이 악화된다는 보고를 받은 경우에도 경고고도(AH) 또는 결심고도(DH)까지는 계속 비행할 수 있다.

〈해설〉 항공안전법 시행규칙 별표 25(제2종 및 제3종 계기착륙시설(ILS) 정밀계기접근용 장비 및 운항제한 등의 기준) 참고

**19.** 수직분리축소(RVSM)공역 등에서 국토교통장관의 승인을 얻지 않고 항공기 운항이 가능한 경우는?
① 항공기의 정비, 수리 또는 개조 후 시험비행을 하는 항공기를 운항하는 경우
② 우리나라에 신규로 도입하는 항공기를 운항하는 경우
③ 국내에서 수리, 개조 또는 제작한 후 수출하는 항공기를 운항하는 경우
④ 항공기의 정비 또는 수리, 개조를 위한 장소까지 공수비행을 하는 항공기를 운항하는 경우

〈해설〉 항공안전법 시행규칙 제216조(수직분리축소공역 등에서의 항공기 운항) 참고

**20.** 다음 중 경보상황에 해당하지 않는 것은?
① 불확실상황에서의 항공기와의 교신시도 또는 관계 부서의 조회로도 해당 항공기의 위치를 확인하기 곤란한 경우
② 항공기가 착륙허가를 받고도 착륙 예정시간부터 5분 이내에 착륙하지 아니한 경우
③ 항공기의 비행능력이 상실되었으나 불시착할 가능성이 없음을 나타내는 정보를 입수한 경우
④ 항공기가 테러 등 불법간섭을 받는 것으로 인지된 경우

〈해설〉 항공안전법 시행규칙 제243조(경보업무의 수행절차 등) 참고

**21.** 다음 중 항공기사용사업은?
① 지점 간 운송
② 관광비행
③ 수색 및 구조
④ 전세운송

〈해설〉 항공사업법 시행규칙 제4조(항공기사용사업의 범위) 참고

**22.** 항공·철도사고조사위원회에 대한 설명 중 틀린 것은?

① 위원회는 위원장 1인을 포함한 12인 이내의 위원으로 구성한다.
② 위원장 및 상임위원은 대통령이 임명한다.
③ 위원은 임기 중 직무와 관련하여 독립적으로 권한을 행사한다.
④ 국토교통부장관은 일반적인 행정사항 및 항공사고조사에 대하여 위원회를 지휘, 감독한다.

⟨해설⟩ 항공·철도 사고조사에 관한 법률 제4조(항공·철도사고조사위원회의 설치) 참고

**23.** 비행장 및 항행안전시설의 설치 허가권자는?

① 대통령
② 국토교통부장관
③ 지방항공청장
④ 한국교통안전공단이사장

⟨해설⟩ 공항시설법 제6조(개발사업의 시행자) 참고

**24.** 착륙대의 등급에 따른 활주로의 길이가 잘못된 것은?

① A등급: 2,550m 이상
② C등급: 1,800m~2,250m
③ E등급: 1,280m~1,500m
④ G등급: 900m~1,080m

⟨해설⟩ 공항시설법 시행규칙 별표 1(공항시설 및 비행장 설치기준) 참고

**25.** 민간항공의 안전을 위하여 제정한 국제협약이 아닌 것은?

① 가소성 폭약의 탐지를 위한 식별조치에 관한 협약
② 민간항공의 안전에 대한 불법적 행위의 억제를 위한 협약
③ 항공기와의 범죄에 대한 협약
④ 항공기의 불법납치 억제를 위한 협약

⟨해설⟩ 항공보안법 제3조(국제협약의 준수) 참고

### 제7회 정답

| 문제 | 1 | 2 | 3 | 4 | 5 |
|---|---|---|---|---|---|
| 정답 | ④ | ④ | ① | ④ | ① |
| 문제 | 6 | 7 | 8 | 9 | 10 |
| 정답 | ③ | ③ | ③ | ① | ③ |
| 문제 | 11 | 12 | 13 | 14 | 15 |
| 정답 | ③ | ② | ① | ① | ③ |
| 문제 | 16 | 17 | 18 | 19 | 20 |
| 정답 | ① | ③ | ① | ② | ② |
| 문제 | 21 | 22 | 23 | 24 | 25 |
| 정답 | ③ | ④ | ② | ② | ③ |

## 항공종사자 자격증명시험 제8회 모의고사

| 자격분류명 | 자격명 | 과목명 | 시험시간 | 문제수 | 수험번호 | 성 명 |
|---|---|---|---|---|---|---|
| 항공종사자 자격증명 | 조종사 | 항공법규 | 30분 | 25문항 | | |

1. 다음 중 각국이 그 영역상의 공간에 있어서의 비행 시 완전하고 배타적인 각 나라의 주권을 인정한다는 내용의 협정문서는?
   ① 몬트리올협정     ② 국제민간항공협약
   ③ 항공항행 합의서   ④ 동경협약
   〈해설〉 국제 항공법 참고

2. 항공기의 불법납치 억제를 위한 협약이라고도 불리는 협약은?
   ① 동경협약     ② 몬트리올협약
   ③ 시카고협약   ④ 헤이그협약
   〈해설〉 국제 항공법 참고

3. 다음 중 항공기사고에 포함되지 않는 것은?
   ① 사람의 사망, 중상 또는 행방불명
   ② 항공기의 발동기에서 화재 발생
   ③ 항공기의 파손 또는 구조적 손상
   ④ 항공기의 위치를 확인할 수 없거나 항공기에 접근이 불가능한 경우
   〈해설〉 항공안전법 제2조(정의) 제6호 참고

4. 항공기 정치장 변경, 등록 말소, 임차권 이전과 관련 없는 등록의 종류는?
   ① 변경등록   ② 임차등록
   ③ 말소등록   ④ 이전등록
   〈해설〉 항공안전법 제7조(항공기 등록), 제13조(변경등록), 제14조(이전등록), 제15조(말소등록) 참고

5. 모든 형식의 항공기에 대한 자격증명의 한정이 필요한 항공종사자는?
   ① 운항관리사   ② 자가용 조종사
   ③ 항공기관사   ④ 항공사
   〈해설〉 항공안전법 시행규칙 제81조(자격증명의 한정) 참고

6. 다음 중 소음기준적합증명 대상 항공기는?
   ① 터빈발동기를 장착한 항공기
   ② 프로펠러 항공기
   ③ 왕복발동기를 장착한 항공기
   ④ 최대이륙중량 5,700kg을 초과하는 항공기
   〈해설〉 항공안전법 시행규칙 제49조(소음기준적합증명 대상 항공기) 참고

7. 항공신체검사증명서 발급의 유효기간 단축 규정은 유효기간의 얼마를 초과해서는 안 되는가?
   ① 1/2   ② 1/3
   ③ 1/4   ④ 1/5
   〈해설〉 항공안전법 시행규칙 제92조(항공신체검사증명의 기준 및 유효기간 등)

8. 야간에 항행하는 경우 충돌방지등과 항행등을 켜야 하는 항공기는?
   ① 모든 항공기
   ② 항공운송사업용 항공기
   ③ 최대이륙중량이 5,700kg을 초과하는 항공기
   ④ 터빈발동기를 장착한 비행기
   〈해설〉 항공안전법 시행규칙 제120조(항공기의 등불) 참고

9. 다음 중 기장의 권한 및 책임이 아닌 것은?
   ① 항공기의 승무원을 지휘 및 감독한다.
   ② 항공기나 여객에 위난이 발생하였을 때 여객에게 피난방법과 그 밖에 안전에 관하여 필요한 사항을 명할 수 있다.
   ③ 항공기로 인한 사람의 사상 또는 물건의 손괴 발생 시 국토교통부장관에게 보고한다.
   ④ 항공기나 여객에 위난이 발생하였을 때 가장 먼저 탈출하여 여객의 안전을 위한 조치를 강구한다.
   〈해설〉 항공안전법 제62조(기장의 권한 등) 참고

10. 시계비행방식에 의한 비행을 하는 항공기에 갖추어야 할 항공계기가 아닌 것은?
① 나침반　　　② 속도계
③ 승강계　　　④ 정밀기압고도계

〈해설〉 항공안전법 시행규칙 별표 16(항공계기등의 기준) 참고

11. 항공운송사업에 사용되는 항공기의 기장이 운항자격 인정을 위해 국토교통부장관의 자격인정을 받아야 하는 항목은?
① 정상 상태와 비정상 상태에서의 조종기술
② 수색 및 구조절차
③ 비상절차 수행능력
④ 지식 및 기량

〈해설〉 항공안전법 제63조(기장 등의 운항자격) 참고

12. 지표면으로부터 750m를 초과하고 평균해면으로부터 3,050m 미만의 고도에서는 얼마 이하의 속도로 비행하여야 하는가?
① 지시대기속도 200kts 이하
② 진대기속도 200kts 이하
③ 지시대기속도 250kts 이하
④ 진대기속도 250kts 이하

〈해설〉 항공안전법 시행규칙 제169조(비행속도의 유지 등) 참고

13. 다음 중 주의공역이 아닌 것은?
① 훈련구역　　　② 경계구역
③ 제한구역　　　④ 위험구역

〈해설〉 항공안전법 시행규칙 별표 23(공역의 구분) 참고

14. 조종사의 운항자격 인정을 위한 공항 및 노선에 대한 심사는 누구에게 신청하여야 하는가?
① 국토교통부장관
② 항공교통본부장
③ 한국교통안전공단 이사장
④ 위촉심사관

〈해설〉 항공안전법 제63조(기장 등의 운항자격) 참고

15. 긴급항공기의 지정 및 운항절차 등에 관하여 필요한 사항은 누가 정하는가?
① 지방항공청령　　　② 국토교통부령
③ 대통령령　　　　　④ 한국교통안전공단

〈해설〉 항공안전법 제69조(긴급항공기의 지정 등) 참고

16. 모든 항공기에 항공교통관제업무가 제공되나, 계기비행 항공기와 시계비행 항공기 및 시계비행 항공기 간에는 교통정보만 제공되는 공역은?
① B등급 공역　　　② C등급 공역
③ D등급 공역　　　④ E등급 공역

〈해설〉 항공안전법 시행규칙 별표 23(공역의 구분) 참고

17. 시계비행방식으로 사람 또는 건축물이 밀집된 지역 외의 지역에서 비행 시 최저비행고도는?
① 수평거리 600m 범위 안의 가장 높은 장애물 상단에서 300m의 고도
② 수평거리 300m 범위 안의 가장 높은 장애물 상단에서 150m의 고도
③ 지표면, 수면 또는 물건의 상단에서 150m의 고도
④ 지표면, 수면 또는 물건의 상단에서 300m의 고도

〈해설〉 항공안전법 시행규칙 제199조(최저비행고도) 참고

18. Annex 18에 의거하여 위험물을 항공기로 수송 시 항공운송사업자는 기장에게 어떠한 방식으로 알려야 하는가?
① 이륙 전 직접 기장에게 구두로 통보한다.
② 이륙 전 반드시 서면으로 통보한다.
③ 아무 때나 Company Radio 등을 이용해 통보한다.
④ 아무 때나 전화 또는 정보통신망을 이용하여 통보한다.

〈해설〉 Annex 18. 9.1(기장에게 정보 제공) 참고

**19.** 항공교통관제업무의 목적에 포함되지 않는 것은?
① 항공기 간의 충돌 방지
② 항공교통흐름의 질서 유지 및 촉진
③ 기동지역 안에서 항공기와 장애물 간의 충돌 방지
④ 조난 항공기에 대한 수색 및 구조

〈해설〉 항공안전법 시행규칙 제228조(항공교통업무의 목적 등) 참고

**20.** 다음 중 운항규정에 포함되어야 할 사항이 아닌 것은?
① 항공기 운항정보
② 훈련
③ 항공기 및 부품 등의 정비방법
④ 지역, 노선 및 비행장

〈해설〉 항공안전법 시행규칙 별표 36(운항규정에 포함되어야 할 사항)

**21.** 다음 중 국토교통부장관에게 등록하여야 하는 항공사업은?
① 항공기정비업
② 상업서류송달업
③ 도심공항터미널업
④ 항공운송총대리점업

〈해설〉 항공사업법 제42조(항공기정비업의 등록) 참고

**22.** 수평표면의 높이는?
① 45미터   ② 50미터
③ 55미터   ④ 60미터

〈해설〉 공항시설법 시행규칙 별표 2(장애물 제한표면의 기준) 참고

**23.** 활주로에 진입하기 전에 멈추어야 할 위치를 알려주기 위해 설치하는 등화는?
① 활주로시단등      ② 활주로시단식별등
③ 활주로경계등      ④ 활주로유도등

〈해설〉 공항시설법 시행규칙 별표 3(항공등화의 종류) 참고

**24.** 비계기 진입활주로에 설치해야 하는 항공등화가 아닌 것은?
① 비행장등대        ② 지향신호등
③ 활주로경계등      ④ 활주로시단등

〈해설〉 공항시설법 시행규칙 별표 14(항공등화의 설치기준) 참고

**25.** 장거리 해상비행이란 쌍발 엔진 항공기가 엔진 1개가 작동하지 않아도 비상착륙이 적합한 육지로부터 얼마 이상의 해상을 비행하는 것을 말하는가?
① 185km   ② 240km
③ 375km   ④ 740km

| 문제 | 1 | 2 | 3 | 4 | 5 |
|---|---|---|---|---|---|
| 정답 | ❷ | ❹ | ❷ | ❷ | ❸ |
| 문제 | 6 | 7 | 8 | 9 | 10 |
| 정답 | ❶ | ❶ | ❶ | ❹ | ❸ |
| 문제 | 11 | 12 | 13 | 14 | 15 |
| 정답 | ❹ | ❸ | ❸ | ❶ | ❷ |
| 문제 | 16 | 17 | 18 | 19 | 20 |
| 정답 | ❸ | ❸ | ❷ | ❹ | ❸ |
| 문제 | 21 | 22 | 23 | 24 | 25 |
| 정답 | ❶ | ❶ | ❸ | ❸ | ❹ |

## 항공종사자 자격증명시험 제9회 모의고사

| 자격분류명 | 자격명 | 과목명 | 시험시간 | 문제수 | 수험번호 | 성 명 |
|---|---|---|---|---|---|---|
| 항공종사자 자격증명 | 조종사 | 항공법규 | 30분 | 25문항 | | |

1. 항공기상에 관한 국제민간항공협약 부속서는?
   ① 제1부속서　　② 제2부속서
   ③ 제3부속서　　④ 제8부속서

   〈해설〉 국제 항공법 참고

2. 버뮤다 협정에 대한 설명 중 틀린 것은?
   ① 1946년 2월 11일에 버뮤다에서 서명, 발효되었다.
   ② 미국과 프랑스 간의 양자협정이다.
   ③ 국제항공운송체제가 지속적인 발전을 유지하는데 규제적 토대를 마련하였다.
   ④ 수송력에 대해서는 사후 심사주의를 채용하고, 운임의 엄격한 규제 등에 대한 규정을 두었다.

   〈해설〉 국제 항공법 참고

3. 긴급운항의 범위에 속하지 않는 것은?
   ① 소방 항공기를 이용하여 재해, 재난의 예방을 위한 목적으로 긴급히 운항
   ② 산림 항공기를 이용하여 산림 방제, 순찰을 위한 목적으로 긴급히 운항
   ③ 세관, 경찰 항공기를 이용하여 범죄자의 추적 및 순찰을 목적으로 긴급히 운항
   ④ 자연공원 항공기를 이용하여 산림 보호사업을 위한 화물 수송을 목적으로 긴급히 운항

   〈해설〉 항공안전법 시행규칙 제11조(긴급운항의 범위) 참고

4. 항공기를 등록할 수 없는 경우가 아닌 것은?
   ① 외국의 법인
   ② 외국의 공공단체
   ③ 대한민국 국민이 아닌 사람
   ④ 외국인이 주식의 1/4 이상을 소유한 법인

   〈해설〉 항공안전법 제10조(항공기 등록의 제한) 참고

5. 등록부호에 사용하는 각 문자와 숫자의 간격은?
   ① 문자 및 숫자의 폭의 4분의 1 이상 2분의 1 이하
   ② 문자 및 숫자의 폭의 4분의 1 이상 3분의 1 이하
   ③ 문자 및 숫자의 폭의 3분의 1 이상 2분의 1 이하
   ④ 문자 및 숫자의 폭의 6분의 1 이상 3분의 1 이하

   〈해설〉 항공안전법 시행규칙 제16조(등록부호의 폭·선 등) 참고

6. 계기비행증명이 없어도 계기비행을 할 수 있는 조종사는?
   ① 자가용 조종사
   ② 사업용 조종사
   ③ 운송용 조종사(비행기)
   ④ 운송용 조종사(헬리콥터)

   〈해설〉 항공안전법 제44조(계기비행증명 및 조종교육증명) 참고

7. 2개 이상의 기종을 조종하는 조종사의 운항자격 정기심사의 실시 시기는?
   ① 기종별 6개월에 1회 실시
   ② 기종별 매년 1회 실시
   ③ 기종별 전후반기 1회 실시
   ④ 기종별 격년제로 실시

   〈해설〉 항공안전법 시행규칙 제143조(기장 등의 운항자격의 정기심사) 참고

8. 항공운송사업 또는 항공기사용사업에 사용되는 항공기를 조종하려는 조종사는 최근 ( )일까지의 사이에 이륙 및 착륙을 각각 ( ) 이상 행한 비행경험이 있어야 한다. ( )에 맞는 것은?
   ① 60일, 3회　　② 90일, 3회
   ③ 60일, 6회　　④ 90일, 6회

   〈해설〉 항공안전법 시행규칙 제121조(조종사의 최근의 비행경험) 참고

9. 항공운송사업에 사용되는 터빈발동기를 장착한 비행기의 경우, 조종실음성기록장치는 얼마 이상의 음성을 기록할 수 있어야 하는가?
   ① 5시간　　　② 3시간
   ③ 2시간　　　④ 30분
   〈해설〉 항공안전법 시행규칙 제109조(사고예방장치 등)

10. 항공안전위해요인을 발생시킨 경우 발생일로부터 며칠 이내에 보고를 하면 처분을 하지 않을 수 있는가?
    ① 7일　　　② 10일
    ③ 15일　　　④ 30일
    〈해설〉 항공안전법 제61조(항공안전 자율보고) 참고

11. 사업용 조종사 실기시험의 면제기준에 대한 설명 중 맞는 것은?
    ① 비행경력이 1,500시간 이상인 사람은 실기시험을 면제한다.
    ② 외국정부가 발행한 사업용 조종사 자격증명을 받은 사람은 구술시험만 실시한다.
    ③ 외국정부가 발행한 사업용 조종사 자격증명을 받은 경우, 비행경력이 1,500시간 이상인 사람은 학과 및 실기시험 모두를 면제한다.
    ④ 국토교통부장관 지정 전문교육기관에서 사업용 조종사에게 필요한 과정을 이수한 사람은 실기시험의 일부를 면제한다.
    〈해설〉 항공안전법 시행규칙 별표 7(자격증명시험 및 한정심사의 일부 면제) 참고

12. C등급 공역에서 공항으로부터 7.4km 내의 지표면으로부터 2,500ft까지의 고도에서 유지해야 할 비행속도는?
    ① 지시대기속도 200노트 이하
    ② 지시대기속도 250노트 이하
    ③ 진대기속도 200노트 이하
    ④ 진대기속도 250노트 이하
    〈해설〉 항공안전법 시행규칙 제169조(비행속도의 유지 등) 참고

13. 관제비행을 하는 항공기가 위치통지점에서 항공교통관제기관에 보고하여야 하는 내용이 아닌 것은?
    ① 항공기 식별부호
    ② 위치통지점의 통과시각
    ③ 위치통지점의 고도
    ④ 위치통지점의 기상
    〈해설〉 항공안전법 시행규칙 제191조(위치보고) 참고

14. NOTAM의 기준시간은?
    ① Greenwich Mean Time(GMT)
    ② Coordinated Universal Time(UTC)
    ③ Local Mean Time(LMT)
    ④ Standard Time(ST)
    〈해설〉 항공안전법 시행규칙 제195조(시간) 참고

15. 주간에 지상에서 통신이 두절된 경우 응신으로 틀린 것은?
    ① 보조익과 방향타를 움직인다.
    ② 보조익 또는 방향타를 움직인다.
    ③ 보조익만 움직인다.
    ④ 방향타만 움직인다.
    〈해설〉 항공안전법 시행규칙 별표 26(신호) 참고

16. 비행고도 1만피트(3,050m) 이상인 구역에서 곡예비행을 할 수 있는 비행시정은?
    ① 3,000m 이상　　　② 5,000m 이상
    ③ 8,000m 이상　　　④ 10,000m 이상
    〈해설〉 항공안전법 시행규칙 제197조(곡예비행 등을 할 수 있는 비행시정) 참고

17. 다음 중 항공정보에 사용되는 측정단위로 틀린 것은?
    ① 주파수: 헤르츠(Hz)
    ② 고도: 미터(m) 또는 피트(ft)
    ③ 온도: 섭씨도(°C) 또는 화씨도(°F)
    ④ 속도: 초당 미터(m/s)
    〈해설〉 항공안전법 시행규칙 제255조(항공정보) 참고

**18.** 항공기의 안전운항을 위한 운항기술기준에 포함하여야 할 사항으로 옳지 않은 것은?
① 항공정비 인력  ② 항공기 계기 및 장비
③ 자격증명  ③ 항공기 운항

〈해설〉 항공안전법 제77조(항공기의 안전운항을 위한 운항기술기준) 참고

**19.** 공역의 사용목적에 따른 구분 중 조언구역에 해당하는 공역은?
① 관제공역  ② 통제공역
③ 비관제공역  ④ 위험공역

〈해설〉 항공안전법 시행규칙 별표 23(공역의 구분) 참고

**20.** 무자격자가 항공업무에 종사했을 경우의 벌칙은?
① 1년 이하의 징역 또는 1,000만원 이하의 벌금
② 1년 이하의 징역 또는 2,000만원 이하의 벌금
③ 2년 이하의 징역 또는 1,000만원 이하의 벌금
④ 2년 이하의 징역 또는 2,000만원 이하의 벌금

〈해설〉 항공안전법 제148조(무자격자의 항공업무 종사 등의 죄) 참고

**21.** 계기접근에 사용되는 비행장의 진입구역의 길이는?
① 12,000m  ② 15,000m
③ 17,000m  ④ 20,000m

〈해설〉 공항시설법 시행규칙 별표 2(장애물 제한표면의 기준) 참고

**22.** 다음 중 항행안전무선시설은?
① 단거리이동통신시설(VHF radio)
② 공항정보방송시설(ATIS)
③ 자동종속감시시설(ADS)
④ 항공고정통신망(AFTN)

〈해설〉 공항시설법 시행규칙 제7조(항행안전무선시설) 참고

**23.** 승객의 안전에 대한 책임은 누가 지는가?
① 항공운송사업자  ② 운항관리사
③ 국토교통부장관  ④ 지방항공청장

〈해설〉 항공보안법 제14조(승객의 안전 및 항공기의 보안) 참고

**24.** 최대인가 승객좌석이 몇 석을 초과하는 승객운송용 항공기 운항을 위해서는 기내방송 시스템(Public Address System)을 장착하여야 하는가?
① 10석  ② 15석
③ 19석  ④ 30석

〈해설〉 운항기술기준 7.4.9.3[기내방송시스템(Public Address System)] 참고

**25.** 기장이 소란을 일으킨 항공기 승객을 공항 당국에 넘기는 방법으로 옳지 않은 것은?
① 기장이 직접 경찰에 인도한다.
② 사무장에 위임하여 경찰에 인도한다.
③ 지상직원을 통하여 경찰에 인도한다.
④ 해당 관계기관 공무원을 통하여 경찰에 인도한다.

〈해설〉 항공보안법 제25조(범인의 인도·인수) 참고

| 문제 | 1 | 2 | 3 | 4 | 5 |
|---|---|---|---|---|---|
| 정답 | ❸ | ❷ | ❸ | ❹ | ❶ |
| 문제 | 6 | 7 | 8 | 9 | 10 |
| 정답 | ❸ | ❹ | ❷ | ❸ | ❷ |
| 문제 | 11 | 12 | 13 | 14 | 15 |
| 정답 | ❹ | ❶ | ❹ | ❷ | ❶ |
| 문제 | 16 | 17 | 18 | 19 | 20 |
| 정답 | ❸ | ❸ | ❶ | ❸ | ❹ |
| 문제 | 21 | 22 | 23 | 24 | 25 |
| 정답 | ❷ | ❸ | ❶ | ❸ | ❸ |

## 항공종사자 자격증명시험 제10회 모의고사

| 자격분류명 | 자격명 | 과목명 | 시험시간 | 문제수 | 수험번호 | 성 명 |
|---|---|---|---|---|---|---|
| 항공종사자 자격증명 | 조종사 | 항공법규 | 30분 | 25문항 | | |

**1.** 동경협약에서 "비행중"의 의미로 맞는 것은?
① 항공기 엔진의 시동을 건 때부터 시동을 끌 때까지
② 탑승을 완료하고 항공기 문을 닫을 때부터 비행을 완료하고 하기를 위해 문을 열 때까지
③ 이륙의 목적을 위하여 시동이 된 순간부터 착륙활주가 끝난 순간까지
④ 이륙부터 착륙까지

〈해설〉 국제 항공법 참고

**2.** 항공안전법이 규정하는 항공종사자의 정의로 맞는 것은?
① 항행안전시설의 보수업무에 종사하는 사람
② 항공종사자 자격증명을 받은 사람
③ 항공기의 정비업무에 종사하는 사람
④ 항공기의 운항을 위하여 지상조업을 하는 사람

〈해설〉 항공안전법 제2조(정의) 제14호 참고

**3.** 항공기를 운항하기 위하여 항공기에 표시해야 하는 항목이 아닌 것은?
① 당해국의 국기
② 국적기호
③ 등록기호
④ 소유자등의 성명 또는 명칭

〈해설〉 항공안전법 제18조(항공기 국적 등의 표시) 참고

**4.** 활공기의 등급 분류로 맞는 것은?
① 특수 활공기, 상급 활공기
② 특수 활공기, 중급 활공기
③ 상급 활공기, 중급 활공기
④ 상급 활공기, 초급 활공기

〈해설〉 항공안전법 시행규칙 제81조(자격증명의 한정) 참고

**5.** 예외적으로 감항증명을 받을 수 있는 항공기가 아닌 것은?
① 법 제5조에 따른 임대차항공기의 운영에 대한 권한 및 의무이양의 적용특례를 적용받는 항공기
② 항공기의 제작, 정비 또는 수리, 개조 후 시험비행을 하는 항공기
③ 국내에서 제작되거나 외국으로부터 수입하는 항공기로서 대한민국의 국적을 취득하기 전에 감항증명을 신청한 항공기
④ 국내에서 수리, 개조 또는 제작한 후 수출할 항공기

〈해설〉 항공안전법 시행규칙 제36조(예외적으로 감항증명을 받을 수 있는 항공기) 참고

**6.** 항공운송사업용 항공기에 탑재해야 할 연료량으로 맞는 것은?
① 왕복발동기 항공기가 계기비행으로 교체비행장이 요구될 경우 교체비행장에 도착 시 예상되는 중량 상태에서 순항속도 및 순항고도로 45분간 더 비행할 수 있는 연료의 양
② 왕복발동기 항공기가 계기비행으로 교체비행장이 요구되지 않을 경우 표준대기 상태에서 최초 착륙예정 비행장의 150m 상공에서 체공속도로 30분간 더 비행할 수 있는 연료의 양
③ 왕복발동기 항공기가 시계비행으로 교체비행장이 요구되지 않을 경우 순항속도로 30분간 더 비행할 수 있는 연료의 양
④ 터빈발동기 항공기가 계기비행으로 교체비행장이 요구될 경우 교체비행장에 도착 시 예상되는 중량 상태에서 착륙예정 비행장의 150m 상공에서 체공속도로 30분간 더 비행할 수 있는 연료의 양

〈해설〉 항공안전법 시행규칙 별표 17(항공기에 실어야 할 연료와 오일의 양)

**7.** 다음 중 항공신체검사증명 제1종에 해당하지 않는 자격증명은?
① 운송용 조종사　② 사업용 조종사
③ 부조종사　　　④ 활공기 조종사

〈해설〉 항공안전법 시행규칙 별표 8(항공신체검사증명의 종류와 그 유효기간) 참고

**8.** 쌍발항공기가 육지로부터 얼마 이상의 장거리 해상을 비행할 때는 구명보트를 갖추어야 하는가? (임계발동기가 작동하지 않아도 최저안전고도 이상으로 비행하여 교체비행장에 착륙할 수 있는 경우)
① 270km　　　② 370km
③ 540km　　　④ 740km

〈해설〉 항공안전법 시행규칙 별표 15(항공기에 장비하여야 할 구급용구 등) 참고

**9.** 항공운송사업자 및 항공기사용사업자는 소속 승무원의 승무시간, 비행근무시간 등에 대한 기록을 몇 개월 이상 보관하여야 하는가?
① 1개월　　　　② 3개월
③ 12개월　　　 ④ 15개월

〈해설〉 항공안전법 제56조(승무원 등의 피로관리) 참고

**10.** 비행장 또는 그 주변에서 비행 시 따라야 할 기준이 아닌 것은?
① 터빈발동기를 장착한 이륙항공기는 지표 또는 수면으로부터 1,500m의 고도까지 가능한 한 신속히 상승할 것
② 다른 항공기 다음에 이륙하려는 항공기는 그 다른 항공기가 이륙하여 활주로의 종단을 통과하기 전에는 이륙을 위한 활주를 시작하지 말 것
③ 해당 비행장을 관할하는 항공교통관제기관과 무선통신을 유지할 것
④ 착륙하기 위하여 접근하거나 이륙 중 선회가 필요할 경우에는 달리 지시를 받은 경우를 제외하고는 좌선회 할 것

〈해설〉 항공안전법 시행규칙 제163조(비행장 또는 그 주변에서의 비행) 참고

**11.** 항공기 출발 전 기장이 확인하여야 할 사항이 아닌 것은?
① 연료 및 오일의 탑재량과 그 품질
② 의무무선설비 및 항공계기등의 장착
③ 항공기와 그 장비품의 정비 및 정비 결과
④ 탑승객 명단 및 중량 분포

〈해설〉 항공안전법 시행규칙 제136조(출발 전의 확인) 참고

**12.** 최저비행고도에 대한 설명 중 틀린 것은?
① 시계비행 시 인구 밀집지역은 수평거리 600m 안의 가장 높은 장애물로부터 300m
② 시계비행 시 인구 밀집지역 외의 지역은 지표면, 수면 또는 물건의 상단에서 250m
③ 계기비행 시 산악지역은 반지름 8km 이내에 위치한 가장 높은 장애물로부터 600m
④ 계기비행 시 산악지역 외의 지역은 반지름 8km 이내에 위치한 가장 높은 장애물로부터 300m

〈해설〉 항공안전법 시행규칙 제199조(최저비행고도) 참고

**13.** 목적지 교체비행장의 지정이 요구될 경우, 목적지 교체비행장의 기상상태로 적합한 것은?
① 도착 예정시간 1시간 전부터 1시간 후까지 해당 비행장의 운영 최저치 이상의 기상일 것
② 이륙 예정시간 1시간 전부터 1시간 후까지 해당 비행장의 운영 최저치 이상의 기상일 것
③ 도착 예정시간에 해당 비행장의 운영 최저치 이상의 기상일 것
④ 이륙 예정시간에 해당 비행장의 운영 최저치 이상의 기상일 것

〈해설〉 항공안전법 시행규칙 제187조(최초 착륙예정 비행장 등의 기상상태) 참고

**14.** 해발 3,050m 이상의 B등급 공역에서 양호한 시계비행 기상상태 조건은?
① 시정 5,000m, 구름으로부터의 거리 미적용
② 시정 5,000m, 구름으로부터의 거리 수평으로 3,000m 수직으로 500m
③ 시정 8,000m, 구름으로부터의 거리 수평으로 1,500m 수직으로 300m
④ 시정 8,000m, 구름으로부터의 거리 수평으로 1,000m 수직으로 300m
〈해설〉 항공안전법 시행규칙 별표 24(시계상의 양호한 기상상태) 참고

**15.** 비행 중인 항공기에 대한 빛총신호의 의미 중 잘못된 것은?
① 연속되는 녹색 - 착륙을 허가함
② 깜박이는 적색 - 다른 항공기에 진로를 양보하고 계속 선회할 것
③ 깜박이는 녹색 - 착륙을 준비할 것
④ 깜박이는 흰색 - 착륙하여 계류장으로 갈 것
〈해설〉 항공안전법 시행규칙 별표 26(신호) 참고

**16.** 긴급항공기를 운항한 자는 운항이 끝난 후 긴급항공기 운항결과 보고서를 누구에게 제출해야 하는가?
① 대통령          ② 국토교통부장관
③ 항공안전본부장  ④ 지방항공청장
〈해설〉 항공안전법 시행규칙 제208조(긴급항공기의 운항절차) 참고

**17.** 다음 중 통제공역은?
① 훈련구역     ② 군작전구역
③ 비행금지구역 ④ 위험구역
〈해설〉 항공안전법 시행규칙 별표 23(공역의 구분) 참고

**18.** 항공기의 운항에 관한 운항규정은 누가 제정하는가?
① 항공운송사업자 ② 국토교통부장관
③ 지방항공청장   ④ 항공교통본부장

〈해설〉 항공안전법 제93조(항공운송사업자의 운항규정 및 정비규정) 참고

**19.** 항공운송사업의 정의로 맞는 것은?
① 공항과 공항 사이에 일정한 노선을 정하고 정기적인 운항계획에 따라 운항을 하는 사업
② 항공기사용사업 외의 사업으로서 여객이나 화물의 운송 등의 국토교통부령으로 정하는 업무를 하는 사업
③ 타인의 수요에 의하여 항공기를 사용하여 유상(有償)으로 여객이나 화물을 운송하는 사업
④ 여객이나 항공 화물의 운송, 항공기에 대한 급유, 그 밖에 정비 등을 제외한 지상조업을 하는 사업
〈해설〉 항공사업법 제2조(정의) 참고

**20.** 다음 중 공항의 기본시설은?
① 기내식 제조 공급을 위한 시설
② 운항관리시설 및 소방시설
③ 공항 이용객 주차시설
④ 공항 유지 보수를 위한 관리시설
〈해설〉 공항시설법 시행령 제3조(공항시설의 구분) 참고

**21.** 비행장등대의 색상으로 옳은 것은?
① 흰색, 청색   ② 흰색, 빨간색
③ 흰색         ④ 흰색, 녹색
〈해설〉 공항시설법 시행규칙 별표 14(항공등화의 설치기준) 참고

**22.** 비행장등화의 점등시기로 맞는 것은?
① 착륙 1시간 전에 점등준비를 하고, 착륙 예정시각 최소한 5분 전에 점등
② 착륙 1시간 전에 점등준비를 하고, 착륙 예정시각 최소한 10분 전에 점등
③ 착륙 2시간 전에 점등준비를 하고, 착륙 예정시각 최소한 5분 전에 점등
④ 착륙 2시간 전에 점등준비를 하고, 착륙 예정시각 최소한 10분 전에 점등

〈해설〉 공항시설법 시행규칙 별표 17(항행안전시설의 관리기준) 참고

**23.** 위계 또는 위력으로써 운항중인 항공기의 항로를 변경하게 하여 정상 운항을 방해한 자에 대한 처벌은?
① 2년 이상, 5년 이하의 징역
② 3년 이상의 징역 또는 2천만원 이하의 벌금
③ 7년 이하의 징역
④ 1년 이상, 10년 이하의 징역

〈해설〉 항공보안법 제42조(항공기 항로 변경죄) 참고

**24.** 사고조사 시 정보의 공개를 금지하는 것이 아닌 것은?
① 사고조사 초안(draft)
② 조종실, 항공관제 등의 관계자들에 대한 사생활 정보
③ 조종사/관제사간 음성기록 및 그 녹취물
④ 사고조사 과정에서 관계인들로부터 청취한 진술

〈해설〉 항공·철도 사고조사에 관한 법률 시행령 제8조(공개를 금지할 수 있는 정보의 범위) 참고

**25.** 비행기의 감항유별 분류에서 감항분류 "N"의 항공기 기준은?
① 최대이륙중량 8,618kg 이하의 비행기로서 60도 경사를 넘지 않는 곡기비행에 적합
② 최대이륙중량 8,618kg 이하의 비행기로서 60도 경사를 넘지 않는 보통비행에 적합
③ 최대이륙중량 8,618kg 이하의 비행기로서 보통비행 및 곡기비행에 적합
④ 최대이륙중량 8,618kg 이하의 비행기로서 항공운송사업에 적합

〈해설〉 항공기 기술기준 Part 23. "감항분류가 보통(N)인 비행기에 대한 기술기준" 참고

### 제10회 정답

| 문제 | 1 | 2 | 3 | 4 | 5 |
|---|---|---|---|---|---|
| 정답 | ❸ | ❷ | ❶ | ❸ | ❷ |
| 문제 | 6 | 7 | 8 | 9 | 10 |
| 정답 | ❶ | ❹ | ❹ | ❹ | ❶ |
| 문제 | 11 | 12 | 13 | 14 | 15 |
| 정답 | ❹ | ❷ | ❸ | ❸ | ❷ |
| 문제 | 16 | 17 | 18 | 19 | 20 |
| 정답 | ❹ | ❸ | ❶ | ❸ | ❸ |
| 문제 | 21 | 22 | 23 | 24 | 25 |
| 정답 | ❹ | ❷ | ❹ | ❶ | ❷ |

## 항공종사자 자격증명시험 제11회 모의고사

| 자격분류명 | 자격명 | 과목명 | 시험시간 | 문제수 | 수험번호 | 성 명 |
|---|---|---|---|---|---|---|
| 항공종사자 자격증명 | 조종사 | 항공법규 | 30분 | 25문항 | | |

1. 항공기상에 관한 내용이 포함되어 있는 ICAO Annex는?
   ① Annex 3
   ② Annex 5
   ③ Annex 8
   ④ Annex 11
   〈해설〉 국제 항공법 참고

2. 서울에서 뉴욕으로 유상화물을 실어 나를 수 있는 자유는?
   ① 제1의 자유
   ② 제2의 자유
   ③ 제3의 자유
   ④ 제4의 자유
   〈해설〉 국제 항공법 참고

3. 몬트리올 협약의 적용 대상이 되는 범죄가 아닌 것은?
   ① 승객에 대한 폭행
   ② 승객명단의 허위 작성
   ③ 허위내용의 교신
   ④ 항공시설의 손상
   〈해설〉 국제 항공법 참고

4. 항공안전법은 ( )에서 채택된 표준과 권고되는 방식에 따라 항공기가 안전하고 효율적으로 항행하기 위한 방법을 정한다. 빈칸에 알맞은 것은?
   ① 국제민간항공협약
   ② 국제민간항공협약 및 같은 협약의 부속서
   ③ 국제항공운송협정
   ④ 국제항공운송협정 및 같은 협정의 부속서
   〈해설〉 항공안전법 제1조(목적) 참고

5. 다음 중 항공기 등록부호의 표시 위치로 틀린 것은?
   ① 비행기 - 동체, 주날개, 꼬리날개
   ② 헬리콥터 - 동체 아랫면, 동체 옆면
   ③ 활공기 - 동체, 주날개, 수평안정판
   ④ 비행선 - 선체, 수평안정판, 수직안정판

〈해설〉 항공안전법 시행규칙 제14조(등록부호의 표시 위치 등) 참고

6. 다음 중 사업용 조종사의 업무범위가 아닌 것은?
   ① 무상운항을 하는 항공기를 보수를 받고 조종하는 행위
   ② 항공기사용사업에 사용하는 항공기를 조종하는 행위
   ③ 무상으로 운항하는 항공기를 보수를 받지 아니하고 조종하는 행위
   ④ 기장으로서 항공운송사업에 사용하는 항공기를 조종하는 행위
   〈해설〉 항공안전법 제36조(업무범위) 참고

7. 국토교통부장관이 지정한 전문교육기관에서 전문교육을 이수한 조종사가 교육받은 것과 같은 형식의 항공기에 관한 한정심사에 응시하는 경우 면제받을 수 있는 시험은?
   ① 이수 후 120일 이내의 실기시험
   ② 이수 후 120일 이내의 학과시험
   ③ 이수 후 180일 이내의 실기시험
   ④ 이수 후 180일 이내의 학과시험
   〈해설〉 항공안전법 시행규칙 제89조(한정심사의 면제) 참고

8. 다음 중 자격증명을 취소해야 하는 경우는?
   ① 고의 또는 중대한 과실로 항공기사고를 일으켜 인명피해나 재산피해를 발생시킨 경우
   ② 조종사가 업무 정지기간 중에 항공기를 운항한 경우
   ③ 항공안전법을 위반하여 벌금 이상의 형을 선고받은 경우
   ④ 고의 또는 중대한 과실로 항공기준사고에 해당하는 항공기 충돌위험을 초래한 경우

〈해설〉 항공안전법 제43조(자격증명·항공신체검사증명의 취소 등) 참고

9. 항공기 소유자등이 갖추어야 할 항공일지에 포함되지 않는 것은?
   ① 지상 비치용 프로펠러 항공일지
   ② 지상 비치용 발동기 항공일지
   ③ 지상 비치용 기체 항공일지
   ④ 탑재용 항공일지
   〈해설〉 항공안전법 시행규칙 제108조(항공일지) 참고

10. 조종교육업무에 종사하고자 하는 조종사에게 필요한 조종교육 경험은?
    ① 이전 1년까지의 사이에 10시간 이상의 조종교육 경험
    ② 이전 1년까지의 사이에 20시간 이상의 조종교육 경험
    ③ 이전 6개월까지의 사이에 10시간 이상의 조종교육 경험
    ④ 이전 6개월까지의 사이에 6시간 이상의 조종교육 경험
    〈해설〉 항공안전법 시행규칙 제125조(조종교육 비행경험) 참고

11. 계기비행에 관한 설명으로 틀린 것은?
    ① 계기비행방식으로 비행하는 항공기는 최저비행고도 미만으로 비행하여서는 아니 된다.
    ② 시계비행 기상상태가 상당한 시간동안 유지되지 아니할 것으로 예상되는 경우에는 계기비행방식에 의한 비행을 취소해서는 아니 된다.
    ③ 관제공역 내에서 계기비행방식으로 비행하려는 항공기는 일반적으로 사용되는 순항고도로 비행하여야 한다.
    ④ 계기비행방식으로 비행하는 항공기가 시계비행방식으로 변경하려는 경우에는 사전에 변경사항을 관할 항공교통업무기관에 통보해야 한다.
    〈해설〉 제179조(관제공역 내에서의 계기비행규칙) 참고

12. 기장이 국토교통부장관에게 보고해야 할 사항이 아닌 것은?
    ① 다른 항공기의 추락, 충돌 또는 화재가 발생한 사실을 무선설비로 인지한 경우
    ② 항공기의 파손 또는 구조적인 손상이 발생했을 경우
    ③ 항공기에 탑승한 사람의 사망, 중상 또는 행방불명의 경우
    ④ 항공기의 위치를 확인할 수 없거나 항공기에 접근이 불가능할 경우
    〈해설〉 항공안전법 제62조(기장의 권한 등) 참고

13. 항공기로 활공기 예항 시 예항줄 이탈고도는?
    ① 예항줄 길이의 60%에 상당하는 고도 이상의 고도
    ② 예항줄 길이의 60%에 상당하는 고도 이하의 고도
    ③ 예항줄 길이의 80%에 상당하는 고도 이상의 고도
    ④ 예항줄 길이의 80%에 상당하는 고도 이하의 고도
    〈해설〉 항공안전법 시행규칙 제171조(활공기 등의 예항) 참고

14. 항공기의 지상이동에 대한 설명 중 틀린 것은?
    ① 정면으로 접근하는 항공기 상호간에는 모두 정지하거나, 가능한 경우에는 우측으로 진로를 바꾼다.
    ② 교차하는 항공기 상호간에서는 다른 항공기를 우측으로 보는 항공기가 진로를 양보한다.
    ③ 기동지역에서 지상이동하는 항공기는 관제탑의 지시가 없는 경우에는 활주로진입전 대기지점에서 정지하여 대기한다.
    ④ 기동지역에서 지상이동하는 항공기는 정지선등이 켜져 있는 경우에는 정지하고, 운항관리사의 지시를 듣고 이동한다.
    〈해설〉 항공안전법 시행규칙 제162조(항공기의 지상이동) 참고

**15.** 14,000ft 이하의 고도로 비행하는 경우 기압고도계의 수정은?
① 표준기압치(1013.2 hPa)로 수정
② 185km 이내에 있는 항공교통관제기관으로부터 통보받은 QFE로 수정
③ 185km 이내에 있는 항공교통관제기관으로부터 통보받은 QNE로 수정
④ 185km 이내에 있는 항공교통관제기관으로부터 통보받은 QNH로 수정
〈해설〉 항공안전법 시행규칙 제165조(기압고도계의 수정) 참고

**16.** 비행 중인 항공기가 깜빡이는 녹색 불빛을 보았을 때는?
① 다른 항공기에 진로를 양보하고 계속 선회한다.
② 착륙을 준비한다.
③ 착륙한다.
④ 착륙하여 계류장으로 간다.
〈해설〉 항공안전법 시행규칙 별표 26(신호) 참고

**17.** 다음 중 긴급항공기로 지정할 수 있는 업무가 아닌 것은?
① 재난, 재해 등으로 인한 수색/구조
② 응급환자의 후송
③ 공항시설의 긴급한 복구
④ 화재의 진화
〈해설〉 항공안전법 시행규칙 제207조(긴급항공기의 지정) 참고

**18.** 항공기에 탑승하고 있는 조종사에게 비행에 필요한 조언, 비행정보 등을 제공하는 공역은?
① 관제공역       ② 비관제공역
③ 통제공역       ④ 주의공역
〈해설〉 항공안전법 제78조(공역 등의 지정) 참고

**19.** 통제공역에 진입하기 위한 통제공역 비행허가 신청서를 접수하는 대상이 아닌 자는?
① 국방부장관       ② 지방항공청장
③ 국토교통부장관   ④ 항공교통본부장

〈해설〉 항공안전법 시행규칙 제222조(통제공역에서의 비행허가) 참고

**20.** 항공기 운항의 안전성을 확보하기 위하여 조종사에게 제공하는 항공정보가 아닌 것은?
① 로켓 또는 불꽃의 발사
② 레이저광선의 발사
③ 기상관측용 무인기구의 계류, 부양
④ 낙하산 강하
〈해설〉 항공안전법 시행규칙 제255조(항공정보) 참고

**21.** 다음 중 지상조업사업이 아닌 것은?
① 항공기 기내 청소
② 항공기 탑재 관리 및 동력 지원
③ 승객 및 승무원의 출입국 관련 업무
④ 화물이나 수하물을 항공기에 싣거나 내려서 정리하는 업무
〈해설〉 항공사업법 시행규칙 제5조(항공기취급업의 구분) 참고

**22.** 전이표면의 경사도는? (헬기장 제외)
① 1/3       ② 1/5
③ 1/6       ④ 1/7
〈해설〉 공항시설법 시행규칙 별표 2(장애물 제한표면의 기준) 참고

**23.** 착륙하려는 항공기에 진입로를 알려주기 위하여 진입구역에 설치하는 등화는?
① 비행장등대       ② 진입등시스템
③ 활주로등         ④ 진입각지시등
〈해설〉 공항시설법 시행규칙 별표 3(항공등화의 종류) 참고

**24.** 환승 승객이 환승 구역이나 다른 곳을 통하여 도주하는 것을 막아야 할 책임이 있는 사람은?
① 공항운영자       ② 항공운송사업자
③ 승무원           ④ 지방항공청장
〈해설〉 항공보안법 제17조(통과 승객 또는 환승 승객에 대한 보안검색 등) 참고

**25.** 기내 범죄자 발생 시 범죄자의 인도 방법으로 틀린 것은?
① 기장이 직접 경찰에 인도한다.
② 기장이 지상직원에 위임하여 경찰에 인도한다.
③ 기장이 선임객실승무원에 위임하여 경찰에 인도한다.
④ 기장이 관계기관 공무원에 위임하여 경찰에 인도한다.
〈해설〉 항공보안법 제25조(범인의 인도·인수) 참고

### 제11회 정답

| 문제 | 1 | 2 | 3 | 4 | 5 |
|---|---|---|---|---|---|
| 정답 | ❶ | ❸ | ❷ | ❷ | ❸ |
| 문제 | 6 | 7 | 8 | 9 | 10 |
| 정답 | ❹ | ❸ | ❷ | ❸ | ❶ |
| 문제 | 11 | 12 | 13 | 14 | 15 |
| 정답 | ❸ | ❶ | ❸ | ❹ | ❹ |
| 문제 | 16 | 17 | 18 | 19 | 20 |
| 정답 | ❷ | ❸ | ❷ | ❸ | ❸ |
| 문제 | 21 | 22 | 23 | 24 | 25 |
| 정답 | ❹ | ❹ | ❷ | ❶ | ❷ |

## 항공종사자 자격증명시험 제12회 모의고사

| 자격분류명 | 자격명 | 과목명 | 시험시간 | 문제수 | 수험번호 | 성 명 |
|---|---|---|---|---|---|---|
| 항공종사자 자격증명 | 조종사 | 항공법규 | 30분 | 25문항 | | |

1. 다음 중 국제민간항공협약의 적용을 받지 않는 항공기는?
   ① 국토교통부 소속 비행기
   ② 해양경찰 업무사용 비행기
   ③ 우주왕복선
   ④ 활공기

   〈해설〉 국제 항공법 참고

2. 국제민간항공기구의 설립 목표 및 목적이 아닌 것은?
   ① 체약국 간 차별 대우를 피함
   ② 항행 안전
   ③ 불합리한 경쟁 발생 시 경제적 손실의 상호 보상
   ④ 평화적 목적을 위한 항공기의 설계와 운송 기술을 장려

   〈해설〉 국제 항공법 참고

3. 지표면 또는 수면으로부터 200m 이상 높이의 공역으로서 항공교통의 안전을 위하여 국토교통부장관이 지정·공고한 공역은?
   ① 관제구           ② 관제권
   ③ 항공로           ④ 관제공역

   〈해설〉 항공안전법 제2조(정의) 제26호 참고

4. 자격증명 취소처분을 받고 그 취소일부터 몇 년이 지나야 시험에 재응시할 수 있는가?
   ① 1년             ② 2년
   ③ 3년             ④ 4년

   〈해설〉 항공안전법 제34조(항공종사자 자격증명 등) 참고

5. 항공기 변경등록을 하여야 하는 경우는?
   ① 항공기 소유자가 변경되었을 때
   ② 항공기의 등록번호가 변경되었을 때
   ③ 항공기의 정치장이 변경되었을 때
   ④ 항공기의 형식이 변경되었을 때

   〈해설〉 항공안전법 제13조(항공기 변경등록) 참고

6. 사업용 조종사 자격증명의 실기시험 범위가 아닌 것은?
   ① 조종기술         ② 공지통신 연락
   ③ 계기비행절차     ④ 항법기술

   〈해설〉 항공안전법 시행규칙 별표 5(자격증명시험 및 한정심사의 과목 및 범위) 참고

7. 항공업무를 수행할 때 고의 또는 중대한 과실로 항공기준사고 또는 의무보고대상 항공안전장애를 발생시킨 경우에 행정처분으로 맞는 것은?
   ① 1차 위반 – 효력정지 30일
   ② 1차 위반 – 효력정지 60일
   ③ 2차 위반 – 효력정지 90일
   ④ 3차 위반 – 효력정지 120일

   〈해설〉 항공안전법 시행규칙 별표 10(항공종사자 등에 대한 행정처분기준) 참고

8. 항공운송사업에 사용되는 항공기 외의 항공기가 시계비행을 하는 경우 설치하지 않아도 되는 무선설비는?
   ① 트랜스폰더       ② VOR 수신기
   ③ ELT             ④ 무선전화 송수신기

   〈해설〉 항공안전법 시행규칙 제107조(무선설비) 참고

9. 다음 중 비행장 이외의 지역에서 이착륙이 가능한 항공기는?
   ① 헬리콥터         ② 활공기
   ③ 동력 활공기      ④ 항공우주선

   〈해설〉 항공안전법 제66조(항공기 이륙·착륙의 장소) 참고

10. 항공운송사업용 및 항공기사용사업용 헬리콥터가 계기비행으로 적당한 교체비행장이 없을 경우, 최초 착륙예정 비행장까지 비행에 필요한 연료에 추가로 실어야 할 연료량은?
① 순항고도로 30분간 더 비행할 수 있는 양
② 순항고도로 45분간 더 비행할 수 있는 양
③ 최대항속속도로 20분간 더 비행할 수 있는 양
④ 최초 착륙예정 비행장의 상공에서 체공속도로 2시간 동안 체공하는 데 필요한 양

〈해설〉 항공안전법 시행규칙 별표 17(항공기에 실어야 할 연료와 오일의 양)

11. 1,000ft의 분리가 적용(RVSM 적용)되는 29,000ft 이상의 고도에서 서쪽으로 계기비행하는 경우 최저비행고도는?
① 29,000ft     ② 30,000ft
③ 31,000ft     ④ 32,000ft

〈해설〉 항공안전법 시행규칙 제164조(순항고도) 참고

12. 지표면으로부터 2,500ft를 초과하고, 평균해면으로부터 10,000ft 미만인 고도에서 유지해야 할 비행속도는?
① 지시대기속도 250kts 이하
② 지시대기속도 200kts 이하
③ 진대기속도 250kts 이하
④ 진대기속도 200kts 이하

〈해설〉 항공안전법 시행규칙 제169조(비행속도의 유지 등) 참고

13. 신규로 개설되는 노선을 운항하려는 기장이 운항자격 인정 심사 시 경험요건을 면제 받기 위해서 필요한 해당 형식의 항공기 기장으로서의 비행시간은?
① 500시간     ② 1,000시간
③ 1,500시간   ④ 2,000시간

〈해설〉 항공안전법 시행규칙 제156조(기장의 경험요건의 면제) 참고

14. 해발 3,050m 미만에서 해발 900m 또는 장애물 상공 300m 중 높은 고도를 초과할 때, 양호한 시계비행 기상상태의 비행시정은 얼마인가?
① 8,000m     ② 5,000m
③ 3,000m     ④ 1,500m

〈해설〉 항공안전법 시행규칙 별표 24(시계상의 양호한 기상상태) 참고

15. 출발비행장의 기상상태가 비행장 착륙 최저치 이하이거나 그 밖의 다른 이유로 출발비행장으로 되돌아 올 수 없는 경우 지정해야 하는 교체비행장은?
① 이륙 교체비행장     ② 항공로 교체비행장
③ 착륙 교체비행장     ④ 근접 교체비행장

〈해설〉 항공안전법 시행규칙 제186조(교체비행장 등) 참고

16. 항공기를 이용하여 운송하려는 경우 국토교통부장관의 허가를 받아야 하는 위험물이 아닌 것은?
① 부식성 물질     ② 산화성 물질
③ 휘발성 물질     ④ 인화성 물질

〈해설〉 항공안전법 시행규칙 제209조(위험물 운송허가등) 참고

17. 다음 중 비관제공역은?
① A공역 공역     ② C공역 공역
③ E공역 공역     ④ F공역 공역

〈해설〉 항공안전법 시행규칙 별표 23(공역의 구분) 참고

18. 항공기가 착륙허가를 받고도 착륙 예정시간으로부터 몇 분 이내에 착륙하지 아니한 상태에서 그 항공기와 무선교신이 되지 않을 경우 경보상황이 발령되는가?
① 3분     ② 5분
③ 10분    ④ 30분

〈해설〉 항공안전법 시행규칙 제243조(경보업무의 수행절차 등) 참고

**19.** 다음 중 전자기기의 사용을 제한할 수 있는 항공기가 아닌 것은?
① 국내항공운송사업용으로 순항비행 중인 항공기
② 국제항공운송사업용으로 착륙 후 지상활주 중인 항공기
③ 계기비행방식으로 비행 중인 항공기
④ 시계비행방식으로 수색, 구조 활동 중인 항공기
〈해설〉 항공안전법 시행규칙 제214조(전자기기의 사용제한) 참고

**20.** 해외에서 취득한 다음 증명 중 우리나라 국토교통부장관의 증명이 필요한 것은?
① 항공기 형식증명
② 항공기 감항증명
③ 계기비행증명
④ 항공종사자 자격증명
〈해설〉 항공안전법 시행규칙 제278조(증명서등의 인정) 참고

**21.** 규정을 위반하여 항공기를 이탈한 기장에 대한 처벌은?
① 3년 이하의 징역   ② 3년 이상의 징역
③ 5년 이하의 징역   ④ 5년 이상의 징역
〈해설〉 항공안전법 제143조(기장의 항공기 이탈의 죄) 참고

**22.** 다음 중 육상비행장에서 사용되는 착륙대의 등급과 그 길이로 맞지 않는 것은?
① A등급: 2,550m 이상
② B등급: 2,150m 이상, 2,550m 미만
③ D등급: 1,280m 이상, 1,500m 미만
④ G등급: 900m 이상, 1,080m 미만
〈해설〉 공항시설법 시행규칙 별표 1(공항시설 및 비행장 설치기준) 참고

**23.** 다음 중 착륙구역등을 설치해야 하는 곳은?
① 육상 비행장
② 육상 정밀접근 활주로
③ 육상 비정밀접근 활주로
④ 육상 헬기장

〈해설〉 공항시설법 시행규칙 별표 14(항공등화의 설치기준) 참고

**24.** 활주로 끝으로부터 계기착륙시설(ILS)의 inner marker 설치 위치는?
① 400ft   ② 800ft
③ 1,000ft   ④ 1,200ft
〈해설〉 공항시설법 시행규칙 제36조 관련, 별표 15(항행안전무선시설의 설치기준) 제2호 라목 참고

**25.** 다음 중 사고조사위원회의 업무가 아닌 것은?
① 규정에 의한 처벌 권고
② 사고조사 관련 연구, 교육기관의 지정
③ 사고조사보고서의 작성, 의결 및 공포
④ 사고조사에 필요한 조사, 연구
〈해설〉 항공·철도 사고조사에 관한 법률 제5조(위원회의 업무) 참고

### 제12회 정답

| 문제 | 1 | 2 | 3 | 4 | 5 |
|---|---|---|---|---|---|
| 정답 | ❷ | ❸ | ❶ | ❷ | ❸ |
| 문제 | 6 | 7 | 8 | 9 | 10 |
| 정답 | ❸ | ❶ | ❷ | ❷ | ❹ |
| 문제 | 11 | 12 | 13 | 14 | 15 |
| 정답 | ❷ | ❶ | ❷ | ❷ | ❶ |
| 문제 | 16 | 17 | 18 | 19 | 20 |
| 정답 | ❸ | ❹ | ❷ | ❹ | ❶ |
| 문제 | 21 | 22 | 23 | 24 | 25 |
| 정답 | ❸ | ❸ | ❹ | ❸ | ❶ |

# 항공종사자 자격증명시험 제13회 모의고사

| 자격분류명 | 자격명 | 과목명 | 시험시간 | 문제수 | 수험번호 | 성 명 |
|---|---|---|---|---|---|---|
| 항공종사자 자격증명 | 조종사 | 항공법규 | 30분 | 25문항 | | |

**1.** 다음 중 국제민간항공협약의 제3부속서는?
① 항공규칙
② 항공기상
③ 항공보안
④ 수색과 구조

〈해설〉 국제 항공법 참고

**2.** ICAO Annex 17에 대한 설명으로 옳지 않은 것은?
① 민간항공을 불법적인 방해행위로부터 보호하기 위한 대책을 규정하고 있다.
② 승객, 승무원, 지상운영요원과 일반인을 불법행위로부터 보호하는 것을 목적으로 한다.
③ 시카고협약 체결 당시에는 필요성을 예견하지 못하여 1974년에 채택되었다.
④ 국내선에는 절대 적용할 수 없다.

〈해설〉 국제 항공법 참고

**3.** 항공기의 운항과 관련하여 발생한 사고 중 "중상"의 범위에 포함되지 않는 것은?
① 골절(코, 손가락 등의 간단한 골절 제외)
② 사고 후 10일 이내 48시간 이상 입원치료가 필요한 경우
③ 전염물질이나 유해방사선에 오염된 경우
④ 내장의 손상

〈해설〉 항공안전법 시행규칙 제7조(사망·중상의 범위) 참고

**4.** 항공기 말소등록의 신청사유가 잘못된 것은?
① 외국인에게 항공기를 양도한 경우
② 임차기간의 만료로 항공기를 사용할 수 있는 권리가 상실된 경우
③ 항공기의 존재 여부를 2개월 이상 확인할 수 없는 경우
④ 항공기가 멸실되었거나 항공기를 해체한 경우

〈해설〉 항공안전법 제15조(항공기 말소등록) 참고

**5.** 감항증명에 대한 설명으로 잘못된 것은?
① 국토교통부령으로 정하는 항공기의 경우에는 특별감항증명을 받고 항공에 사용할 수 있다.
② 국내에서 수리, 개조 또는 제작한 후 수출할 항공기는 대한민국 국적이 없어도 예외적으로 감항증명을 받을 수 있다.
③ 항공운송사업에 사용하는 항공기의 감항증명 유효기간은 1년을 초과할 수 없다.
④ 감항증명 시 해당 항공기의 설계, 제작과정 및 완성 후의 상태와 비행성능에 대해 검사한다.

〈해설〉 항공안전법 제23조(감항증명 및 감항성 유지) 참고

**6.** 상급의 조종사 자격증명시험을 위한 비행시간의 산정기준으로 틀린 것은?
① 조종연습생으로서 단독 또는 교관과 동승하여 비행한 시간
② 조종사 자격증명 소지자가 교관과 동승하여 비행한 시간
③ 조종사 자격증명 소지자가 한 사람이 조종할 수 있는 항공기에 기장이 아닌 조종사로서 비행한 시간의 2분의 1
④ 조종사 자격증명 소지자가 기장의 감독 하에 기장 외의 조종사로서 기장의 임무를 수행한 경우 그 비행시간의 2분의 1

〈해설〉 항공안전법 시행규칙 제78조(비행시간의 산정) 참고

**7.** 40세인 항공종사자의 항공신체검사증명의 종류 및 유효기간으로 맞는 것은?
① 운송용 조종사, 사업용 조종사, 부조종사 - 제1종 12개월
② 항공교통관제사, 운항관리사 - 제3종 48개월
③ 조종연습생 - 제2종 12개월
④ 자가용 조종사 - 제1종 12개월

〈해설〉 항공안전법 시행규칙 별표 8(항공신체검사증명의 종류와 그 유효기간) 참고

8. 다음 중 항공기 객실에 갖추어야 하는 소화기의 수량이 잘못된 것은?
   ① 승객 좌석수 6석부터 60석까지: 2개
   ② 승객 좌석수 61부터 200석까지 3개
   ③ 승객 좌석수 201석부터 300석까지: 4개
   ④ 승객 좌석수 401석부터 500석까지: 6개

〈해설〉 항공안전법 시행규칙 별표 15(항공기에 장비하여야 할 구급용구 등) 참고

9. 시계비행 시 인구 밀집지역 상공에서의 최저비행고도는?
   ① 수평거리 600미터 범위 안의 가장 높은 장애물 상단에서 300피트의 고도
   ② 수평거리 600미터 범위 안의 가장 높은 장애물 상단에서 1,000피트의 고도
   ③ 수평거리 1,500미터 범위 안의 가장 높은 장애물 상단에서 300피트의 고도
   ④ 수평거리 1,500미터 범위 안의 가장 높은 장애물 상단에서 1,000피트의 고도

〈해설〉 항공안전법 시행규칙 제199조(최저비행고도) 참고

10. 승무시간(flight time)의 정의로 맞는 것은?
    ① 비행임무를 수행하기 위하여 지정한 장소에 출두한 시각부터 비행을 종료한 후 디브리핑 시각까지의 비행 준비시간, 승무시간, 기내 휴식시간을 포함한 총 시간
    ② 항공기가 최초로 움직이기 시작한 시간부터 최종적으로 항공기가 정지한 때까지의 총 시간
    ③ 항공기에 탑승한 시간부터 최종적으로 항공기가 정지한 때까지의 총 시간
    ④ 항공기에 탑승한 시간부터 최종적으로 항공기가 정지한 후 항공기에서 내릴 때까지의 총 시간

〈해설〉 항공안전법 시행규칙 별표 18(운항승무원의 승무시간등 기준) 참고

11. 항공운송사업에 사용되는 터빈발동기 항공기가 계기비행으로 교체비행장이 요구될 경우, 교체비행장에 도착 시 예상되는 체공속도로 교체비행장의 450m 상공에서 (  )분간 더 비행할 수 있는 연료를 실어야 한다. (  )에 맞는 것은?
    ① 15분        ② 30분
    ③ 45분        ④ 60분

〈해설〉 항공안전법 시행규칙 별표 17(항공기에 실어야 할 연료와 오일의 양)

12. 항공종사자 및 객실승무원의 주류등의 섭취 또는 사용 여부를 적발하였을 때, 그 적발보고서를 작성하거나 보고받는 대상이 아닌 자는?
    ① 국토교통부장관
    ② 지방항공청장
    ③ 항공전문의사
    ④ 국토교통부 소속 공무원

〈해설〉 항공안전법 시행규칙 제129조(주류등의 종류 및 측정 등) 참고

13. 비행계획서에 연료탑재량은 어떻게 표기하는가?
    ① 시간으로 환산하여 표기한다.
    ② 파운드 단위로 환산하여 표기한다.
    ③ 킬로그램 단위로 환산하여 표기한다.
    ④ 리터 단위로 환산하여 표기한다.

〈해설〉 항공안전법 시행규칙 제183조(비행계획에 포함되어야 할 사항) 참고

14. 빛총신호에 대한 설명 중 틀린 것은?
    ① 지상에 있는 항공기에게 깜빡이는 녹색: 지상이동 허가
    ② 지상에 있는 항공기에게 연속되는 녹색: 이륙 허가
    ③ 비행중인 항공기에게 연속되는 녹색: 착륙 허가
    ④ 비행중인 항공기에게 깜빡이는 녹색: 착륙하여 계류장으로 갈 것

〈해설〉 항공안전법 시행규칙 별표 26(신호) 참고

**15.** 모의계기비행을 하려는 경우 따라야 할 기준으로 맞지 않는 것은?
① 완전하게 작동하는 이중비행조종장치(dual control)를 장착하고 있을 것
② 항공기 내에 관숙승무원(observer)이 있어 안전감독 조종사(safety pilot)의 시야를 보완할 수 있을 것
③ 안전감독 조종사(safety pilot)가 항공기의 전방 및 양 측면에 대하여 적절한 시야를 확보하고 있을 것
④ 기장급의 안전감독 조종사(safety pilot)가 조종석에 타고 있을 것

〈해설〉 항공안전법 시행규칙 제176조(모의계기비행의 기준) 참고

**16.** 곡예비행 금지구역에 대한 설명으로 틀린 것은?
① 해당 활공기를 중심으로 반지름 300미터 범위 안의 지역에 있는 가장 높은 장애물의 상단으로부터 300미터 이하의 고도
② 사람 또는 건축물이 밀집한 지역의 상공
③ 해당 항공기를 중심으로 반지름 500미터 범위 안의 지역에 있는 가장 높은 장애물의 상단으로부터 500미터 이하의 고도
④ 지표로부터 150미터 미만의 고도

〈해설〉 항공안전법 시행규칙 제204조(곡예비행 금지구역) 참고

**17.** 피요격기가 날개를 흔드는 것은 "알았다. 지시를 따르겠다."라는 응신이다. 이러한 응신에 대한 그전의 요격기의 행동으로 맞는 것은?
① 피요격항공기의 약간 위쪽 전방 좌측에서 날개를 흔들고 항행등을 불규칙적으로 점멸시킨다.
② 피요격항공기의 진로를 가로지르지 않고 90° 이상의 상승 선회를 하며, 피요격항공기로부터 급속히 이탈한다.
③ 바퀴다리를 내리고 고정착륙등을 켠 상태로 착륙방향으로 활주로 상공을 통과한다.
④ 비행장 상공 300미터 이상 600미터 이하로 착륙 활주로 상공을 통과하면서 바퀴다리를 올리고 섬광착륙등을 점멸한다.

〈해설〉 항공안전법 시행규칙 별표 26(신호) 참고

**18.** 다음 주의공역 중 대규모 조종사의 훈련이나 비정상 형태의 항공활동이 수행되어지는 공역은?
① 훈련구역　　　② 군작전구역
③ 경계구역　　　④ 위험구역

〈해설〉 항공안전법 시행규칙 별표 23(공역의 구분) 참고

**19.** 다음 중 항공기사용사업이 아닌 것은?
① 농약 살포　　　② 항공 사진 촬영
③ 응급구호　　　④ 항공 화물 하역

〈해설〉 항공사업법 시행규칙 제4조(항공기사용사업의 범위) 참고

**20.** 수평표면의 높이는?
① 수직상방 35m　　　② 수직상방 40m
③ 수직상방 45m　　　④ 수직상방 50m

〈해설〉 공항시설법 시행규칙 별표 2(장애물 제한표면의 기준) 참고

**21.** 유도로안내등의 정의로 맞는 것은?
① 지상 주행 중인 항공기에 목적지, 경로 및 분기점을 알려주기 위하여 설치하는 등화
② 지상 주행 중인 항공기에 유도로의 가장자리를 알려주기 위하여 설치하는 등화
③ 이륙 또는 착륙하려는 항공기에 유도로를 알려주기 위하여 그 유도로 양측에 설치하는 등화
④ 유도로의 진입경로를 알려주기 위하여 진입로를 따라 집단으로 설치하는 등화

〈해설〉 공항시설법 시행규칙 별표 3(항공등화의 종류) 참고

**22.** 특별한 사유없이 출입이 금지되는 비행장의 출입금지구역은?
① 착륙대, 유도로, 계류장, 격납고, 항행안전시설이 설치된 지역
② 활주로, 유도로, 계류장, 격납고, 급유시설
③ 활주로, 유도로, 계류장, 관제탑
④ 착륙대, 계류장, 격납고, 관제탑

〈해설〉 공항시설법 제56조(금지행위) 참고

**23.** 항공기 사고조사와 관련된 내용으로 틀린 것은?
① 국토교통부장관은 일반적인 행정사항에 대하여 위원회를 지휘, 감독할 수 있다.
② 위원회는 12인 이내의 위원으로 구성한다.
③ 위원회는 사고를 통보한 자의 의사에 관계없이 통보자의 신분을 공개할 수 있다.
④ 위원장 및 상임위원은 대통령이 임명한다.

〈해설〉 항공·철도 사고조사에 관한 법률 제17조(항공·철도사고등의 발생 통보) 참고

**24.** 비행이 종료된 후 항공기에서 내리지 않고 항공기를 점거하여 농성을 벌인 자에 대한 처벌은?
① 1년 이상 10년 이하의 징역
② 3년 이하의 징역 또는 3천만원 이하의 벌금
③ 2년 이하의 징역 또는 2천만원 이하의 벌금
④ 2년 이하의 징역 또는 1천만원 이하의 벌금

〈해설〉 항공보안법 제47조(항공기 점거 및 농성죄) 참고

**25.** 고장이 난 경우 항공기의 성능 또는 조종특성에 가장 심각한 영향을 미치는 엔진을 무엇이라 하는가?
① 정격 엔진(rated engine)
② 필수 엔진(essential engine)
③ 설계 엔진(design engine)
④ 임계 엔진(critical engine)

〈해설〉 항공기 기술기준 Part 1(용어의 정의) 참고

제13회 정답

| 문제 | 1 | 2 | 3 | 4 | 5 |
|---|---|---|---|---|---|
| 정답 | ② | ④ | ② | ③ | ③ |
| 문제 | 6 | 7 | 8 | 9 | 10 |
| 정답 | ④ | ① | ① | ② | ② |
| 문제 | 11 | 12 | 13 | 14 | 15 |
| 정답 | ② | ③ | ① | ④ | ④ |
| 문제 | 16 | 17 | 18 | 19 | 20 |
| 정답 | ④ | ② | ③ | ④ | ③ |
| 문제 | 21 | 22 | 23 | 24 | 25 |
| 정답 | ① | ① | ③ | ② | ④ |

| 항공종사자 자격증명시험 제14회 모의고사 | | | | | 수험번호 | 성 명 |
|---|---|---|---|---|---|---|
| 자격분류명 | 자격명 | 과목명 | 시험시간 | 문제수 | | |
| 항공종사자 자격증명 | 조종사 | 항공법규 | 30분 | 25문항 | | |

1. 국제민간항공협약에 관한 내용 중 틀린 것은?
   ① 민간항공기에만 적용된다.
   ② 군, 세관과 경찰업무에 사용하는 국가항공기에는 적용되지 않는다.
   ③ 자국 국가항공기의 운항에 관련된 사항은 민간항공협약에 관계없이 제정할 수 있다.
   ④ 체약국의 허가가 있어야만 타국의 영역 상공을 통과하거나, 영역에 착륙할 수 있다.
   〈해설〉 국제 항공법 참고

2. 국제항공운송협회(IATA) 회원이 될 수 있는 항공사는?
   ① ICAO 가맹국의 국적을 가진 항공사
   ② IATA가 인정한 항공사
   ③ 국제항공업무에 종사하고 있는 항공사
   ④ 항공업무에 종사하고 있는 항공사
   〈해설〉 국제 항공법 참고

3. 민간항공의 안전에 대한 불법적 행위의 억제를 위한 협약은?
   ① 제네바협약      ② 도쿄협약
   ③ 헤이그협약      ④ 몬트리올협약
   〈해설〉 국제 항공법 참고

4. 소음기준적합증명을 받지 않고 항공기를 운항할 수 있는 경우가 아닌 것은?
   ① 터빈발동기를 장착한 항공기를 운항하는 경우
   ② 항공기의 제작·정비·수리 또는 개조를 한 후 시험비행을 하는 경우
   ③ 항공기의 정비 또는 수리·개조를 위한 장소까지 공수비행을 하는 경우
   ④ 항공기의 설계에 관한 형식증명을 변경하기 위하여 운용한계를 초과하는 시험비행을 하는 경우

〈해설〉 항공안전법 시행규칙 제53조(소음기준적합증명의 기준에 적합하지 아니한 항공기의 운항허가) 참고

5. 부속서 16의 구분에 따른 항공기 소음등급은 몇 가지 종류인가?
   ① 3         ② 4
   ③ 5         ④ 6
   〈해설〉 공항소음 방지 및 소음대책지역 지원에 관한 법률 시행령 제9조(항공기 소음등급의 구분) 제2항 참조

6. 다음 중 항공기준사고가 아닌 것은?
   ① 비행 중 엔진 덮개의 풀림이나 이탈
   ② 충돌위험이 있었던 것으로 판단되는 근접비행
   ③ 운항승무원이 신체, 심리, 정신 등의 영향으로 조종업무를 정상적으로 수행할 수 없는 경우
   ④ 비행 중 산소마스크를 사용해야 하는 비상상황 발생
   〈해설〉 항공안전법 시행규칙 별표 2(항공기준사고의 범위)

7. 항공기 정치장이 변경되었을 때 해야 하는 등록의 종류는?
   ① 변경등록      ② 말소등록
   ③ 이전등록      ④ 임차등록
   〈해설〉 항공안전법 제13조(항공기 변경등록) 참고

8. 4등급 또는 5등급의 항공영어구술능력증명(EPTA)을 받은 항공종사자가 유효기간 만료 6개월 이내에 항공영어구술능력증명시험에 합격한 경우 새로운 유효기간의 적용은?
   ① 기존의 유효기간 만료 후 새로운 유효기간 적용
   ② 기존 증명의 유효기간이 끝난 다음 날부터 적용
   ③ 합격 통지일로부터 유효기간 적용
   ④ 합격일로부터 유효기간 적용

〈해설〉 항공안전법 시행규칙 99조(항공영어구술능력 증명시험의 실시 등) 참고

9. 자가용 조종사 자격증명을 받은 사람이 같은 종류의 항공기에 대하여 사업용 조종사 자격증명을 받은 경우, 종전의 자가용 조종사 자격증명에 관한 한정은 상급의 자격증명에서 어떻게 되는가?
① 상급의 자격증명에서도 유효하다.
② 해당 자격에만 유효하다.
③ 계기비행증명, 조종교육증명에 관한 한정은 상급의 자격증명에서도 유효하다.
④ 항공기 형식의 한정은 상급의 자격증명에서도 유효하다.
〈해설〉 항공안전법 시행규칙 제90조(조종사 등이 받은 자격증명의 효력) 참고

10. 항공기에 장비하여야 할 구명보트의 탑재기준은?
① 총 좌석수 이상
② 좌석수의 1/2~3/4
③ 좌석수의 1/2 이상
④ 좌석수의 1/3 이상
〈해설〉 항공안전법 시행규칙 별표 15(항공기에 장비하여야 할 구급용구 등) 참고

11. 비행구역에 따라 유지해야 할 비행속도에 대한 설명 중 틀린 것은?
① 지표면으로부터 750m를 초과하고 평균해면으로부터 3,050m 미만인 고도: 지시대기속도 220노트 이하
② B등급 공역 중 공항별로 국토교통부장관이 고시하는 범위와 고도의 구역: 지시대기속도 200노트 이하
③ C등급 또는 D등급 공역에서 공항으로부터 반지름 7.4km 내의 지표면으로부터 750m의 고도 이하: 지시대기속도 200노트 이하
④ B등급 공역을 통과하는 시계비행로: 지시대기속도 200노트 이하

〈해설〉 항공안전법 시행규칙 제169조(비행속도의 유지 등) 참고

12. 항공운송사업용 및 항공기사용사업용 외의 비행기가 계기비행으로 교체비행장이 요구되지 않을 경우 실어야 할 연료는?
① 최초 착륙예정 비행장까지 비행에 필요한 연료에 순항고도로 30분간 더 비행할 수 있는 연료를 더한 양
② 최초 착륙예정 비행장까지 비행에 필요한 연료에 순항고도로 45분간 더 비행할 수 있는 연료를 더한 양
③ 최초 착륙예정 비행장까지 비행에 필요한 연료에 교체비행장까지 비행하는 데 필요한 연료를 더한 양
④ 최초 착륙예정 비행장까지 비행에 필요한 연료에 이상사태 발생 시 연료소모가 증가할 것에 대비하기 위하여 운항기술기준에서 정한 연료를 더한 양
〈해설〉 항공안전법 시행규칙 별표 17(항공기에 실어야 할 연료와 오일의 양)

13. 자율보고대상 항공안전장애 또는 항공안전위해요인을 발생시킨 사람이 발생일로부터 며칠 이내에 국토교통부장관에게 그 사실을 보고한 경우 처분을 하지 않을 수 있는가?
① 7일    ② 10일
③ 15일   ④ 20일
〈해설〉 항공안전법 제61조(항공안전 자율보고) 참고

14. 다음 중 통행의 우선순위가 가장 높은 항공기는?
① 착륙하기 위하여 최종접근 중인 항공기
② 비행장 안에서 기동 중인 항공기
③ 공중에서 선회 중인 항공기
④ 지상 유도로 상의 항공기
〈해설〉 항공안전법 시행규칙 제166조(통행의 우선순위) 참고

15. 항공운송사업에 사용되는 항공기의 기장 외의 조종사가 운항자격 인정을 받기 위한 심사항목은?
   ① 지식 및 기량    ② 지식 및 경험
   ③ 지식            ④ 기량
   〈해설〉 항공안전법 제63조(기장 등의 운항자격) 참고

16. 항공기는 도착비행장에 착륙하는 즉시 도착보고를 하여야 한다. 다음 중 도착보고에 포함되는 사항이 아닌 것은?
   ① 이륙시간        ② 출발비행장
   ③ 도착비행장      ④ 항공기 식별부호
   〈해설〉 항공안전법 시행규칙 제188조(비행계획의 종료) 참고

17. 요격항공기의 지시를 따를 수 없을 때 피요격 항공기의 응신방법으로 적합한 것은?
   ① 모든 가용 등화를 규칙적으로 개폐한다.
   ② 모든 가용 등화를 불규칙적으로 점멸한다.
   ③ 날개를 흔든다.
   ④ 날개를 흔들고, 항행등을 불규칙적으로 점멸한다.
   〈해설〉 항공안전법 시행규칙 별표 26(신호) 참고

18. 긴급항공기의 지정 취소처분을 받은 사람은 취소처분을 받은 날부터 얼마 이내에는 다시 긴급항공기의 지정을 받을 수 없는가?
   ① 6개월           ② 1년
   ③ 2년             ④ 3년
   〈해설〉 항공안전법 제69조(긴급항공기의 지정 등) 참고

19. 국토교통부장관이 처분 시 청문을 실시하지 않아도 되는 경우는?
   ① 항공신체검사증명의 취소
   ② 항공종사자의 업무 정지
   ③ 운항증명의 최소
   ④ 전문교육기관 지정의 취소
   〈해설〉 항공안전법 제134조(청문) 참고

20. 기장과 기장 외의 조종사가 탑승해야 하는 항공기는?
   ① 여객운송에 사용되는 항공기
   ② 구조상 단독으로 발동기 및 기체를 완전히 취급할 수 없는 항공기
   ③ 무선설비를 갖추고 비행하는 항공기
   ④ 착륙하지 아니하고 550km 이상의 구간을 비행하는 항공기
   〈해설〉 항공안전법 시행규칙 제218조(승무원 등의 탑승 등) 참고

21. 다음 중 통제공역은?
   ① 훈련구역        ② 위험구역
   ③ 군작전구역      ④ 비행금지구역
   〈해설〉 항공안전법 시행규칙 별표 23(공역의 구분) 참고

22. 무자격자가 계기비행 또는 계기비행방식에 의한 비행을 한 때의 벌칙은?
   ① 5백만원 이하의 벌금
   ② 1천만원 이하의 벌금
   ③ 2천만원 이하의 벌금
   ④ 3천만원 이하의 벌금
   〈해설〉 항공안전법 제152조(무자격 계기비행 등의 죄) 참고

23. 다음 중 공항의 기본시설에 해당하는 것은?
   ① 항공기의 점검, 정비 등을 위한 시설
   ② 항공기 급유시설 및 유류의 저장, 관리 시설
   ③ 공항 운영, 관리 시설
   ④ 공항 이용객 주차시설 및 경비, 보안시설
   〈해설〉 공항시설법 시행령 제3조(공항시설의 구분) 참고

24. 다음 중 항행안전무선시설이 아닌 것은?
   ① 다변측정감시시설(MLAT)
   ② 초단파디지털이동통신시설(VDL)
   ③ 자동종속감시시설(ADS)
   ④ 위성항법시설(GNSS)

⟨해설⟩ 공항시설법 시행규칙 제7조(항행안전무선시설) 참고

**25.** 다음 중 사고조사위원회의 업무가 아닌 것은?
① 사고조사보고서의 작성, 의결 및 공포
② 사고조사 관련 연구, 교육기관의 지정
③ 규정에 의한 처벌 권고
④ 사고조사에 필요한 조사, 연구

⟨해설⟩ 항공·철도 사고조사에 관한 법률 제5조(위원회의 업무) 참고

| 문제 | 1 | 2 | 3 | 4 | 5 |
|---|---|---|---|---|---|
| 정답 | ❸ | ❶ | ❹ | ❶ | ❸ |
| 문제 | 6 | 7 | 8 | 9 | 10 |
| 정답 | ❶ | ❶ | ❷ | ❹ | ❶ |
| 문제 | 11 | 12 | 13 | 14 | 15 |
| 정답 | ❶ | ❷ | ❷ | ❶ | ❹ |
| 문제 | 16 | 17 | 18 | 19 | 20 |
| 정답 | ❶ | ❶ | ❸ | ❷ | ❶ |
| 문제 | 21 | 22 | 23 | 24 | 25 |
| 정답 | ❹ | ❸ | ❹ | ❷ | ❸ |

| 항공종사자 자격증명시험 제15회 모의고사 | | | | | 수험번호 | 성 명 |
|---|---|---|---|---|---|---|
| 자격분류명 | 자격명 | 과목명 | 시험시간 | 문제수 | | |
| 항공종사자 자격증명 | 조종사 | 항공법규 | 30분 | 25문항 | | |

1. 항공기 등록과 관련된 설명 중 틀린 것은?
   ① 1개국에만 등록이 가능하다.
   ② 2개국 이상에 등록이 가능하다.
   ③ 다른 나라로 등록을 이전할 수 있다.
   ④ 등록국의 국적을 갖게 된다.

   〈해설〉 국제 항공법 참고

2. 항공기 운항에 관한 내용이 포함되어 있는 ICAO Annex는?
   ① Annex 1    ② Annex 2
   ③ Annex 3    ④ Annex 6

   〈해설〉 국제 항공법 참고

3. 항공로에 대한 정의로 맞는 것은?
   ① 국토교통부장관이 항공기, 경량항공기 또는 초경량비행장치의 항행에 적합하다고 지정한 지구의 표면상에 표시한 공간의 길
   ② 국토교통부장관이 항공기, 경량항공기 또는 초경량비행장치의 항공교통의 안전을 위하여 지정한 지구의 표면상에 표시한 공간의 길
   ③ 비행장 또는 공항과 그 주변의 항공교통의 안전을 위하여 국토교통부장관이 지정·공고한 공간의 길
   ④ 항공교통의 안전을 위하여 국토교통부장관이 지정한 표면 또는 수면으로부터 200m 이상 높이에 있는 공간의 길

   〈해설〉 항공안전법 제2조(정의) 제13호 참고

4. 비행기와 활공기의 등록부호의 표시장소 및 표시방법에 대한 설명 중 틀린 것은?
   ① 꼬리날개에 표시하는 경우 수직꼬리날개의 양쪽 면에 표시한다.
   ② 주날개에 표시하는 경우 등록부호의 윗부분이 주날개의 앞 끝을 향하게 표시한다.
   ③ 주날개에 표시하는 경우 오른쪽 날개 아랫면과 왼쪽 날개 윗면에 표시한다.
   ④ 동체에 표시하는 경우 주날개와 꼬리날개 사이에 있는 동체의 양쪽면의 수평안정판 바로 앞에 표시한다.

   〈해설〉 항공안전법 시행규칙 제14조(등록부호의 표시 위치 등) 참고

5. 항공기를 야간에 사용되는 비행장에 주기 또는 정박시키는 경우 항공기의 위치를 나타내기 위한 항공기 등불은?
   ① 충돌방지등, 미등
   ② 충돌방지등, 우현등, 좌현등
   ③ 기수등, 우현등, 좌현등
   ④ 우현등, 좌현등, 미등

   〈해설〉 항공안전법 시행규칙 제120조(항공기의 등불) 참고

6. 다음 중 항공기 형식한정을 하지 않는 항공종사자는?
   ① 사업용 조종사    ② 자가용 조종사
   ③ 항공기관사       ④ 항공정비사

   〈해설〉 항공안전법 시행규칙 제81조(자격증명의 한정) 참고

7. 53세의 사업용 조종사가 2016년 7월 1일에 항공신체검사증명을 받았다면 유효기간은 언제까지인가?
   ① 2017년 7월 1일
   ② 2016년 12월 31일
   ③ 2017년 7월 31일
   ④ 2017년 1월 1일

   〈해설〉 항공안전법 시행규칙 별표 8(항공신체검사증명의 종류와 그 유효기간) 참고

8. 항공종사자 자격증명에 응시할 수 없는 나이로 잘못된 것은?
   ① 운항관리사: 만 23세 미만
   ② 자가용 조종사: 만 17세 미만
   ③ 사업용 조종사: 만 18세 미만
   ④ 운송용 조종사: 만 21세 미만

   〈해설〉 항공안전법 제34조(항공종사자 자격증명 등) 참고

9. 혈중 알코올 농도가 얼마 이상인 경우 비행을 해서는 안되는가?
   ① 0.5% 이상          ② 0.2% 이상
   ③ 0.05% 이상         ④ 0.02% 이상

   〈해설〉 항공안전법 제57조(주류등의 섭취·사용 제한) 참고

10. 비행장 또는 그 주변에서의 비행방법으로 틀린 것은?
    ① 터빈발동기를 장착한 이륙항공기는 지표 또는 수면으로부터 1,500피트의 고도까지 가능한 한 신속히 상승할 것
    ② 착륙하는 다른 항공기 다음에 이륙하려는 항공기는 그 다른 항공기가 착륙하여 활주로 밖으로 나가기 전에 이륙하기 위한 활주를 시작하지 말 것
    ③ 비행장에 착륙하기 위하여 접근하거나 이륙 중 선회가 필요할 경우에는 달리 지시를 받은 경우를 제외하고는 우선회할 것
    ④ 비행안전, 활주로의 배치 및 항공교통상황 등을 고려하여 필요한 경우를 제외하고는 바람이 불어오는 방향으로 이륙 및 착륙할 것

    〈해설〉 항공안전법 시행규칙 제163조(비행장 또는 그 주변에서의 비행) 참고

11. 29,000ft 미만의 고도에서 계기비행 항공기가 170도로 비행 시 순항고도는?
    ① 6,000ft            ② 5,500ft
    ③ 3,100ft            ④ 3,000ft

    〈해설〉 항공안전법 시행규칙 제164조(순항고도) 참고

12. 기내의 대기압을 700 hPa 이상으로 유지시켜 줄 수 있는 여압장치가 있는 비행기가 기내의 대기압이 700 hPa 미만인 비행고도로 비행하는 동안 필요한 산소의 양은?
    ① 승객 10%와 승무원 전원이 비행시간 동안 필요로 하는 양
    ② 승객 전원과 승무원 전원이 비행시간 동안 필요로 하는 양
    ③ 승객 전원과 승무원 전원이 비행고도 등 비행환경에 따라 적합하게 필요로 하는 양
    ④ 승객 전원과 승무원 전원이 최소한 10분 이상 사용할 수 있는 양

    〈해설〉 항공안전법 시행규칙 제114조(산소 저장 및 분배장치 등) 참고

13. 계기접근절차 외의 방식으로 비행하는 항공기가 레이더가 운용되는 비행장에 착륙하려고 할 때, 레이더 유도는 항공기가 어느 부분까지 접근하도록 안내를 하는데 사용할 수 있는가?
    ① TOD
    ② 최종접근진로 또는 최종접근지점
    ③ 최초접근진로 또는 최초진입구간(IAF)
    ④ 최저강하고도(MDA) 또는 결심고도(DH)

    〈해설〉 항공안전법 시행규칙 제181조(계기비행방식 등에 의한 비행·접근·착륙 및 이륙) 참고

14. 비행 중인 항공기에 보내는 빛총신호 중에서 깜박이는 흰색신호의 의미로 알맞은 것은?
    ① 착륙을 허가함
    ② 착륙을 준비할 것
    ③ 다른 항공기에 진로를 양보하고 계속 선회할 것
    ④ 착륙하여 계류장으로 갈 것

    〈해설〉 항공안전법 시행규칙 별표 26(신호) 참고

**15.** 다음 중 이륙 교체비행장의 요건으로 옳은 것은?
① 3발 이상의 비행기의 경우에는 1개의 발동기가 작동하지 아니할 때의 순항고도로 출발비행장으로부터 2시간의 비행거리 이내인 지역에 있을 것
② 3발 이상의 비행기의 경우에는 1개의 발동기가 작동하지 아니할 때의 순항속도로 출발비행장으로부터 1시간의 비행거리 이내인 지역에 있을 것
③ 쌍발비행기의 경우에는 1개의 발동기가 작동하지 아니할 때의 순항속도로 출발비행장으로부터 1시간의 비행거리 이내인 지역에 있을 것
④ 쌍발비행기의 경우에는 1개의 발동기가 작동하지 아니할 때의 순항고도로 출발비행장으로부터 1시간의 비행거리 이내인 지역에 있을 것

〈해설〉 항공안전법 시행규칙 제186조(교체비행장 등) 참고

**16.** 사람 또는 건축물이 밀집된 지역 외의 지역에서 시계비행방식으로 비행하는 항공기의 최저비행고도는?
① 150m   ② 300m
③ 450m   ④ 600m

〈해설〉 항공안전법 시행규칙 제199조(최저비행고도) 참고

**17.** 항공교통의 안전을 위하여 항공기의 비행을 금지하거나 제한할 필요가 있는 공역은?
① 관제공역   ② 비관제공역
③ 통제공역   ④ 주의공역

〈해설〉 항공안전법 제78조(공역 등의 지정) 참고

**18.** 다음 중 항공교통업무가 아닌 것은?
① 항공교통관제업무   ② 수색구조업무
③ 비행정보업무   ④ 경보업무

〈해설〉 항공안전법 시행규칙 제228조(항공교통업무의 목적 등) 참고

**19.** 공항주변에서 항공기 교신두절 시 도착 예정시간으로부터 몇 분 더 늦은 시간까지 도착하지 않으면 구조활동이 시작되는가?
① 10분   ② 20분
③ 30분   ④ 60분

〈해설〉 항공안전법 시행규칙 제243조(경보업무의 수행절차 등) 참고

**20.** 다음 중 국토교통부장관에게 등록이 필요한 항공관련 사업은?
① 항공기취급업   ② 항공운송총대리점업
③ 도심공항터미널업   ④ 상업서류송달업

〈해설〉 항공사업법 제44조(항공기취급업의 등록) 참고

**21.** 비계기접근 육상비행장의 진입구역의 길이는?
① 3,000m   ② 7,000m
③ 10,000m   ④ 15,000m

〈해설〉 공항시설법 시행규칙 별표 2(장애물 제한표면의 기준) 참고

**22.** 이륙 또는 착륙하려는 항공기에 활주로의 시단을 알려주기 위하여 활주로 양 시단에 설치하는 등화는?
① 비행장등대   ② 활주로시단등
③ 활주로시단식별등   ④ 진입등시스템

〈해설〉 공항시설법 시행규칙 별표 3(항공등화의 종류) 참고

**23.** 활주로 진입각지시등의 색깔은?
① 흰색, 빨간색   ② 녹색, 흰색
③ 빨간색, 노란색   ④ 노란색, 녹색

〈해설〉 공항시설법 시행규칙 별표 14(항공등화의 설치기준) 참고

**24.** 다음 중 승객의 인진 및 항공기의 보인을 위하여 필요한 조치를 하여야 할 사람은?
① 국토교통부장관   ② 지방항공청장
③ 공항운영자   ④ 항공운송사업자

〈해설〉 항공보안법 제14조(승객의 안전 및 항공기의 보안) 참고

**25.** 다음 중 공항의 보호구역이 아닌 것은?
① 화물청사
② 공항터미널
③ 출입국심사장
④ 항행안전시설 설치지역

〈해설〉 항공보안법 시행규칙 제4조(보호구역의 지정) 참고

| 문제 | 1 | 2 | 3 | 4 | 5 |
|---|---|---|---|---|---|
| 정답 | ❷ | ❹ | ❶ | ❸ | ❹ |
| 문제 | 6 | 7 | 8 | 9 | 10 |
| 정답 | ❹ | ❸ | ❶ | ❹ | ❸ |
| 문제 | 11 | 12 | 13 | 14 | 15 |
| 정답 | ❹ | ❸ | ❷ | ❹ | ❸ |
| 문제 | 16 | 17 | 18 | 19 | 20 |
| 정답 | ❶ | ❸ | ❷ | ❸ | ❶ |
| 문제 | 21 | 22 | 23 | 24 | 25 |
| 정답 | ❶ | ❷ | ❶ | ❹ | ❷ |

제15회 정답

| 항공종사자 자격증명시험 제16회 모의고사 | | | | | 수험번호 | 성 명 |
|---|---|---|---|---|---|---|
| 자격분류명 | 자격명 | 과목명 | 시험시간 | 문제수 | | |
| 항공종사자 자격증명 | 조종사 | 항공법규 | 30분 | 25문항 | | |

1. 각국이 자국의 영역상의 공간에 있어서 완전하고 배타적인 주권을 행사할 수 있는 것을 국제적으로 인정하는 국제민간항공협약은?
   ① 몬트리올협약  ② 파리국제협약
   ③ 시카고협약   ④ 도쿄협약
   〈해설〉 국제 항공법 참고

2. 뉴욕에서 적재한 화물을 인천공항에 하역할 수 있는 자유는?
   ① 제1의 자유   ② 제2의 자유
   ③ 제3의 자유   ④ 제4의 자유
   〈해설〉 국제 항공법 참고

3. 다음 중 초경량비행장치가 아닌 것은?
   ① 동력비행장치  ② 동력패러슈트
   ③ 무인비행장치  ④ 동력패러글라이더
   〈해설〉 항공안전법 시행규칙 제5조(초경량비행장치의 기준) 참고

4. 다음 중 등록기호표에 포함되어야 할 사항이 아닌 것은?
   ① 등록부호    ② 등록기호
   ③ 항공기 호출부호  ④ 소유자의 명칭
   〈해설〉 항공안전법 시행규칙 제12조(등록기호표의 부착) 참고

5. 다음 중 1년 이내의 기간을 정하여 자격증명의 효력정지를 명할 수 있는 경우가 아닌 것은?
   ① 부정한 방법으로 자격증명을 취득한 경우
   ② 항공안전법을 위반하여 벌금 이상의 형을 선고받은 경우
   ③ 고의 또는 중대한 과실로 항공기사고를 일으켜 인명피해를 발생시킨 경우
   ④ 자격증명의 종류에 따른 업무범위 외의 업무에 종사한 경우

〈해설〉 항공안전법 제43조(자격증명·항공신체검사증명의 취소 등) 참고

6. 다음 중 제3종 항공신체검사증명에 해당하는 자는?
   ① 자가용 조종사   ② 운항관리사
   ③ 항공교통관제사  ④ 항공기관사
   〈해설〉 항공안전법 시행규칙 별표 8(항공신체검사증명의 종류와 그 유효기간) 참고

7. 항공기의 종류, 등급 및 형식이 올바른 것은?
   ① B747-400, 항공기, 육상다발
   ② 비행기, 육상다발, B747-400
   ③ 비행기, B747-400, 육상다발
   ④ B747-400, 비행기, 육상다발
   〈해설〉 항공안전법 시행규칙 제81조(자격증명의 한정) 참고

8. 다음 중 탑재용 항공일지에 기재하여야 할 사항이 아닌 것은?
   ① 비행목적 또는 항공기 편명
   ② 항공기의 비행안전에 영향을 미치는 사항
   ③ 탑승자 수 및 비행시간
   ④ 승무원의 성명 및 업무
   〈해설〉 항공안전법 시행규칙 제108조(항공일지) 참고

9. 기장 2명, 기장 외의 조종사 1명으로 편성된 운항승무원의 연속되는 24시간 동안 승무시간 등의 한계는?
   ① 승무시간 8시간, 비행근무시간 12시간
   ② 승무시간 8시간, 비행근무시간 15.5시간
   ③ 승무시간 13시간, 비행근무시간 16.5시간
   ④ 승무시간 16시간, 비행근무시간 20시간
   〈해설〉 항공안전법 시행규칙 별표 18(운항승무원의 승무시간등 기준) 참고

**10.** 계기비행을 하려는 항공운송사업용 항공기에 갖추어야 할 항공계기가 아닌 것은?
① FMS 장비　　② 속도계
③ 시계　　　　④ 외기온도계

〈해설〉 항공안전법 시행규칙 별표 16(항공계기등의 기준) 참고

**11.** 기장은 항공기사고 또는 항공기준사고가 발생하였을 때에는 국토교통부장관에게 그 사실을 보고하여야 한다. 만약 기장이 보고할 수 없는 경우에는 누가 보고하여야 하는가?
① 해당 공항의 관제사
② 해당 항공사의 정비사
③ 해당 항공사의 운항관리사
④ 해당 항공기의 소유자

〈해설〉 항공안전법 제62조(기장의 권한 등) 참고

**12.** 활주로, 유도로, 에이프런, 계류장 등 항공기의 이착륙 및 지상주행을 위하여 사용되는 공항 내의 지역은?
① 이동지역　　② 기동지역
③ 활주지역　　④ 대기지역

〈해설〉 항공사업법 제61조의2(이동지역에서의 지연 금지 등)

**13.** 평균해면으로부터 1만피트 미만의 고도에서 터보제트 비행기가 유지해야 할 속도는?
① 180kts 이하　　② 200kts 이하
③ 210kts 이하　　④ 250kts 이하

〈해설〉 항공안전법 시행규칙 제169조(비행속도의 유지 등) 참고

**14.** 특별시계비행(SVFR)의 요건 중 틀린 것은?
① 허가받은 관제권 안을 비행할 것
② 구름을 피하여 비행할 것
③ 비행시정을 1,500ft 이상 유지하며 비행할 것
④ 지표 또는 수면을 계속하여 볼 수 있는 상태로 비행할 것

〈해설〉 항공안전법 시행규칙 제174조(특별시계비행) 참고

**15.** 시계비행 항공기가 무선통신이 두절된 경우 대처방법으로 맞는 것은?
① 시계비행상태를 유지하고 비행한다.
② 가장 가까운 비행장에 착륙한 후 항공교통관제기관에 통보한다.
③ 목표했던 비행장까지 비행한다.
④ 즉시 회항하여 비행장에 착륙한 후 도착사실을 관할 항공교통관제기관에 통보한다.

〈해설〉 항공안전법 시행규칙 제190조(통신) 참고

**16.** 국토교통부령으로 정하는 긴급한 업무에 사용하는 항공기가 아닌 것은?
① VIP 수송
② 응급환자의 수송
③ 자연재해 시의 긴급복구
④ 화재 예방 감시활동

〈해설〉 항공안전법 시행규칙 제207조(긴급항공기의 지정) 참고

**17.** 항공운송사업자가 운항규정 또는 정비규정을 제정하려는 경우 해야 할 올바른 행동은?
① 지방항공청장의 인가
② 지방항공청장에게 신고
③ 국토교통부장관의 인가
④ 국토교통부장관에게 신고

〈해설〉 항공안전법 제93조(항공운송사업자의 운항규정 및 정비규정) 참고

**18.** 지상에 있는 항공기에 보내는 깜빡이는 녹색 빛 총신호의 의미는?
① 이륙을 허가함
② 지상 이동을 허가함
③ 비행장 안의 출발지점으로 돌아갈 것
④ 통과하거나 진행할 것

〈해설〉 항공안전법 시행규칙 별표 26(신호) 참고

**19.** 대규모 조종사의 훈련이나 비정상 형태의 항공활동이 수행되는 공역은?
① 훈련공역  ② 군작전공역
③ 경계공역  ④ 위험공역

〈해설〉 항공안전법 시행규칙 별표 23(공역의 구분) 참고

**20.** 최저비행고도 아래에서 비행하고자 할 때 비행허가 신청서는 누구에게 제출하여야 하는가?
① 국토교통부장관  ② 지방항공청장
③ 항공교통본부장  ④ 해당 지역 시도지사

〈해설〉 항공안전법 시행규칙 제200조(최저비행고도 아래에서의 비행허가) 참고

**21.** 감항증명 또는 소음기준적합증명을 받지 아니하거나 감항증명 또는 소음기준적합증명이 취소 또는 정지된 항공기를 운항한 자에 대한 벌칙은?
① 3년 이하의 징역 또는 3천만원 이하의 벌금
② 3년 이하의 징역 또는 5천만원 이하의 벌금
③ 2년 이하의 징역 또는 3천만원 이하의 벌금
④ 2년 이하의 징역 또는 2천만원 이하의 벌금

〈해설〉 항공안전법 제144조(감항증명을 받지 아니한 항공기 사용 등의 죄) 참고

**22.** 다음 중 항행안전무선시설이 아닌 것은?
① 레이더시설(ASR)
② 위성항법시설(GNSS)
③ 자동방향탐지시설(ADF)
④ 전술항행표지시설(TACAN)

〈해설〉 공항시설법 시행규칙 제7조(항행안전무선시설) 참고

**23.** 다음 중 유도로중심선등과 일시정지위치등을 설치해야 하는 계기진입 활주로의 등급은?
① CAT-Ⅰ  ② CAT-Ⅱ
③ CAT-Ⅱ, Ⅲ  ④ CAT-Ⅲ

〈해설〉 공항시설법 시행규칙 별표 14(항공등화의 설치기준) 참고

**24.** A등급 착륙대의 수평표면 반지름은?
① 4,000m  ② 3,500m
③ 3,000m  ④ 2,500m

〈해설〉 공항시설법 시행규칙 별표 2(장애물 제한표면의 기준) 참고

**25.** 항공기가 착륙하고 난 후에 항공기에서 내리지 아니하고 농성을 벌인 자에 대한 처벌은?
① 1년 이상 10년 이하의 징역
② 3년 이하의 징역 또는 3천만원 이하의 벌금
③ 2년 이하의 징역 또는 2천만원 이하의 벌금
④ 2년 이하의 징역 또는 1천만원 이하의 벌금

〈해설〉 항공보안법 제47조(항공기 점거 및 농성죄) 참고

제16회 정답

| 문제 | 1 | 2 | 3 | 4 | 5 |
|---|---|---|---|---|---|
| 정답 | ❸ | ❹ | ❷ | ❸ | ❶ |
| 문제 | 6 | 7 | 8 | 9 | 10 |
| 정답 | ❸ | ❷ | ❸ | ❸ | ❶ |
| 문제 | 11 | 12 | 13 | 14 | 15 |
| 정답 | ❹ | ❶ | ❹ | ❸ | ❷ |
| 문제 | 16 | 17 | 18 | 19 | 20 |
| 정답 | ❶ | ❸ | ❷ | ❸ | ❷ |
| 문제 | 21 | 22 | 23 | 24 | 25 |
| 정답 | ❷ | ❸ | ❹ | ❶ | ❷ |

# 항공종사자 자격증명시험 제17회 모의고사

| 자격분류명 | 자격명 | 과목명 | 시험시간 | 문제수 | 수험번호 | 성 명 |
|---|---|---|---|---|---|---|
| 항공종사자 자격증명 | 조종사 | 항공법규 | 30분 | 25문항 | | |

1. 외국 항공사가 체약국의 2개 지점 간 여객 또는 화물을 운송하는 권리를 무엇이라 하는가?
   ① 제1의 자유
   ② 제2의 자유
   ③ 제3의 자유
   ④ Air Cabotage의 자유
   〈해설〉 국제 항공법 참고

2. 항공교통관제에 관한 국제민간항공협약 부속서는?
   ① Annex 2   ② Annex 5
   ③ Annex 11  ④ Annex 12
   〈해설〉 국제 항공법 참고

3. 민간항공의 안전에 대한 불법적 행위의 억제를 위한 협약에서 "비행 중"이란?
   ① 항공기 엔진의 시동을 건 때부터 시동을 끌 때까지
   ② 탑승을 완료하고 항공기 문을 닫을 때부터 비행을 완료하고 하기를 위해 문을 열 때까지
   ③ 이륙의 목적을 위하여 시동이 된 순간부터 착륙활주가 끝난 순간까지
   ④ 이륙부터 착륙까지
   〈해설〉 국제 항공법 참고

4. 다음 중 항공기 등록이 가능한 경우는?
   ① 외국의 법인 또는 공공단체
   ② 외국 항공기를 한 달 동안 임차해서 사용하려는 대한민국 법인
   ③ 외국의 단체가 지분의 1/2 이상을 소유하고 있는 대한민국 법인
   ④ 외국인이 임원 수의 1/2 이상을 차지하는 대한민국 법인
   〈해설〉 항공안전법 제10조(항공기 등록의 제한) 참고

5. 항공교통의 안전을 위하여 국토교통부장관이 지정한 비행장 또는 공항과 그 주변의 공역을 무엇이라 하는가?
   ① 관제권   ② 관제구
   ③ 항공로   ④ 관제공역
   〈해설〉 항공안전법 제2조(정의) 제25호 참고

6. 보수를 받고 무상운항을 하는 항공기를 조종하여서는 안 되는 자는?
   ① 운송용 조종사 자격증명 소지자
   ② 사업용 조종사 자격증명 소지자
   ③ 자가용 조종사 자격증명 소지자
   ④ 부조종사 자격증명 소지자
   〈해설〉 항공안전법 제36조(업무범위) 참고

7. 자가용 조종사 자격증명시험에 응시하는 경우 실기시험의 일부를 면제할 수 있는 비행경력은?
   ① 200시간 이상   ② 300시간 이상
   ③ 400시간 이상   ④ 500시간 이상
   〈해설〉 항공안전법 시행규칙 별표 7(자격증명시험 및 한정심사의 일부 면제) 참고

8. 다음 중 특별감항증명의 대상이 아닌 것은?
   ① 항공기의 제작, 정비, 수리 또는 개조 후 시험비행을 하는 경우
   ② 항공기의 정비 또는 수리, 개조를 위한 장소까지 공수비행을 하는 경우
   ③ 항공기를 수입하거나 수출하기 위하여 승객 또는 화물을 싣고 비행하는 경우
   ④ 항공기의 설계에 관한 형식증명을 변경하기 위하여 운용한계를 초과하는 시험비행을 하는 경우
   〈해설〉 항공안전법 시행규칙 제37조(특별감항증명의 대상)

9. 항공기 탑재서류가 아닌 것은?
① 소음기준적합증명서
② 운용한계 지정서 및 비행교범
③ 항공운송사업의 운항증명서 사본
④ 항공기 형식증명서

〈해설〉 항공안전법 시행규칙 제113조(항공기에 탑재하는 서류) 참고

10. 방사선투사량계기를 설치하여야 하는 항공기는?
① 항공운송사업용 항공기 또는 국외를 운항하는 비행기가 49,000ft를 초과하는 고도로 운항하려는 경우
② 항공운송사업용 항공기가 49,000ft를 초과하는 고도로 운항하려는 경우
③ 항공운송사업용 항공기 또는 국외를 운항하는 비행기가 15,000ft를 초과하는 고도로 운항하려는 경우
④ 항공운송사업 항공기가 15,000ft를 초과하는 고도로 운항하려는 경우

〈해설〉 항공안전법 시행규칙 제116조(방사선투사량계기) 참고

11. 신규로 개설되는 노선을 운항하려는 기장이 경험요건에 관한 심사를 면제 받을 수 있는 경우로 맞는 것은?
① 운항하려는 지역, 노선 및 공항에 대한 시각장비 또는 비행장 도면이 포함된 운항절차에 대한 교육을 받고 위촉심사관으로부터 확인을 받은 경우
② 위촉심사관으로서 비행시간이 1,200시간 이상인 경우
③ 운항하려는 해당 종류 항공기의 기장으로서 비행시간이 1,000시간 이상인 경우
④ 운송용이 아닌 국외비행에 사용되는 항공기를 운항하는 경우

〈해설〉 항공안전법 시행규칙 제156조(기장의 경험요건의 면제) 참고

12. 터빈발동기를 장착한 항공운송사업용 비행기가 계기비행으로 교체비행장이 요구될 경우, 교체비행장의 ( )상공에서 ( )간 더 비행할 수 있는 연료를 추가로 실어야 한다. ( )에 맞는 것은?
① 450m, 15분
② 450m, 30분
③ 1,500m, 15분
④ 1,500m, 30분

〈해설〉 항공안전법 시행규칙 별표 17(항공기에 실어야 할 연료와 오일의 양)

13. 조종사가 갖추어야 할 비행경험으로 맞는 것은?
① 90일 이내 실제 이착륙만 각각 3회 이상 행한 최근의 비행경험
② 90일 이내 모의비행훈련장치 1회, 실제 이착륙을 각각 2회 이상 행한 최근의 비행경험
③ 최근 6개월 이내 모의비행훈련장치를 포함한 6회 이상의 계기접근과 6시간 이상의 계기비행 경험
④ 최근 6개월 이내에 10시간 이상의 조종교육 경험

〈해설〉 항공안전법 시행규칙 제125조(조종교육 비행경험) 참고

14. 항공기가 지상 이동할 때 따라야 할 기준에 대한 설명 중 잘못된 것은?
① 교차하거나 이와 유사하게 접근하는 항공기 상호간에는 다른 항공기를 우측으로 보는 항공기가 진로를 양보할 것
② 대형항공기는 소형항공기에 진로를 양보할 것
③ 추월하는 항공기는 다른 항공기의 통행에 지장을 주지 아니하도록 충분한 분리 간격을 유지할 것
④ 정면 또는 이와 유사하게 접근하는 항공기 상호간에는 모두 정지하거나 가능한 경우에는 충분한 간격이 유지되도록 각각 오른쪽으로 진로를 바꿀 것

〈해설〉 항공안전법 시행규칙 제162조(항공기의 지상이동) 참고

**15.** 해발 3,050m 이상의 B등급 공역에서 양호한 시계비행 기상상태인 비행시정은?
① 미적용　　　② 5,000m
③ 6,000m　　　④ 8,000m

〈해설〉 항공안전법 시행규칙 별표 24(시계상의 양호한 기상상태) 참고

**16.** 계기비행방식으로 착륙하기 위하여 접근 시 활주로 시각참조물이 아닌 것은?
① 활주로시단　　　② 접지구역등
③ 활주로시단식별등　④ 활주로중심선등

〈해설〉 항공안전법 시행규칙 제181조(계기비행방식 등에 의한 비행·접근·착륙 및 이륙) 참고

**17.** 비행 중 무선통신 두절 시 빛총신호에 대한 항공기의 응신방법 중 잘못된 것은?
① 주간에는 날개를 흔든다.
② 야간에는 착륙등을 2회 점멸한다.
③ 주간에는 보조익과 방향타를 흔든다.
④ 착륙등이 없는 경우 항행등을 2회 점멸한다.

〈해설〉 항공안전법 시행규칙 별표 26(신호) 참고

**18.** 비행고도 10,000피트 이상인 구역에서 곡예비행 시 최저비행시정은?
① 3,000미터　　② 5,000미터
③ 8,000미터　　④ 10,000미터

〈해설〉 항공안전법 시행규칙 제197조(곡예비행 등을 할 수 있는 비행시정) 참고

**19.** 대한민국의 조언구역에 대한 설명으로 맞는 것은?
① 항공교통조언업무가 제공되도록 지정한 비관제공역으로 대한민국에는 없다.
② 항공교통조언업무가 제공되도록 지정한 비관제공역으로 대한민국에 1개가 있다.
③ 항공교통조언업무가 제공되도록 지정한 비관제공역으로 대한민국에 2개가 있다.
④ 항공교통조언업무가 제공되도록 지정한 비관제공역으로 대한민국에 3개가 있다

〈해설〉 항공안전법 시행규칙 별표 23(공역의 구분) 참고

**20.** 좌석수가 180석인 여객운송 항공기에 탑승시켜야 할 객실승무원 수는?
① 3명　　② 4명
③ 5명　　④ 6명

〈해설〉 항공안전법 시행규칙 제218조(승무원 등의 탑승 등) 참고

**21.** 다음 중 경보상황에 해당하는 것은?
① 항공기 탑재연료가 고갈되어 항공기의 안전을 유지하기가 곤란한 경우
② 항공기가 마지막으로 통보한 도착 예정시간 또는 항공교통업무기관이 예상한 도착 예정시간 중 더 늦은 시간부터 30분 이내에 도착하지 아니할 경우
③ 항공기가 착륙허가를 받고도 착륙 예정시간부터 5분 이내에 착륙하지 아니한 상태에서 그 항공기와의 무선교신이 되지 아니할 경우
④ 항공기가 불시착 중이거나 불시착하였다는 정보사항이 정확한 정보로 판단되는 경우

〈해설〉 항공안전법 시행규칙 제243조(경보업무의 수행절차 등) 참고

**22.** 항공기, 발동기, 프로펠러, 장비품 또는 부품을 정비, 수리 또는 개조하는 업무를 하는 사업은?
① 항공기사용사업　　② 항공기지상조업
③ 항공기취급업　　　④ 항공기정비업

〈해설〉 항공사업법 제2조(정의) 참고

**23.** 다음 중 공항의 기본시설인 것은?
① 기상관측시설
② 항공기 급유 및 유류 저장, 관리시설
③ 공항의 운영 및 유지 보수를 위한 공항 운영, 관리시설
④ 운항관리, 의료, 교육훈련 시설

〈해설〉 공항시설법 시행령 제3조(공항시설의 구분) 참고

**24.** 이륙하거나 착륙하는 항공기에게 활주로를 알려주기 위하여 활주로 양쪽에 설치하는 등화는?
① 활주로유도등　② 활주로등
③ 활주로시단등　④ 활주로시단식별등

〈해설〉 공항시설법 시행규칙 별표 3(항공등화의 종류) 참고

**25.** 다음 중 항행등이 아닌 것은?
① 좌현등　　　　② 우현등
③ 충돌방지등　　④ 미등

〈해설〉 항공안전법 시행규칙 제120조(항공기의 등불) 참고

| 문제 | 1 | 2 | 3 | 4 | 5 |
|---|---|---|---|---|---|
| 정답 | ❹ | ❸ | ❷ | ❷ | ❶ |
| 문제 | 6 | 7 | 8 | 9 | 10 |
| 정답 | ❸ | ❷ | ❸ | ❹ | ❶ |
| 문제 | 11 | 12 | 13 | 14 | 15 |
| 정답 | ❶ | ❷ | ❸ | ❷ | ❹ |
| 문제 | 16 | 17 | 18 | 19 | 20 |
| 정답 | ❹ | ❸ | ❸ | ❶ | ❷ |
| 문제 | 21 | 22 | 23 | 24 | 25 |
| 정답 | ❸ | ❹ | ❶ | ❷ | ❸ |

# 항공종사자 자격증명시험 제18회 모의고사

| 자격분류명 | 자격명 | 과목명 | 시험시간 | 문제수 | 수험번호 | 성 명 |
|---|---|---|---|---|---|---|
| 항공종사자 자격증명 | 조종사 | 항공법규 | 30분 | 25문항 | | |

1. 국제항공운송사업에 종사하는 항공기의 사고 시 사고조사의 주체는?
   ① 항공기 등록국  ② 항공기 제작국
   ③ 사고 발생국  ④ 국제민간항공기구
   〈해설〉국제 항공법 참고

2. 국제항공운송협회(IATA)의 역할로 맞는 것은?
   ① 국제항공의 운임 결정
   ② 국제민간항공의 안전 확보
   ③ 불합리한 경쟁으로 인한 경제적 낭비 방지
   ④ 국제민간항공의 발달 촉진
   〈해설〉국제 항공법 참고

3. 우리나라 항공안전법은 무엇에 기초하여 제정되었는가?
   ① 일본 항공법  ② 국제 항공법
   ③ 국제민간항공협약  ④ 미국 연방항공규정
   〈해설〉항공안전법 제1조(목적) 참고

4. 항공기의 등록원부에 기재하여야 할 사항이 아닌 것은?
   ① 항공기의 제작자
   ② 항공기의 제작년월일
   ③ 항공기의 형식
   ④ 항공기의 정치장
   〈해설〉항공안전법 제11조(항공기 등록사항) 참고

5. 기장이 항공기사고의 보고의무를 준수하지 않아 효력정지 150일의 처분을 받았다면, 이는 몇 차례 이를 위반한 것인가?
   ① 1차 위반  ② 2차 위반
   ③ 3차 위반  ④ 4차 위반
   〈해설〉항공안전법 시행규칙 별표 10(항공종사자 등에 대한 행정처분기준) 참고

6. 비행기에 대한 운송용 조종사 시험에 응시하기 위하여 요구되는 계기비행경력은?
   ① 30시간 이상  ② 50시간 이상
   ③ 75시간 이상  ④ 100시간 이상
   〈해설〉항공안전법 시행규칙 별표 4(항공종사자·경량항공기조종사 자격증명 응시경력) 참고

7. 항공안전법 시행규칙상 항공기 종류에 해당하는 것은?
   ① 우주비행선  ② 헬리콥터
   ③ 동력비행장치  ④ 초경량비행장치
   〈해설〉항공안전법 시행규칙 제81조(자격증명의 한정) 참고

8. 항공안전위해요인을 발생시킨 경우 발생일로부터 10일 이내에 누구에게 보고를 해야 자격증명의 효력정지 또는 취소처분을 면할 수 있는가?
   ① 항공안전위원회
   ② 지방항공청장
   ③ 한국교통안전공단 이사장
   ④ 항공교통본부장
   〈해설〉항공안전법 시행규칙 제135조(항공안전 자율보고의 절차 등) 참고

9. 항공운송사업에 사용되는 항공기를 조종하려는 조종사는 최근의 비행경험으로 3번의 이착륙을 행한 비행경험을 요구한다. 이때 지방항공청장의 지정을 받은 모의비행훈련장치로 조작한 경험의 인정 기준으로 맞는 것은?
   ① 실제 비행경험만 인정한다.
   ② 모의비행훈련장치 경험 1회만 인정한다.
   ③ 모의비행훈련장치 경험 2회만 인정한다.
   ④ 모의비행훈련장치 경험 모두를 인정한다.
   〈해설〉항공안전법 시행규칙 제121조(조종사의 최근의 비행경험) 참고

**10.** 항공운송사업에 사용되는 항공기 외의 항공기가 시계비행방식에 의한 비행을 하는 경우에 설치하지 않아도 되는 무선설비는?
① 초단파(VHF) 무선전화 송수신기
② 자동방향탐지기(ADF)
③ 2차 감시 항공교통관제 레이더용 트랜스폰더
④ 비상위치지시용 무선표지설비(ELT)
〈해설〉 항공안전법 시행규칙 제107조(무선설비) 참고

**11.** 2개 이상의 기종을 조종하는 조종사에 대한 운항자격 정기심사의 실시 시기는?
① 기종별 격년으로 실시
② 기종별 6개월에 1회 실시
③ 기종별 매년 1회 이상 실시
④ 기종별 전후반기 1회 이상 실시
〈해설〉 항공안전법 시행규칙 제143조(기장 등의 운항자격의 정기심사) 참고

**12.** 180°~359° heading으로 29,000ft 이상의 RVSM 구역에서 계기비행 시 비행할 수 있는 최저 순항고도는?
① FL290  ② FL300
③ FL310  ④ FL320
〈해설〉 항공안전법 시행규칙 제164조(순항고도) 참고

**13.** 고도 해발 10,000ft 미만에서 3,000ft를 초과하는 B, C, D 및 E등급 공역에서 양호한 시계비행 기상상태인 구름으로부터의 거리는?
① 수평으로 500m 수직으로 500m
② 수평으로 300m 수직으로 1,500m
③ 수평으로 1,000m 수직으로 300m
④ 수평으로 1,500m 수직으로 300m
〈해설〉 항공안전법 시행규칙 별표 24(시계상의 양호한 기상상태) 참고

**14.** 시계비행방식으로 인구 밀집지역 상공에서 비행 시 최저비행고도는?
① 150m  ② 300m
③ 500m  ④ 1,000m

〈해설〉 항공안전법 시행규칙 제199조(최저비행고도) 참고

**15.** 계기비행상태인 항공기가 레이더가 운용되는 공역의 필수 위치통지점에서 위치보고를 할 수 없을 때, 관할 항공교통관제기관으로부터 최종적으로 지시받은 속도를 몇 분간 유지한 후 비행계획에 명시된 고도와 속도로 변경하여 비행해야 하는가?
① 5분  ② 7분
③ 10분  ④ 15분
〈해설〉 항공안전법 시행규칙 제190조(통신) 참고

**16.** 긴급항공기로 수색, 구조 종료 후 긴급항공기 운항결과 보고서는 몇 시간 이내에 누구에게 제출해야 하는가?
① 15시간, 지방항공청장
② 15시간, 국토교통부장관
③ 24시간, 지방항공청장
④ 24시간, 국토교통부장관
〈해설〉 항공안전법 시행규칙 제208조(긴급항공기의 운항절차) 참고

**17.** 계기비행 시 사용이 제한되는 전자기기는?
① 휴대용 음성녹음기  ② 보청기
③ 전기 면도기  ④ 휴대 전화기
〈해설〉 항공안전법 시행규칙 제214조(전자기기의 사용제한) 참고

**18.** 육상비행장의 진입구역 길이가 맞게 짝지어진 것은?
① 계기접근: 12,000m, 비계기접근: 2,000m, 헬기장: 1,000m
② 계기접근: 12,000m, 비계기접근: 3,000m, 헬기장: 2,000m
③ 계기접근: 15,000m, 비계기접근: 3,000m, 헬기장: 1,000m
④ 계기접근: 15,000m, 비계기접근: 3,000m, 헬기장: 2,000m

〈해설〉 공항시설법 시행규칙 별표 2(장애물 제한표면의 기준) 참고

**19.** 다음 비행정보구역 중 항공교통의 안전을 위하여 항공기의 비행을 금지 또는 제한할 필요가 있는 공역은?
① 통제공역　　　② 위험공역
③ 관제공역　　　④ 주의공역

〈해설〉 항공안전법 제78조(공역 등의 지정) 참고

**20.** 항공정보에 사용되는 측정단위 중 틀린 것은?
① 고도: 미터(m) 또는 피트(ft)
② 속도: 초당 미터(m/s)
③ 시정: 킬로미터(km) 또는 마일(SM), 이 경우 3km 미만의 시정은 미터(m) 단위 사용
④ 온도: 섭씨도(℃)

〈해설〉 항공안전법 시행규칙 제255조(항공정보) 참고

**21.** 국제항공운송사업자(여객)가 갖추어야 할 면허기준 중 항공기와 관련된 사항이 아닌 것은?
① 항공기의 조종실과 객실과 분리된 구조일 것
② 단발 이상의 항공기를 보유할 것
③ 계기비행능력을 갖출 것
④ 자동위치 확인 능력이 있을 것

〈해설〉 항공사업법 시행령 별표 1(국내항공운송사업 및 국제항공운송사업의 면허기준) 참고

**22.** 육상비행장의 착륙대 등급에 따른 활주로의 길이로 맞지 않는 것은?
① A등급: 2,550m 이상
② C등급: 1,800m ~ 2,150m
③ F등급: 1,080m ~ 1,280m
④ H등급: 300m ~ 800m

〈해설〉 공항시설법 시행규칙 별표 1(공항시설 및 비행장 설치기준) 참고

**23.** 활주로시단등(threshold light)의 색깔은?
① 적색　　　② 녹색
③ 청색　　　④ 백색

〈해설〉 공항시설법 시행규칙 별표 14(항공등화의 설치기준) 참고

**24.** 비행장등화의 점등시기로 맞는 것은?
① 착륙 1시간 전에 준비를 하고, 착륙 예정시각 최소한 10분 전에 점등한다.
② 이륙한 후 최소한 10분간 계속 점등한다.
③ 착륙 2시간 전에 준비를 하고, 착륙 예정시각 최소한 20분 전에 점등한다.
④ 이륙한 후 최소한 20분간 계속 점등한다.

〈해설〉 공항시설법 시행규칙 별표 17(항행안전시설의 관리기준) 참고

**25.** 허가받지 않은 사람이 공항의 보호구역에 들어가지 못하도록 하는 책임은 누구에게 있는가?
① 국토교통부장관　　　② 지방항공청장
③ 공항운영자　　　　　④ 항공운송사업자

〈해설〉 항공보안법 시행규칙 제3조의4(공항운영자의 자체 보안계획) 참고

### 제18회 정답

| 문제 | 1 | 2 | 3 | 4 | 5 |
|---|---|---|---|---|---|
| 정답 | ❸ | ❶ | ❸ | ❷ | ❸ |
| 문제 | 6 | 7 | 8 | 9 | 10 |
| 정답 | ❸ | ❷ | ❸ | ❹ | ❷ |
| 문제 | 11 | 12 | 13 | 14 | 15 |
| 정답 | ❶ | ❷ | ❹ | ❷ | ❷ |
| 문제 | 16 | 17 | 18 | 19 | 20 |
| 정답 | ❸ | ❹ | ❸ | ❶ | ❸ |
| 문제 | 21 | 22 | 23 | 24 | 25 |
| 정답 | ❷ | ❹ | ❷ | ❶ | ❸ |

| 항공종사자 자격증명시험 제19회 모의고사 | | | | | 수험번호 | 성 명 |
|---|---|---|---|---|---|---|
| 자격분류명 | 자격명 | 과목명 | 시험시간 | 문제수 | | |
| 항공종사자 자격증명 | 조종사 | 항공법규 | 30분 | 25문항 | | |

1. 국제민간항공협약에서 적용하는 국가의 영역에 포함되지 않는 것은?
   ① 보호국
   ② 위임통치국
   ③ 주권이 미치는 영토
   ④ 계약을 체결한 타국

   〈해설〉 국제 항공법 참고

2. 국제민간항공기구의 설립 목적이 아닌 것은?
   ① 과도한 경쟁을 피한다.
   ② 상호 경제적 손실을 보상한다.
   ③ 체약국 간의 차별 대우를 피한다.
   ④ 국제민간항공의 정연한 발전 보장

   〈해설〉 국제 항공법 참고

3. 몬트리올 협약을 적용하기 위한 범죄의 유형으로 적절하지 않은 것은?
   ① 범죄가 공해상에서 일어난 경우
   ② 범죄가 국내에서 발생한 경우
   ③ 범죄가 항공기의 기상에서 발생한 경우
   ④ 범죄가 비행 중 일어난 경우

   〈해설〉 국제 항공법 참고

4. 다음 중 용어에 대한 정의가 잘못된 것은?
   ① 항공로: 국토교통부장관이 항공기의 항행에 적합하다고 지정한 지구의 표면상에 표시한 공간의 길
   ② 항공종사자: 항공종사자 자격증명을 받은 사람
   ③ 관제권: 지표면 또는 수면으로부터 200m 이상 높이의 공역으로서 항공교통의 안전을 위하여 국토교통부장관이 지정·공고한 공역
   ④ 비행장: 항공기의 이륙(이수 포함)과 착륙(착수 포함)을 위하여 사용되는 육지 또는 수면의 일정한 구역으로서 대통령령으로 정하는 것

   〈해설〉 항공안전법 제2조(정의) 제25호 참고

5. 등록부호의 표시방법에 대한 설명 중 맞는 것은?
   ① 국적기호는 장식체가 아닌 로마자의 대문자 HL로 표시하여야 한다.
   ② 등록기호는 장식체의 4자리의 아라비아 숫자로 표시하여야 한다.
   ③ 국적기호는 등록기호의 뒤에 이어서 표시하여야 한다.
   ④ 등록기호의 구성에 관하여 필요한 세부사항은 항공사에서 정한다.

   〈해설〉 항공안전법 시행규칙 제13조(국적 등의 표시) 참고

6. 감항증명을 할 때 지정하여야 할 항공기의 운용한계가 아닌 것은?
   ① 중량 및 무게중심에 관한 사항
   ② 발동기 운용성능에 관한 사항
   ③ 항공기 조작방법에 관한 사항
   ④ 고도에 관한 사항

   〈해설〉 항공안전법 시행규칙 제39조(항공기의 운용한계 지정) 참고

7. 한정심사의 면제에 대한 설명 중 맞는 것은?
   ① 외국의 전문교육기관에서 교육을 받고 실무경력이 1,500시간 이상인 사람은 실기시험을 면제받을 수 있다.
   ② 국토교통부장관이 지정한 전문교육기관에서 교육 이수 후 90일 이내에 심사에 응시하는 경우에는 실기시험을 면제받을 수 있다.
   ③ 외국정부로부터 자격증명의 한정을 받은 사람이 한정심사에 응시하는 경우 학과시험과 실기시험을 면제받을 수 있다.
   ④ 실무경험이 있는 사람이 한정심사에 응시하는 경우 실기시험의 전부를 면제받을 수 있다.

〈해설〉 항공안전법 시행규칙 제89조(한정심사의 면제) 참고

**8.** 항공신체검사기준에 일부 미달하여 유효기간을 단축하여 항공신체검사증명을 발급할 경우, 단축되는 유효기간은 실제 유효기간의 얼마를 초과할 수 없는가?
① 1/2
② 1/3
③ 1/4
④ 1/5

〈해설〉 항공안전법 시행규칙 제92조(항공신체검사증명의 기준 및 유효기간 등) 참고

**9.** 승객의 좌석수가 400석일 때 비치해야 될 메가폰의 수는?
① 1개
② 2개
③ 3개
④ 4개

〈해설〉 항공안전법 시행규칙 별표 15(항공기에 장비하여야 할 구급용구 등) 참고

**10.** 항공운송사업용 및 항공기사용사업용 외의 비행기가 야간에 시계비행을 할 경우 최초 착륙예정 비행장까지 비행에 필요한 양에 추가로 실어야 할 연료량은?
① 순항고도로 30분간 더 비행할 수 있는 양
② 순항고도로 45분간 더 비행할 수 있는 양
③ 최대항속속도로 20분간 더 비행할 수 있는 양
④ 최초 착륙예정 비행장의 상공에서 체공속도로 2시간 동안 체공하는 데 필요한 양

〈해설〉 항공안전법 시행규칙 별표 17(항공기에 실어야 할 연료와 오일의 양)

**11.** 다음 주류등의 섭취 및 사용 제한에 대한 설명으로 옳지 않은 것은?
① 항공종사자 및 객실승무원은 항공업무 또는 객실승무원의 업무에 종사하는 동안에는 주류등을 섭취하거나 사용하여서는 아니 된다.
② 주류등의 섭취 및 사용 여부를 호흡측정기 검사 등의 방법으로 측정할 수 있으며 항공종사자 및 객실승무원은 이러한 측정에 응하여야 한다.
③ 국토교통부장관은 동의를 받아 주류등의 섭취 및 사용 여부를 혈액 채취를 통해 검사할 수 있다.
④ 객실승무원은 항공종사자가 아니기 때문에 주류등의 섭취 및 사용 여부를 측정하지 않아도 된다.

〈해설〉 항공안전법 제57조(주류등의 섭취·사용 제한) 참고

**12.** 다음 중 운항관리사를 두어야 하는 경우는?
① 항공운송사업에 사용되는 항공기를 운항하는 경우
② 정기항공운송사업에 사용되는 항공기를 운항하는 경우
③ 부정기항공운송사업에 사용되는 항공기를 운항하는 경우
④ 항공운송사업에 사용되는 항공기와 국외운항항공기를 운항하는 경우

〈해설〉 항공안전법 제65조(운항관리사) 참고

**13.** 지시대기속도 200노트 이하의 제한속도로 비행하여야 하는 C등급 공역에서 최저안전속도가 200노트인 항공기는 어떻게 운항하여야 하는가?
① 200노트로 비행한다.
② 200노트 이하로 비행한다.
③ 최저안전속도가 제한비행속도를 초과하므로 비행해서는 안 된다.
④ 제한비행속도가 최저안전속도를 초과하므로 비행해서는 안 된다.

〈해설〉 항공안전법 시행규칙 제169조(비행속도의 유지 등) 참고

**14.** 전이고도를 초과한 고도로 비행하는 경우 기압고도계의 수정은?
① 항공교통관제기관으로부터 통보받은 QNH로 수정
② 비행정보기관으로부터 받은 최신 QNH로 수정
③ 1013.2 헥토파스칼로 수정
④ 29.92 헥토파스칼로 수정

〈해설〉 항공안전법 시행규칙 제165조(기압고도계의 수정) 참고

**15.** 비행장 외의 장소에서의 이착륙 허가신청서는 누구에게 제출하여야 하는가?
① 국토교통부장관
② 해당 시도지사
③ 교통안전공단 이사장
④ 항공교통관제기관

〈해설〉 항공안전법 시행규칙 제160조(이륙·착륙 장소 외에서의 이륙·착륙 허가신청) 참고

**16.** 계기비행기상상태에서 무선통신이 두절된 경우 비행방법으로 맞는 것은?
① 접근 예정시간과 도착 예정시간 중 더 빠른 시간부터 30분 이내에 착륙한다.
② 접근 예정시간과 도착 예정시간 중 더 빠른 시간부터 30분 이후에 착륙한다.
③ 접근 예정시간과 도착 예정시간 중 더 늦은 시간부터 30분 이내에 착륙한다.
④ 접근 예정시간과 도착 예정시간 중 더 늦은 시간부터 30분 이후에 착륙한다.

〈해설〉 항공안전법 시행규칙 제190조(통신) 참고

**17.** 피요격기가 날개를 흔드는 것은 "알았다. 지시를 따르겠다."라는 응신이다. 이러한 응신에 대한 그전의 요격기의 행동으로 맞는 것은?
① 피요격항공기의 진로를 가로질러 180도 이상의 상승선회를 하며, 피요격항공기로부터 급속히 이탈한다.
② 피요격항공기의 진로를 가로지르지 않고 180도 이상의 상승선회를 하며, 피요격항공기로부터 급속히 이탈한다.
③ 피요격항공기의 진로를 가로질러 90도 이상의 상승선회를 하며, 피요격항공기로부터 급속히 이탈한다.
④ 피요격항공기의 진로를 가로지르지 않고 90도 이상의 상승선회를 하며, 피요격항공기로부터 급속히 이탈한다.

〈해설〉 항공안전법 시행규칙 별표 26(신호) 참고

**18.** 대규모 조종사의 훈련이나 비정상 형태의 항공활동이 수행되는 공역은?
① Warning Area ② Prohibited Area
③ Restricted Area ④ Alert Area

〈해설〉 항공안전법 시행규칙 별표 23(공역의 구분) 참고

**19.** 계기비행방식으로 산악지역 비행 시 최저비행고도는?
① 반지름 6km 이내에 위한 가장 높은 장애물로부터 300m의 고도
② 반지름 6km 이내에 위한 가장 높은 장애물로부터 600m의 고도
③ 반지름 8km 이내에 위한 가장 높은 장애물로부터 300m의 고도
④ 반지름 8km 이내에 위한 가장 높은 장애물로부터 600m의 고도

〈해설〉 항공안전법 시행규칙 제199조(최저비행고도) 참고

**20.** 국토교통부장관이 조종사에게 제공하는 항공정보의 내용이 아닌 것은?
① 진입표면을 초과하는 높이의 공역에서의 로켓 발사
② 항공로 안의 높이 150m 아래 공역에서의 기구 부양
③ 항공로 안의 높이 150m 이상 공역에서의 낙하산 강하
④ 원추표면을 초과하는 높이의 공역에서의 불꽃 발사

〈해설〉 항공안전법 시행규칙 제255조(항공정보) 참고

**21.** 항공종사자가 항공업무에 종사하는 동안 주류 등을 섭취하거나 사용한 경우 처벌은?
① 3년 이하의 징역 또는 3천만원 이하의 벌금
② 2년 이하의 징역 또는 2천만원 이하의 벌금

③ 2년 이하의 징역 또는 1천만원 이하의 벌금
④ 1년 이하의 징역 또는 1천만원 이하의 벌금

〈해설〉 항공안전법 제146조(주류등의 섭취·사용 등의 죄) 참고

**22.** 불법간섭을 받고 있는 항공기가 불법간섭을 받고 있다는 사실을 관할 항공교통업무기관에 통보할 수 없는 경우 조치하여야 할 사항으로 틀린 것은?

① 관할 항공교통업무기관에 통보할 수 있을 때까지 또는 레이더나 자동종속감시시설의 포착 범위 내에 들어갈 때까지 배정된 항공로 및 순항고도를 벗어나서 비행할 것
② 고도 600미터의 수직분리가 적용되는 지역에서는 계기비행 순항고도와 300미터 분리된 고도로, 고도 300미터의 수직분리가 적용되는 지역에서는 계기비행 순항고도와 150미터 분리된 고도로 각각 변경하여 비행할 것
③ 항공기 안의 상황이 허용되는 한도 내에서 현재 사용 중인 초단파(VHF) 주파수, 초단파 비상주파수(121.5Mhz) 또는 사용 가능한 다른 주파수로 경고방송을 시도할 것
④ 2차 감시 항공교통관제 레이더용 트랜스폰더 또는 데이터링크 탑재장비를 사용하여 불법간섭을 받고 있다는 사실을 알릴 것

〈해설〉 항공안전법 시행규칙 제198조(불법간섭 행위 시의 조치) 참고

**23.** 운항 중인 기내에서 불법행위 발생 시 공항 관할 경찰관서의 장이 행할 수 있는 행위로 볼 수 없는 것은?

① 범죄행위자의 인도를 거부할 수 있다.
② 경찰관서의 장은 사건 조사 후 처리결과를 즉시 해당 항공운송사업자에게 통보하여야 한다.
③ 사건조사를 위해 부당하게 해당 항공기의 운항을 지연시켜서는 안 된다.
④ 경찰관서의 장은 사건조사를 위해 증거물의 제출요구 등의 예비조사를 할 수 있다.

〈해설〉 항공보안법 제25조(범인의 인도·인수)

**24.** 착륙대에 대한 설명 중 틀린 것은?

① 활주로와 항공기가 활주로를 이탈하는 경우 항공기와 탑승자의 피해를 줄이기 위해 활주로 주변에 설치하는 안전지대이다.
② 국토교통부장관이 착륙대의 길이와 폭을 정한다.
③ 활주로 중심선에 중심을 두는 정사각형의 지표면을 말한다.
④ 수면도 착륙대로 사용가능하다.

〈해설〉 공항시설법 제2조(정의) 참고

**25.** 착륙하고자 하는 항공기에 활주로 시단의 위치를 알려주기 위하여 활주로 시단의 양쪽에 설치하는 등화는?

① 활주로시단등  ② 활주로시단식별등
③ 활주로종단등  ④ 접지구역등

〈해설〉 공항시설법 시행규칙 별표 3(항공등화의 종류) 참고

제19회 정답

| 문제 | 1 | 2 | 3 | 4 | 5 |
|---|---|---|---|---|---|
| 정답 | ❹ | ❷ | ❷ | ❸ | ❶ |
| 문제 | 6 | 7 | 8 | 9 | 10 |
| 정답 | ❸ | ❸ | ❶ | ❸ | ❷ |
| 문제 | 11 | 12 | 13 | 14 | 15 |
| 정답 | ❹ | ❹ | ❶ | ❸ | ❶ |
| 문제 | 16 | 17 | 18 | 19 | 20 |
| 정답 | ❸ | ❹ | ❹ | ❹ | ❷ |
| 문제 | 21 | 22 | 23 | 24 | 25 |
| 정답 | ❶ | ❶ | ❶ | ❸ | ❷ |

| 항공종사자 자격증명시험 제20회 모의고사 | | | | | 수험번호 | 성 명 |
|---|---|---|---|---|---|---|
| 자격분류명 | 자격명 | 과목명 | 시험시간 | 문제수 | | |
| 항공종사자 자격증명 | 조종사 | 항공법규 | 30분 | 25문항 | | |

1. 항공기 사고조사에 관한 국제민간항공협약 Annex 번호는?
   ① Annex 6
   ② Annex 10
   ③ Annex 11
   ④ Annex 13

   〈해설〉 국제 항공법 참고

2. 다음 중 항공업무에 속하지 않는 것은?
   ① 항공기에 탑승하여 행하는 항공기의 운항
   ② 항공기에 탑승하여 행하는 항공기의 조종연습
   ③ 항공교통관제, 운항관리
   ④ 정비 또는 개조한 항공기에 대한 안전성 여부의 확인

   〈해설〉 항공안전법 제2조(정의) 제5호 참고

3. 항공기 말소등록을 해야 하는 경우가 아닌 것은?
   ① 보관하기 위해 항공기를 해체하는 경우
   ② 항공기가 멸실되었을 경우
   ③ 항공기의 존재여부가 1개월 이상 불분명한 경우
   ④ 임차기간이 만료로 항공기를 사용할 수 있는 권리가 상실된 경우

   〈해설〉 항공안전법 제15조(항공기 말소등록) 참고

4. 비행기에 대한 사업용 조종사 자격증명시험에 응시하기 위해 필요한 최소 비행시간은?
   ① 100시간
   ② 150시간
   ③ 200시간
   ④ 250시간

   〈해설〉 항공안전법 시행규칙 별표 4(항공종사자·경량항공기조종사 자격증명 응시경력) 참고

5. 자격증명의 형식을 한정하는 경우, 모든 형식의 항공기별로 한정하여야 하는 항공종사자는?
   ① 운항관리사
   ② 항공정비사
   ③ 항공교통관제사
   ④ 항공기관사

   〈해설〉 항공안전법 시행규칙 제81조(자격증명의 한정) 참고

6. 1명의 조종사로 승객을 수송하는 항공운송사업에 종사하는 만 40세의 조종사가 2018년 1월 27일에 항공신체검사를 받았다면 신체검사증명의 유효기간은?
   ① 2018년 7월 27일
   ② 2018년 7월 31일
   ③ 2019년 1월 27일
   ④ 2019년 1월 31일

   〈해설〉 항공안전법 시행규칙 별표 8(항공신체검사증명의 종류와 그 유효기간) 참고

7. 비행자료기록장치와 조종실음성기록장치는 각각 몇 시간 이상의 정보를 기록할 수 있어야 하는가?
   ① 28시간, 5시간
   ② 28시간, 2시간
   ③ 25시간, 5시간
   ④ 25시간, 2시간

   〈해설〉 항공안전법 시행규칙 제109조(사고예방장치 등) 참고

8. 야간에 조명시설이 없는 비행장에 항공기를 주기 또는 정박시키는 경우, 항공기의 위치를 나타내기 위한 등불은?
   ① 충돌방지등
   ② 항법등
   ③ 항행등
   ④ 착륙등

   〈해설〉 항공안전법 시행규칙 제120조(항공기의 등불) 참고

9. 항공·철도사고조사위원회의 공개를 금지할 수 있는 정보의 범위가 아닌 것은?
   ① 사고조사 과정에서 관계인들로부터 청취한 진술
   ② 보고서의 초안(Draft)
   ③ 조종실, 항공교통관제실 및 열차기관실 등의 음성기록 및 그 녹취록
   ④ 항공기운항 또는 열차운행과 관계된 자들 사이에 행하여진 통신기록

**10.** 다음 중 비행의 중요단계란?
① 이륙단계, 착륙단계
② 10,000ft 이하에서 지상활주, 이착륙을 포함한 모든 단계
③ 지상활주 단계로부터 10,000ft까지의 단계
④ 10,000ft부터의 착륙단계

〈해설〉 운항기술기준 7.1.2(용어의 정의) 참고

**11.** 계기비행 및 시계비행을 하는 항공기가 비행 가능하고, 모든 항공기에 분리를 포함한 항공교통관제업무가 제공되는 공역은?
① A등급 공역　② B등급 공역
③ C등급 공역　④ D등급 공역

〈해설〉 항공안전법 시행규칙 제221조 제1항 관련 별표 23(공역의 구분) 참고

**12.** 운항승무원이 연속되는 24시간 동안 몇 시간을 초과하여 승무할 경우, 항공기에 휴식시설이 있어야 하는가?
① 8시간　② 12시간
③ 13시간　④ 16시간

〈해설〉 항공안전법 시행규칙 별표 18(운항승무원의 승무시간등 기준) 참고

**13.** 항공운송사업에 사용되는 항공기의 기장은 (　) 및 (　)에 관하여, 기장 외의 조종사는 (　)에 관하여 국토교통부장관의 자격인정을 받아야 한다. (　) 안에 맞는 것은?
① 지식, 기량, 기량　② 지식, 기량, 지식
③ 지식, 경험, 지식　④ 지식, 경험, 경험

〈해설〉 항공안전법 제63조(기장 등의 운항자격) 참고

**14.** 비행 중 무선통신 두절 시의 빛총신호 중 깜박이는 적색의 의미는?
① 계속 선회할 것　② 착륙하지 말 것
③ 착륙을 준비할 것　④ 착륙을 허가함

〈해설〉 항공안전법 시행규칙 별표 26(신호) 참고

**15.** 비행방향 180°~359°로 비행 시 비행고도를 옳게 나타낸 것은? (RVSM 비적용)
① 시계비행으로 비행 시 27,500ft
② 계기비행으로 비행 시 35,000ft
③ 시계비행으로 비행 시 28,000ft
④ 계기비행으로 비행 시 29,000ft

〈해설〉 항공안전법 시행규칙 제164조(순항고도) 참고

**16.** 출발비행장의 기상상태가 비행장 착륙 최저치 이하이거나 그 밖의 이유로 출발비행장으로 되돌아 올 수 없는 경우에 지정해야 하는 교체비행장은?
① 이륙 교체비행장　② 항공로 교체비행장
③ 목적지 교체비행장　④ 근접 교체비행장

〈해설〉 항공안전법 시행규칙 제186조(교체비행장 등) 참고

**17.** 관제비행을 하는 항공기가 위치보고 시 보고하여야 할 사항이 아닌 것은?
① 항공기 식별부호
② 위치통지점의 통과시각
③ 위치통지점의 고도
④ 목적지 도착 예정시간

〈해설〉 항공안전법 시행규칙 제191조(위치보고) 참고

**18.** 긴급항공기의 지정을 취소받은 사람은 취소처분을 받은 날부터 몇 년 이후에 다시 긴급항공기의 지정을 신청할 수 있는가?
① 6개월　② 1년
③ 2년　④ 3년

〈해설〉 항공안전법 제69조(긴급항공기의 지정 등) 참고

**19.** 계기비행증명을 받지 않고 계기비행을 했을 경우 벌금은?
① 500만원 이하　② 1,000만원 이하
③ 2,000만원 이하　④ 3,000만원 이하

〈해설〉 항공안전법 제152조(무자격 계기비행 등의 죄) 참고

20. 통제공역에서 비행하려는 경우, 통제공역 비행허가 신청서를 접수하는 대상이 아닌 자는?
① 항공교통본부장  ② 국방부장관
③ 국토교통부장관  ④ 지방항공청장

〈해설〉 항공안전법 시행규칙 제222조(통제공역에서의 비행허가) 참고

21. 다음 중 국토교통부장관에게 등록을 해야 하는 사업은?
① 상업서류송달업  ② 도심공항터미널업
③ 국제항공운송사업  ④ 항공레저스포츠사업

〈해설〉 항공안전법 제50조(항공레저스포츠사업의 등록) 참고

22. 항공기가 진입등시스템 및 활주로등 만으로는 활주로 또는 진입지역의 식별이 불가능하여 선회를 요할 시 선회비행을 안내하기 위해 활주로 외측에 설치하는 등화는?
① 선회등  ② 접지구역등
③ 비행장등대  ④ 진입각지시등

〈해설〉 공항시설법 시행규칙 별표 3(항공등화의 종류) 참고

23. 항공교통업무의 구분에 속하지 않는 것은?
① 항공교통관제업무  ② 수색관제업무
③ 비행정보업무  ④ 경보업무

〈해설〉 항공안전법 시행규칙 제228조(항공교통업무의 목적 등) 참고

24. B등급 육상비행장의 수평표면 반지름의 길이는?
① 3,000m  ② 3,500m
③ 4,000m  ④ 4,500m

〈해설〉 공항시설법 시행규칙 별표 2(장애물 제한표면의 기준) 참고

25. 다음 중 항행안전무선시설이 아닌 것은?
① 무지향표지시설(NDB)
② 자동증속감시시설(ADS)
③ 공항정보방송시설(ATIS)
④ 위성항법시설(GNSS)

〈해설〉 공항시설법 시행규칙 제7조(항행안전무선시설)

| 제20회 정답 | | | | |
|---|---|---|---|---|
| 문제 | 1 | 2 | 3 | 4 | 5 |
| 정답 | ❹ | ❷ | ❶ | ❸ | ❹ |
| 문제 | 6 | 7 | 8 | 9 | 10 |
| 정답 | ❷ | ❹ | ❸ | ❷ | ❷ |
| 문제 | 11 | 12 | 13 | 14 | 15 |
| 정답 | ❷ | ❷ | ❶ | ❷ | ❷ |
| 문제 | 16 | 17 | 18 | 19 | 20 |
| 정답 | ❶ | ❹ | ❸ | ❸ | ❸ |
| 문제 | 21 | 22 | 23 | 24 | 25 |
| 정답 | ❹ | ❶ | ❷ | ❷ | ❸ |

### 항공종사자 자격증명시험 제21회 모의고사

| 자격분류명 | 자격명 | 과목명 | 시험시간 | 문제수 | 수험번호 | 성 명 |
|---|---|---|---|---|---|---|
| 항공종사자 자격증명 | 조종사 | 항공법규 | 30분 | 25문항 | | |

1. 국제항공에 종사하는 항공기가 휴대해야 하는 서류가 아닌 것은?
   ① 소음기준에 적합하다는 소음기준적합증명서
   ② 기술적 안전기준에 적합하다는 감항증명서
   ③ 국적 및 등록기호, 항공기 형식, 제조사, 제조번호 등을 기재한 항공기 등록증명서
   ④ 여객을 운송할 때에는 여객의 성명, 탑승지 및 목적지의 기록표

   〈해설〉 국제 항공법 참고

2. 워싱턴에서 여객 및 화물을 적재하여 자국인 우리나라로 비행하여 하기하는 자유는?
   ① 제2의 자유   ② 제3의 자유
   ③ 제4의 자유   ④ 제5의 자유

   〈해설〉 국제 항공법 참고

3. 다음 중 항공사별 동맹이 아닌 것은?
   ① 원월드
   ② 바닐라얼라이언스
   ③ U-플라이 얼라이언스
   ④ 에어웨즈얼라이언스

   〈해설〉 국제 항공법 참고

4. 다음 중 항공안전장애의 범위에 포함되지 않는 것은?
   ① 운항 중 엔진 덮개가 풀리거나 이탈한 경우
   ② 지상운항 중 항공기가 제어손실이 발생하여 유도로를 이탈한 경우
   ③ 비행 중 비상상황이 발생하여 산소마스크를 사용한 경우
   ④ 이륙 중 활주로에 항공기의 날개 끝이 비정상적으로 접촉된 경우

   〈해설〉 항공안전법 시행규칙 별표 20의2(항공안전장애의 범위)

5. 정치장 변경 시 변경등록은 변경된 날부터 며칠 이내에 신청하여야 하는가?
   ① 7일   ② 10일
   ③ 15일  ④ 20일

   〈해설〉 항공안전법 제13조(항공기 변경등록) 참고

6. 사업용 조종사 자격증명을 받기 위한 요구조건은?
   ① 18세 이상, 자격증명 취소처분을 받은 지 1년이 경과된 사람
   ② 21세 이상, 자격증명 취소처분을 받은 지 1년이 경과된 사람
   ③ 18세 이상, 자격증명 취소처분을 받은 지 2년이 경과된 사람
   ④ 21세 이상, 자격증명 취소처분을 받은 지 2년이 경과된 사람

   〈해설〉 항공안전법 제34조(항공종사자 자격증명 등) 참고

7. 항공기를 비행기, 헬리콥터, 비행선, 활공기 및 항공우주선으로 구분하는 것은 무엇에 의한 구분인가?
   ① 항공기의 형식   ② 항공기의 등급
   ③ 항공기의 종류   ④ 항공기의 범위

   〈해설〉 항공안전법 시행규칙 제81조(자격증명의 한정) 참고

8. 기장은 항공기사고 또는 항공기준사고가 발생한 경우 누구에게 그 사실을 보고하여야 하며, 만약 기장이 보고할 수 없는 경우에는 누가 보고하여야 하는가?
   ① 국토교통부장관, 해당 항공기의 소유자등
   ② 국토교통부장관, 해당 공항의 관제사
   ③ 지방항공청장, 해당 항공기의 소유자등
   ④ 지방항공청장, 해당 공항의 관제사

〈해설〉 항공안전법 제62조(기장의 권한 등) 참고

9. 항공종사자가 항공업무를 수행할 때 고의 또는 중대한 과실에 따른 항공기사고로 인명피해나 재산피해를 발생시킨 경우의 행정처분으로 옳은 것은?
① 자격증명의 취소
② 자격증명의 취소 또는 1년 이내의 자격증명 효력정지
③ 1년 이내의 자격증명 효력정지
④ 6개월 이상의 자격증명 효력정지

〈해설〉 항공안전법 제43조(자격증명·항공신체검사증명의 취소 등) 참고

10. 충돌 방지를 위한 항공기 상호간에 통행의 우선순위에 대한 설명 중 잘못된 것은?
① 비행기, 헬리콥터는 비행선, 활공기 및 기구류에 진로를 양보한다.
② 기구류는 활공기에 진로를 양보한다.
③ 비행 중이거나 지상 또는 수상에서 운항중인 항공기는 착륙하기 위하여 최종접근 중인 항공기에 진로를 양보한다.
④ 비행기, 헬리콥터, 비행선은 항공기 또는 그 밖의 물건을 예항하는 다른 항공기에 진로를 양보한다.

〈해설〉 항공안전법 시행규칙 제166조(통행의 우선순위) 참고

11. 항공운송사업용으로 사용하는 다음 조건의 항공기는 최초 착륙예정 비행장에 도착 시 예상되는 비행기 중량 상태에서 순항속도 및 순항고도로 몇 분간 더 비행할 수 있는 양의 연료를 실어야 하는가?

- 왕복발동기 장착 항공기
- 계기비행으로 교체비행장이 요구되지 않을 경우

① 15분     ② 30분
③ 45분     ④ 60분

〈해설〉 항공안전법 시행규칙 별표 17(항공기에 실어야 할 연료와 오일의 양)

12. 주정성분이 있는 음료의 섭취나 이용 시 항공업무를 정상적으로 수행할 수 없는 혈중 알코올 농도의 기준은?
① 0.1%     ② 0.01%
③ 0.02%    ④ 0.04%

〈해설〉 항공안전법 제57조(주류등의 섭취·사용 제한) 참고

13. 기내 대기압을 700 hPa 이상으로 유지시켜 줄 수 있는 여압장치가 있는 비행기가 승객 전원과 승무원 전원이 비행환경에 따라 적합하게 필요로 하는 산소를 저장하고 분배할 수 있는 장치를 장착하여야 하는 경우는?
① 기내 대기압이 620 hPa 미만인 비행고도에서 비행하는 경우
② 기내 대기압이 700 hPa 미만인 비행고도에서 비행하는 경우
③ 700 hPa 미만 620 hPa 이상인 비행고도에서 20분을 초과하여 비행하는 경우
④ 700 hPa 미만 620 hPa 이상인 비행고도에서 30분을 초과하여 비행하는 경우

〈해설〉 항공안전법 시행규칙 제114조(산소 저장 및 분배장치 등) 참고

14. 항공기로 활공기를 예항하는 경우 예항줄을 이탈시키는 고도는?
① 예항줄 길이의 60%에 상당하는 고도 이상의 고도
② 예항줄 길이의 80%에 상당하는 고도 이상의 고도
③ 예항줄 길이의 100%에 상당하는 고도 이상의 고도
④ 예항줄 길이의 120%에 상당하는 고도 이상의 고도

〈해설〉 항공안전법 시행규칙 제171조(활공기 등의 예항) 참고

15. 계기비행으로 인가를 받아 비행 중 시계비행 기상상태에서 무선통신이 두절된 경우 어떻게 하여야 하는가?
   ① 시계비행방식으로 비행하여 가장 가까운 착륙 가능한 비행장에 착륙한다.
   ② 계기비행상태를 유지하여 가장 가까운 착륙 가능한 비행장에 착륙한다.
   ③ 즉시 회항하여 비행장에 착륙한 후 도착사실을 관할 항공교통관제기관에 통보한다.
   ④ 목적지비행장까지 비행을 계속하여 착륙한 후 도착사실을 관할 항공교통관제기관에 통보한다.

   〈해설〉 항공안전법 시행규칙 제190조(통신) 참고

16. 모의계기비행을 하려는 경우 따라야 할 기준으로 맞지 않는 것은?
   ① 완전하게 작동하는 이중비행조종장치를 장착하고 있을 것
   ② 조종석에 기장급의 안전감독 조종사가 타고 있을 것
   ③ 안전감독 조종사가 항공기의 전방 및 양 측면에 대하여 적절한 시야를 확보하고 있을 것
   ④ 항공기 내에 관숙승무원이 있어 안전감독 조종사의 시야를 보완할 수 있을 것

   〈해설〉 항공안전법 시행규칙 제176조(모의계기비행의 기준) 참고

17. 운항 중 전자기기의 사용제한에 대한 설명 중 틀린 것은?
   ① 시계비행방식으로 비행 중인 항공운송사업용 항공기에서는 전자기기를 사용할 수 있다.
   ② 휴대용 음성녹음기와 전기면도기는 항상 사용할 수 있다.
   ③ 기장이 사용할 수 있도록 허용한 경우 전자기기를 사용할 수 있다.
   ④ 기장이 항공기 제작회사의 권고 등에 따라 해당 항공기에 전자파 영향을 주지 아니한다고 인정한 휴대용 전자기기는 사용할 수 있다.

   〈해설〉 항공안전법 시행규칙 제214조(전자기기의 사용제한) 참고

18. 다음 중 계기비행방식으로 비행하는 항공기의 최저비행고도에 대한 설명으로 맞는 내용은?
   ① 산악지역에서는 항공기를 중심으로 반지름 8킬로미터 이내에 위치한 가장 높은 장애물로부터 600미터의 고도
   ② 산악지역에서는 항공기를 중심으로 반지름 8킬로미터 이내에 위치한 가장 높은 장애물로부터 300미터의 고도
   ③ 산악지역 외의 지역에서는 항공기를 중심으로 반지름 5킬로미터 이내에 위치한 가장 높은 장애물로부터 600미터의 고도
   ④ 산악지역 외의 지역에서는 항공기를 중심으로 반지름 8킬로미터 이내에 위치한 가장 높은 장애물로부터 600미터의 고도

   〈해설〉 항공안전법 시행규칙 제199조(최저비행고도) 참고

19. 항공등화에 대한 설명 중 틀린 것은?
   ① 활주로거리등: 활주로를 주행 중인 항공기에 전방의 활주로 종단까지의 남은 거리를 알려주기 위해 설치하는 등화
   ② 활주로시단등: 이착륙하는 항공기에 활주로의 시단을 알려주기 위해 활주로의 양 시단에 설치하는 등화
   ③ 활주로종단등: 이륙하는 항공기에 활주로의 시단을 알려주기 위해 설치하는 등화
   ④ 진입각지시등: 착륙하려는 항공기에 착륙 시 진입각의 적정 여부를 알려주기 위해 활주로의 외측에 설치하는 등화

   〈해설〉 공항시설법 시행규칙 별표 3(항공등화의 종류) 참고

20. 다음 시설 중에 공항의 기본시설이 아닌 것은?
   ① 항공기 이착륙시설   ② 화물처리시설
   ③ 항행안전시설       ④ 유류 저장, 관리시설

   〈해설〉 공항시설법 시행령 제3조(공항시설의 구분) 참고

21. 각 공역에 대한 다음 설명 중 틀린 것은?
   ① 비행정보공역: 관제공역 외의 공역으로서 항공기의 조종사에게 비행에 필요한 조언, 비행정보 등을 제공하는 공역
   ② 관제공역: 항공교통의 안전을 위하여 항공기의 비행순서, 시기 및 방법 등에 관하여 국토교통부장관의 지시를 받아야 할 필요가 있는 공역으로서 관제권 및 관제구를 포함하는 공역
   ③ 통제공역: 항공교통의 안전을 위하여 항공기의 비행을 금지하거나 제한할 필요가 있는 공역
   ④ 주의공역: 항공기의 조종사가 비행 시 특별한 주의, 경계, 식별 등이 필요한 공역

   〈해설〉 항공안전법 제78조(공역 등의 지정) 참고

22. 다음 중 경보상황(alert phase)에 해당하는 것은?
   ① 항공기가 착륙허가를 받고도 착륙 예정시간으로부터 30분 이내에 착륙하지 아니한 상태에서 그 항공기와의 무선교신이 되지 아니할 경우
   ② 항공기가 테러 등 불법간섭을 받는 것으로 인지된 경우
   ③ 항공기의 비행능력이 상실되어 불시착하였을 가능성이 있음을 나타내는 정보를 입수한 경우
   ④ 항공기 탑재연료가 고갈되어 항공기의 안전을 유지하기가 곤란한 경우

   〈해설〉 항공안전법 시행규칙 제243조(경보업무의 수행절차 등) 참고

23. 국토교통부장관의 승인없이 RVSM 공역을 운항할 수 있는 경우가 아닌 것은?
   ① 운항승인을 받은 항공기에 고장이 발생하여 항공기 정비를 위한 장소까지 운항하는 경우
   ② 우리나라에 신규로 도입하는 항공기를 운항하는 경우
   ③ 항공기의 세척, 정비, 수리 또는 개조 후 시험비행을 하는 경우
   ④ 항공기의 사고, 재난이나 그 밖의 사고로 인하여 사람 등의 수색·구조 등을 위하여 긴급하게 운항하는 경우

〈해설〉 항공안전법 시행규칙 제216조(수직분리축소공역 등에서의 항공기 운항) 참고

24. 공항에서의 금지된 행위가 아닌 것은?
   ① 기름이 묻은 걸레를 금속 보관용기 외에 버리는 것
   ② 소방시설이 되어 있는 격납고에서 휘발성 액체를 사용하여 항공기, 프로펠러, 엔진을 세척하는 것
   ③ 인가받지 않은 자가 급유하는 항공기의 30미터 이내로 접근하는 것
   ④ 내화 및 통풍설비가 되어 있는 장소 이외에서 도포작업을 하는 것

〈해설〉 공항시설법 시행령 제50조(금지행위) 참고

25. 항공·철도사고조사위원회에 대한 내용으로 틀린 것은?
   ① 위원회는 위원장 1인을 포함한 12인 이내의 위원으로 구성한다.
   ② 위원장 및 상임위원은 대통령이 임명한다.
   ③ 위원은 임기 중 직무와 관련하여 독립적으로 권한을 행사한다.
   ④ 국토교통부장관은 일반적인 행정사항과 사고조사에 대하여 위원회를 지휘, 감독한다.

### 제21회 정답

| 문제 | 1 | 2 | 3 | 4 | 5 |
|------|---|---|---|---|---|
| 정답 | ① | ③ | ④ | ③ | ③ |
| 문제 | 6 | 7 | 8 | 9 | 10 |
| 정답 | ③ | ③ | ① | ② | ② |
| 문제 | 11 | 12 | 13 | 14 | 15 |
| 정답 | ③ | ③ | ② | ② | ① |
| 문제 | 16 | 17 | 18 | 19 | 20 |
| 정답 | ② | ① | ① | ③ | ④ |
| 문제 | 21 | 22 | 23 | 24 | 25 |
| 정답 | ① | ② | ③ | ② | ④ |

# 항공종사자 자격증명시험 제22회 모의고사

| 자격분류명 | 자격명 | 과목명 | 시험시간 | 문제수 | 수험번호 | 성 명 |
|---|---|---|---|---|---|---|
| 항공종사자 자격증명 | 조종사 | 항공법규 | 30분 | 25문항 | | |

1. 국제민간항공협약 부속서는 몇 권으로 이루어져 있는가?
   ① 16권   ② 17권
   ③ 19권   ④ 21권

   〈해설〉 국제 항공법 참고

2. 국제민간항공의 운임을 결정하는 기구는?
   ① 국제민간항공기구(ICAO)
   ② 국제항공운송협회(IATA)
   ③ 국제항공위원회(IANC)
   ④ 항공운수협회

   〈해설〉 국제 항공법 참고

3. 도쿄협약에서 "비행중"이란?
   ① 항공기 엔진의 시동을 건 때부터 시동을 끌 때까지
   ② 탑승을 완료하고 항공기 문을 닫을 때부터 비행을 완료하고 하기를 위해 문을 열 때까지
   ③ 이륙의 목적을 위하여 시동이 된 순간부터 착륙활주가 끝난 순간까지
   ④ 이륙부터 착륙까지

   〈해설〉 국제 항공법 참고

4. 계기비행증명 한정심사에 응시하기 위해 필요한 응시경력 요건 중 틀린 것은?
   ① 같은 종류의 항공기 기장으로서 50시간 이상의 야외비행경력
   ② 계기비행에 관하여 필요한 소정의 계기비행과정 지상교육훈련 이수
   ③ 40시간 이상의 계기비행훈련
   ④ 40시간의 범위 내에서 지방항공청장이 지정한 모의비행훈련장치로 계기비행증명을 받은 교관에 의하여 실시한 계기비행 훈련시간을 포함할 수 있음

   〈해설〉 항공안전법 시행규칙 별표 4(항공종사자·경량항공기조종사 자격증명 응시경력) 참고

5. 관제구의 높이는?
   ① 지표면 또는 수면으로부터 150m 이상
   ② 지표면 또는 수면으로부터 200m 이상
   ③ 지표면 또는 수면으로부터 250m 이상
   ④ 지표면 또는 수면으로부터 300m 이상

   〈해설〉 항공안전법 제2조(정의) 참고

6. 항공기에 출입구가 있는 경우 항공기 등록기호표의 부착 위치는?
   ① 주출입구 윗부분의 안쪽 보기 쉬운 곳
   ② 주출입구 윗부분의 바깥쪽 보기 쉬운 곳
   ③ 조종실 출입구 윗부분 보기 쉬운 곳
   ④ 항공기 동체의 외부 표면 보기 쉬운 곳

   〈해설〉 항공안전법 시행규칙 제12조(등록기호표의 부착) 참고

7. 자격증명 시험 및 심사의 전부 또는 일부를 면제할 수 있는 경우로 옳지 않은 것은?
   ① 외국정부로부터 자격증명을 받은 사람
   ③ 실무경험이 있는 사람
   ② 국내 전문교육기관의 교육과정을 이수한 사람
   ④ 외국정부가 발행한 임시 자격증명을 받은 후 180일 이내에 시험에 응시하는 경우

   〈해설〉 항공안전법 제38조(시험의 실시 및 면제) 참고

8. 쌍발비행기가 육지로부터 몇 km 이상의 장거리 해상을 비행할 경우 구명보트를 갖추어야 하는가? (임계발동기가 작동하지 아니하여도 최저안전고도 이상으로 비행하여 교체비행장에 착륙할 수 있는 경우)
   ① 270km   ② 370km
   ③ 540km   ④ 740km

〈해설〉 항공안전법 시행규칙 별표 15(항공기에 장비하여야 할 구급용구 등) 참고

9. 부조종사 또는 사업용 조종사의 자격증명을 가진 사람이 같은 종류의 항공기에 대하여 운송용 조종사 자격증명을 받은 경우, 새로 받은 자격증명에서도 유효한 것은?
① 항공기 등급, 형식의 한정 또는 계기비행증명, 조종교육증명
② 항공기 형식의 한정 또는 계기비행증명, 조종교육증명
③ 항공기 형식의 한정 또는 계기비행증명
④ 계기비행증명, 조종교육증명

〈해설〉 항공안전법 시행규칙 제90조(조종사 등이 받은 자격증명의 효력) 참고

10. 항공운송사업에 종사하는 60세 이상인 사업용 조종사와 1명의 조종사로 승객을 수송하는 항공운송사업에 종사하는 40세 이상인 사업용 조종사의 항공신체검사증명의 유효기간은?
① 6개월　　　　② 12개월
③ 24개월　　　 ④ 48개월

〈해설〉 항공안전법 시행규칙 별표 8(항공신체검사증명의 종류와 그 유효기간) 참고

11. 항공운송사업용 항공기가 계기비행 시 갖추어야 할 계기의 수량으로 틀린 것은?
① 정밀기압고도계 1개
② 나침반 1개
③ 시계 1개
④ 선회 및 경사지시계 1개

〈해설〉 항공안전법 시행규칙 별표 16(항공계기등의 기준) 참고

12. 운항승무원 편성이 기장 1명과 부기장 2명의 경우, 연속되는 24시간 동안 최대 승무시간 및 최대 비행근무시간은?
① 8시간, 13시간　　② 12시간, 15시간
③ 12시간, 16시간　　④ 13시간, 17시간

〈해설〉 항공안전법 시행규칙 별표 18(운항승무원의 승무시간등 기준) 참고

13. 신규로 개설되는 노선을 운항하려는 기장의 운항자격 인정을 위한 경험요건을 면제할 수 있는 경우가 아닌 것은?
① 운항하려는 지역, 노선 및 공항에 대한 비행장 도면이 포함된 운항절차에 대한 교육을 받고 위촉심사관으로부터 확인을 받은 경우
② 운항하려는 해당 형식 항공기의 기장으로서 비행한 시간이 1,000시간 이상인 경우
③ 항공운송사업에 사용되는 항공기의 조종사로서 비행한 시간이 1,200시간 이상인 경우
④ 위촉심사관으로서 비행한 시간이 1,000시간 이상인 경우

〈해설〉 항공안전법 시행규칙 제156조(기장의 경험요건의 면제) 참고

14. C등급 또는 D등급 공역에서 공항으로부터 반지름 7.4km 내의 지표면으로부터 750m의 고도 이하에서는 어느 속도로 비행해야 하는가?
① 진대기속도 200노트 이하
② 지시대기속도 200노트 이하
③ 진대기속도 250노트 이하
④ 지시대기속도 250노트 이하

〈해설〉 항공안전법 시행규칙 제169조(비행속도의 유지 등) 참고

15. 비행 중 통신이 두절된 경우 연락방법 및 빛총신호의 의미로 맞는 것은?
① 주간에 지상에 있는 경우 빛총신호에 대한 응답으로 보조익 또는 방향타를 움직인다.
② 야간에 비행 중인 경우 빛총신호에 대한 응답으로 항행등을 2회 점멸한다.
③ 지상에 있는 항공기에게 보내는 깜박이는 백색의 빛총신호는 활주로에서 벗어나라는 의미이다.
④ 비행 중인 항공기에게 보내는 깜박이는 적색의 빛총신호는 착륙을 허가한다는 의미이다.

〈해설〉 항공안전법 시행규칙 별표 26(신호) 참고

**16.** 특별시계비행의 요건 중 틀린 것은?
① 허가받은 관제권 안을 비행할 것
② 구름을 피하여 비행할 것
③ 비행시정을 1,000m 이상 유지하며 비행할 것
④ 지표 또는 수면을 계속하여 볼 수 있는 상태로 비행할 것

〈해설〉 항공안전법 시행규칙 제174조(특별시계비행) 참고

**17.** 감항증명 시 확인하지 않는 것은?
① 형식증명에 관한 사항
② 순항비행이 가능한지에 대한 사항
③ 설계, 제작과정에 대한 사항
④ 완성 후의 상태에 대한 사항

〈해설〉 항공안전법 시행규칙 제38조(감항증명을 위한 검사범위) 참고

**18.** 최저비행고도 아래에서 비행을 하고자 할 때 제출하는 비행허가 신청서에 기재하여야 할 사항이 아닌 것은?
① 조종사 성명, 주소
② 항공기 등록부호
③ 비상 주파수
④ 동승자 성명 및 동승의 목적

〈해설〉 항공안전법 시행규칙 제200조(최저비행고도 아래에서의 비행허가).

**19.** 공역에 대한 내용 중 틀린 것은?
① 조언구역은 비관제공역이다.
② 훈련구역은 민간항공기의 훈련공역으로 계기비행 항공기로부터 분리를 유지할 필요가 있는 공역이다.
③ 군작전구역은 항공기의 비행을 제한하는 공역이다.
④ 경계구역은 대규모 조종사의 훈련이나 비정상 형태의 항공활동이 수행되는 공역이다.

〈해설〉 항공안전법 시행규칙 별표 23(공역의 구분) 참고

**20.** 긴급운항 항공기가 아닌 것은?
① 화재의 진화
② 응급환자 후송
③ 긴급 출격하는 군용항공기
④ 자연재해 긴급복구

〈해설〉 항공안전법 시행규칙 제207조(긴급항공기의 지정) 참고

**21.** 항공안전법 제89조에 따라 항공정보를 제공하는 방법이 아닌 것은?
① AIP    ② NOTAM
③ AIC    ④ Jeppesen Chart

〈해설〉 항공안전법 시행규칙 제255조(항공정보) 참고

**22.** 활주로 또는 착륙대의 길이를 적용할 때 육상비행장의 경우에는 (   ), 수상비행장의 경우에는 (   )를 기준으로 한다. (   ) 안에 맞는 것은?
① 착륙대의 폭, 활주로의 길이
② 활주로의 길이, 착륙대의 길이
③ 활주로의 길이, 착륙대의 폭
④ 착륙대의 길이, 활주로의 길이

〈해설〉 공항시설법 시행규칙 별표 1(공항시설 및 비행장 설치기준) 참고

**23.** 다음 중 조난상항의 경우가 아닌 것은?
① 항공기가 착륙허가를 받고도 착륙 예정시간으로부터 5분 이내에 착륙하지 아니한 상태에서 그 항공기와의 무선교신이 되지 아니할 경우
② 항공기 탑재연료가 고갈되어 항공기의 안전을 유지하기가 곤란한 경우
③ 항공기의 비행능력이 상실되어 불시착하였을 가능성이 있음을 나타내는 정보가 입수되는 경우
④ 항공기가 불시착하였다는 정보가 정확한 정보로 판단되는 경우

〈해설〉 항공안전법 시행규칙 제243조(경보업무의 수행절차 등) 참고

**24.** 다음 중 항공기취급업이 아닌 것은?
① 항공기급유업   ② 지상조업사업
③ 항공기정비업   ④ 항공기하역업

〈해설〉 항공사업법 시행규칙 제5조(항공기취급업의 구분) 참고

**25.** 민간항공의 안전을 위한 국제협약이 아닌 것은?
① 민간항공의 안전에 대한 불법적 행위의 억제를 위한 협약
② 가소성 폭약의 탐지를 위한 식별조치에 관한 협약
③ 항공기의 불법납치 억제를 위한 협약
④ 항공기 내의 범죄 및 기타 행위의 억제를 위한 협약

〈해설〉 항공보안법 제3조(국제협약의 준수) 참고

| 문제 | 1 | 2 | 3 | 4 | 5 |
|---|---|---|---|---|---|
| 정답 | ❸ | ❷ | ❸ | ❹ | ❷ |
| 문제 | 6 | 7 | 8 | 9 | 10 |
| 정답 | ❶ | ❹ | ❹ | ❷ | ❶ |
| 문제 | 11 | 12 | 13 | 14 | 15 |
| 정답 | ❶ | ❸ | ❹ | ❷ | ❶ |
| 문제 | 16 | 17 | 18 | 19 | 20 |
| 정답 | ❸ | ❶ | ❸ | ❸ | ❸ |
| 문제 | 21 | 22 | 23 | 24 | 25 |
| 정답 | ❹ | ❷ | ❶ | ❸ | ❹ |

## 항공종사자 자격증명시험 제23회 모의고사

| 자격분류명 | 자격명 | 과목명 | 시험시간 | 문제수 | 수험번호 | 성 명 |
|---|---|---|---|---|---|---|
| 항공종사자 자격증명 | 조종사 | 항공법규 | 30분 | 25문항 | | |

1. 다음 중 국제민간항공협약의 적용을 받지 않는 항공기는?
   ① 해양경찰 업무용 비행기
   ② 국토교통부 소속 비행기
   ③ 우주왕복선
   ④ 활공기
   〈해설〉 국제 항공법 참고

2. 항공기 소음제한에 대한 ICAO Annex는?
   ① Annex 2      ② Annex 6
   ③ Annex 13     ④ Annex 16
   〈해설〉 국제 항공법 참고

3. 다음 항공기 등록의 제한사유에 대한 설명 중 적당하지 않은 것은?
   ① 대한민국의 국민이 아닌 사람
   ② 외국정부 또는 외국의 공공단체
   ③ 외국의 법인이나 단체
   ④ 외국인이나 외국단체가 주식이나 지분의 2분의 1 미만을 소유하고 있는 법인
   〈해설〉 항공안전법 제10조(항공기 등록의 제한) 참고

4. 형식증명이란?
   ① 항공기가 안전하게 비행할 수 있는 성능이 있다는 증명
   ② 항공기등을 제작하고자 하는 경우 해당 항공기 등의 설계가 항공기기술기준에 적합하다는 증명
   ③ 항공기등을 제작할 수 있는 기술, 설비, 인력 및 검사체계 등을 갖추고 있음을 인정하는 증명
   ④ 항공기등이 기술기준에 적합하다는 것을 인정하는 증명
   〈해설〉 항공안전법 제20조(형식증명 등) 참고

5. 다음 중 항공안전법으로 정한 항공기사고가 아닌 것은?
   ① 사람의 행방불명
   ② 항공기의 파손
   ③ 비상용 산소 사용
   ④ 항공기의 구조적 손상
   〈해설〉 항공안전법 제2조(정의) 제6호 참고

6. 항공기의 종류에 해당하는 것은?
   ① 여객기, 화물기
   ② 활공기, 항공우주선
   ③ 수상기, 항공우주선
   ④ 활공기, 초경량비행장치
   〈해설〉 항공안전법 시행규칙 제81조(자격증명의 한정) 참고

7. 항공종사자가 자격증명서를 지니지 않고 항공업무에 종사한 경우 행정처분 내용으로 맞는 것은?
   ① 1차 위반 - 효력정지 10일
   ② 1차 위반 - 효력정지 50일
   ③ 2차 위반 - 효력정지 90일
   ④ 3차 위반 - 효력정지 150일
   〈해설〉 항공안전법 시행규칙 별표 10(항공종사자 등에 대한 행정처분기준) 참고

8. 다음 방사선투사량계기에 대한 설명으로 옳지 않은 것은?
   ① 1기만 설치해도 상관없다.
   ② 항공운송사업용 항공기에만 설치한다.
   ③ 평균해면으로부터 49,000ft를 초과하는 고도로 운항하려는 경우 설치해야 한다.
   ④ 투사된 총 우주방사선의 비율과 비행 시마다 누적된 양을 계속적으로 측정하여야 한다.
   〈해설〉 항공안전법 시행규칙 제116조(방사선투사량계기) 참고

9. 항공운송사업에 사용되는 항공기 외의 항공기가 시계비행방식에 의한 비행을 하는 경우 반드시 설치하여야 하는 무선설비는 어느 것인가?
① SSR Transponder  ② WX Radar
③ ADF  ④ VOR Receiver
〈해설〉 항공안전법 시행규칙 제107조(무선설비) 참고

10. 항공기의 기장 또는 당해 항공기 소유자가 국토교통부장관에게 보고를 하지 않아도 되는 경우는?
① 항공기에 탑승한 사람의 사망, 중상 또는 행방불명의 경우
② 항공기의 중대한 손상, 파손 또는 구조상의 결함이 발생한 경우
③ 비행 중 무선설비를 통하여 다른 항공기의 사고 사실을 안 경우
④ 항공기의 위치를 확인할 수 없거나 항공기에 접근이 불가능한 경우
〈해설〉 항공안전법 제62조(기장의 권한 등) 참고

11. 기장 등의 운항자격의 수시심사 대상이 아닌 것은?
① 항공기사고 또는 비정상운항을 발생시킨 조종사
② 항공관련법규 위반으로 처분을 받은 조종사
③ 항공기의 성능, 장비에 중요한 변경이 있는 경우 해당 항공기를 운항하는 조종사
④ 3개월 이상 비행업무에 종사하지 아니한 조종사
〈해설〉 항공안전법 시행규칙 제144조(기장 등의 운항자격의 수시심사) 참고

12. 다음 중 비행계획에 포함되어야 할 사항이 아닌 것은?
① 탑재장비
② 비상무선주파수 및 구조장비
③ 낙하산 강하의 경우에는 그에 관한 사항
④ 탑승객 명단
〈해설〉 항공안전법 시행규칙 제183조(비행계획에 포함되어야 할 사항) 참고

13. 기압고도계의 수정에 대한 설명으로 틀린 것은?
① 전이고도 이하로 비행하는 경우 185km 이내에 있는 항공교통관제기관으로부터 통보받은 QNH로 수정
② 전이고도 이하로 비행하는 경우 185km 이내에 항공교통관제기관이 없을 때에는 비행정보기관 등으로부터 받은 최신 QNH로 수정
③ 전이고도를 초과하는 고도로 비행하는 경우에는 QNH로 수정
④ 전이고도를 초과하는 고도로 비행하는 경우에는 표준기압치로 수정
〈해설〉 항공안전법 시행규칙 제165조(기압고도계의 수정) 참고

14. D등급 공역에서 비행고도가 10,000ft 이상일 때 시계상 양호한 기상상태의 비행시정은?
① 5,000m  ② 8,000m
③ 7,000m  ④ 10,000m
〈해설〉 항공안전법 시행규칙 별표 24(시계상의 양호한 기상상태) 참고

15. 요격항공기가 90° 이상으로 상승선회를 하며 피요격항공기로부터 급속히 이탈할 때 피요격항공기의 행동으로 맞는 것은?
① 랜딩기어를 내린다.
② 항행등을 규칙적으로 깜박인다.
③ 항행등을 불규칙적으로 깜박인다.
④ 날개를 흔든다.
〈해설〉 항공안전법 시행규칙 별표 26(신호) 참고

16. 다음 중 통제구역에 속하지 않는 것은?
① 비행금지구역
② 비행제한구역
③ 초경량비행장치 비행제한구역
④ 군작전구역
〈해설〉 항공안전법 시행규칙 별표 23(공역의 구분) 참고

**17.** 비행고도 3,050m(10,000ft) 미만의 구역에서 곡예비행을 할 수 있는 최저비행시정은?
① 3,000m   ② 4,000m
③ 5,000m   ④ 8,000m

〈해설〉 항공안전법 시행규칙 제197조(곡예비행 등을 할 수 있는 비행시정) 참고

**18.** 여객운송에 사용되는 좌석수 280석인 항공기에 태워야 할 객실승무원 수는?
① 4명   ② 5명
③ 6명   ④ 7명

〈해설〉 항공안전법 시행규칙 제218조(승무원 등의 탑승 등) 참고

**19.** 다음 중 항공교통관제업무의 범위가 아닌 것은?
① 비행정보업무   ② 비행장관제업무
③ 지역관제업무   ④ 접근관제업무

〈해설〉 항공안전법 시행규칙 제228조(항공교통업무의 목적 등) 참고

**20.** 자격증명을 받지 않은 무자격자가 항공업무에 종사하는 경우 벌칙으로 옳은 것은?
① 1년 이하의 징역 또는 1천만원 이하의 벌금
② 2년 이하의 징역 또는 1천만원 이하의 벌금
③ 1년 이하의 징역 또는 2천만원 이하의 벌금
④ 2년 이하의 징역 또는 2천만원 이하의 벌금

〈해설〉 항공안전법 제148조(무자격자의 항공업무 종사 등의 죄) 참고

**21.** 다음 중 비행장에 설정하여야 하는 장애물 제한표면과 관계없는 것은?
① 수평표면   ② 전이표면
③ 기초표면   ④ 진입표면

〈해설〉 공항시설법 시행령 제5조(장애물 제한표면의 구분) 참고

**22.** 항공등화가 아닌 것은?
① 비행장등대   ② 풍향등
③ 정지선등   ④ 항공장애등

〈해설〉 공항시설법 시행규칙 별표 3(항공등화의 종류) 참고

**23.** 활주로중심선등의 3,000ft에서 2,000ft까지의 색깔은?
① 백색, 적색   ② 황색
③ 백색   ④ 적색

〈해설〉 공항시설법 시행규칙 별표 14(항공등화의 설치기준) 참고

**24.** 비행이 끝난 후 승객이 내리지 않고 비행기를 점거하여 농성을 한 경우 처벌은?
① 1년 이상 10년 이하의 징역
② 3년 이하의 징역 또는 3,000만원 이하의 벌금
③ 1년 이하의 징역 또는 2,000만원 이하의 벌금
④ 1년 이하의 징역

〈해설〉 항공보안법 제47조(항공기 점거 및 농성죄) 참고

**25.** 위해물품이 기내식이나 기내 저장품을 이용하여 항공기 내로 유입되는 것을 방지하기 위하여 필요한 조치를 하여야 하는 사람은?
① 공항운영자   ② 항공운송사업자
③ 화물터미널 운영자   ④ 항공보안검색요원

〈해설〉 항공보안법 제18조(기내식 등의 통제) 참고

## 제23회 정답

| 문제 | 1 | 2 | 3 | 4 | 5 |
|---|---|---|---|---|---|
| 정답 | ❶ | ❹ | ❹ | ❷ | ❸ |
| 문제 | 6 | 7 | 8 | 9 | 10 |
| 정답 | ❷ | ❶ | ❷ | ❶ | ❸ |
| 문제 | 11 | 12 | 13 | 14 | 15 |
| 정답 | ❹ | ❹ | ❸ | ❷ | ❹ |
| 문제 | 16 | 17 | 18 | 19 | 20 |
| 정답 | ❹ | ❸ | ❸ | ❶ | ❹ |
| 문제 | 21 | 22 | 23 | 24 | 25 |
| 정답 | ❸ | ❹ | ❶ | ❷ | ❷ |

| 항공종사자 자격증명시험 제24회 모의고사 | | | | | 수험번호 | 성 명 |
|---|---|---|---|---|---|---|
| 자격분류명 | 자격명 | 과목명 | 시험시간 | 문제수 | | |
| 항공종사자 자격증명 | 조종사 | 항공법규 | 30분 | 25문항 | | |

1. 버뮤다 협정에 대한 설명으로 틀린 것은?
   ① 1946년 미국과 프랑스 간에 체결된 항공협정이다.
   ② 그 후 체결된 양국 간 항공협정의 모델이 되었다.
   ③ 제1버뮤다 협정은 미국의 입장이 많이 반영된 협정이었다.
   ④ 양국 간에 체결된 새로운 협정은 미국 내에서 반대의 기류가 심하였다.
   〈해설〉 국제 항공법 참고

2. 항공기의 불법납치 억제를 위한 협약이라고도 불리는 협약은?
   ① 동경 협약         ② 헤이그 협약
   ③ 시카고 협약      ④ 몬트리올 협약
   〈해설〉 국제 항공법 참고

3. 국내 항공안전법의 기본이 되는 국제법은?
   ① 동경 협약
   ② 미국의 연방항공규정
   ③ 국제항공업무통과협정
   ④ 국제민간항공협약 및 부속서
   〈해설〉 항공안전법 제1조(목적) 참고

4. 헬리콥터의 등록부호 표시위치 및 표시방법으로 옳은 것은?
   ① 주날개와 꼬리날개 사이에 있는 동체의 양쪽 면의 수평안정판 바로 앞에 수평 또는 수직으로 표시할 것
   ② 수직안정판의 양쪽면 아랫부분에 수평으로 표시할 것
   ③ 동체 아랫면의 최대 횡단면 부근에 등록부호의 윗부분이 동체 좌측을 향하게 표시할 것
   ④ 오른쪽 윗면과 왼쪽 아랫면에 등록부호의 윗부분이 수평안정판의 앞 끝을 향하게 표시할 것

〈해설〉 항공안전법 시행규칙 제14조(등록부호의 표시 위치 등) 참고

5. 항공기 변경등록을 하여야 하는 경우는?
   ① 항공기 소유자가 변경되었을 때
   ② 항공기의 등록번호가 변경되었을 때
   ③ 항공기의 정치장이 변경되었을 때
   ④ 항공기의 형식이 변경되었을 때
   〈해설〉 항공안전법 제13조(항공기 변경등록) 참고

6. 비행경력을 증명할 수 있는 자로 틀린 것은?
   ① 자격증명을 받은 조종사의 비행경력: 해당 기장
   ② 자격증명을 받은 조종사의 비행경력: 해당 조종사
   ③ 조종연습생의 비행경력: 감독자
   ④ 이외의 비행경력: 사용자 또는 조종교관
   〈해설〉 항공안전법 시행규칙 제77조(비행경력의 증명) 참고

7. 항공신체검사증명에 대한 설명 중 틀린 것은?
   ① 항공신체검사기준에 일부 미달한 경우에는 업무범위를 한정하고 유효기간을 단축하여 항공신체검사증명서를 발급할 수 있다.
   ② 외국정부 또는 외국정부가 지정한 민간의료기관이 발급한 항공신체검사증명을 받은 경우에는 그 항공신체검사증명의 남은 유효기간까지 항공신체검사증명을 받은 것으로 본다.
   ③ 제1종의 항공신체검사증명을 받은 사람은 제2종 및 제3종의 항공신체검사증명을 받은 것으로 본다.
   ④ 계기비행증명을 받으려는 경우에는 제1종 신체검사기준을 충족해야 한다.
   〈해설〉 항공안전법 시행규칙 제92조(항공신체검사증명의 기준 및 유효기간 등) 참고

8. 조종사 자격증명의 형식한정이 요구되는 경우는?
   ① 비행교범에 2명 이상의 조종사가 필요한 것으로 되어 있는 항공기
   ② 비행교범에 1명의 조종사가 필요한 것으로 되어 있는 최대이륙중량 5,700kg을 초과하는 항공기
   ③ 비행교범에 1명의 조종사로 운항이 허가된 헬리콥터
   ④ 지방항공청장이 지정하는 형식의 항공기

   〈해설〉 항공안전법 시행규칙 제81조(자격증명의 한정) 참고

9. 야간에 사용되는 비행장에 항공기를 주기 또는 정박시키는 경우 필요하지 않은 등불은?
   ① 좌현등         ② 우현등
   ③ 충돌방지등     ④ 미등

   〈해설〉 항공안전법 시행규칙 제120조(항공기의 등불) 참고

10. 해발 900m 이하의 F 및 G등급 공역에서 시계상의 양호한 기상상태인 최저 비행시정은?
    ① 3,000m        ② 5,000m
    ③ 8,000m        ④ 지표면 육안 식별

    〈해설〉 항공안전법 시행규칙 별표 24(시계상의 양호한 기상상태) 참고

11. 터빈발동기를 장착한 이륙항공기는 지표 또는 수면으로부터 몇 m의 고도까지 가능한 한 신속히 상승하여야 하는가?
    ① 300m          ② 450m
    ③ 500m          ④ 600m

    〈해설〉 항공안전법 시행규칙 제163조(비행장 또는 그 주변에서의 비행) 참고

12. FL290 이상 FL410 이하의 고도에서 000°에서 179°로 계기 비행하는 경우 순항고도는?
    ① FL310, FL330   ② FL320, FL340
    ③ FL330, FL370   ④ FL340, FL380

〈해설〉 항공안전법 시행규칙 제164조(순항고도) 참고

13. 운항승무원 편성이 기장 1명, 기장 외의 조종사 2명일 때 연속되는 28일 동안에 제한할 수 있는 최대 승무시간은?
    ① 100시간       ② 120시간
    ③ 140시간       ④ 160시간

    〈해설〉 항공안전법 시행규칙 별표 18(운항승무원의 승무시간등 기준) 참고

14. 조종사가 계기비행방식으로 착륙하기 위하여 접근 시 활주로 시각참조물이 아닌 것은?
    ① PAPI
    ② Threshold light
    ③ Touchdown zone marking
    ④ Runway centerline light

    〈해설〉 항공안전법 시행규칙 제181조(계기비행방식 등에 의한 비행·접근·착륙 및 이륙) 참고

15. 시계비행방식으로 인구 밀집지역 상공에서 비행 시 최저비행고도는?
    ① 지표면, 수면 또는 물건의 상단에서 500m의 고도
    ② 반지름 8km 이내에 위치한 가장 높은 장애물로부터 600m의 고도
    ③ 해당 항공기를 중심으로 수평거리 600m 범위 안의 지역에 있는 가장 높은 장애물의 상단에서 300m의 고도
    ④ 해당 항공기를 중심으로 수평거리 600m 범위 안의 지역에 있는 가장 높은 장애물의 상단에서 1,000m의 고도

    〈해설〉 항공안전법 시행규칙 제199조(최저비행고도) 참고

16. 모든 조종사가 계기비행증명이 있어야 운항할 수 있는 공역은?
    ① A등급 공역     ② B등급 공역
    ③ E등급 공역     ④ G등급 공역

〈해설〉 항공안전법 시행규칙 별표 23(공역의 구분) 참고

**17.** 수색업무를 수행하는 긴급항공기의 최저비행고도는?
① 최저비행고도의 제한을 받지 않는다.
② 최저비행고도 미만의 고도로 비행할 수 없다.
③ 최저비행고도 아래에서 비행하려는 자는 국토교통부장관의 허가를 받아야 한다.
④ 최저비행고도 아래에서 비행하려는 자는 비행허가 신청서를 지방항공청장에게 제출하여야 한다.

〈해설〉 항공안전법 제69조(긴급항공기의 지정 등) 참고

**18.** 다음 중 항공기의 안전운항을 위한 운항기술기준에 포함하여야 할 사항으로 옳지 않은 것은?
① 항공종사자의 자격증명
② 항공기 계기 및 장비
③ 항공정비 시설 및 인력
④ 항공기 운항

〈해설〉 항공안전법 제77조(항공기의 안전운항을 위한 운항기술기준) 참고

**19.** 다음 중 불확실상황에 해당하는 것은?
① 항공기 탑재연료가 고갈되어 항공기의 안전을 유지하기가 곤란한 경우
② 항공기가 착륙허가를 받고도 착륙 예정시간부터 5분 이내에 착륙하지 아니한 상태에서 그 항공기와의 무선교신이 되지 아니할 경우
③ 항공기와 첫 번째 교신시도에 실패한 시간으로부터 30분 이내에 교신이 되지 아니할 경우
④ 항공기가 불시착 중이거나 불시착하였다는 정보사항이 정확한 정보로 판단되는 경우

〈해설〉 항공안전법 시행규칙 제243조(경보업무의 수행절차 등) 참고

**20.** 장애물 제한표면에서 전이표면의 경사도는?
① 1/2   ② 1/3
③ 1/6   ④ 1/7

〈해설〉 공항시설법 시행규칙 별표 2(장애물 제한표면의 기준) 참고

**21.** 국토교통부장관에게 신고하여야 하는 항공사업이 아닌 것은?
① 항공기정비업
② 상업서류송달업
③ 항공운송총대리점업
④ 도심공항터미널업

〈해설〉 항공사업법 제42조(항공기정비업의 등록) 참고

**22.** 비행장등화의 점등시기로 맞지 않는 것은?
① 착륙 1시간 전에 점등 준비를 하고, 착륙 예정시각 최소한 10분전에 점등
② 이륙한 후 최소한 5분간 계속 점등
③ 야간에 항공기가 이륙하거나 착륙하는 경우 필요하다고 인정되는 경우 점등
④ 계기비행 기상상태에서 정해진 운용시간에 점등 유지

〈해설〉 공항시설법 시행규칙 별표 17(항행안전시설의 관리기준) 참고

**23.** 승무원 및 승객의 설계단위중량은 얼마인가?
① 67kg/인   ② 72kg/인
③ 77kg/인   ④ 80kg/인

〈해설〉 항공기 기술기준 Part 1의 1.3(정의) 참고

**24.** 항공·철도 사고조사위원회의 내용으로 올바른 것은?
① 상임위원은 대통령이 임명한다.
② 상임위원의 직급에 관하여는 국토교통부령으로 정한다.
③ 일반적인 행정사항과 사고조사에 대하여 국토교통부장관이 지휘 감독한다.
④ 항공종사자 자격증명을 취득하여 항공운송업체에서 10년 이상 근무한 경력이 있는 자는 임명 위촉일 2년 이전에 항공운송업체에서 퇴직하여야 위원의 자격이 있다.

**25.** 비행장의 기본시설이 아닌 것은?
 ① 기상관측시설
 ② 소방시설
 ③ 공항 이용객 주차시설
 ④ 이용객 홍보시설

〈해설〉 공항시설법 시행령 제3조(공항시설의 구분) 참고

| 제24회 정답 | | | | |
|---|---|---|---|---|
| 문제 | 1 | 2 | 3 | 4 | 5 |
| 정답 | ❶ | ❷ | ❹ | ❸ | ❸ |
| 문제 | 6 | 7 | 8 | 9 | 10 |
| 정답 | ❷ | ❶ | ❶ | ❸ | ❷ |
| 문제 | 11 | 12 | 13 | 14 | 15 |
| 정답 | ❷ | ❸ | ❷ | ❹ | ❸ |
| 문제 | 16 | 17 | 18 | 19 | 20 |
| 정답 | ❶ | ❶ | ❸ | ❸ | ❹ |
| 문제 | 21 | 22 | 23 | 24 | 25 |
| 정답 | ❶ | ❹ | ❸ | ❶ | ❷ |

| 항공종사자 자격증명시험 제25회 모의고사 | | | | | 수험번호 | 성 명 |
|---|---|---|---|---|---|---|
| 자격분류명 | 자격명 | 과목명 | 시험시간 | 문제수 | | |
| 항공종사자 자격증명 | 조종사 | 항공법규 | 30분 | 25문항 | | |

1. 다음 중 각국이 자국의 영역상의 공간에 있어서 완전하고 배타적인 주권을 행사할 수 있는 것을 국제적으로 인정하는 법은?
   ① 몬트리올 협약
   ② 도쿄 협약
   ③ 헤이그 협약
   ④ 시카고 국제민간항공협약
   〈해설〉 국제 항공법 참고

2. 국제민간항공기구(ICAO)의 소재지는?
   ① 스위스 제네바      ② 프랑스 파리
   ③ 캐나다 몬트리올    ④ 미국 뉴욕
   〈해설〉 국제 항공법 참고

3. 몬트리올 협약에 대한 내용은?
   ① 항공기의 불법납치 억제를 위한 협약
   ② 항공기 내에서 범한 범죄 및 기타 행위에 관한 협약
   ③ 민간항공 안전에 대한 불법적 행위의 억제를 위한 협약
   ④ 국제항공업무 통과에 관한 협약
   〈해설〉 국제 항공법 참고

4. 다음 중 국토교통부령으로 정하는 항공기준사고의 범위에 해당되지 않는 것은?
   ① 다른 항공기와의 거리가 500미터 미만으로 근접하였던 경우
   ② 항공기가 정상적인 비행중 지표, 수면 또는 그 밖의 장애물과의 충돌을 가까스로 회피한 경우
   ③ 허가없이 이착륙을 위해 지정된 보호구역에 진입하여 다른 항공기와 충돌할 뻔한 경우
   ④ 항공기가 이륙 또는 초기 상승 중 규정된 성능에 도달하지 못한 경우
   〈해설〉 항공안전법 시행규칙 별표 2(항공기준사고의 범위)

5. 항공기 임차권 변경으로 소유권 이전 시 해당되는 등록은?
   ① 임차등록      ② 이전등록
   ③ 변경등록      ④ 말소등록
   〈해설〉 항공안전법 제14조(항공기 이전등록) 참고

6. 자가용 조종사 자격증명에 응시하기 위해 필요한 비행경력 중 단독비행경력으로 알맞은 것은?
   ① 5시간 이상의 단독 야외비행경력 포함 5시간 이상의 단독 비행경력
   ② 5시간 이상의 단독 야외비행경력 포함 10시간 이상의 단독 비행경력
   ③ 10시간 이상의 단독 야외비행경력 포함 10시간 이상의 단독 비행경력
   ④ 5시간 이상의 단독 야외비행경력 포함 20시간 이상의 단독 비행경력
   〈해설〉 항공안전법 시행규칙 별표 4(항공종사자·경량항공기조종사 자격증명 응시경력) 참고

7. 항공운송사업용 및 항공기사용사업용 비행기가 시계비행을 할 경우 실어야 할 연료의 양은?
   ① 최초 착륙예정 비행장까지 비행에 필요한 양에 그 교체비행장까지 비행을 마친 후 순항속도로 45분간 더 비행할 수 있는 양을 더한 양
   ② 최초 착륙예정 비행장까지 비행에 필요한 양에 그 교체비행장까지 비행을 마친 후 순항속도로 30분간 더 비행할 수 있는 양을 더한 양
   ③ 최초 착륙예정 비행장까지 비행에 필요한 양에 순항속도로 45분간 더 비행할 수 있는 양을 더한 양
   ④ 최초 착륙예정 비행장까지 비행에 필요한 양에 순항속도로 30분간 더 비행할 수 있는 양을 더한 양
   〈해설〉 항공안전법 시행규칙 별표 17(항공기에 실어야 할 연료와 오일의 양)

8. 사업용 조종사 자격증명시험에 응시하는 경우 실기시험의 일부를 면제할 수 있는 비행경력은?
   ① 500시간 이상   ② 1,000시간 이상
   ③ 1,500시간 이상  ④ 2,000시간 이상
   〈해설〉 항공안전법 시행규칙 별표 7(자격증명시험 및 한정심사의 일부 면제) 참고

9. 항공운송사업에 종사하는 60세 이상인 사람과 1명의 조종사로 승객을 수송하는 항공운송사업에 종사하는 40세 이상인 사람의 제1종 항공신체검사증명의 유효기간은?
   ① 6개월    ② 12개월
   ③ 24개월   ④ 48개월
   〈해설〉 항공안전법 시행규칙 별표 8(항공신체검사증명의 종류와 그 유효기간) 참고

10. 항공기에 갖추어야 할 장치에 대한 설명 중 틀린 것은?
    ① 항공운송사업에 사용되는 모든 비행기에는 공중충돌경고장치 1기 이상을 장착해야 한다.
    ② 항공운송사업에 사용되는 터빈발동기를 장착한 비행기에는 비행기록장치 1기 이상을 장착해야 한다.
    ③ 여압장치가 있는 비행기로서 기내의 대기압이 376 hpa 미만인 비행고도로 비행하려는 비행기에는 기압저하경보장치 1기를 장착해야 한다.
    ④ 최대이륙중량 5,700kg 미만, 승객 9인 미만의 소형 항공기에는 지상접근경고장치를 설치해야 한다.
    〈해설〉 항공안전법 시행규칙 제109조(사고예방장치 등) 참고

11. 항공운송사업에 사용되는 항공기 기장의 운항자격 인정을 위한 국토교통부장관의 심사항목은 (   ) 및 (   )이며, 기장 외의 조종사는 (   )을 심사한다. (   )에 맞는 것은?
    ① 지식, 기량, 기량    ② 지식, 기량, 지식
    ③ 지식, 경험, 지식    ④ 지식, 경험, 경험

〈해설〉 항공안전법 제63조(기장 등의 운항자격)

12. 항공종사자의 주류등의 섭취 또는 사용 여부를 소속 공무원으로 하여금 측정하게 할 수 있는 사람은?
    ① 한국교통안전공단 이사장
    ② 지방항공청장
    ③ 항공교통본부장
    ④ 항공안전본부장
    〈해설〉 항공안전법 시행규칙 제129조(주류등의 종류 및 측정 등) 참고

13. 착륙하기 위하여 비행장에 접근하는 항공기 상호간에 통행우선 순위로 틀린 것은?
    ① 지상 또는 수상에서 운항 중인 항공기는 착륙하기 위하여 최종접근 중인 항공기에 진로를 양보하여야 한다.
    ② 비행기, 헬리콥터 또는 비행선은 활공기에게 진로를 양보하여야 한다.
    ③ 긴급 운항 항공기가 통행 우선권을 가진다.
    ④ 높은 고도에 있는 항공기가 낮은 고도에 있는 항공기에 진로를 양보하여야 한다.
    〈해설〉 항공안전법 시행규칙 제166조(통행의 우선순위) 참고

14. 계기비행방식으로 산악지역 외의 지역을 지날 때 최저비행고도는?
    ① 해당 항공기를 중심으로 수평거리 600미터 범위 안의 지역에 있는 가장 높은 장애물의 상단에서 300미터의 고도
    ② 지표면·수면 또는 물건의 상단에서 150미터의 고도
    ③ 반지름 8킬로미터 이내에 위치한 가장 높은 장애물로부터 600미터의 고도
    ④ 반지름 8킬로미터 이내에 위치한 가장 높은 장애물로부터 300미터의 고도
    〈해설〉 항공안전법 시행규칙 제199조(최저비행고도) 참고

15. CAT I 정밀접근시설의 시정 또는 활주로가시범위(RVR)는?
   ① 시정 800m 또는 RVR 550m 이상
   ② 시정 800m 또는 RVR 350m 이상
   ③ 시정 600m 또는 RVR 550m 이상
   ④ 시정 600m 또는 RVR 350m 이상

   〈해설〉 항공안전법 시행규칙 제177조(계기 접근 및 출발 절차 등) 참고

16. 계기비행상태인 항공기가 필수 위치통지점에서 위치보고를 할 수 없을 때, 관할 항공교통관제기관으로부터 최종적으로 지시받은 속도를 몇 분간 유지한 후 비행계획에 명시된 고도와 속도로 변경하여 비행해야 하는가? (레이더가 운용되지 아니하는 공역의 경우)
   ① 15분    ② 20분
   ③ 25분    ④ 30분

   〈해설〉 항공안전법 시행규칙 제190조(통신) 참고

17. 지상운용 중인 항공기에 대한 깜빡이는 흰색 빛 총신호의 의미는?
   ① 유도로에서 벗어나라.
   ② 사용 중인 착륙지역으로부터 벗어나라.
   ③ 출발지점으로 돌아가라.
   ④ 계류장으로 가라.

   〈해설〉 항공안전법 시행규칙 별표 26(신호) 참고

18. 운항 중 전자기기의 사용제한에 대한 설명 중 틀린 것은?
   ① 휴대용 음성녹음기와 전기면도기는 항상 사용할 수 있다.
   ② 기장이 사용할 수 있도록 허용한 경우 전자기기를 사용할 수 있다.
   ③ 시계비행방식으로 비행 중인 항공기는 항상 전자기기의 사용을 제한할 수 있다.
   ④ 항공운송사업자가 항공기에 전자파 영향을 주지 않는다고 인정한 휴대용 전자기기는 사용할 수 있다.

   〈해설〉 항공안전법 시행규칙 제214조(전자기기의 사용제한) 참고

19. 공역의 설명 중 틀린 것은?
   ① 관제공역은 항공교통의 안전을 위하여 항공기의 비행순서·시기 및 방법 등에 관하여 국토교통부장관의 지시를 받아야 할 필요가 있는 공역을 말한다.
   ② 비관제공역은 관제공역 외의 공역으로서 항공기에 탑승하고 있는 조종사에게 비행에 필요한 조언·비행정보 등을 제공하는 공역을 말한다.
   ③ 통제공역은 항공교통의 안전을 위하여 항공기의 비행을 금지하거나 제한할 필요가 있는 공역을 말한다.
   ④ 경계공역은 항공기의 비행 시 조종사의 특별한 주의, 경계, 식별 등이 필요한 공역을 말한다.

20. 항공운송사업자가 항공기의 운항에 관한 운항규정을 제정하려는 경우 필요한 조치는?
   ① 국토교통부장관의 인가
   ② 지방항공청장의 인가
   ③ 국토교통부장관에게 신고
   ④ 지방항공청장에게 신고

   〈해설〉 항공안전법 제93조(항공운송사업자의 운항규정 및 정비규정) 참고

21. 항공기취급업이 아닌 것은?
   ① 항공기 급유업    ② 항공기 하역업
   ③ 항공기 수리개조업  ④ 지상조업사업

   〈해설〉 항공사업법 시행규칙 제5조(항공기취급업의 구분) 참고

22. 항공기가 활주로 또는 진입지역의 식별이 불가능하여 선회를 요할 시 선회비행을 안내하기 위해 활주로 주변에 설치하는 등화는?
   ① 선회등        ② 진입등
   ③ 진입각안내등   ④ 활주로시단등

   〈해설〉 공항시설법 시행규칙 별표 3(항공등화의 종류) 참고

**23.** 4C 등급인 항공기가 이착륙하는 활주로의 폭은 몇 m 이상이어야 하는가?
① 18m 이상　② 23m 이상
③ 30m 이상　④ 45m 이상
〈해설〉 공항시설법 시행규칙 별표 1(공항시설 및 비행장 설치기준) 참고

**24.** 다음 중 항공기 기내에 반입이 가능한 것은?
① 도검류　② 총포류
③ 전자충격기　④ 폭약류
〈해설〉 항공보안법 시행령 제19조(기내 반입무기) 참고

**25.** 레이저광선의 방사로부터 항공기 항행의 안전을 확보하기 위하여 설정되는 공역이 아닌 것은?
① 레이저광선 제한공역
② 레이저광선 위험공역
③ 레이저광선 민감공역
④ 레이저광선 경고공역
〈해설〉 공항시설법 시행규칙 제47조(금지행위 등) 참고

제25회 정답

| 문제 | 1 | 2 | 3 | 4 | 5 |
|---|---|---|---|---|---|
| 정답 | ❹ | ❸ | ❸ | ❶ | ❷ |
| 문제 | 6 | 7 | 8 | 9 | 10 |
| 정답 | ❷ | ❸ | ❸ | ❶ | ❹ |
| 문제 | 11 | 12 | 13 | 14 | 15 |
| 정답 | ❶ | ❷ | ❸ | ❹ | ❶ |
| 문제 | 16 | 17 | 18 | 19 | 20 |
| 정답 | ❷ | ❸ | ❸ | ❹ | ❶ |
| 문제 | 21 | 22 | 23 | 24 | 25 |
| 정답 | ❸ | ❶ | ❹ | ❸ | ❹ |

| 항공종사자 자격증명시험 제26회 모의고사 | | | | | 수험번호 | 성 명 |
|---|---|---|---|---|---|---|
| 자격분류명 | 자격명 | 과목명 | 시험시간 | 문제수 | | |
| 항공종사자 자격증명 | 조종사 | 항공법규 | 30분 | 25문항 | | |

1. 국제민간항공협약에 대한 설명으로 옳지 않은 것은?
   ① 항공기는 2개 이상의 국가에 등록할 수 없다.
   ② 항공기는 등록국의 국적을 보유한다.
   ③ 군, 세관과 경찰업무에 사용하는 항공기는 민간항공기로 간주하지 않는다.
   ④ 이 협약은 민간항공기 및 국가항공기에 대하여 적용된다.
   〈해설〉 국제 항공법 참고

2. 국제민간항공조약 부속서의 내용으로 옳지 않은 것은?
   ① 제2부속서 - 항공기상
   ② 제6부속서 - 항공기의 운항
   ③ 제8부속서 - 항공기의 감항증명
   ④ 제10부속서 - 항공통신
   〈해설〉 국제 항공법 참고

3. 몬트리올 협약에서 "비행중"의 의미는?
   ① 항공기 엔진의 시동을 건 때부터 시동을 끌 때까지
   ② 탑승을 완료하고 항공기 문을 닫을 때부터 비행을 완료하고 하기를 위해 문을 열 때까지
   ③ 이륙의 목적을 위하여 시동이 된 순간부터 착륙활주가 끝난 순간까지
   ④ 이륙부터 착륙까지
   〈해설〉 국제 항공법 참고

4. 항공기가 멸실된 경우, 소유자등이 말소등록을 신청하지 아니하면 국토교통부장관은 며칠 이상의 기간을 정하여 말소등록을 할 것을 최고하여야 하는가?
   ① 7일
   ② 10일
   ③ 12일
   ④ 15일

   〈해설〉 항공안전법 제15조(항공기 말소등록) 참고

5. 감항증명을 받으려 할 때 제출해야 할 서류가 아닌 것은?
   ① 항공기기술기준
   ② 비행교범
   ③ 정비교범
   ④ 그 밖에 감항증명과 관련하여 국토교통부장관이 필요하다고 인정하여 고시하는 서류
   〈해설〉 항공안전법 시행규칙 제35조(감항증명의 신청) 참고

6. 기장 외의 조종사로서 기장의 지휘, 감독 하에 기장의 임무를 수행한 경우 비행시간의 산정은?
   ① 그 비행시간의 전부를 비행시간으로 인정한다.
   ② 그 비행시간의 2분의 1을 비행시간으로 인정한다.
   ③ 그 비행시간의 3분의 1을 비행시간으로 인정한다.
   ④ 비행시간으로 인정하지 않는다.
   〈해설〉 항공안전법 시행규칙 제78조(비행시간의 산정) 참고

7. 활공기의 종류로 맞는 것은?
   ① 특수 활공기, 상급 활공기, 중급 활공기, 하급 활공기
   ② 특수 활공기, 상급 활공기, 중급 활공기, 초급 활공기
   ③ 특수 활공기, 고급 활공기, 중급 활공기, 초급 활공기
   ④ 특수 활공기, 고급 활공기, 중급 활공기, 하급 활공기
   〈해설〉 항공안전법 시행규칙 제81조(자격증명의 한정) 참고

8. 조종사 자격증명을 가진 사람이 상급의 자격증명을 취득했을 때 계속 유효한 것이 아닌 것은?
① 항공기 등급의 한정
② 항공기 형식의 한정
③ 계기비행증명
④ 조종교육증명

〈해설〉 항공안전법 시행규칙 제90조(조종사 등이 받은 자격증명의 효력) 참고

9. 승객의 좌석수가 200석인 항공기에 비치하여야 할 구급의료용품의 수는?
① 1조          ② 2조
③ 3조          ④ 4조

〈해설〉 항공안전법 시행규칙 별표 15(항공기에 장비하여야 할 구급용구 등)

10. 항공기사용사업용 헬리콥터가 계기비행 시 없어도 되는 항공계기는?
① 나침반        ② 시계
③ 기압고도계    ④ 외기온도계

〈해설〉 항공안전법 시행규칙 별표 16(항공계기등의 기준) 참고

11. 운항승무원 편성이 기장 1명, 기장 외의 조종사가 2명일 때 연속되는 24시간 동안의 최대 비행근무시간 및 최대 승무시간은?
① 13시간, 8시간      ② 17시간, 13시간
③ 20시간, 16시간     ④ 16시간, 12시간

〈해설〉 항공안전법 시행규칙 별표 18(운항승무원의 승무시간등 기준) 참고

12. 터빈항공기를 장착한 항공기는 이륙 후 몇 m의 고도까지 가능한 한 신속히 상승하여야 하는가?
① 300m(1,000ft)    ② 450m(1,500ft)
③ 500m(1,600ft)    ④ 600m(1,800ft)

〈해설〉 항공안전법 시행규칙 제163조(비행장 또는 그 주변에서의 비행) 참고

13. FL290 이상(수직분리최저치 1,000ft 적용 지역)의 고도에서 180°~359°의 heading으로 비행할 때 제일 낮게 비행할 수 있는 순항고도는?
① 29,000ft     ② 30,000ft
③ 31,000ft     ④ 32,000ft

〈해설〉 항공안전법 시행규칙 제164조(순항고도) 참고

14. C등급 또는 D등급 공역에서는 공항으로부터 반경 (  ) 내의 지표면으로부터 (  )의 고도 이하에서는 지시대기속도 200kts 이하로 비행하여야 한다. (  ) 안에 알맞은 것은?
① 2NM, 2500ft    ② 2NM, 3500ft
③ 4NM, 2500ft    ④ 4NM, 3500ft

〈해설〉 항공안전법 시행규칙 제169조(비행속도의 유지 등) 참고

15. 긴급항공기의 운항 종료 시 몇 시간 이내에 긴급항공기 운항결과 보고서를 제출해야 하는가?
① 즉시         ② 6시간
③ 12시간       ④ 24시간

〈해설〉 항공안전법 시행규칙 제208조(긴급항공기의 운항절차) 참고

16. 3발 이상 비행기의 경우 이륙 교체비행장은 순항속도로 출발비행장으로부터 몇 시간 비행거리 이내의 지역에 있어야 하는가?
① 모든 발동기가 작동할 때 1시간 이내
② 모든 발동기가 작동할 때 2시간 이내
③ 2개 이상의 발동기가 작동할 때 1시간 이내
④ 2개 이상의 발동기가 작동할 때 2시간 이내

〈해설〉 항공안전법 시행규칙 제186조(교체비행장 등) 참고

17. 무인항공기 비행허가 신청서는 비행예정일 며칠 전까지 제출하여야 하는가?
① 15일 전까지    ② 10일 전까지
③ 7일 전까지     ④ 5일 전까지

〈해설〉 제206조(무인항공기의 비행허가 신청 등) 참고

18. 여객운송에 사용되는 항공기의 객실승무원 탑승 인원에 관한 설명으로 틀린 것은?
    ① 20석 이상 50석 이하: 1명
    ② 51석 이상 100석 이하: 2명
    ③ 151석 이상 200석 이하: 4명
    ④ 201석 이상: 3명에 좌석수 40석을 추가할 때마다 1명씩 추가
    〈해설〉 항공안전법 시행규칙 제218조(승무원 등의 탑승 등) 참고

19. 공역을 사용목적에 따라 분류할 때 비행금지구역, 비행제한구역은 어떤 공역에 속하는가?
    ① 관제공역        ② 비관제공역
    ③ 주의공역        ④ 통제공역
    〈해설〉 항공안전법 시행규칙 별표 23(공역의 구분) 참고

20. 비상상황의 단계별 순서가 올바른 것은?
    ① ALERFA - INCERFA - DETRESFA
    ② INCERFA - ALERFA - DETRESFA
    ③ ALERFA - DETRESFA - INCERFA
    ④ INCERFA - DETRESFA - ALERFA
    〈해설〉 항공안전법 시행규칙 제243조(경보업무의 수행절차 등) 참고

21. 무자격자가 항공업무에 종사한 경우 처벌은?
    ① 1년 이하의 징역 또는 1천만원 이하의 벌금
    ② 1년 이하의 징역 또는 2천만원 이하의 벌금
    ③ 2년 이하의 징역 또는 1천만원 이하의 벌금
    ④ 2년 이하의 징역 또는 2천만원 이하의 벌금
    〈해설〉 항공안전법 제148조(무자격자의 항공업무 종사 등의 죄) 참고

22. 계기접근에 사용되는 비행장의 진입구역의 길이로 알맞은 것은?
    ① 3,000m        ② 10,000m
    ③ 15,000m       ④ 20,000m
    〈해설〉 공항시설법 시행규칙 별표 2(장애물 제한표면의 기준) 참고

23. 다음 중 항공고정통신시설이 아닌 것은?
    ① 항공정보방송 시스템
    ② 항공정보처리 시스템
    ③ 항공종합통신 시스템
    ④ 항공관제정보교환 시스템
    〈해설〉 공항시설법 시행규칙 제8조(항공정보통신시설) 참고

24. 유도로등(Taxiway Lights)의 색은?
    ① 청색          ② 녹색
    ③ 황색          ④ 백색
    〈해설〉 공항시설법 시행규칙 별표 14(항공등화의 설치기준) 참고

25. 운항 중인 항공기 내에서 난동 및 소란을 피우는 승객에 대한 벌칙은?
    ① 2년 이하의 징역 또는 2천만원 이하의 벌금
    ② 3년 이하의 징역 또는 3천만원 이하의 벌금
    ③ 1년 이상 10년 이하의 징역
    ④ 1년 이하 징역
    〈해설〉 항공보안법 제50조(벌칙) 참고

## 제26회 정답

| 문제 | 1 | 2 | 3 | 4 | 5 |
|---|---|---|---|---|---|
| 정답 | ④ | ① | ② | ① | ① |
| 문제 | 6 | 7 | 8 | 9 | 10 |
| 정답 | ① | ② | ① | ② | ③ |
| 문제 | 11 | 12 | 13 | 14 | 15 |
| 정답 | ④ | ② | ② | ③ | ④ |
| 문제 | 16 | 17 | 18 | 19 | 20 |
| 정답 | ② | ③ | ④ | ④ | ② |
| 문제 | 21 | 22 | 23 | 24 | 25 |
| 정답 | ④ | ③ | ① | ① | ② |

## 항공종사자 자격증명시험 제27회 모의고사

| 자격분류명 | 자격명 | 과목명 | 시험시간 | 문제수 | 수험번호 | 성 명 |
|---|---|---|---|---|---|---|
| 항공종사자 자격증명 | 조종사 | 항공법규 | 30분 | 25문항 | | |

1. 자국의 영역 내에서 발생한 다른 체약국 항공기의 사고조사는?
   ① 체약국은 자국의 법령이 허용하는 범위 내에서 ICAO가 권고하는 수속에 따라 사고를 조사한다.
   ② 체약국은 자국의 법령에 의해 사고조사를 한다.
   ③ 체약국은 당해 체약국과 공동으로 그 사고를 조사한다.
   ④ 자국의 감독 하에 당해 항공기의 등록국 또는 그 소유자가 사고를 조사한다.
   〈해설〉 국제 항공법 참고

2. 국제항공에 종사하는 체약국의 모든 항공기에 탑재해야 하는 서류가 아닌 것은?
   ① 항공일지
   ② 감항증명서
   ③ 승무원의 적당한 면허장
   ④ 소음기준적합증명서
   〈해설〉 국제 항공법 참고

3. 국제민간항공기구(ICAO)와 관련된 내용 중 틀린 것은?
   ① ICAO 사무국은 캐나다 몬트리올에 있다.
   ② 우리나라는 국회비준을 거쳐 1952년 12월 11일에 가입하였다.
   ③ 총회는 ICAO의 최고 의결기관으로 매년 개최된다.
   ④ 사무국은 사무총장 산하의 집행기관으로 본부와 7개의 지역사무소로 구성되어 있다.
   〈해설〉 국제 항공법 참고

4. 국가기관등항공기의 업무를 수행하는 항공기의 업무범위가 아닌 것은?
   ① 산림 방제, 순찰
   ② 응급환자의 후송
   ③ 산불의 진화 및 예방
   ④ 재난, 재해 등으로 인한 수색, 구조
   〈해설〉 항공안전법 제2조(정의) 제4호 참고

5. 항공안전법 시행규칙의 목적으로 맞는 것은?
   ① 항공안전법에서 위임된 사항과 그 시행에 필요한 사항을 정한다.
   ② 항공안전법 시행령에서 위임된 사항과 그 시행에 필요한 사항을 정한다.
   ③ 항공안전법 및 항공안전법 시행령에서 위임된 사항과 그 시행에 필요한 사항을 정한다.
   ④ 국제민간항공협약과 같은 협약의 부속서로서 법률에서 위임한 사항과 그 시행에 필요한 사항을 정한다.
   〈해설〉 항공안전법 시행규칙 제1조(목적) 참고

6. 등록부호의 표시방법으로 맞는 것은?
   ① 비행기 주날개에 표시하는 경우 높이는 50cm 이상으로 한다.
   ② 헬리콥터의 동체 아랫면에 표시하는 경우 높이는 30cm 이상으로 한다.
   ③ 비행기의 주날개에 표시하는 경우 오른쪽 날개의 아랫면과 왼쪽 날개의 윗면에 표시한다.
   ④ 헬리콥터의 동체 아랫면에 표시하는 경우 등록부호의 윗부분이 동체 우측을 향하게 표시한다.
   〈해설〉 항공안전법 시행규칙 제15조(등록부호의 높이) 참고

7. 다음 중 국토교통부장관이 처분 시 청문이 필요 없는 경우는?
   ① 소음기준적합증명의 취소
   ② 운항증명의 취소
   ③ 항공기사고 발생 공항의 폐쇄
   ④ 정비조직인증의 취소
   〈해설〉 항공안전법 제134조(청문)

8. 외국에서 형식한정을 받은 사람이 해당 한정심사에 응시하는 경우 국내 학과시험 및 실기시험 면제범위는?
① 학과시험 면제, 실기시험 실시
② 학과시험 실시, 실기시험은 면제
③ 학과시험, 실기시험 모두 면제
④ 항공법규를 제외한 학과시험 면제, 실기시험 실시

〈해설〉 항공안전법 시행규칙 제89조(한정심사의 면제) 참고

9. 자격증명시험을 면제받은 사람이 외국정부 또는 외국정부가 지정한 민간의료기관이 발급한 항공신체검사증명을 받은 경우 그 항공신체검사증명의 유효기간은 어떻게 인정하는가?
① 남은 유효기간의 1/2만 인정
② 남은 유효기간의 1/3만 인정
③ 국내 지정병원에서 신체검사 후 남은 유효기간 전부 인정
④ 남은 유효기간 전부 인정

〈해설〉 항공안전법 시행규칙 제94조(항공신체검사증명의 유효기간 연장) 참고

10. 항공종사자 및 객실승무원의 다음 주류등의 섭취 및 사용 제한에 대한 설명으로 맞지 않는 것은?
① 항공종사자 및 객실승무원은 항공업무 또는 객실승무원의 업무에 종사하는 동안에는 주류등을 섭취하거나 사용하여서는 아니 된다.
② 주류등의 섭취 및 사용 여부를 호흡측정기 검사등의 방법으로 측정할 수 있으며 항공종사자 및 객실승무원은 이러한 측정에 응하여야 한다.
③ 국토교통부장관은 동의를 받지 않고 주류등의 섭취 및 사용 여부를 혈액 채취 또는 소변 검사를 통해 측정할 수 있다.
④ 주정성분이 있는 음료의 섭취로 혈중 알코올 농도가 0.02퍼센트 이상인 경우 항공업무를 정상적으로 수행할 수 없는 상태로 본다.

〈해설〉 항공안전법 시행규칙 제129조(주류등의 종류 및 측정 등) 참고

11. 항공기에 설치, 운용하여야 하는 무선설비에 대한 다음 설명 중 맞는 것은?
① 항공운송사업 외의 항공기가 시계비행방식으로 비행하는 경우에도 ADF는 필수적으로 운용하여야 한다.
② 항공운송사업 외의 항공기가 시계비행방식으로 비행하는 경우 VOR 수신기가 필요 없다.
③ 항공운송사업 외의 항공기가 시계비행방식으로 비행하는 경우 DME 수신기를 운용하여야 한다.
④ 항공운송사업 항공기가 시계비행방식으로 비행하는 경우 ILS 수신기를 운용하여야 한다.

〈해설〉 항공안전법 시행규칙 제107조(무선설비) 참고

12. 항공운송사업에 사용되는 항공기를 계기비행에 운용 시 종사하고자 하는 조종사에게 필요한 계기비행의 경험은?
① 이전 3개월 동안 6시간 이상의 계기비행 경험(모의계기비행 미포함)과 6회 이상의 계기접근
② 이전 3개월 동안 6시간 이상의 계기비행 경험(모의계기비행 포함)과 6회 이상의 계기접근
③ 이전 6개월 동안 6시간 이상의 계기비행 경험(모의계기비행 미포함)과 6회 이상의 계기접근
④ 이전 6개월 동안 6시간 이상의 계기비행 경험(모의계기비행 포함)과 6회 이상의 계기접근

〈해설〉 항공안전법 시행규칙 제124조(계기비행의 경험) 참고

13. 국토교통부령으로 정하는 곡예비행 금지구역으로 틀린 것은?
① 관제구 및 관제권
② 사람 또는 건축물이 밀집한 지역의 상공
③ 지표로부터 1,500m 미만의 고도
④ 해당 항공기를 중심으로 반지름 500m 범위 안에 있는 가장 높은 장애물의 상단으로부터 500m 이하의 고도

〈해설〉 항공안전법 시행규칙 제204조(곡예비행 금지 구역) 참고

14. 항공기의 통행의 우선권에 대한 설명 중 틀린 것은?
   ① 통행의 우선권이 있는 항공기라도 진로를 변경해야 할 수도 있다.
   ② 진로를 양보하는 항공기는 다른 항공기의 전방을 통과해서는 안 된다.
   ③ 두 항공기가 충돌할 위험이 있을 정도로 가까운 경우에는 서로 기수를 오른쪽으로 바꾼다.
   ④ 추월하는 항공기는 추월당하는 항공기의 오른쪽으로 추월한다.
〈해설〉 항공안전법 시행규칙 제167조(진로와 속도 등) 참고

15. 해발 3,050m(10,000ft) 이상의 B등급 공역에서 양호한 시계비행 기상상태인 구름으로부터의 거리는?
   ① 미적용
   ② 구름을 피할 수 있는 거리
   ③ 수평으로 1,500m, 수직으로 300m 이상
   ④ 수평으로 1,000m, 수직으로 300m 이상
〈해설〉 항공안전법 시행규칙 별표 24(시계상의 양호한 기상상태) 참고

16. 사람 또는 건축물이 밀집된 지역 외의 지역에서 시계비행방식으로 비행 시 최저비행고도는?
   ① 지표면·수면 또는 물건의 상단에서 500ft의 고도
   ② 지표면·수면 또는 물건의 상단에서 750ft의 고도
   ③ 지표면·수면 또는 물건의 상단에서 1,000ft의 고도
   ④ 지표면·수면 또는 물건의 상단에서 1,200ft의 고도
〈해설〉 항공안전법 시행규칙 제199조(최저비행고도) 참고

17. 실패접근을 수행해야 하는 경우가 아닌 것은?
   ① 최저강하고도보다 낮은 고도에서 비행 중일 때
   ② 실패접근지점에 도달할 때
   ③ 선회접근 중 활주로가 육안으로 식별되지 않을 때
   ④ 실패접근의 지점에서 활주로에 접지할 때
〈해설〉 항공안전법 시행규칙 제181조(계기비행방식 등에 의한 비행·접근·착륙 및 이륙) 참고

18. 요격항공기가 바퀴다리를 내리고 고정착륙등을 켠 상태로 착륙방향으로 활주로 상공을 통과하는 경우, 이 신호의 의미는?
   ① 착륙을 준비하라.
   ② 이 비행장에 착륙하라.
   ③ 다른 항공기에 진로를 양보하고 선회하라.
   ④ 이 비행장은 불안전하니 착륙하지 마라.
〈해설〉 항공안전법 시행규칙 별표 26(신호) 참고

19. 활공기 예항에 관련된 사항으로 맞는 것은?
   ① 예항줄 길이의 80%에 상당하는 고도 이상의 고도에서 예항줄을 이탈시킬 것
   ② 예항줄의 길이는 30m 이상 70m 이하로 할 것
   ③ 예항줄에 30m 간격으로 적색, 백색 표지를 번갈아 붙일 것
   ④ 연락원을 지상에 배치하며 탑승시킬 필요는 없다.
〈해설〉 항공안전법 시행규칙 제171조(활공기 등의 예항) 참고

20. 다음 중 공항의 지원시설에 해당하는 것은?
   ① 항공기 이착륙시설
   ② 공항 이용객 주차시설
   ③ 경비보안시설
   ④ 소방시설
〈해설〉 공항시설법 시행령 제3조(공항시설의 구분) 참고

21. 비행정보구역 안에서 비행하는 항공기에 대하여 조언 및 정보 등을 제공하는 항공교통업무는?
① 접근관제업무  ② 지역관제업무
③ 비행정보업무  ④ 경보업무

〈해설〉 항공안전법 시행규칙 제228조(항공교통업무의 목적 등) 참고

22. 활주로에 진입하기 전에 멈추어야 할 위치를 알려주기 위하여 설치하는 등화는?
① 활주로유도등  ② 활주로시단등
③ 활주로경계등  ④ 유도로안내등

〈해설〉 공항시설법 시행규칙 별표 3(항공등화의 종류) 참고

23. 항공기 사고조사보고서에 포함되어야 할 내용이 아닌 것은?
① 사실정보
② 원인분석
③ 사고조사결과
④ 재발방지를 위한 대책

〈해설〉 항공·철도 사고조사에 관한 법률 제25조(사고조사보고서의 작성 등) 참고

24. 국제항공운송사업(여객)의 면허를 받기 위한 항공기의 기준이 아닌 것은?
① 계기비행능력이 있어야 함
② 항공기의 객실과 화물칸이 분리된 구조이어야 함
③ 항공기의 위치를 자동으로 확인할 수 있는 기능이 있어야 함.
④ 쌍발 이상의 항공기를 보유하여야 함

〈해설〉 항공사업법 시행령 별표 1(국내항공운송사업 및 국제항공운송사업의 면허기준) 참고

25. 공항지역 소음영향도 제1종 구역의 수치는?
① 가중등가소음도〔LdendB(A)〕 71~84
② 가중소음영향도〔LdendB(A)〕 65~78
③ 가중등가소음도〔LdendB(A)〕 85 이상
④ 가중등가소음도〔LdendB(A)〕 79 이상

〈해설〉 공항소음 방지 및 소음대책지역 지원에 관한 법률 시행령 제2조(소음대책지역의 지정·고시) 제1항 참고

### 제27회 정답

| 문제 | 1 | 2 | 3 | 4 | 5 |
|---|---|---|---|---|---|
| 정답 | ❶ | ❹ | ❸ | ❶ | ❸ |
| 문제 | 6 | 7 | 8 | 9 | 10 |
| 정답 | ❶ | ❸ | ❸ | ❹ | ❸ |
| 문제 | 11 | 12 | 13 | 14 | 15 |
| 정답 | ❷ | ❹ | ❸ | ❶ | ❸ |
| 문제 | 16 | 17 | 18 | 19 | 20 |
| 정답 | ❶ | ❸ | ❷ | ❶ | ❹ |
| 문제 | 21 | 22 | 23 | 24 | 25 |
| 정답 | ❸ | ❸ | ❹ | ❷ | ❹ |

## 항공종사자 자격증명시험 제28회 모의고사

| 자격분류명 | 자격명 | 과목명 | 시험시간 | 문제수 | 수험번호 | 성 명 |
|---|---|---|---|---|---|---|
| 항공종사자 자격증명 | 조종사 | 항공법규 | 30분 | 25문항 | | |

1. Air cabotage의 금지란 무엇인가?
   ① 외국 항공기에 대해 운수 이외의 목적으로 착륙하는 것을 금지하는 것
   ② 외국 항공기에 대해 자국으로부터 제3국을 향해 여객, 화물을 적재하는 것을 금지하는 것
   ③ 외국 항공기에 대하여 자국 내의 지점 간에 있어 여객, 화물의 운송을 금지하는 것
   ④ 외국 항공기에 대해 자국의 영공을 무착륙으로 횡단비행을 하는 것을 금지하는 것

〈해설〉 국제 항공법 참고

2. 다음 중 국제민간항공기구(ICAO)의 지역사무소가 아닌 것은?
   ① 아시아태평양지역사무소(APAC)
   ② 중동지역사무소(MID)
   ③ 남미지역사무소(SAM)
   ④ 유럽지역사무소(EUR)

〈해설〉 국제 항공법 참고

3. 다음 중 등록을 하여야 하는 항공기는?
   ① 임대해서 사용하는 항공기
   ② 군 또는 세관에서 사용하는 항공기
   ③ 외국에 임대할 목적으로 도입한 항공기로서 외국 국적을 취득할 항공기
   ④ 국내에서 제작한 항공기로서 제작자 외의 소유자가 결정되지 않은 항공기

〈해설〉 항공안전법 시행령 제4조(등록을 필요로 하지 않는 항공기의 범위) 참고

4. 감항증명 신청시 비행교범에 포함되지 않는 사항은?
   ① 항공기의 순항성능
   ② 항공기의 종류, 등급, 형식 및 제원
   ③ 항공기의 성능 및 운용한계
   ④ 항공기의 조작방법

〈해설〉 항공안전법 시행규칙 제35조(감항증명의 신청) 참고

5. 자격증명을 한정하는 경우 한정하는 항공기의 종류가 아닌 것은?
   ① 비행기                ② 헬리콥터
   ③ 초경량비행장치     ④ 항공우주선

〈해설〉 항공안전법 시행규칙 제81조(자격증명의 한정) 참고

6. 조종사 자격증명 소지자가 "형식"을 추가하고자 하는 경우, 실기시험의 일부를 면제할 수 있는 해당 형식의 비행시간은?
   ① 200시간 이상        ② 300시간 이상
   ③ 1,000시간 이상     ④ 1,200시간 이상

〈해설〉 항공안전법 시행규칙 별표 7(자격증명시험 및 한정심사의 일부 면제) 참고

7. 자격증명시험이나 항공신체검사에서 부정행위를 하여 무효 처분을 받은 경우, 그 처분을 받은 날부터 얼마의 기간 동안 자격증명시험에 응시하거나 항공신체검사를 받을 수 없는가?
   ① 1년        ② 2년
   ③ 3년        ④ 4년

〈해설〉 항공안전법 제43조(자격증명·항공신체검사증명의 취소 등) 참고

8. 여압장치가 있는 비행기가 기내의 대기압이 376 hPa 미만인 비행고도로 비행하려면 기내의 압력이 떨어질 경우 운항승무원에게 이를 경고할 수 있는 기압저하경보장치 (   )를 장착하여야 한다. (   ) 안에 맞는 것은?
   ① 1기        ② 2기
   ③ 3기        ④ 4기

〈해설〉 항공안전법 시행규칙 제114조(산소 저장 및 분배장치 등) 참고

9. 비행 중 이상사태가 발생하여 연료소모가 증가할 것에 대비하기 위한 항공기의 예비연료는 무엇에서 정한 연료의 양을 추가해야 하는가?
① 운항규정  ② 항공기기술기준
③ 감항기준  ④ 운항기술기준

〈해설〉 항공안전법 시행규칙 별표 17(항공기에 실어야 할 연료와 오일의 양)

10. 항공기를 출발시키기 전에 기장이 확인 및 점검해야 할 사항이 아닌 것은?
① 연료 및 윤활유의 탑재량과 그 품질
② 위험물을 포함한 적재물의 적절한 분배 여부 및 안전성
③ 해당 항공기의 그 장비품의 정비 상태 및 품질
④ 항공일지 및 정비에 관한 기록

〈해설〉 항공안전법 시행규칙 제136조(출발 전의 확인) 참고

11. 조종사의 운항자격 인정을 위한 수시심사는 누구에게 받아야 하는가?
① 항공교통본부장
② 국토교통부장관
③ 한국교통안전공단 이사장
④ 위촉심사관

〈해설〉 항공안전법 제63조(기장 등의 운항자격) 참고

12. 항공운송사업에 사용되는 항공기 기장의 운항자격 인정을 위한 지식요건에 해당하지 않는 것은?
① 공항의 지형  ② 수색 및 구조 절차
③ 예비시설 이용 방법  ④ 계절별 기상 특성

〈해설〉 제139조(기장 등의 운항자격인정을 위한 기량요건) 참고

13. 29,000피트 이상에서 방위 180도에서 359도로 계기비행하는 항공기의 최저순항고도는?
① 30,000피트  ② 31,000피트
③ 32,000피트  ④ 33,000피트

〈해설〉 항공안전법 시행규칙 제164조(순항고도) 참고

14. B등급 공역에서 시계비행이 가능한 구름으로부터의 거리는?
① 수평으로 1,500미터, 수직으로 300미터
② 수평으로 1,000미터, 수직으로 150미터
③ 수평으로 3,000미터, 수직으로 150미터
④ 수평으로 1,500미터, 수직으로 150미터

〈해설〉 항공안전법 시행규칙 별표 24(시계상의 양호한 기상상태) 참고

15. 계기비행 기상상태에서 통신 두절 시 가능한 한 접근 예정시간과 도착 예정시간 중 (  ) 이내에 착륙하여야 한다. (  )에 맞는 것은?
① 더 빠른 시간부터 20분 이내
② 더 빠른 시간부터 30분 이내
③ 더 늦은 시간부터 20분 이내
④ 더 늦은 시간부터 30분 이내

〈해설〉 항공안전법 시행규칙 제190조(통신) 참고

16. 빛총신호에 관한 설명 중 맞는 것은?
① 연속되는 녹색 - 비행 중인 항공기는 착륙준비를 할 것
② 연속되는 적색 - 지상에 있는 항공기는 정지할 것
③ 연속되는 백색 - 비행 중인 경우 착륙하여 계류장으로 갈 것
④ 깜박이는 적색 - 비행 중인 경우 선회하며 대기할 것

〈해설〉 항공안전법 시행규칙 별표 26(신호) 참고

17. 다음 중 모든 항공기가 계기비행을 하여야 하는 공역은?
① A등급 공역  ② B등급 공역
③ C등급 공역  ④ D등급 공역

〈해설〉 항공안전법 시행규칙 별표 23(공역의 구분) 참고

18. 긴급항공기 지정에 관한 설명 중 틀린 것은?
   ① 긴급한 업무의 수행을 위하여 운항하는 경우에도 이착륙 장소 제한규정이 적용된다.
   ② 긴급항공기 지정에 관하여 필요한 사항은 국토교통부령으로 정한다.
   ③ 긴급항공기 지정은 지방항공청장으로부터 받아야 한다.
   ④ 긴급항공기 지정 취소처분을 받은 자는 2년 이내에는 긴급항공기의 지정을 받을 수 없다

19. 다음 중 경보상황(alert phase)이 아닌 경우는?
   ① 항공기가 테러 등 불법간섭을 받는 것으로 인지된 경우
   ② 불확실상황에서의 항공기와의 교신시도 또는 관계 부서의 조회로도 해당 항공기의 위치를 확인하기 곤란한 경우
   ③ 항공기의 비행능력이 상실되었으나 불시착할 가능성이 없음을 나타내는 정보를 입수한 경우에 항공기 및 탑승자의 안전에 우려가 없는 경우
   ④ 항공기가 착륙허가를 받고도 착륙 예정시간부터 5분 이내에 착륙하지 아니한 상태에서 그 항공기와의 무선교신이 되지 아니할 경우

〈해설〉 항공안전법 시행규칙 제243조(경보업무의 수행절차 등) 참고

20. 다음 중 부정기편 운항에 포함되지 않는 것은?
   ① 화물운송      ② 지점 간 운항
   ③ 전세운송      ④ 관광비행

〈해설〉 항공사업법 시행규칙 제3조(부정기편 운항의 구분) 참고

21. 장애물 제한표면에서 전이표면의 경사도는?
   ① 1/3          ② 1/4
   ③ 1/6          ④ 1/7

〈해설〉 공항시설법 시행규칙 별표 2(장애물 제한표면의 기준)

22. 외국항공기에 관한 허가에 대한 다음 내용 중 틀린 것은?
   ① 외국국적을 가진 항공기는 국토부장관의 허가가 있으면 군수품(병기, 탄약)을 수송할 수 있다.
   ② 국토부장관의 허가가 있으면 외국항공기로 국내 각 지역 간 여객 또는 화물을 운송할 수 있다.
   ③ 외국국적을 가진 항공기를 사용하여 유상운송을 하려는 자는 운송예정일 10일 전까지 외국항공기 유상운송 허가신청서를 국토교통부장관 또는 지방항공청장에게 제출해야 한다.
   ④ 외국의 군, 세관 또는 경찰업무에 사용되는 항공기는 국가가 사용하는 항공기로 본다.

〈해설〉 항공사업법 제56조(외국항공기의 국내 유상운송 금지)

23. 다음 중 항공장애 주간표지를 설치하지 않아도 되는 경우는?
   ① 뼈대로만 이루어진 구조물의 경우
   ② 장애물이 주간에 고광도 장애등을 설치하여 운영되는 경우
   ③ 장애물이 등대로서 광도가 충분하다고 지방항공청장이 인정하는 경우
   ④ 장애물의 높이가 지표 또는 수면으로부터 200미터 이하인 경우

〈해설〉 공항시설법 시행규칙 별표 9(표시등 및 표지 설치대상 구조물) 참고

24. 항공기 사고조사와 관련된 내용으로 옳은 것은?
   ① 통보한 자의 의사에 의해 해당 통보자의 신분을 공개할 수 있다.
   ② 통보한 자의 의사에 반하여 해당 통보자의 신분을 공개하여서는 아니 된다.
   ③ 사고조사 자문위원 위촉 시 국토교통부장관이 정하는 바에 따른다.
   ④ 사고원인과 관계가 있거나 있었던 자와 밀접한 관계가 있는 인원의 회의 참석도 가능하다.

〈해설〉 항공·철도 사고조사에 관한 법률 제17조(항공·철도사고등의 발생 통보) 참고

**25.** 민간항공의 안전 및 보안에 관한 국제협약이 아닌 것은?

① 항공기 내에서 범한 범죄 및 기타 행위에 관한 협약
② 항공기의 불법납치 억제를 위한 협약
③ 마약 및 향정신성물질의 운송방지에 관한 협약
④ 국제민간항공에 사용되는 공항에서의 불법적 폭력행위의 억제를 위한 협약

〈해설〉 항공보안법 제3조(국제협약의 준수)

| 제28회 정답 | | | | |
|---|---|---|---|---|
| 문제 | 1 | 2 | 3 | 4 | 5 |
| 정답 | ❸ | ❹ | ❶ | ❶ | ❸ |
| 문제 | 6 | 7 | 8 | 9 | 10 |
| 정답 | ❶ | ❷ | ❶ | ❹ | ❸ |
| 문제 | 11 | 12 | 13 | 14 | 15 |
| 정답 | ❷ | ❸ | ❷ | ❶ | ❹ |
| 문제 | 16 | 17 | 18 | 19 | 20 |
| 정답 | ❷ | ❶ | ❶ | ❸ | ❶ |
| 문제 | 21 | 22 | 23 | 24 | 25 |
| 정답 | ❹ | ❷ | ❷ | ❷ | ❸ |

자가용/사업용/운송용 조종사를 위한
# 항공법규 필기

| | |
|---|---|
| 1판 1쇄 발행 | 2022년 8월 10일 |
| 2판 1쇄 발행 | 2024년 7월 10일 |
| 2판 2쇄 발행 | 2025년 6월 11일 |

**지은이** | 편집부
**펴낸이** | 김명선
**펴낸곳** | 항공출판사
**등 록** | 2022. 7. 4(제2022-000042호)
**주 소** | 경기도 부천시 경인로 605 103동 2401호
**문 의** | 항공출판사 네이버 카페(https://cafe.naver.com/aerobooks)

**정 가  20,000원**
ISBN 979-11-979475-0-6 93550

※ 항공출판사의 서면 동의 없이 이 책을 무단 복사, 복제, 전재하는 것은
   저작권법에 저촉됩니다.
※ 파손된 책은 구입한 곳에서 교환해 드립니다.

Copyright©2022 aviation books. All rights reserved.